# 现代工业化学

（第二版）

主　编　李忠铭　贡长生
副主编　邹洪涛　张　婕　熊碧权
参　编　陈卫航　刘学清　文　峰
陈雪梅　张恭孝　蒋旭东
徐　平

华中科技大学出版社
中国·武汉

## 内容提要

本书依据现代化学工业的特点，从化工生产工艺的角度出发，结合化学反应原理和化学工程基础知识，较系统地阐述了当今重要的化学工业产品的制备原理、生产方法、工艺过程。全书共7章，包括绪论、化工基础知识、无机化工、石油炼制与石油化工、高分子化工、精细化工、化工生产与环境保护等。

本书可作为非化工类专业大学本科生教材，也可作为化学化工专业师生的教学参考书。同时，还可供从事化工生产、科技开发和企业管理的科技人员阅读参考。

**图书在版编目(CIP)数据**

现代工业化学/李忠铭，贡长生主编.—2版.—武汉：华中科技大学出版社，2018.8(2023.8重印)
全国普通高等院校工科化学规划精品教材
ISBN 978-7-5680-4231-4

Ⅰ.①现… Ⅱ.①李… ②贡… Ⅲ.①工业化学-高等学校-教材 Ⅳ.①TQ

中国版本图书馆CIP数据核字(2018)第176694号

**现代工业化学(第二版)** 李忠铭 贡长生 主编
Xiandai Gongye Huaxue

策划编辑：王新华
责任编辑：李 佩 王新华
封面设计：原色设计
责任校对：曾 婷
责任监印：周治超
出版发行：华中科技大学出版社(中国·武汉) 电话：(027)81321913
武汉市东湖新技术开发区华工科技园 邮编：430223
录 排：华中科技大学惠友文印中心
印 刷：武汉科源印刷设计有限公司
开 本：787mm×1092mm 1/16
印 张：15.75
字 数：410千字
版 次：2023年8月第2版第3次印刷
定 价：38.00元

# 第二版前言

现代工业化学是研究现代化学工业及其规律的科学，它是融化学、化学工艺学、化学工程学以及资源、能源、环境、信息与管理科学为一体的综合性的应用科学。《现代工业化学》第一版自 2008 年由华中科技大学出版社出版至今已有 10 年，其间重印多次，被许多院校认可、选用。为了适应不断发展的化学工业状况，满足不断提高教育教学水平的需要，借再版的机会对第一版的内容进行了修订。

本次修订中，对原有章节进行了调整，更正了第一版中的疏漏之处，删除了某些陈旧的内容，补充了一些化学工业发展中的新内容。

全书共 7 章，包括绪论、化工基础知识、无机化工、石油炼制与石油化工、高分子化工、精细化工、化工生产与环境保护等。

本书由李忠铭、贡长生主编，邹洪涛、张婕、熊碧权任副主编。参加本书编写的人员及编写分工如下：第 1 章（熊碧权，湖南理工学院），第 2 章（陈卫航，郑州大学），第 3 章（邹洪涛、徐平，黔南民族师范学院；张婕，郑州大学），第 4 章（李忠铭、蒋旭东，江汉大学），第 5 章（刘学清，江汉大学；文峰，海南大学），第 6 章（文峰，海南大学；陈雪梅，湖北理工学院），第 7 章（张恭孝，山东第一医科大学）。

在本书编写过程中，得到了江汉大学、武汉工程大学、郑州大学、海南大学、湖南理工学院、黔南民族师范学院、湖北理工学院、山东第一医科大学等单位的大力支持，得到了华中科技大学出版社的鼎力相助，在此一并表示衷心的感谢。本书是在第一版基础上完成的，在此向为第一版教材编写作出贡献的各位老师表示衷心的感谢。同时，对书中所引用文献资料的作者致以衷心的谢意！

由于编者的学识有限，书中内容涉及面广，不妥之处诚请广大读者批评指正。

**编　者**
**2018 年 5 月**

# 第一版前言

化学工业作为国民经济的支柱产业，是发展农业的支撑，高新技术的基础，生产和生活资料的源泉。世界各国都积极加快发展化学工业，新产品、新工艺、新技术和新设备不断涌现，不仅极大地丰富了人们的物质文化生活，也有力地促进了国民经济的发展和社会的文明与进步。进入21世纪以来，资源利用的多元化、产品结构的精细化、技术创新的现代化、发展方向的绿色化等已成为当代化学工业发展的新趋势和新特点。为适应现代化学工业发展的新形势和21世纪课程教学改革的需要，以加强理论基础，拓宽专业口径，强化实践能力，华中科技大学出版社组织有关高校的专家、教授编写《现代工业化学》。

现代工业化学是研究现代化学工业及其规律的科学，它是融化学、化学工艺学、化学工程学以及资源、能源、环境、信息与管理科学为一体的综合性的应用科学。本书在讲述现代化学工业的发展概貌的基础上，重点介绍现代化学工业的主要领域及其典型产品的制备原理、生产方法、工艺条件、关键设备及其材质的选用、安全技术和环境保护等，使读者了解现代化学工业的发展态势，熟悉化学工业生产中的工艺及其特点，认识资源、能源和环境与化学工业可持续发展的深刻内涵，优化自身知识结构，拓展专业知识视野，培养创新精神和综合素质，提高从事多种工作的适应能力。

全书共12章，取材新颖，着力体现时代特色。在介绍传统化学工业的基础上，突出石油化工和精细化工，重点论述现代化学工业的前沿领域和最新成果，例如绿色化学化工、清洁生产技术，新型工业催化剂、新型功能材料等，具有较强的前瞻性，以适应国情，跟踪时代，体现创新，注重发展。为了兼顾非化工专业类学生的特点，另辟一章介绍化学化工基础知识，循序渐进，深入浅出，联系实际，触类旁通。总之，本书力求达到纵观全局，与时俱进，开拓创新，学有所用。

本书由贡长生担任主编，李忠铭、陈卫航、陈雪梅担任副主编。参加编写的人员分工如下：第1章、第5章(贡长生，武汉工程大学)，第2章(陈卫航，郑州大学)，第3章(陈雪梅，黄石理工学院；鄢红艳、曹龙文，大冶有色金属公司)，第4章(张婕，郑州大学)，第6章(张婕，郑州大学)，第7章、第8章、第9章(李忠铭、杜金萍、刘学清，江汉大学)，第10章(陈雪梅，黄石理工学院)，第11章(文峰，海南大学)，第12章(李华、谷守玉，郑州大学)。全书由贡长生、李忠铭、陈卫航、陈雪梅共同定稿。

在本书编写过程中，得到了武汉工程大学、郑州大学、江汉大学、海南大学、黄石理工学院、大冶有色金属公司等单位的大力支持，并得到了华中科技大学出版社的鼎力相助，华中科技大学李德忠教授审阅了全书。在此一并表示衷心的感谢。

由于编者的学识有限，书中内容涉及面广，不妥之处诚请广大读者批评指正。同时，对书中所引用文献资料的中外作者致以衷心的谢意！

**编　者**

**2007年9月**

# 目　　录

# 第1章　绪　　论

## 1.1　化学工业

化学工业(chemical industry)又称化学加工工业,泛指生产过程中化学方法占主要地位的过程工业。化学工业在各国的国民经济中占有重要地位,发展化学工业,对于改进工业生产工艺,发展农业生产,扩大工业原料来源,巩固国防,发展尖端科学技术,改善人民生活以及开展综合利用等都有很大的作用,它是许多国家的基础产业和支柱产业。

传统化学工业可分为无机化学工业和有机化学工业两大类,无机化学工业主要涵盖无机酸、无机碱、无机盐、稀有元素、电化学工业等领域;而有机化学工业则主要涉及合成纤维、塑料、合成橡胶、化肥、农药等行业。随着化学工业的发展,跨类的部门层出不穷,逐步形成以酸、碱、化肥、农药、有机原料、塑料、合成橡胶、合成纤维、染料、涂料、医药、感光材料、合成洗涤剂、炸药、橡胶等为门类的生物化工、高分子化工、精细化工。

### 1.1.1　化学工业及其分类

化学是研究物质的组成、结构、性质及其变化规律的科学。化学工业是依照化学原理和规律实现化学品生产的工业。

化学工业分类的方法很多,不同国家或不同部门,分类方法不尽相同。按产物的组成,可分为无机化学工业和有机化学工业;按原料资源,可分为煤炭化学工业、石油化学工业、农产化学工业等。由于化工产品种类繁多,性质和用途又各不相同,因此世界上大多数国家按产品的性质、用途及其加工过程相似的原则进行分类。总体上,化学工业可以分为以下19个分支。

(1) 化学肥料工业:包括合成氨、氮肥、磷肥、钾肥、复合肥料、微量元素肥料等。

(2) 硫酸工业:包括硫酸和$SO_2$的制造等。

(3) 制碱工业:包括烧碱和纯碱等。

(4) 无机盐工业:包括磷酸盐、铬盐、硼盐、钡盐等各种无机盐,除硫酸、烧碱、纯碱以外的无机酸、无机碱等。

(5) 石油化学工业:石油炼制、烃类的裂解制取“三烯”(乙烯、丙烯、丁二烯)、“三苯”(苯、甲苯、二甲苯)等有机化工原料和产品。

(6) 煤化学工业:煤的气化、干馏、液化及其副产品的加工等。

(7) 有机原料工业:如有机酸、醇、醛、酮、醚、酯等。

(8) 合成树脂和塑料工业:包括聚氯乙烯、聚乙烯、聚苯乙烯等各种高分子聚合物,各种日用和工程塑料制品,离子交换树脂等。

(9) 合成纤维工业:包括聚酯类、聚酰胺类、聚丙烯腈等合成纤维。

(10) 橡胶工业:包括天然橡胶的加工及产品的制造,合成橡胶的生产及产品的制造。

(11) 国防化学工业:包括炸药、化学武器,以及与核工业和航天航空工业配套的化工产品,如高能燃料、密封材料、特种涂料、功能复合材料等的生产。

(12) 医药工业:包括各种天然药物和合成药物的生产。

(13) 农药工业:其产品包括杀虫剂、杀菌剂、杀螨剂、除草剂、植物生产调节剂以及杀鼠剂等。

(14) 涂料及颜料工业:包括颜料、油料、填充料、溶剂、油漆、建材涂料、特种涂料等。

(15) 染料工业:包括轻工、纺织、食品等多种用途的染料。

(16) 信息材料:包括半导体材料、磁记录材料、感光材料、成像材料、光导纤维材料等。

(17) 高纯物质和化学试剂工业:包括各种特定用途的高纯物质以及各种级别的化学试剂的生产。

(18) 专用化学品工业:包括催化剂、添加剂、工业助剂、表面活性剂、水处理剂、黏合剂、香料、皮革化学品、造纸化学品等。

(19) 化工新型材料:包括功能材料和复合材料等。

应该指出,冶金(包括钢铁、有色金属及稀有金属的冶炼)、硅酸盐(包括玻璃、陶瓷、水泥、耐火材料)、造纸及制糖等工业,其生产过程虽然与化学工业相似,但由于其工业本身的特点,产品产量大,产值比较高,习惯上已从化学工业中分离出来,分属于冶金工业和轻工业。

### 1.1.2　化学工业的发展

自有史以来,化学工业一直是同发展生产力、保障人类社会生活必需品和应付战争等过程密不可分的。为了满足这些方面的需要,它最初是对天然物质进行简单加工以生产化学品,后来是进行深度加工和仿制,以至创造出自然界原本没有的产品。它对于历史上的产业革命和当代的新技术革命等起着重要的作用。

1. 原始化学工艺的产生

火的利用是人类化学和化学工业生产发展史上第一个发现和发明。火的使用,使人们得以烧制陶器,形成了最早的硅酸盐化学工艺。随着人类生活水平的提高,人类需要更多的生活用具,陶器正是这样应运而生。随着焙烧工艺的提升与原料的选择与精制,人们发明了釉,瓷器由此诞生。由陶器到瓷器,再到玻璃,都属于硅酸盐工业,这是最早的化学工业。后来,随着社会生产力的进步,又出现了金属冶炼工艺与酿造工艺,形成了中国古代最早的化学工艺。

2. 近代化学工业的产生

近代随着英国工业革命的兴起,纺织业的机械化使纺织品大幅度增加,漂白染色等工艺需要大量的酸、碱。肥皂、造纸等工业对于酸碱的需求也大大增加,这就促进了无机化学工业的发展。18 世纪中叶,英国率先用铅室法以硫黄和硝石为原料生产硫酸。1783 年,法国人卢布兰提出了以氯化钠、硫酸、煤为原料的制碱法。此法不仅能生产纯碱,许多化工产品如盐酸、漂白粉、烧碱等均围绕着这个方法展开。从此,以无机酸碱为核心的近代化学工业开始蓬勃发展。1965 年,比利时人索尔维实现了氨碱法制碱的工业化,使用氨气、二氧化碳、氯化钠合成碱,克服了卢布兰法的缺点,从而取而代之,成为制碱法的主流。1890 年,随着氯气使用量的增加,用电解法制取 $Cl_2$ 和烧碱的方法诞生,电化学工业就此兴起;1942 年,中国制碱专家侯德榜研究成功侯氏制碱法,此法联合生产纯碱和氯化铵,使原料得以综合利用,较氨碱法更为完善,成为纯碱工业的发展方向,是中国乃至全球无机化工史上的里程碑。工业革命同样带来了大量机器的制造,机器工业的发展增加了对金属材料的需求,特别是钢铁,推动了冶铁的发展。在冶铁中使用的焦炭由煤炼焦得到,促进了煤化工的兴起。煤焦化又称煤炭高温干馏。以煤为原料,在隔绝空气条件下,加热到 950℃左右,经高温干馏生产焦炭,同时获得煤气、煤焦油并回收其他化工产品的一种煤转化工艺。焦炭的主要用途是炼铁，少量用作化工原料制造电石、电极等。煤焦油是黑色黏稠性的油状液体，其中含有苯、酚、萘、蒽、菲等重要化工原料，它们是医药、农药、炸药、染料等行业的原料，经适当处理可以一一加以分离。后续又产生了煤的气化与液化工艺，使煤的利用更加高效与经济。

3. 近代化学工业的发展

随着社会的进步、工业生产的发展，煤化工逐渐被石油化工所取代。石油的炼制、裂化和重整为化学工业提供了大量原料，促进了合成塑料、人造纤维、人造橡胶等现代化学工业的发展。石油化工是 20 世纪 20 年代兴起的以石油为原料的化学工业，初期依附于石油炼制工业，后来逐步形成一个独立的工业体系。1917 年美国 C. 埃利斯用炼厂气中的丙烯合成了异丙醇，1920 年美国新泽西标准油公司采用此法进行工业生产，这是第一个石油化学品，它标志着石油化工发展的开始。1936 年催化裂化技术的开发，为石油化工提供了更多的低分子烯烃原料。第二次世界大战前夕至 40 年代末，美国石油化工在芳烃产品生产及合成橡胶等高分子材料方面取得了很大进展。战争对橡胶的需要，促使丁苯、丁腈等合成橡胶生产技术迅速发展。随着人口的增加，粮食的需求也日益增大，现代化肥、农药的生产迅猛发展。化肥工业的萌芽期从 19 世纪 40 年代起到第一次世界大战是化肥工业的萌芽时期。那时，人类企图用人工方法生产肥料，以补充或代替天然肥料。1840 年，英国人 J. B. 劳斯用硫酸分解磷矿制得一种固体产品，称为过磷酸钙，1842 年他在英国建了工厂，这是第一个化肥厂。1861 年，在德国施塔斯富特地方首次开采光卤石钾矿，在这之前不久，李比希宣布过它可作为钾肥使用。1913 年，用氢气和氮气合成氨的哈伯法在德国第一次建厂，它为氮肥工业的发展开拓了道路，标志着合成氨工业的巨大进步。第二次世界大战期间，为了制造炸药，硝酸铵生产得到了发展。1922 年，用氨和二氧化碳为原料合成尿素的第一个工厂在德国投入了生产。后来人们逐渐意识到植物在生长中同时需要多种元素，所以在施肥时就不应该只使用含有一种元素的肥料。1920 年，美国氰氨公司的一个磷酸铵小生产装置投入运转，1933 年，在加拿大联合采矿和冶炼公司也建成了一个生产磷酸铵的工厂。20 世纪 30 年代初，用硝酸分解磷矿并用氨中和加工制造硝酸磷肥的奥达法首先在德国建厂。混合肥料逐渐代替了之前的单一成分肥料。现阶段，各种新型肥料如微量元素肥料的出现，使农业生产水平又达到了一个新的高度。

### 1.1.3　现代化学工业的特点

化学工业自 18 世纪中叶开始形成，已发展成为一个品种繁多、门类齐全的重要工业体系。尤其是近半个世纪以来，国内外化学工业发展很快，新工艺、新技术、新产品和新设备不断涌现，成为国民经济的重要支柱产业。从国内外化学工业的发展看，现代化学工业的特点主要表现如下：

(1) 生产规模大型化。

对于现代化学工业，生产规模的大型化是一个重要的特点和发展趋势。因为生产规模是决定化工过程经济效益的一个重要影响因素，通常在某一极限的规模范围内，对于大部分化工厂，单位年生产能力的投资及生产成本随着生产规模的增加而减少。一般化工产品的生产过程要求有严格的比例性和连续性，从原材料到产品加工的各环节，都是通过管道输送，采取自动控制进行调节，形成一个首尾连贯、各环节紧密衔接的生产系统。

(2) 生产技术具有多样性、复杂性和综合性。

化工产品品种繁多，每一种产品的生产不仅需要一种至几种特定的技术，而且原料来源多种多样,工艺流程也各不相同。同一种化工产品,也有多种原料来源和多种工艺流程。此外,化学工业生产的化学反应过程中,在大量生产一种产品的同时,往往会生产出许多联产品和副产品,而这些联产品和副产品大部分又是化学工业的重要原料,可以再加工和深加工,生产技术具有多样性、复杂性和综合性。

(3) 化工产品和技术的发展和更新速度快。

化学工业属于技术密集型工业,化工生产技术进步快,产品更新快,新产品、新工艺不断涌现,往往在市场上有某种化工产品时,就必须开始研究更新换代产品和技术,以应对不断发展的市场。近年来,由于市场、环境和资源的导向,各国都在进行化工产品结构和布局的调整,产品的精细化、功能化和专用化已成为化学发展的必由之路。

(4) 能量和物质消耗密集。

化工生产(尤其是基本原料化工生产),消耗较多的自然原料或经过初加工的原材料,生产中往往消耗较多的能量,因此,合理利用资源,节能、降耗是创造更大效益的重要环节。

(5) 与环境保护关系密切。

在化工生产中往往涉及有毒、有害、易燃易爆的物质,常常伴有废气、废水和废渣的产生。因此,必须重视环境保护,推行清洁生产,开发各种无公害生产工艺,减少有毒有害物质的使用,削减“废弃物”的排放,保护生态环境,造福人类。

## 1.2　化学工业在国民经济中的地位和作用

化学工业是多行业、多品种、多用途的工业部门,是国民经济的重要基础工业,关系到国计民生和高新科学技术的发展,对国民经济建设的发展和人民生活水平的提高起着十分重要的作用。

### 1.2.1　化工与农业

1. 化工对农业的发展的影响

古语云,民以食为天,吃饭是最基本的民生问题。因此农业的发展也是人类赖以生存的重中之重。从原始农业开始逐步发展到传统农业,直至今日的现代农业,历史告诉我们每一次工业和科技上的重大突破和革命都将农业推上一个新的台阶。现代农业是工业化的农业时代,工业的发展使人们从人力畜力进行农作变为了机械的运作。20 世纪合成氨、尿素、六六六、对硫磷等,化肥、农药工业有了长足发展。可以说没有化工就没有现代农业,化工的发展促进了农业的发展,化工也融入了农业的方方面面。

2. 现代农业离不开化工产品

1) 化肥——最重要的增产措施

通常增加粮食产量的途径是扩大耕地面积或提高单位面积产量。根据中国国情,继续扩大耕地面积的余地已不大,虽然中国尚有许多未开垦的土地,但大多存在投资多、难度大的问题。这就决定了中国粮食增产必须走提高单位面积产量的途径。施肥不仅能提高土壤肥力,而且也是提高作物单位面积产量的重要措施。化肥是农业生产最基础而且是最重要的物质投入。

2) 农药——最重要的稳产措施

有关调查资料表明,如果农业生产上不使用杀虫剂,而用非化学方法来替代,估计由害虫引起的作物损失还要增加5%；停止使用杀菌剂，作物的损失估计将增加3%；如果限制使用除草剂，作物损失将增加1%。事实证明，从不使用农药的自然农业发展到使用农药的现代农业，农药做出了积极的贡献。如不施用农药，因受病、虫、草、害的影响，人均粮食将损失1/3。对于我国这样一个人口众多、耕地紧张的大国，农药在缓解人口与粮食的矛盾中发挥着极其重要的作用，为人类的生存做出了重大贡献。

3）化工的发展对农业发展的展望

可持续发展的理念，世界经济一体化的市场需求，以生物技术与信息技术为主要代表的新的农业科技革命，将近代农业推进到现代农业，世界农业的潮流是建立“高效、低耗、持续”的农业发展模式，其中化工的调整与发展对农业的推进也起着举足轻重的作用。

化肥方面：大力发展、施用硝化抑制剂（又称氮肥增效剂），能够抑制土壤中铵态氮转化成亚硝态氮和硝态氮，提高化肥的肥效和减少土壤污染。由于硝化细菌的活性受到抑制，铵态氮的硝化变缓，使氮素较长时间以铵的形式存在，减少了对土壤的污染。

农药方面：重点发展高效低毒低残留农药，淘汰剧毒、高毒和稳定性农药，推广使用低毒杀菌剂。

化工还渗透到迅速发展的分子生物学、遗传工程学中，这些学科的研究对农作物病虫害的防治、植物激素跟农作物增产的关系、创造新的生物和新的品种等方面，开辟了广阔的应用前景。

化工在为现代农业做出了重大贡献的同时也造成了不小的污染与隐患，化工的发展刻不容缓，化工的发展对未来的农业发展也有着重大的影响。21世纪，中国面临着粮食需求量不断增加的严峻形势，尽快探索开发新技术，以便能够使粮食增产，能够最大限度地提高肥料利用率，建立“高效、低耗、持续”的农业发展模式，这对于保障粮食安全、保护生态环境有着极其重要的意义。

### 1.2.2 化工与医药

医学和药物学一直是人类努力探求的领域，在中国最早的药学著作《神农本草经》（公元1世纪前后编著）中，就记载了365种药物的性能、制备和配方。明代李时珍的《本草纲目》中所载药物已达1892种。这些药采自天然矿物或动植物，多数须经泡制处理，突出药性或消除毒性后才能使用。19世纪末至20世纪初，生产出解热镇痛药阿司匹林、抗梅毒药“606”（砷制剂）、抗疟药等，这些化学合成药成本低、纯度高、不受自然条件的影响，表现出明显的疗效。20世纪30年代，人们用化学剖析的方法，鉴定了水果和米糠中维生素的结构，用人工合成的方法，生产出维生素C和维生素$B_1$等，解决了从天然物质中提取维生素产量不高、质量不稳的问题。1935年磺胺药投产以后，拯救了数以万计的产褥热患者。青霉素被发现和投产，在第二次世界大战中，用于救治伤病员，收到了惊人效果。链霉素以及对氨基水杨酸钠等战胜了结核菌，终止了长期以来这种蔓延性疾病对人类的威胁。天花、鼠疫、伤寒等，直到19世纪，还一直是人类无法控制的灾害之一，抗病毒疫苗投入工业生产以后，才基本上消灭了这些传染病。21世纪疫苗仍是人类与病毒性疾病斗争的有力武器。还有各种临床化学试剂和各种新药物剂型不断涌现，使医疗事业大为改观，人类的健康得到了更好的保障。

### 1.2.3 化工与能源

能源是我们人类生存和发展的一种必不可少的物质，从最初的钻木取火获取能量到现在形成以化石能源为主导的生产发展方式，能源已经和我们的生活息息相关。但随着经济的迅速发展，可供利用的化石能源越来越少，部分地区能源出现了危机。

化石能源是碳氢化合物或其衍生物，是指煤炭、石油、天然气等这些埋藏在地下和海洋下的不能再生的燃料资源。它由古代生物的化石沉积而来，是一次能源。它包含的天然资源有煤炭、石油和天然气。煤炭是埋藏在地下的植物受压力和地热的作用，经过几千万年乃至几亿年的炭化过程，释放出水分、二氧化碳、甲烷等气体后，含氧量减少而形成的。煤炭在地球上分布较为广泛，不集中于某一产地。石油是水中堆积的微生物残骸，在高压的作用下形成的碳氢化合物。石油经过精制后可得到汽油、煤油、柴油和重油。石油在地球上分布不均，中东占54%，北美占12%，南美占9%，几乎占了可确认埋藏量的3/4。天然气直接采掘于地下，以甲烷为主。在−162 ℃被冷却、液化后，作为液化天然气用大型专用海轮或油罐输送。天然气的分布也非常偏于中东、美洲和欧洲大陆。

化石能源是目前全球消耗的最主要能源，从世界范围看，今后相当长时期内，煤炭、石油等化石能源仍将是能源供应的主体，中国也不例外。但随着人类的不断开采，化石能源的枯竭是不可避免的，大部分化石能源21世纪将被开采殆尽。不仅如此，化石能源的开采和燃烧也给我们的家园带来了很多的环境污染。一方面，大量化石能源的燃烧产生了大量的二氧化碳气体，产生了温室效应，全球变暖，海平面上升，另外，化石燃料的不完全燃烧会产生有毒气体，如二氧化硫、一氧化碳，还带来了酸雨等不正常的天气变化。另一方面是热污染。火电站发电"余热"被排出到河流、湖泊、大气或海洋中，在多数情况下会引起热污染，以致明显改变其原有的生态环境。

由于全球化石能源是有限的，外加上它所带来的环境影响，现在人们正在积极地开发清洁新能源，部分可再生能源利用技术已经取得了长足的发展，并在世界各地形成了一定的规模。目前太阳能、风能以及水力发电、地热能等的利用技术已经得到了应用。

### 1.2.4 化工与国防

我国化工科研人员研究开发了数以万计的化工新材料、新品种、新规格，满足了诸如"两弹一星"、"神舟"系列、"嫦娥"卫星等重大工程的需求，推动了导弹、火箭、舰艇等的发展，在航母、高铁、深海探测器等领域也发挥着重要作用。

1960年11月5日，我国自制的第一枚仿苏P-2型近程导弹发射成功，其中的国产高纯液氧推进剂让国人扬眉吐气；1964年10月16日，我国第一枚原子弹爆炸成功，从铀矿的勘探、开采，铀的提取，核燃料元件的制造，一直到核反应堆及辐照过的燃料后处理，都离不开离子交换树脂；1967年6月17日，我国第一颗氢弹成功爆炸，它所用的"炸药"是氢化锂和氘化锂，而氘和氘化锂则来自高纯度重水；1970年4月24日，中国发射的第一颗人造卫星"东方红"一号飞向太空，其中的关键材料固体润滑膜，保证了超短波天线在−100～100 ℃能正常工作；1984年4月8日，我国成功发射了第一颗通信卫星——"东方红"二号。它的能源系统使用了1万多个单晶硅片，保证了大量资料的即时接收、处理、发送。

我国国防尖端科学技术的研究开发、新武器的研制、武器装备的更新换代、军队装备的现代化等，都需要化工新材料的支撑。其中，特种橡胶、特种合成塑料、特种合成纤维、特种涂料等组成的"特种部队"功不可没。2003年10月15日，"神舟"五号载人飞船升空，杨利伟身穿的航天服，主体材料是高强度涤纶，气密层由十几种特种橡胶材料制成；2007年10月24日，我国首颗探月卫星"嫦娥"一号成功发射，卫星和火箭使用的高性能液氢、液氧推进剂，用先进碳纤维材料技术研制的太阳能电池板支架等，都出自化工行业；2011 年 7 月我国首台自主设计、集成的载人潜水器，顺利完成 5000 m 级海试，2011 年 8 月中国首艘航母进行了首次海试，化工“特种部队”在航母建设过程中发挥了重要作用。

### 1.2.5　化工与人类生活

自从有了人类，化学便与人类结下了不解之缘。钻木取火、用火烧烤食物、烧制陶器、冶炼青铜器和铁器，都是化学技术的应用。正是化学技术的广泛应用，促进了社会生产力的发展和人类社会的进步。新能源、新材料、环境科学、信息科学、生命科学所取得的令人瞩目的成果改变了我们生存的世界，使我们在衣、食、住、行等方面的生活水平得到了极大的提高。

21 世纪的生活对化学的利用会日益加大，人们对衣、食、住、行各个方面的更高需求都将由化学的方法来实现，如基因疗法、转基因食品、干细胞技术、生态环保服装、智能材料、洁净能源、纳米生物技术等。人们还会用化学的方法不断创造新药品来战胜癌症、艾滋病；战胜老年性痴呆、心脏病与脑卒中等影响健康长寿的疾病；通过促进高效农业的进一步发展，保证人类的食物安全和食物品质。化学将在创制高效肥料和高效农药，特别是与环境友善的生物肥料和生物农药，以及开发新型农业生产资料诸方面发挥巨大作用。化学家还将在克服和治理土地荒漠化、干旱及盐碱地等农业生态系统问题方面做出应有的贡献；通过创新药物研究和改变医疗方法，提高人们的生存质量，提高生活质量。很多非致命疾病是目前主要的研究对象，健康长寿是人们长期的愿望。21 世纪化学将在控制人口数量、克服疾病和提高人的生存质量等方面进一步发挥重大作用；通过促进工程技术的发展，解决人类面临的能源问题。化学家从事的新燃料电池及催化剂的研究，将会使电动汽车向实用化迈出一大步，这将改变人类能源消费的方式，同时提高人类生存环境的质量。21 世纪更是一个以信息和生命科学为代表的科技高速发展的世纪，化学和其他学科的更深层次的交叉、渗透、融合必将取得更为惊人的成果，也将会对现代社会产生更加深远的影响。

## 复习思考题

1. 论述化学工业在国民经济建设中的地位和作用。
2. 简述当代化学工业的发展趋势。
3. 作为一名未来化工从业者，应该具有什么样的基本素质？

## 主要参考文献

[1]　梁文平，唐晋. 当代化学的一个重要前言——绿色化学[J]. 化学进展，2000，12(2)：228-230.
[2]　贡长生. 绿色化学——我国化学工业可持续发展的必由之路[J]. 现代工业，2002，22(1)：8-14.
[3]　李晓，谢久凤，李海霞. 绿色化学与农业可持续发展[J]. 科技创新导报，2017，10：124-125.
[4]　董芳昱，仲伟娜，张明威. 中国医药发展趋势[J]. 现代企业教育，2013，24：570.
[5]　王广生. 我国能源化工面临的挑战及发展方向[J]. 化工管理，2017，16：136.
[6]　魏双峰，郭静. 材料化学工程的应用及发展趋势研究[J]. 魅力中国，2017，47：230.
[7]　杨莉慧. 化学对现代生活的影响[J]. 科学与财富，2017，34：76.

# 第 2 章　化工基础知识

## 2.1　化工热力学基础

### 2.1.1　物质的状态

气体、液体和固体是物质的三种主要聚集状态。其中气体和液体统称为流体，液体和固体统称为凝聚相。所谓“相”，指的是系统中具有完全相同的物理性质和化学组成的均匀部分。当系统中只有一个相，如气相、液相或固相，即称为单相系统，如有两个以上的相共存，则称为多相系统。物质的各种状态都有其特征，而且在一定条件下可以互相转化。物质的主要宏观性质有压力 $p$（单位为 Pa）、体积 $V$（单位为 $m^3$）、温度 $T$（热力学温度，单位为 K）或 $t$（摄氏温度，单位为℃）、密度 $\rho$（单位为 $kg \cdot m^{-3}$）等。

1. 气体

气体的基本特征是具有扩散性和压缩性。将气体引入任何容器，它的分子立即向各个方向扩散，均匀地充满整个容器。处于一定状态的气体，其 $p$、$V$、$T$ 有一定的值和一定的关系，反映其间关系的方程称为状态方程。

1）理想气体状态方程

分子之间无相互作用力、分子自身不占有体积的气体称为理想气体。理想气体的状态方程为

$$pV = nRT \tag{2.1}$$

式中：$R$ 称为摩尔气体常数，其值为 $8.314\ J \cdot mol^{-1} \cdot K^{-1}$。$T$ 与 $t$ 的关系为

$$T = t + 273.15$$

事实上真正的理想气体并不存在，只能看作是真实气体在压力趋近于零时的极限情况。通常，当压力不太大、温度不太低时，可将实际气体作为理想气体处理。

2）理想气体混合物

（1）混合物的组成。较常用的混合物组成的表示方法如下。

① 摩尔分数 $x_i$（或 $y_i$）。

$$x_i \stackrel{\text{def}}{=\!=} \frac{n_i}{\sum_i n_i} = \frac{n_i}{n} \tag{2.2}$$

② 质量分数 $w_i$。

$$w_i \stackrel{\text{def}}{=\!=} \frac{m_i}{\sum_i m_i} = \frac{m_i}{m} \tag{2.3}$$

③ 体积分数 $\varphi_i$。

$$\varphi_i \stackrel{\text{def}}{=\!=} \frac{V_i}{\sum_i V_i} = \frac{V_i}{V} \tag{2.4}$$

(2) 道尔顿(Dalton)分压定律:理想气体混合物中某一组分 $i$ 的分压 $p_i$ 为该组分在同温度、同体积条件下单独存在时所具有的压力,混合物的总压等于各组分在同温度、同体积条件下的分压之和。即

$$p_i=\frac{n_iRT}{V}$$

$$\frac{p_i}{p}=\frac{n_i}{n}=x_i$$

$$p=\sum_i p_i=p_1+p_2+p_3+\cdots \tag{2.5}$$

(3) 阿马格(Amagat)分体积定律:理想气体混合物的总体积等于各组分 $i$ 在同温度和总压 $p$ 下所占有的体积 $V_i$ 之和。即

$$V=\sum_i V_i \quad 或 \quad \frac{V_i}{V}=\frac{n_i}{n}=x_i \tag{2.6}$$

2. 液体

液体无固定形状,在一定条件下具有一定体积。液体分子间的距离比气体小得多,其粒子之间的作用非常明显,液体分子既不像气体分子那样呈现自由运动状态,也不像固体分子那样呈现规则的排列。因此液体不能像气体那样被高度压缩或充分膨胀,工程上常将液体作为不可压缩流体处理。

1) 液体的饱和蒸气压和沸点

在密闭容器中,当温度一定时,某一物质的气态和液态可达成一种动态平衡,即液体蒸发与气体凝聚的速率相等,把这种状态称为气-液平衡。此时的蒸气为饱和蒸气,液体为饱和液体,饱和蒸气对应的压力称为该液体在该温度时的饱和蒸气压。当饱和蒸气压等于外界压力时,液体就沸腾,这时的温度称为沸点。外压为 101.3 kPa 时的沸点称为正常沸点。外压降低,沸点也随之下降。例如,水在海平面上(压力为 101.3 kPa)的沸点为 373 K,而在青藏高原上,随着海拔的升高,气压不断下降,水的沸点也不断降低,以致煮不熟鸡蛋和米饭,必须改用加压锅才行。饱和蒸气压是物质自身的性质,其数值随温度的变化而变化。各种物质在不同温度下的饱和蒸气压可在相关手册中查到。

2) 溶液

一种物质以分子或离子的形态分散在另一种物质(通常是液体)中形成的均匀而稳定的体系称为溶液。将溶液中量少的物质称为溶质,量多的物质称为溶剂。溶液的性质与纯溶剂不同,通常表现在溶液的蒸气压、沸点和凝固点上。

3. 临界状态

液体的饱和蒸气压随着温度的升高而增大,也就是说,温度越高,要使气体液化所需的压力越大,但这不是无止境的。每种液体都有一个特殊温度,在这个温度之上,无论用多大压力都无法将气体液化,这个温度称为临界温度(critical temperature),用 $T_c$ 表示。对应的饱和蒸气压称为临界压力,用 $p_c$ 表示;对应的摩尔体积称为临界摩尔体积,用 $V_{m,c}$ 表示。这时系统所处的状态称为临界状态。

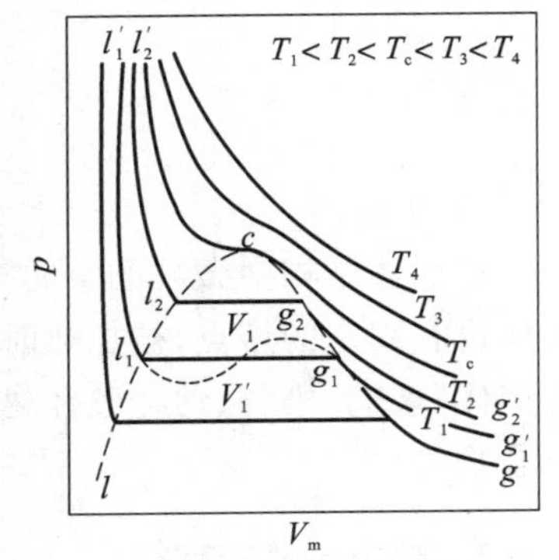

**图 2.1　真实气体 $p$-$V_m$ 示意图**

图 2.1 是真实气体的 $p$-$V_m$ 示意图。图上每一条曲线都是

等温线。温度和压力略高于临界点 $c$ 的状态称为超临界状态，这时物质的气态与液态混为一体，其摩尔体积相同，它既不是气体，也不是液体，称为超临界流体。超临界流体既具有液体的密度，又具有气体的扩散能力，这些重要的特性促进了一种新兴技术的发展，即超临界流体萃取技术。例如：用来萃取水溶液中的有机物；从植物及种子中萃取芳香油、食用油和其他有效成分；从高分子混合物中萃取残留单体等。

4. 固体

固体不仅具有一定体积，而且还具有一定形状。组成固体的粒子(离子、原子或分子等)之间存在着强大的结合力，使固体表现出一定程度的坚实性(即刚性)，能够抵抗加在它上面的外力。与气体、液体不一样，组成固体的粒子不容易自由移动。在固体内的这些粒子可在一定的位置上做热振动。温度越高，这种振动越激烈。在一定的温度下，固体可以变为液体，这种现象称为熔化。有的物质在未达到熔化温度时就已经分解了，这种物质在一般情况下不能变为液体。常见的固体分为晶体和非晶体。自然界的固体多数是晶体。

1) 晶体

晶体的特点如下。① 晶体具有一定的几何外形。例如食盐结晶成立方体，明矾结晶成八面体。② 晶体具有固定的熔点。晶体在一定的温度下转变为液体，这个温度称为晶体的熔点。熔点是晶体与液体成平衡时的温度，因此也称为液体的凝固点(对水来说，称为冰点)。③ 晶体具有各向异性。例如光学性质、导热性质、溶解作用等从晶体的不同方向测定时，是各不相同的。

晶体的内部结构表现为组成物质微粒的原子、分子或离子有规则地排列，称为晶体结构。将组成晶体的原子、分子或离子抽象成几何点，这些点在空间有规则地排列，形成空间点阵，将这些点相连，形成空间网状格子，称为晶格。晶格中能反映的晶体结构的最小重复单位称为晶胞，如图 2.2 所示。

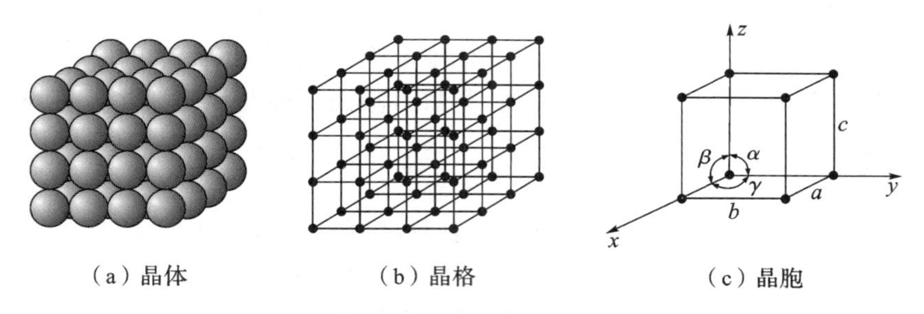


(a) 晶体　　(b) 晶格　　(c) 晶胞

**图 2.2　晶体的内部结构示意图**

2) 非晶体

非晶体结构中微粒的空间排列是无序的，因此具有各向同性，其外观也没有一定形状。非晶体没有固定的熔点，被加热时会慢慢变软，一直到最后成为可流动的液体。典型的非晶体有玻璃体(玻璃、松香、动物胶和树脂等)、非晶态合金(金属玻璃)、非晶态半导体和非晶态高分子化合物等。

### 2.1.2　热力学第一定律

热力学主要研究化学过程及与其密切相关的物理过程中的能量转换关系；判断在某条件

下，指定的热力学过程变化的方向以及可能达到的最大限度。热力学研究的是对象的宏观性质，不考虑时间因素，也不研究反应速率和变化的具体过程。

1. 基本概念

1）系统和环境

把要研究的对象与其余的部分分开，这种分隔的界面可以是实际的，也可以是想象的。这种被划定的研究对象称为系统(system)，系统以外的物质和空间则称为环境(surroundings)。

根据系统与环境之间在物质与能量方面的交换情况，可将系统分为三类。

(1) 孤立系统(isolated system)。系统与环境之间既无物质交换，又无能量交换。孤立系统也称为隔离系统。严格的孤立系统是没有的。

(2) 封闭系统(closed system)。系统与环境之间无物质交换，但有能量交换(如热或功的传递等)。封闭系统是热力学中研究最多的系统，若不特别说明，一般都是指封闭系统。

(3) 敞开系统(open system)。系统与环境之间既有物质交换，又有能量交换。

2）热力学平衡状态

当系统的各种性质不再随时间而改变，就称系统处于热力学平衡状态(thermodynamic equilibrium)。这时系统必须同时具有如下几个平衡。

(1) 热平衡。系统的各部分温度均相同。

(2) 力平衡。系统各部分的压力相等。如果系统中有一刚性壁存在，即使双方压力不等，也能维持力学平衡。

(3) 相平衡。一个多相系统达到平衡后，各相间无物质的净转移，各相的组成和数量不随时间而改变。相平衡是一种动态平衡。

(4) 化学平衡。化学反应系统达到平衡后，宏观上反应物和产物的量及组成不再随时间而改变。化学平衡也是一种动态平衡。

3）状态和状态函数

系统一切性质的总和称为状态。状态发生变化，系统的性质也发生相应的变化，变化值只取决于系统的始、终态，而与变化途径无关。具有这种性质的物理量称为状态函数(state function)。压力、体积、温度和物质的量是可以直接观察和测量的四个基本状态函数。

4）过程和途径

在一定的条件下，系统发生了一个由始态到终态的变化，称为发生了一个过程。常见的过程有等温、等压、等容、绝热过程以及环状过程，还有相变过程和化学变化过程等。完成这个变化所经历的具体方式(或步骤)称为途径。

5）热、功和热力学能

(1) 系统与环境之间由于温度不同而交换的能量称为热，用符号 $Q$ 表示，单位为 kJ。系统吸热，$Q>0$；系统放热，$Q<0$。热不是状态函数，计算热时，一定要与途径相联系。

(2) 除热以外，系统和环境之间传递的其他各种能量都称为功，用符号 $W$ 表示，单位为 kJ。系统对环境做功，$W<0$；系统从环境得到功，$W>0$。功也不是状态函数，计算功时一定要与途径相联系。常见的功有体积功、机械功、界面功和电功等。

(3) 热力学能(也称内能)是系统内分子的平动能、转动能、振动能、电子和核的能量，以及分子间相互作用的势能等能量的总和，用符号 $U$ 表示，单位为 kJ。在绝热条件下，热力学能的改变量等于绝热过程中的功。热力学能的绝对值无法测定，只能测定其变化值，即 $\Delta U=U_{终}-U_{始}$。热力学能是状态函数，数学上具有全微分的性质。

2. 热力学第一定律

热力学第一定律是能量守恒定律在热现象领域内所具有的特殊形式。热力学第一定律表明:能量可以从一种形式变为另外一种形式,但转化过程中能量的总和不变。它的数学表达式为

$$\Delta U = Q + W$$

或

$$\mathrm{d}U = \delta Q + \delta W \tag{2.7}$$

第一定律也可表述为:第一类永动机是不可能制造的。

### 2.1.3 热效应

1. 基本概念

1) 等容热

系统在变化过程中保持体积不变,与环境交换的热量称为等容热,以 $Q_V$ 表示。在不做非膨胀功的等容过程中 $W=0$,热力学能的变化值等于等容热,即 $\Delta U = Q_V$。

2) 等压热

系统在变化过程中保持压力不变,与环境交换的热量称为等压热,以 $Q_p$ 表示。在不做非膨胀功的等容过程中 $W=0$,热力学能的变化值等于等压热,即 $\Delta U = Q_p$。

3) 焓

焓是根据需要定义的函数,$H \overset{\mathrm{def}}{=\!=\!=} U + pV$。从定义式可知,焓是状态函数,其绝对值无法测定,其单位为 kJ。在等压、不做非膨胀功的过程中,焓的变化值等于等压热,即 $\Delta H = H_2 - H_1 = Q_p$,这就是定义焓的意义。

4) 热容

对于稳定的热力学均相封闭系统,系统升高单位热力学温度时,所吸收的热称为系统的热容。热容与系统所含物质的数量及升温的条件有关,于是有比热容和摩尔热容等不同的热容。热容是温度的函数,但通常在温度区间不大时,可近似认为是常数。

2. 相变热

系统中的同一物质,在不同相之间的转移称为相变,例如蒸发、冷凝、结晶、熔化、升华、晶形转变等。伴随相变所产生的热效应,称为相变热(相变焓)。由于相变一般是在等温、等压下进行,因此相变热就是相变时焓的变化值。通常物质呈气、液、固三种状态。所以,液态变成气态所吸的热称为蒸发热;固态变成液态所吸的热称为熔化热;固态变成气态所吸的热称为升华热。相变热是物质的特性,随温度而变,如图 2.3 所示。

3. 化学反应热

对于不做非膨胀功的化学反应系统,在反应物与产物的温度相等的条件下,系统吸收或放出的热称为化学反应热。在等压过程中测定的热效应称为等压热,即 $Q_p$,大多数化学反应热是在等压条件下测定的。在等容过程中测定的热效应称为等容热,即 $Q_V$。两者的关系为

$$Q_p = Q_V + p\Delta V \tag{2.8}$$

对气相反应,如果气体都是理想气体,忽略凝聚态的体积变化,则

$$Q_p = Q_V + \Delta nRT$$

或

$$\Delta_r H = \Delta_r U + \Delta nRT \tag{2.9}$$

式中:下标“r”表示反应;“$\Delta n$”表示化学计量方程中产物和反应物中气体物质的量总数之差。

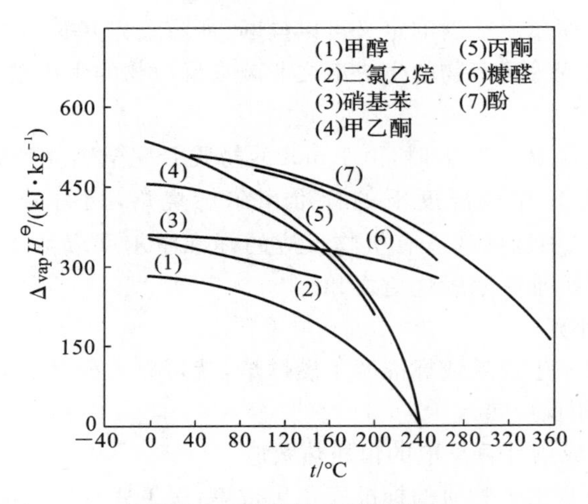


**图 2.3　若干物质的蒸发热**

4. 溶解热

在等温、等压下，一定量溶质溶于一定量溶剂中所产生的热效应，称为该物质的溶解热。例如：硫酸溶于水时，会放出大量的热；而硝酸溶于水时，会吸收热。由于溶解是在等压下进行的，所以溶解热也就是溶解过程的焓变，用 $\Delta_{sol}H$ 表示。显然，溶解热与溶质和溶剂的量有关。类似的还有稀释热，用 $\Delta_{dil}H$ 表示；混合热，用 $\Delta_{mix}H$ 表示等。

5. 化学反应热的计算

1）化学计量方程

通常可以把任意化学反应写成

$$aA+eE \xlongequal{} cC+dD$$

上式称为化学计量方程。一个配平的化学反应方程式，应遵守物料平衡：

$$-aA-eE+cC+dD=0=\sum \nu_B B$$

式中：$a$、$e$、$c$、$d$ 分别称为 A、E、C、D 的化学计量数，用 $\nu_B$ 表示，对反应物取负值，对产物取正值。B 表示任意组分（反应物或产物）。化学计量方程在化学反应热的计算、化学平衡和反应速率中被普遍采用。

2）热化学方程式

普通的化学反应方程式给出了参加反应的各物质之间的作用关系。如果在普通的化学反应方程式的基础上，同时标出其热效应，再加上适当的符号，这个化学反应方程式就成为一个热化学方程式。例如：

$$H_2(g)+\frac{1}{2}O_2(g)\xrightarrow[101325\ Pa]{298.15\ K}H_2O(l)$$

$$Q_p=-283.15\ kJ \cdot mol^{-1}$$

式中：“g”表示气体；“l”表示液体；“s”表示固体。298.15 K 和 101325 Pa 为反应的条件。如上式中 $T=298.15$ K，$p=101325$ Pa，$Q=-283.15\ kJ \cdot mol^{-1}$ 表示反应进度为 1 mol（即 1 mol $H_2$、0.5 mol $O_2$ 反应生成 1 mol $H_2O$）时共放热 283.15 kJ。

3）标准摩尔生成焓

在标准压力下和反应温度为 $T$ 时，由稳定单质生成 1 mol 的产物 B，该反应的摩尔焓变就是 B 物质的标准摩尔生成焓，用符号 $\Delta_f H_m^{\ominus}(T)$ 表示，单位是 $kJ \cdot mol^{-1}$。

根据热力学对标准摩尔生成焓的定义可以推断:所有稳定单质的标准摩尔生成焓都等于零。反应的标准摩尔焓变等于产物的生成焓之和减去反应物的生成焓之和。

4) 标准摩尔燃烧焓

在标准压力下和反应温度为 $T$ 时,由 1 mol 的物质 B 完全燃烧生成同温度的指定产物时的摩尔焓变,称为物质 B 在该温度下的标准摩尔燃烧焓,用符号 $\Delta_c H_m^{\ominus}(T)$ 表示,单位是 $kJ \cdot mol^{-1}$。用标准摩尔燃烧焓计算有机物反应的标准摩尔反应焓变时,可用反应物标准摩尔燃烧焓之和减去产物标准摩尔燃烧焓之和。

5) 化学反应热的计算

有了物质的标准摩尔生成焓或标准摩尔燃烧焓,就可以方便地计算化学反应的标准摩尔焓变,即化学反应的恒压反应热。

(1) 由标准摩尔生成焓计算反应的恒压热效应。

从热力学数据表中查出各物质的标准摩尔生成焓,按下式计算反应的热效应。

$$\Delta_r H_m^{\ominus}(T) = \sum \nu_B \Delta_f H_m^{\ominus}(\text{产物}) - \sum \nu_B \Delta_f H_m^{\ominus}(\text{反应物}) \tag{2.10}$$

式中:$\Delta_r H_m^{\ominus}(T)$是化学反应在温度 $T$ 条件下进行时的摩尔焓变,等于反应的恒压热效应 $Q_p$;$\nu_B$表示物质 B 的化学计量数。

(2) 由标准摩尔燃烧焓计算反应的恒压热效应。

由标准摩尔燃烧焓计算化学反应的恒压反应热的方法与由标准摩尔生成焓计算化学反应的恒压反应热的方法类似。用热力学方法可以推出:

$$\Delta_r H_m^{\ominus}(T) = \sum \nu_B \Delta_c H_m^{\ominus}(\text{反应物}) - \sum \nu_B \Delta_c H_m^{\ominus}(\text{产物}) \tag{2.11}$$

## 2.2　化学反应规律与化学反应器

### 2.2.1　化学平衡

在工业生产中,人们总希望一定数量的原料能变成更多的产物,但在指定的条件下,一个化学反应向什么方向进行?理论上反应可获得的最大产率是多少?此最大产率怎样随条件变化?在什么条件下能得到最大产率?这些都是科学实验和工业生产中十分关心的问题。从热力学上看,这些都属于化学平衡问题。本节将介绍在一定的条件下化学反应究竟向哪个方向进行,什么时候达到平衡,怎样控制温度、压力等反应条件,使反应按人们所需要的方向进行等内容。

1. 基本概念

1) 可逆反应

所有的化学反应都是既可以正向进行,也可以逆向进行,这种现象称为反应的可逆性。但是有的反应逆向进行程度极小,与正向进行程度相比可以忽略不计,通常称这种反应为单向反应。例如,氢与氧的反应,按物质的量之比为 2∶1 的混合物经爆鸣反应之后,几乎检测不到有剩余的氢气和氧气,就认为反应是“进行到底了”。也有的化学反应正向和逆向反应都比较明显,例如,氢与氮生成氨的反应,到达平衡时还有相当多的氢和氮没有作用,这类反应称为可逆反应。本节提到的化学反应系统,都是指不做非膨胀功的封闭系统。

所有的化学平衡都是动态平衡。在一定条件下,当正向和逆向两个反应速率相等时,就说反应系统达到了平衡。从宏观上看，参与反应各物质的量不再随时间而改变，似乎反应停止了，但从微观角度看，正、逆反应都在不断进行，仅是两者的速率相等而已。

某可逆反应在一定条件下的化学平衡即是该反应所能进行的最大程度，此时的产率即是理论上反应可获得的最大产率。

2）化学反应的平衡常数

对任意一可逆反应

$$aA + bB \rightleftharpoons cC + dD$$

当反应达到平衡时$\frac{c_C^c c_D^d}{c_A^a c_B^b}$是一常数，这个常数称为化学平衡常数，用 $K_c$ 表示，即

$$K_c = \frac{c_C^c c_D^d}{c_A^a c_B^b} \tag{2.12}$$

化学平衡常数仅与温度有关，与反应物或产物的起始浓度无关，与反应物的配比、反应是从哪一边开始也没有关系。

化学平衡常数反映了一个化学反应在一定条件下进行的最大限度。对同一类化学反应，$K_c$ 越大，意味着反应进行的程度越大。

如果参加反应的各物质都是气体，可以用参加反应的各气体的分压来表示化学反应的平衡常数。对气体参加的反应

$$aA(g) + bB(g) \rightleftharpoons cC(g) + dD(g)$$

则平衡常数可以表示为

$$K_p = \frac{p_C^c p_D^d}{p_A^a p_B^b} \tag{2.13}$$

式中：$K_p$ 称为压力平衡常数。相应的 $K_c$ 也称为浓度平衡常数。两个平衡常数都属于实验平衡常数。对理想气体，若平衡时各物质的分压是 $p_i$，则满足 $p_iV = n_iRT$，所以 $p_i = c_iRT$。从而有

$$K_p = K_c(RT)^{\Delta\nu} \tag{2.14}$$

式中：$\Delta\nu$ 是化学计量方程中产物与反应物的化学计量数之差。

平衡常数与化学反应方程式的书写方式有关，即平衡常数与特定的化学反应方程式相对应。当同一反应用不同的化学计量方程表示时，如反应物的量是原来的 $n$ 倍，则 $K_c$ 变为 $K_c^n$。逆反应的平衡常数与正反应的平衡常数互为倒数。

3）多重平衡规则

平衡常数可以通过实验测定，也可以通过热力学理论计算得到。实际应用中还可以通过已知化学反应的平衡常数来计算未知化学反应的平衡常数。

当几个化学反应式相加（或相减）得到另一个化学反应式时，其平衡常数等于几个反应式的平衡常数的乘积（或商）。这就是多重平衡规则。

4）平衡转化率

反应系统达到平衡时，反应物转化为产物的百分率称为平衡转化率，用 $\varepsilon$ 表示。

$$\varepsilon = (\text{平衡时某反应物转化为产物的量}/\text{反应开始时该物质的总量}) \times 100\% \tag{2.15}$$

若反应前后体积不变，平衡转化率又可表示为

$$\varepsilon = (\text{平衡时某反应物浓度的减少值}/\text{反应开始时该物质的浓度}) \times 100\% \tag{2.16}$$

平衡转化率即是理论上的最高转化率。延长反应时间或加入催化剂，都不能超过这个极

大值。工业生产中的化学反应不可能达到平衡,所以实际转化率通常是指已转化的反应物与投入的反应物之比。

2. 影响化学平衡的因素

影响化学平衡的因素较多,如改变温度、改变压力、添加惰性气体、改变催化剂等,都有可能使已经达到平衡的反应系统发生移动,从原来的平衡移动到新的条件下达成新的平衡。

1) 温度对化学平衡的影响

温度对化学平衡的影响最显著。其影响程度可由范特霍夫(Van't Hoff)方程确定。

$$\frac{d(\ln K)}{dT}=\frac{\Delta_r H_m^{\ominus}(298.15\ K)}{RT^2} \tag{2.17}$$

升高温度,化学平衡将向吸热方向移动,即对吸热反应有利,而对放热反应不利;降低温度,平衡将向放热方向移动。例如合成氨反应:

$$N_2(g)+3H_2(g)\rightleftharpoons 2NH_3(g)\qquad \Delta_r H_m^{\ominus}(298.15\ K)=-92.22\ kJ\cdot mol^{-1}$$

正反应是放热反应,$\Delta_r H_m^{\ominus}(298.15\ K)<0$,因此,温度升高时,$K$ 减小,平衡不利于向生成产物的方向移动。但温度过低又将影响化学反应速率。

此外,可以根据范特霍夫方程的积分式计算不同温度下的平衡常数的值和求反应的焓变,或已知 $\Delta_r H_m^{\ominus}(298.15\ K)$,从一个温度下的平衡常数求出另一温度下的平衡常数。

2) 压力对化学平衡的影响

范特霍夫方程表明平衡常数仅是温度的函数,所以改变压力对平衡常数没有影响,但会改变平衡的组成。由于凝聚相体积受压力影响极小,通常忽略压力对液相和固相反应平衡组成的影响。增加压力,对气体分子数增加的反应不利,而对气体分子数减少的反应有利。

例如合成氨的反应:$N_2(g)+3H_2(g)\rightleftharpoons 2NH_3(g)$,由于反应之后气体分子数较反应之前少,因此,增大体系的总压力将有利于平衡向生成氨的方向移动。合成氨反应常在几百个大气压下进行,一方面是为了增大反应的速率,另一方面,在系统总压力很大的情况之下,平衡混合物中氨的含量比较高。因此,从化学平衡的角度来看,增大压力可以提高生产能力。

3) 浓度对化学平衡的影响

在其他条件不变的情况下,增大反应物浓度或减小产物浓度,平衡将向有利于生成产物的方向移动。此规律常常用在实际生产中。

例如在硫酸生产中,存在着可逆反应:$2SO_2(g)+O_2(g)\rightleftharpoons 2SO_3(g)$,为了使成本较高的 $SO_2$ 尽可能地反应完全,常使氧气(空气中的氧)过量。由反应计量方程知 $\nu_{SO_2}:\nu_{O_2}=1:0.5$,但在实际生产中采用的是 $\nu_{SO_2}:\nu_{O_2}=1:1.6$。

4) 惰性气体对化学平衡的影响

惰性气体不影响平衡常数,只影响平衡系统的组成。加入惰性气体对气体分子数增加的反应有利,相当于起了稀释、降压的作用,而对气体分子数减少的反应不利。

在实际化工生产中,原料气中常混有不参加反应的气体,例如在 $SO_2$ 转化为 $SO_3$ 的反应中,需要的是 $O_2$,但为了降低成本常通入空气,空气中的 $N_2$、Ar 等就成了惰性气体。

综合上述各种因素对化学平衡的影响,1884 年法国人吕·查德里(Le Châtelier)总结出一条关于平衡移动的普遍规律:当系统达到平衡后,若改变平衡状态的任一条件(如温度、浓度、压力等),平衡就向着能减弱这种改变的方向移动。这条规律称为吕·查德里原理。

### 2.2.2　化学反应动力学

化学反应动力学主要研究化学反应速率和机理,以及各种因素对反应速率的影响规律。

影响反应速率的因素大致有三类：一是反应物、产物、催化剂以及其他物质的浓度；二是系统的温度和压力；三是光、电、磁等外场。

实验室和工业生产中，化学反应一般都是在反应器中进行的，反应速率直接决定一定尺寸的反应器在一定时间内所能达到的收率或产量。生物界的反应在器官乃至细胞中进行，它们也可看作反应器，反应速率影响着营养物质的转化和吸收以及生物体的新陈代谢。对于大气和地壳，反应在更大规模的空间进行，反应速率关系着臭氧层破坏、酸雨产生、废物降解、矿物形成等生态环境和资源的重大问题。化学反应动力学研究对于上述广泛领域有着重要意义。

1. 基本概念

1）基元反应和复合反应

（1）基元反应：由反应物一步生成产物的反应，没有可由宏观实验方法探测到的中间产物。

（2）复合反应：由两个以上基元反应组合而成的反应，也称为非基元反应或复杂反应。

（3）反应机理：基元反应组合的方式或先后次序。

自然界和实验室中观察到的化学反应绝大多数是复合反应。例如：过去长期认为 $H_2$ 和 $I_2$ 反应生成 HI 是基元反应，现在已知道它是由下列几个基元反应组合而成的复合反应。

$$I_2 = 2I\cdot,\quad I\cdot + H_2 \longrightarrow HI + H\cdot,\quad H\cdot + I_2 \longrightarrow HI + I\cdot$$

原则上，如果知道基元反应的速率，又知道反应机理，应能预测复合反应的速率。反应机理通常要由动力学实验、非动力学实验（如分离或检测中间产物），再结合理论分析来综合判断。目前，多数反应机理还只是合理的假设。

2）宏观反应动力学和微观反应动力学

化学反应动力学根据在宏观或在微观水平上研究，分为两个分支。

（1）宏观反应动力学：指综合考虑传递现象和化学反应的动力学。它常用于工程研究和实际生产。

（2）微观反应动力学：也称为本征反应动力学。它不考虑传递现象，只从影响反应本身的变量（如浓度、温度、压力等）出发，研究基元反应和复合反应的速率规律。

3）化学反应速率的表示方法

化学反应总是在一定的时间间隔和一定大小的空间中进行，所需时间的长短度量了反应的快慢，所占空间的大小决定了反应的规模。通常定义化学反应速率（$r$）为单位时间单位反应区的反应量，即

$$r \overset{\text{def}}{=\!=} \frac{1}{\nu_B V}\frac{dn_B}{dt} \tag{2.18}$$

单位反应区可以采用单位反应体积（如均相反应）或单位反应系统的量（如催化剂的质量）等表示，视使用方便而定。反应量通常采用摩尔或分压等单位，可以是任一反应组分或任一反应产物的量。所以，研究反应速率时，只需讨论某一组分反应速率的变化，由于其他各组分的反应量都受到化学反应计量式的约束，其他组分的反应速率则不难从化学计量方程中获得。例如，若化学计量方程为

$$aA + bB = cC + dD$$

则必有

$$\frac{-r_A}{a} = \frac{-r_B}{b} = \frac{r_C}{c} = \frac{r_D}{d} \tag{2.19}$$

由于反应过程中反应物逐渐减少，产物逐渐增加，为保持反应速率恒为正值，故反应物的反应速率取负值，表示消耗的速率，反应产物的反应速率取正值，表示生成的速率。

2. 化学反应速率方程

化学反应速率方程，又称动力学方程。广义上，它是定量描述各种因素对反应速率影响的数学方程；狭义上，它是在其他因素固定不变的条件下，定量描述各种物质的浓度和温度对反应速率影响的数学方程。对均相反应，反应速率方程可表示为

$$r_{\mathrm{B}}=f(c,T) \tag{2.20}$$

式中：$r_{\mathrm{B}}$为组分 B 的反应速率；$c$ 为参与反应过程的浓度向量；$T$ 为反应温度。

到目前为止，反应动力学规律仍然必须由实验测定。

1）反应分子数和质量作用定律

在基元反应中，反应物分子数之和称为反应分子数，其数值为 1、2 或 3。

基元反应的速率与各反应物浓度的幂乘积成正比，其中各浓度项的幂指数即为化学计量方程中各物质的化学计量数，这就是质量作用定律，它只适用于基元反应。

2）基元反应速率方程

根据质量作用定律可直接写出基元反应的速率方程，例如：

单分子反应 $\mathrm{A} \longrightarrow \mathrm{P}$ $r=kc_{\mathrm{A}}$

双分子反应 $2\mathrm{A} \longrightarrow \mathrm{P}$ $r=kc_{\mathrm{A}}^{2}$

$\mathrm{A}+\mathrm{B} \longrightarrow \mathrm{P}$ $r=kc_{\mathrm{A}}c_{\mathrm{B}}$

式中的比例系数 $k$ 称为速率常数，数值上相当于各反应物浓度均为 1 $\mathrm{mol \cdot m^{-3}}$时的反应速率，是反应的特性指标，并随温度而变。在定温下，速率常数为定值，与反应物浓度无关。$k$ 的单位为$(\mathrm{mol \cdot m^{-3}})^{1-n} \cdot \mathrm{s^{-1}}$，$n$ 即反应分子数。上述反应如果是气相反应，浓度还可以用分压表示。

3）复合反应速率方程

通常根据实验得出复合反应经验的速率方程。如果知道反应机理，也可根据相应基元反应的速率方程，导出复合反应的理论速率方程。经验表明，许多化学反应的速率与反应中的各物质的浓度之间的关系可表示为下列幂函数形式：

$$r=k\,c_{\mathrm{A}}^{\alpha}c_{\mathrm{B}}^{\beta}c_{\mathrm{C}}^{\gamma}\cdots \tag{2.21}$$

式中：A，B，C，…一般为反应物或催化剂，也可以是产物或其他物质；指数 $\alpha,\beta,\gamma,\cdots$分别为反应速率对 A，B，C，…的级数，表示物质 A，B，C，…的浓度对反应速率的影响程度，称为分级数。分级数可以是整数，可以是分数，也可以是负数。负数表示该物质对反应起阻碍作用。

各分级数之和称为反应级数，以 $n$ 表示。$n=\alpha+\beta+\gamma+\cdots$，相应反应称为 $n$ 级反应。如果化学反应不具有形如式(2.21)的速率方程，则称该反应无级数或级数无意义。

3. 反应速率的浓度效应

反应速率的浓度效应是通过反应级数来体现的。级数越大，浓度对反应速率的影响越大。

实际上许多反应的进行过程未必就简单地按化学计量方程进行。因为化学计量方程只表达了反应的总结果。

在理解反应速率的浓度效应时要特别注意以下两点。

(1) 反应级数不同于反应的分子数，前者是在动力学意义上讲的，后者是在计量化学意义上讲的。

(2) 反应级数的高低并不能直接决定反应速率的快慢。反应级数只表示反应速率对浓度

的敏感度。级数越高,浓度对反应速率的影响越大。

4. 反应速率的温度效应

通常温度对反应速率的影响比浓度大得多。1884 年荷兰人范特霍夫总结了大量实验数据,提出了反应速率与温度之间的经验规则:对一般反应,在压力和浓度相同的情况下,温度每升高 10 ℃,反应速率为原来的 2～4 倍。

范特霍夫规则过于粗略。1889 年瑞典人阿仑尼乌斯根据大量实验数据总结出以下经验公式:

$$k=A\exp\left(-\frac{E_a}{RT}\right) \tag{2.22}$$

微分式

$$\frac{d(\ln k)}{dT}=\frac{E_a}{RT^2}$$

对数式

$$\ln k=-\frac{E_a}{RT}+\ln A \tag{2.23}$$

式中:$k$ 为反应速率常数;$A$ 为指前因子,又称频率因子,为给定反应的特征常数;$E_a$为活化能,单位为 $kJ\cdot mol^{-1}$;$R$ 为摩尔气体常数。

公式中的活化能 $E_a$是一个重要参数。众所周知,反应物分子间相互碰撞是发生化学反应的前提,并且只有已被"激发"的反应物分子——活化分子的碰撞才有可能奏效。为使反应物分子"激发"所需的能量即为活化能,这就是活化能的物理意义。

"激发"态的活化分子进行反应,转变成产物,产物分子的能量水平或者比反应物分子高,或者比其低,而反应物分子和产物分子间的能量水平的差值即为反应热。它与活化能是两个不同的概念。因此在理解反应的重要特征——活化能 $E_a$ 时,应当注意以下几点。

(1) 活化能的大小表征化学反应进行的难易程度。活化能高,反应难以进行;反之亦然。但是活化能不是决定反应难易的唯一因素,它与指前因子 $A$ 共同决定反应难易。

(2) 活化能不能直接预示反应速率的大小,只是反应速率对反应温度敏感程度的一种度量。活化能越大,温度对反应速率的影响越显著。

(3) 活化能不同于反应的热效应,它并不表示反应过程中吸收或放出的热量,而只表示使反应分子达到活化态所需的能量,与反应热效应并无直接的关系。但由范特霍夫方程知,对吸热反应,升高温度使平衡常数增大,有利于提高正向反应的速率,这与动力学中温度对速率的影响是一致的。对放热反应,升高温度会使平衡常数减小,不利于正向反应,这与动力学分析相矛盾。在工业上,确定反应温度时,首先要保证反应速率。

活化能主要通过实验测定。获得实验数据后,利用式(2.23)计算获得。

5. 催化剂对反应速率的影响

为提高一个化学反应的速率,可以增大反应物的浓度或升高温度。但这两种方法都有一定的局限性,有时增大反应物浓度的局限性更大,而升高温度可能引起一些副反应的发生,即使没有副反应,有些反应升高到一定的温度后反应的速率仍然很小。此时,可以考虑使用催化剂。

1) 催化反应中的基本概念

(1) 催化剂。可以明显改变化学反应速率而本身在反应前后保持数量和化学性质不变的物质称为催化剂。能加速反应的称为正催化剂,如合成氨工业中所使用的铁催化剂、硫酸工业中使用的五氧化二钒、促进生物体生化反应的各种酶等。使反应速率变小的物质称为阻化剂,如防止金属腐蚀的缓蚀剂、防止塑料和橡胶老化的防老化剂、汽油燃烧中的防爆震剂等都是阻化剂。通常所说的催化剂都是指正催化剂。

(2) 均相催化反应与多相催化反应。催化剂与反应系统处在同一相时,称为均相催化反应。例如,乙醇和乙酸反应生成乙酸乙酯,用硫酸作为催化剂,为液相催化反应。催化剂与反应系统处在不同相时,称为多相催化反应。例如氢气与氮气合成氨,使用铁系催化剂、石油裂解用分子筛作催化剂,为气-固催化反应;乙醇和乙酸反应生成乙酸乙酯,如用酸性树脂作为催化剂,即为液-固催化反应。

(3) 催化剂的活性与选择性。催化剂的优劣主要以活性和选择性来描述。不同的催化剂其活性的表示方法也不同,通常在反应条件和催化剂用量相同的情况下,用反应物的转化率来表示催化剂的活性;反应物转化为目标产物的百分数称为催化剂的选择性。对固体催化剂也常用单位时间、单位质量(或表面积)上产物的质量来表示其活性。

(4) 催化剂的中毒与再生。催化剂的活性主要来源于其表面的活性中心,固体催化剂的表面活性中心被某些物质占领而失去活性,称为催化剂中毒(或失活)。如果经升温、通入气体或液体冲洗,使催化剂的活性得以恢复,称为催化剂再生。如果催化剂无法再生,则称为永久性中毒。占领活性中心的物质称为毒物。毒物往往是反应物中的杂质,所以使用前要先将反应物净化。催化剂能保持一定活性的使用时间,称为催化剂的寿命,它与催化剂的制备材料、制备条件和使用环境等因素有关。

2) 催化作用的基本特征

(1) 催化剂不能改变反应的方向和限度。例如,在一定反应条件下,合成氨反应达到平衡时,氨的摩尔分数为25%,如加入催化剂不可能使氨的摩尔分数有丝毫改变。这是因为催化剂虽参与反应,但反应的始、终态未变。

(2) 催化剂只能缩短达到平衡的时间,而不能改变平衡状态。因为催化剂不能改变平衡常数的值,所以催化剂在加快正向反应速率的同时,也加快逆向反应的速率,使平衡提前到达。例如,镍催化剂既是优良的加氢催化剂,也是优良的脱氢催化剂;合成氨催化剂既加速 $H_2$ 和 $N_2$ 生成氨,又加速氨的分解。

(3) 催化剂不改变反应系统的始、终态,因此也不会改变反应热。催化剂加快反应速率的本质,是改变了反应机理,降低了整个反应的表观活化能。另外,反应物与产物能量之差即为反应热。

(4) 催化剂对反应的加速作用具有选择性。特定的催化剂只能对特定的反应(或某一类反应)起催化作用,对其他反应可能无催化作用。不同类型的反应要选择不同的催化剂。即使用相同的原料,使用不同的催化剂也可能会得到不同的产物。例如:乙烯氧化用银催化剂,生成环氧乙烷;乙烯氧化改用钯催化剂,生成的则是乙醛。在化工生产中,对复合反应使用催化剂可以加快主要反应的速率并抑制其他反应的进行,以提高产品的质量和产量。

### 2.2.3 化学反应器

化学反应器是用来进行化学反应的设备,工业生产中的化学反应均在反应器中进行。不同类型的反应器适用于不同的反应介质,具有不同的特征。

1. 化学反应器类型

工业生产上使用的反应器类型多种多样,分类方法也有多种,如按结构特点,可分为如下几种类型。

1）管式反应器

该类反应器在工业生产中常用。其特征是长度远比管径大，内部中空，不设置任何构件，多用于均相反应，例如由轻油裂解生产乙烯所用的裂解炉便属此类。

2）釜式反应器

该类反应器应用广泛，又称反应釜或搅拌反应器。其高度一般与其直径相等或为直径的2～3倍，釜内设有搅拌装置及挡板，以使釜内物料混合均匀。可根据不同的情况在釜内安装换热器，以维持所需的反应温度。也可在釜外安装夹套，通过流体的强制循环而进行换热。釜式反应器可采用间歇和连续两种操作方式。它大多用于进行液相反应，有时也用于气-液反应、液-固反应以及气-液-固反应。

3）塔式反应器

该类反应器的高度一般为直径的数倍以至十余倍，内部设有可以增加两相接触的构件，如填料、筛板等。塔式反应器主要用于两种流体相发生反应的过程，如气-液反应和液-液反应。鼓泡塔也是塔式反应器的一种，用以进行气-液反应，内部不设置任何构件，气体自塔底以小气泡的形式鼓泡通过液层，然后自塔顶排出。喷雾塔也属于塔式反应器，用于气-液反应，液体成雾滴状分散于气体中，情况正好与鼓泡塔相反。无论哪一种类型的塔式反应器，参与反应的两种流体可以成逆流，也可以成并流，视具体情况而定。

4）固定床反应器

固定床反应器是一种被广泛采用的典型的多相催化反应器，从反应器的形式来看，它与管式反应器类似。其特征为反应器内填充有固定不动的固体颗粒，这些固体颗粒可以是固体催化剂，也可以是固体反应物。反应物料自上而下通过颗粒床层，管间载热体与管内的反应物料进行换热，以维持所需的温度。对于放热反应，往往使用冷的原料作为载热体，借此将其预热至反应所要求的温度，然后再进入床层，这种反应器称为自热反应器。此外，也有在绝热条件下进行的固定床反应器。除多相催化反应外，固定床反应器还用于气-固及液-固非催化反应。

当气、液或液、液两股流体以并流或逆流方式通过催化剂的固定床层时，此种反应器称为滴流床反应器，又称涓流床反应器。从某种意义上说，这种反应器也属于固定床反应器，用于使用固体催化剂的气-液和液-液反应。

5）流化床反应器

该类反应器是有固体颗粒参与的反应器，与固定床反应器不同，这些颗粒均处于运动状态，且其运动方向是多种多样的。一般可分为两类：一类是固体被流体带出，经分离后固体循环使用，称为循环流化床；另一类是固体在流化床反应器内运动，流体与固体颗粒所构成的床层犹如沸腾的液体，故又称沸腾床反应器。这种床层有与液体相类似的性质，故又称为假液化层。反应器下部设有分布板，板上放置固体颗粒，流体自分布板下送入，均匀地流过颗粒层。当流体速率达到一定值后，固体颗粒开始松动，再增大流速即进入流化状态。反应器内一般都设置有挡板、换热器、流体与固体分离装置等内部构件，以保证得到良好的流化状态、所需的温度条件，并有助于反应后的物料分离。流化床反应器可用于气-固、液-固以及气-液-固催化或非催化反应，是工业生产中较广泛使用的反应器。

6）移动床反应器

该类反应器也是有固体颗粒参与的反应器，与固定床反应器无本质的区别。所不同的是固体颗粒自反应器顶部连续加入，自上而下移动，由底部卸出，如固体颗粒为催化剂，则用提升装置将其输送至反应器顶部后再返回反应器内。反应流体与颗粒成逆流，此种反应器适用于催化剂需要连续进行再生的催化反应过程和固体加工反应。

图 2.4 给出了几种常见的工业反应器示意图。

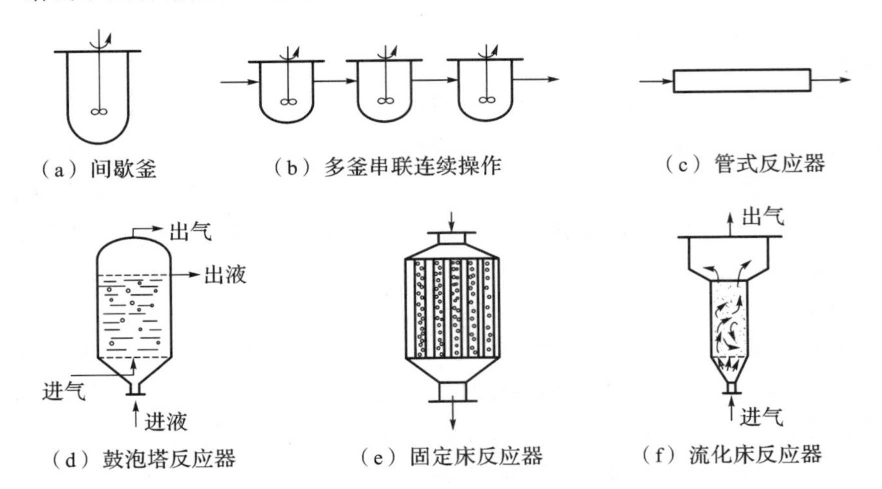


**图 2.4　几种常见的工业反应器示意图**

表 2.1 列出了工业上应用较多的一些反应器的主要特征及其在工业上的应用。

**表 2.1　各种反应器的主要特征及其应用**

| 形式 | 反应类型 | 混合特征 | 温控性能 | 其他性能 | 应用举例 |
|---|---|---|---|---|---|
| 管式 | 气相、液相、气-液相 | 返混很小 | 比传热面大，易控制温度 | 管内可加构件，如静态混合器 | 石脑油裂解、一氧化氮氧化 |
| 空塔或搅拌塔 | 液相、液-液相 | 返混程度与塔尺寸有关 | 轴向温差较大 | 结构简单 | 尿素合成、苯乙烯聚合 |
| 搅拌釜 | 液相、液-液相、液-固相 | 物料混合均匀 | 温度均匀、容易控制 | 可间歇操作，也可连续操作 | 苯硝化、丙烯聚合、氯乙烯聚合 |
| 鼓泡搅拌釜 | 气-液相 | 返混大 | 温度均匀、容易控制 | 气-液界面和持液量大，密封复杂 | 苯的氯化、微生物发酵 |
| 绝热固定床 | 气-固相、液-固相 | 返混小 | 床层内温度不易控制 | 结构简单，投资和操作费用低 | 丁烯氧化脱氢、苯烃化制乙苯 |
| 列管式固定床 | 气-固相、液-固相 | 返混小 | 传热面大、容易控制温度 | 结构较复杂，投资和操作费用较高 | 合成氨、乙苯脱氢、乙烯制乙酸乙烯 |
| 流化床 | 气-固相、液-固相 | 返混大，转化率低 | 传热好、容易控制温度 | 颗粒输送容易，能耗大、操作费用高 | 石油催化裂化、丙烯氨氧化、萘氧化 |
| 移动床 | 气-固相、液-固相 | 固体返混小 | 床内温差大、温度调节困难 | 颗粒输送容易，能耗大、操作费用高 | 二甲苯异构、石脑油连续重整、煤气化 |
| 板式塔 | 气-液相 | 返混小 | 可在板间加换热管 | 气-液界面大、持液量较大 | 异丙苯氧化 |
| 填料塔 | 气-液相 | 返混小 | 床层内温度不易控制 | 气-液界面大、持液量较大 | 合成气脱除二氧化碳 |

续表

| 形式 | 反应类型 | 混合特征 | 温控性能 | 其他性能 | 应用举例 |
|---|---|---|---|---|---|
| 鼓泡塔 | 气-液相、气-液-固相 | 气相返混小，液相返混大 | 可加换热管、温度易控制 | 气-液界面小、持液量大、压降大 | 乙醛氧化制乙酸、羰基合成甲醇 |
| 喷射反应器 | 气相、液相 | 返混较大 | 流体混合好、传热速度快 | 操作条件严格、不易调节 | 氯化氢合成、丁二烯氯化 |
| 喷雾塔 | 气-液相 | 气相返混小 | 气速受限、温度不易控制 | 结构简单、气-液界面大、持液少 | 高级醇连续磺化 |
| 涓流床 | 气-液-固相 | 返混较小 | 温度不易控制和调节 | 气-液均布要求高 | 丁炔二醇加氢、石油馏分加氢脱硫 |
| 浆态反应器 | 气-液-固相 | 返混大 | 可加换热管、温度易控制 | 催化剂细粉回收分离困难 | 乙烯溶剂聚合、石油加氢、生化反应 |

2. 化学反应器的操作方式

1）定常过程与非定常过程

如果一个过程所有的变量(温度、压力、流量、组成等)仅随空间改变，不随时间改变，这种过程称为定常过程。如果一个过程的变量既随空间改变，也随时间改变，则称为非定常过程。定常过程具有如下特点。

(1) 系统中没有物料或能量的积累，进入系统的物料质量或能量总和等于离开系统的物料质量或能量总和。

(2) 通过系统中某一截面的物理量为常数，其值不随时间变化。

2）间歇操作

采用间歇操作的反应器称为间歇反应器，其特点是进行反应所需的原料一次性装入反应器内，然后在其中进行反应，经一定时间后，达到所要求的反应程度便卸出全部反应物料。其中主要是反应产物以及少量未被转化的原料。接着是清洗反应器，继而进行下一批原料的装入、反应和卸料。所以间歇反应器又称为分批反应器。间歇反应过程是一个非定常过程，反应器内物系的组成随时间而变，这是间歇过程的基本特征。若反应物系中同时存在多个化学反应，反应时间越长，反应产物的浓度不一定就越高，需具体情况具体分析。

采用间歇操作的反应器几乎都是釜式反应器，其余类型均极罕见。间歇反应器适用于反应速率慢的化学反应以及产量小的化学品生产过程。对于那些批量少而产品品种多的企业尤为适宜，例如医药、染料、聚合反应等过程就常采用这种操作方式。

3）连续操作

采用连续操作的反应器称为连续反应器或流动反应器。这一操作方式的特征是连续地将原料输入反应器，反应产物也连续地从反应器流出。前边所述的各类反应器都可采用连续操作，对于工业生产中某些类型的反应器，连续操作是唯一可采用的操作方式。如固定床反应器、塔式反应器、流化床反应器等。

连续操作的反应器一般为定常操作，此时反应器内任何部位的物系参数，如浓度、温度等均不随时间改变，但随位置改变。大规模工业生产的反应器绝大部分都是采用连续操作，因为它具有产品质量稳定、劳动生产率高、便于实现机械化和自动化等优点。

4）半连续操作

原料与产物只要其中的一种为连续输入(或输出)而其余为分批加入(或卸出)的操作，均属半连续操作，相应的反应器称为半连续反应器或半间歇反应器。半连续操作具有连续操作和间歇操作的某些特征。有连续流动的物料，这点与连续操作相似；也有分批加入(或卸出)的物料，因而生产是间歇的，这反映了间歇操作的特点。由于这些原因，半连续反应器的反应物系组成必然既随时间改变，也随在反应器中的位置改变。管式、釜式、塔式以及固定床反应器都可采用半连续操作。

3. 工业生产对化学反应器的要求

1）有较高的生产强度

这就要求反应器类型要适应反应系统的特性要求。例如：对气-液反应，若反应为气膜控制，应该选择气相容积大、气相湍流程度大的反应器，如喷射反应器；若反应为慢反应，反应在液相主体中进行，要求选用液相容积较大的反应器，如鼓泡和搅拌鼓泡反应器。

2）有利于反应选择性的提高

这就要求反应器形式有利于抑制副反应的发生。例如：对气-固反应，如果是平行副反应，副反应比主反应慢，可采用停留时间短、气相容积小的反应器，如流化床和移动床等；如果副反应为连串反应，则应采用气相返混较小的设备，如列管式固定床反应器等。

3）有利于反应温度的控制

绝大部分化学反应都伴随着热效应，如何将反应温度维持在允许的范围内是经常碰到的实际问题。当气-液反应热效应很大而又需要综合利用时，降膜反应器是比较合适的。例如尿素生产中 $NH_3$ 和 $CO_2$ 生成氨基甲酸的反应热，采用降膜反应器就更易于回收。

4）有利于节能降耗

反应器设计、选型时应该考虑能量综合利用并尽可能降低能量消耗，这对降低操作费用有重要意义。若反应在高温条件下进行，应考虑反应热量的利用和过程显热的回收。对气-液反应，可采用管式或搅拌釜式反应器；对气-固反应，可采用列管式或流化床式反应器；如果反应在加压下进行，则应考虑反应过程压力能的综合利用。

5）有较大的操作弹性

这一点对小规模的化工生产和精细化学品的生产尤为重要。对这类化工产品不大可能进行大量的研究，因而也不可能明确地决定它们的最佳操作条件。而且用一个反应器以适当的产量生产几种产品也是一种正常的操作方式。因此要求这类反应器具有较好的适应性，间歇或连续操作的搅拌釜对这类操作是有利的。

## 2.3 工业化学过程计算基础

工业化学过程由化工单元过程(化学反应过程)和单元操作组成。化学反应及设备、单元操作及设备的模拟，主要以反应动力学和传递过程原理等知识为基础，而相关的计算则以物料平衡计算和能量平衡计算为基础。

物料、能量平衡计算的目的在于定量研究生产过程，为过程开发、过程设计、寻求生产操作最佳化提供依据。物料、能量衡算的主要任务如下。

(1) 计算生产过程的原材料消耗指标、能耗定额和产品产率等。从这些技术经济指标揭示物料的利用情况、生产过程的经济合理性、过程的先进性和生产上存在的问题，进行多方案比较，为选定较先进的生产方法和流程，或提出现行生产的改进意见提供依据。

(2) 根据物料平衡和能量平衡数据和设备适当的生产强度，可以设计或选择设备的类型、台套数及尺寸，即物料、能量衡算是设备计算、管路设计的依据。

(3) 检查各物料的计量、分析测定数据是否正确，检查生产运行是否正常。例如，当设备漏失严重时，进、出物料则不能平衡；热损失过大时设备不能正常运行等。

(4) 做系统各设备及管路的物料衡算时，可以检查出生产上的薄弱环节或控制部位，从而找出相应的强化措施。确定"三废"生产量及性质，为环评报告及搞好"三废"治理提供数据。

(5) 物料、能量衡算是做系统最优化和经济核算的基础。

(6) 物料、能量平衡方程往往用于求取生产过程中的某些未知量或操作条件。

### 2.3.1 物料衡算

物料衡算研究的是某个系统内进、出物料量及组成的变化。利用系统中某些已知物流的流量和组成，通过建立有关的物料平衡式和约束式，求出其他未知物流的流量和组成。

1. 衡算系统

人为地将一个过程的全部或部分作为完整的研究对象，这种人为划定的区域称为系统，又称为体系或物系。根据计算的目的和任务，系统可由一个单独的设备或几个设备组成，也可以是工艺中某些物料的混合或分散点。系统以外的区域称为环境，系统与环境的分界线称为边界。在用框图表示系统时，边界通常用一个封闭的虚线来表示。

所研究的系统被划定后，通常还需将系统与环境的物质交换情况用带箭头的实线表示出来。物质交换线必须穿越边界线。进入系统的物料，箭头指向系统内；离开系统的物料，箭头指向环境。图2.5是以反应器和分离器为系统的物料流向图。

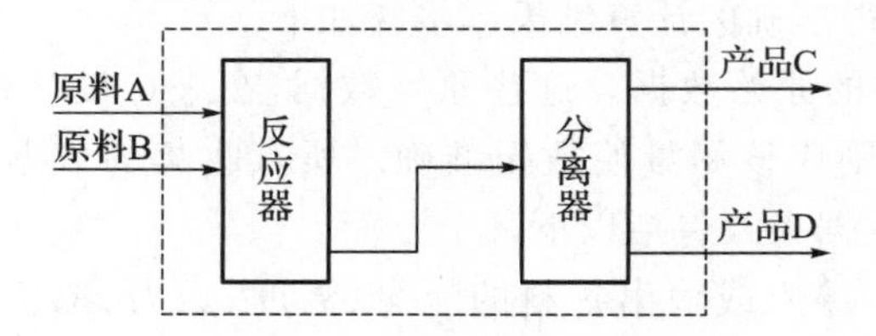


**图2.5　衡算系统物料流向图**

在划定衡算系统时应注意以下几点。

(1) 所选定的系统必须包括欲求未知量，即系统的边界线必须与所求物料线相交。

(2) 所选定的系统应包括尽可能多的已知条件，即系统边界线应尽可能多与已知物料线相交。

(3) 对于较复杂的工艺过程，如多种操作组合的过程或循环过程等，还可以把所选定的系统划分为若干子系统，采取总系统的衡算与子系统的衡算联合的方法求解未知量。

2. 物料衡算方程

根据质量守恒定律，对某个系统，进入系统的全部物料量必等于离开该系统的全部物料量再加上损失掉的物料量和积累的物料量，即

$$\sum G_{输入} = \sum G_{输出} + \sum G_{损失} + \sum G_{积累} \tag{2.24}$$

上式即为物料衡算方程。需要指出以下几点。

(1) 所谓系统是指所研究的目标，它可以是一个工厂，也可以是一个车间、一个工段或一

个设备。

(2) 物料衡算方程既可用于所涉及的物流总量,也可用于物流中的某一具体组分,或某个元素。对于无化学反应的系统,能够列出的独立物料衡算方程数为系统中组分的数目。

(3) 对于物理过程,物料衡算既可按质量(kg),也可按物质的量(kmol)来进行,对于有化学反应的过程,总物流的物料衡算只能按质量(kg)来进行。

(4) 无论有无化学反应,各元素原子的物料衡算既可按质量(kg),也可按物质的量(kmol)来进行。

(5)“积累的物料量”一项是表示系统内物料量随时间变化时所增加或减少的量。例如:某一储槽进料量为 50 $kg \cdot h^{-1}$,出料量为 45 $kg \cdot h^{-1}$,则此储槽中的物料量以 5 $kg \cdot h^{-1}$的速度增加,所以,该储槽处于不稳定状态。如果体系内不积累物料,如上述储槽,且进、出物料流量相等,则该储槽内的物料量不增加也不减少,即达到稳定状态,这样,“积累的物料量”一项等于零。

(6) 对反应物做衡算时,由反应而消耗的量,应取负号;对产物做衡算时,由反应而生成的量,应取正号。

除物料衡算方程外,物料衡算过程经常涉及物料约束式——物料归一化方程。每一股物流都具有一个归一化方程,即构成该股物流的各组分的分数之和为 100%。

$$\sum_i x_i = 1 \tag{2.25}$$

3. 物料衡算的基本方法和步骤

由于化工生产过程多种多样、繁简不一,在进行物料衡算时,为了能顺利地解题,做到条理清晰、避免错误,必须掌握解题技巧,按正确的解题方法和步骤进行。尤其是对复杂的物料衡算过程,更应如此才能获得准确的计算结果。步骤如下。

(1) 收集并列出足够的原始数据。这些原始数据,在进行设计计算时常常是给定值。如果需要从生产现场收集,则应该尽量使数据准确。所有收集的数据应该使用统一的单位制。与物料衡算有关的基本数据大致包括以下几个方面。

① 工艺数据。例如:输入或输出物料的流量、温度、压力、浓度、物料配比、总产率、转化率、选择性、消耗定额、“三废”排放指标及年工作时日等。

② 技术指标。主要原材料、辅助材料、产品、副产品、中间产物等的质量标准及指标要求。

③ 物理化学数据。如密度、反应平衡常数等。

(2) 绘制流程示意图,在图中应表示出所有物料线,并注明所有已知和未知变量。并在各股物流线上注明已知数据和需要求解的项目。当流程比较复杂、流股又比较多时,还应将每个流股编号,这样,物料的来龙去脉一目了然。

(3) 写出主、副反应方程式,标出有用的相对分子质量。化学反应方程式是根据设计任务确定原材料用量、中间产物量、副产物量、产品量和“三废”处理量等数据的依据。如果无化学反应,此步可免去。

(4) 确定衡算系统。根据已知条件及计算要求确定,必要时可在流程图中用虚线表示系统边界。

(5) 确定计算基准。计算基准选择的好坏,直接关系着物料衡算的难易及误差。一般计算基准有如下几种。

① 时间基准。对于连续生产过程,按时间基准计算非常方便,具体可以是1 s、1 h 或 1 d,

但对于间歇生产过程，往往以一批物料作为计算基准，计算一次投料量或者产量。

② 质量基准。质量基准是以一定质量的产品或原料作为计算基准，通常可以 1000 $kg \cdot h^{-1}$ 或 1000 $kmol \cdot h^{-1}$ 为基准。

③ 体积基准。体积基准多适合气体物料。在实际应用中，往往是以换算成标准状态下的体积作为计算基准，以排除压力和温度的影响。

④ 干湿基准。干湿基准是指在计算中是否考虑物料中的水分。若不考虑物料中的水分，称为干基。否则，称为湿基。究竟何时使用干基或湿基，视具体情况而定，但应该注明。

(6) 列出物料衡算式，然后用数学方法求解进、出的物料量、组成和性质。

(7) 列出物料衡算表。为了以后使用方便，物料衡算结束后，将计算结果列成物料衡算表、原材料消耗表和排除物综合表。

(8) 校核计算结果。列出衡算表后，很容易发现计算错误，特别是物料不平衡的情况。因此，在物料衡算工作结束时，应对照衡算表仔细校对计算结果，避免后面出现一系列错误。

### 2.3.2　能量衡算

能量衡算研究的是一个系统内输入、输出能量的多少及各种能量之间的转化，以确定需要提供的或可利用的能量。生产中能量消耗是一项重要的技术经济指标，是衡量工艺过程、设备设计或选择、操作条件等是否合理的主要指标之一。

1. 能量衡算方程和作用

1) 能量衡算基本方程

在物料衡算的基础上，根据能量守恒定律，定量地表示出过程中各步的能量变化关系，称为能量衡算基本方程。对于一个设备或系统，有

$$\text{输入的总能量} = \text{输出的总能量} + \text{累积的能量} \tag{2.26}$$

对于连续稳定过程，累积的能量等于零，则上述方程简化为

$$\text{输入的总能量} = \text{输出的总能量} \tag{2.27}$$

2) 能量衡算的作用

(1) 确定单个设备需要供给或移去的热量。如计算为满足等温操作，需供给系统或从中移出的热量，从而确定过程加热或冷却热介质(水、电、蒸气等)的消耗以及传热设备的换热面积及相关尺寸等。

(2) 确定加热或冷却热介质(流体)的输送机械的外加功率。

(3) 为资源配置、辅助动力车间的建设、设备设计及整个系统能量的综合利用、节能降耗等提供依据。

2. 热量衡算的基本步骤及热力学数据

1) 热量衡算的基本步骤

(1) 在物料衡算的流程示意图上标明已知物流的量、组成、相态、温度、压力等已知条件，建立热量平衡关系。

(2) 做出合理的假设，简化问题。例如，对少量杂质予以忽略，以免再去查找或计算该化合物的热力学数据。

(3) 查阅手册或用经验公式计算所需热力学数据。如相变热 $\Delta_{\text{相变}}H$、生成热 $\Delta_f H$、燃烧热 $\Delta_c H$、反应热 $\Delta_r H$ 等。有关数据还必须指明物质相态，如气态(g)、液态(l)或水溶液(aq)等。

(4) 统一数据单位。手册中热力学数据单位往往不统一，使用时必须统一。质量单位宜

统一为 kg,相应物质的量为 kmol;热量单位应该统一为 kJ;同时还应该注意温度的单位是 K 或℃,并注意换算。

(5) 确定计算基准。热量衡算还要考虑温度基准。应尽量采用标准状态作为衡算基准,以便与许多热力学数据基准一致,以简化计算工作量,减少误差。

(6) 列出热量衡算式,求解热量衡算方程。

(7) 列出热量衡算表。

(8) 校核计算结果,分析能量利用情况。

2) 热力学数据

热量衡算的关键是要知道热容、相变热、化学反应热、溶解热和稀释热等热力学数据,一般来说,这些数据都可以在各种手册中查到。但是文献中不可能列出所有化学物质的数据,并且这些数据多与温度和压力有关。因此,多数情况下,需要利用各种关联式计算或估算得到。需要特别指出的是,无论是查取还是利用关联式计算,一定要注意该数据的单位及其适用范围。

## 2.4 化工单元操作与设备

### 2.4.1 化工过程与单元操作

化工过程可以看成是由原料预处理过程、反应过程和反应产物后处理过程三个基本环节构成的。例如,乙烯氧氯化法制取聚氯乙烯塑料的生产过程如图 2.6 所示。

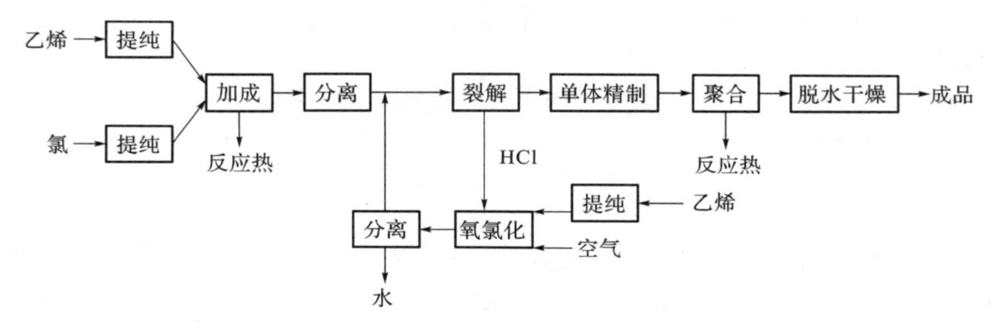


图 2.6 聚氯乙烯的生产过程

化工过程的中心环节是化学反应过程及反应器。但是,为使化学反应过程得以经济有效地进行,反应器内必须保持某些优化条件,如适宜的压力、温度和物料的组成等。因此,原料必须经过一系列的预处理以除去杂质,达到必要的纯度、温度和压力。反应产物同样需要经过各种后处理过程加以精制,以获得最终产品(或中间产品)。

上述生产过程除加成、裂解、氧氯化和聚合属反应过程外,原料和反应物的提纯、精制、分离等工序均属前、后处理过程。在一个现代化的、设备林立的大型工厂中,反应器为数并不多,绝大多数设备都用于各种前、后处理操作,它们占有着企业的大部分设备投资和操作费用。前、后处理工序中所进行的过程多数是纯物理变化过程,却是化工生产所不可缺少的。经过长期的化工生产实践发现,各种化工产品的生产过程所涉及的各种物理变化过程都可归纳成为数不多的若干个单元操作。

各种单元操作都是依据一定的物理或物理化学原理,在某些特定的设备中进行的特定的过程。一些主要的单元操作按其基本原理和作用分类，如表 2.2 所示。这些单元操作在其他工业过程中也有广泛的应用。

**表 2.2　单元操作的名称及分类**

| 基本过程 | 单元操作名称 | 原理及作用 |
| --- | --- | --- |
| 流体动力过程（动量传递过程） | 流体输送 | 利用外力做功将一定量流体由一处输送到另一处 |
| | 沉降 | 对由流体（气体或液体）与悬浮物（液体或固体）组成的悬浮体系，利用其密度差在力场中发生的非均相分离操作 |
| | 过滤 | 使液-固或气-固混合体系中的流体强制通过多孔性过滤介质，将悬浮的固体物截留而实现的非均相分离过程 |
| | 搅拌 | 搅动物料使之发生某种方式的循环流动，使物料混合均匀或使过程加速 |
| | 混合 | 使两种或两种以上的物料相互分散，以达到一定的均匀程度的操作 |
| | 流态化 | 利用流体运动使固体粒子群发生悬浮并使之带有某些流体的表观特征，以实现某种生产过程的操作 |
| 传热过程（热量传递过程） | 换热 | 使冷、热物料间由于温度差而发生热量传递，以改变物料的温度或相态的操作 |
| | 蒸发 | 使溶液中的溶剂受热汽化而与不挥发的溶质分离，从而得到高浓度溶液的操作 |
| 传质分离过程（质量传递过程） | 吸收 | 利用气体组分在液体溶剂中的溶解度不同以实现气体混合物分离的操作 |
| | 蒸馏 | 利用均相液体混合物中各组分的挥发度不同使液体混合物分离的操作 |
| | 萃取 | 利用液体混合物中各组分在液体萃取剂中的溶解度不同而分离液体混合物的操作 |
| | 浸取 | 用溶剂浸渍固体物料，将其中的可溶组分与固体残渣分离 |
| | 吸附 | 利用流体中各组分对固体吸附剂表面分子结合力的不同，将其中一种或几种组分进行吸附分离的操作 |
| | 离子交换 | 用离子交换剂从稀溶液中提取或除去某种离子 |
| | 膜分离 | 利用流体中各组分对膜的渗透能力的差别，用固体膜或液体膜分离气体、液体混合物 |
| 热、质传递过程 | 干燥 | 加热湿固体物料，使所含湿分（水分）汽化而得到干固体物料的操作 |
| | 增（减）湿 | 通过热量传递以及水分在液相与气相间的传递，以控制空气或其他气体中的水汽含量的操作 |
| | 结晶 | 从气体或液体（溶液或熔融物）混合物中析出晶态物质的操作 |
| 热力学过程 | 制冷 | 加入功使热量从低温物体向高温物体转移的热力学过程 |
| 粉体工程 | 颗粒分级 | 将固体颗粒分成大小不同的部分 |
| | 粉碎 | 在外力作用下使固体物料变成尺寸更小的颗粒 |

各单元操作的内容包括两个方面：过程和设备。各单元操作中所发生的过程虽然多种多样，但从物理本质上说只是下列三种，俗称为“三传”。

(1) 动量传递过程(单相或多相流动)。

(2) 热量传递过程——传热。

(3) 物质传递过程——传质。

这三种传递过程往往同时进行并相互影响。因此,在各类单元操作设备中,合理地组织这三种传递过程,达到适宜的传递速率,是使这些设备高效而经济地完成特定任务的关键所在,也是改进设备、强化过程的关键所在。

单元操作的特点如下。

(1) 单元操作讨论的只是化工生产中的物理过程。

(2) 同一单元操作在不同的化工生产中遵循相同的规律,但在操作条件及设备类型(或结构)方面会有很大差别。

(3) 对同样的工程目的,可采用不同的单元操作来实现。

### 2.4.2 流体流动与流体输送设备

1. 基本概念

1) 流体的定义和分类

气体(含蒸气)和液体统称流体。流体有多种分类方法。

(1) 按状态分为气体、液体和超临界流体。

(2) 按可压缩性可分为不可压缩流体和可压缩流体。

(3) 按是否可忽略分子间作用力分为理想流体和黏性(实际)流体。

(4) 按流变特性(剪力与速度梯度之间关系)分为牛顿型和非牛顿型流体。

本节只讨论不可压缩牛顿型流体。

2) 流体特征

(1) 流动性,即抗剪、抗张能力很小。

(2) 无固定形状,易变形(随容器形状),气体能充满整个密闭容器空间。

(3) 流动时产生内摩擦,从而构成了流体流动内部结构的复杂性。

3) 作用在流体上的力

(1) 质量力(又称体积力)。质量力作用于流体的每个质点上,并与流体的质量成正比,流体在重力场中受到的重力、在离心力场中受到的离心力都是典型的质量力。

(2) 表面力(又称接触力或机械力)——压力与剪力。表面力与流体的表面积成正比。作用于流体表面上的力又可分为两类,即垂直于表面的力——压力、平行于表面的力——剪力(切力)。静止流体只受到压力的作用,而流动流体则同时受到两类表面力的作用。单位面积上所受的压力称为压强;单位面积上所受的剪力称为剪应力。牛顿型流体的剪应力 $\tau$ 服从下列牛顿黏性定律。

$$\tau=\mu\frac{\mathrm{d}u}{\mathrm{d}y} \tag{2.28}$$

式中:$\frac{\mathrm{d}u}{\mathrm{d}y}$为法向速度梯度,单位为 $\mathrm{s}^{-1}$;$\mu$ 为流体的黏度,单位为 Pa·s;$\tau$ 为剪应力,单位为 Pa。

4) 流体的流动形态

流体流动存在两种截然不同的流动形态,判断流体的流动形态采用雷诺数。

(1) 层流(又称滞流)。流体质点沿管轴线方向做直线运动(分层流动),与周围流体间无宏观的混合。牛顿黏性定律就是在层流条件下得到的。层流时，流体各层间依靠分子的随机运动传递动量、热量和质量。

(2) 湍流(又称紊流)。流体内部充满大小不一的、在不断运动变化着的旋涡，流体质点(微团)除沿轴线方向作主体流动外，还在各个方向上做剧烈的随机运动。在湍流条件下，既通过分子的随机运动，又通过流体质点的随机运动来传递动量、热量和质量，它们的传递速率要比层流时高得多。化工单元操作中遇到的流动大都为湍流。

(3) 雷诺数。雷诺(Reynolds)将管内径 $d$、流体的流速 $u$、流体的密度 $\rho$ 和流体的黏度 $\mu$ 四个物理量组成一个数群，简称雷诺数，用 $Re$ 表示，即

$$Re=\frac{du\rho}{\mu} \tag{2.29}$$

$Re$ 是一个无量纲数群(或称无因次数)。当式中各物理量用同一单位制进行计算时，得到的是纯数。

实验结果表明，对于圆管内的流动，当 $Re<2000$ 时，流动总是层流；当 $Re>4000$时，流动一般为湍流；当 $Re$ 在 2000～4000 之间时，流动为过渡流，即流动可能是层流，也可能是湍流，受外界条件的干扰而变化。

2. 流体定常流动过程的基本方程与计算

流体在管内(或通道内)流动时，任一截面(与流体流动方向相垂直的)上的流速、密度、压强等物理参数均不随时间而变，这种流动称为定常流动。

1) 物料衡算——连续性方程

连续性方程反映了定常流动的管路系统中，质量流量 $q_m$(kg·s$^{-1}$)、体积流量 $q_V$(m$^3$·s$^{-1}$)、平均流速 $u$(m·s$^{-1}$)、流体的密度 $\rho$、管路的截面积 $A$(或管径 $d$)之间的相互关系。图 2.7 为一流体做定常流动的管路，以 1-1′和 2-2′截面间的管段为衡算系统，根据质量守恒定律列出的物料衡算式为

$$q_{m_1}=q_{m_2} \tag{2.30}$$

或

$$u_1A_1\rho_1=u_2A_2\rho_2 \tag{2.31}$$

推广到该管路系统的任意截面，则有

$$q_m=uA\rho=\text{常数} \tag{2.32}$$

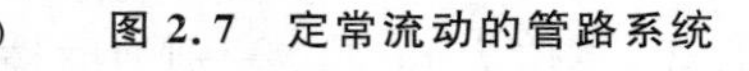


图 2.7　定常流动的管路系统

对不可压缩流体，$\rho$=常数，则可得

$$q_V=uA=\text{常数} \tag{2.33}$$

故不可压缩流体在圆管内作连续定常流动时，应有

$$\frac{u_1}{u_2}=\frac{A_2}{A_1}=\frac{d_2^2}{d_1^2} \tag{2.34}$$

式(2.30)至式(2.34)都称为连续性方程。

2) 机械能衡算——伯努利方程

(1) 流动流体具有的机械能。图 2.7 中 1 kg 流体带入 1-1′(或带出 2-2′)截面的机械能有以下几种。

① 位能。流体在重力场中，相对于基准面具有的能量。它相当于 1 kg 流体自基准面升举到 $z$ 高度为克服重力所需做的功，其大小为 $gz$。位能是相对值，其大小随所选定的基准面的位置而定，但位能的差值与基准面的选择无关。

② 动能。流体以一定流速流动时具有的能量。1 kg 流体的动能为$\frac{1}{2}u^2$。

③ 压力能。在流动流体内部任一位置上都有其相应的压力。1-1′截面上具有的压力为$p_1$,流体要流入 1-1′截面,必须克服该截面上的压力而做功,称为流动功。流动流体具有的这部分能量,称为压力能。1 kg 流体的压力能为$\frac{p}{\rho}$。

④ 流体在流动时其内部所受的剪应力将导致机械能损失,称为阻力损失。1 kg流体的阻力损失为$h_f$。

⑤ 外界也可对流体加入机械能,如图 2.7 中的流体输送机械。1 kg 流体得到的机械能为$W_e$。

(2) 机械能衡算方程。在图 2.7 中任意两截面 1-1′和 2-2′间做机械能衡算可得

$$gz_1 + \frac{1}{2}u_1^2 + \frac{p_1}{\rho} + W_e = gz_2 + \frac{1}{2}u_2^2 + \frac{p_2}{\rho} + \sum h_f \tag{2.35}$$

上式也称为扩展了的不可压缩流体的伯努利方程。

(3) 伯努利方程。对于理想流体,因其流动过程中无机械能损失,因此,根据机械能守恒定律,在管路中没有其他外力作用和外加能量的条件下,式(2.35)变为

$$gz_1 + \frac{1}{2}u_1^2 + \frac{p_1}{\rho} = gz_2 + \frac{1}{2}u_2^2 + \frac{p_2}{\rho} \tag{2.36a}$$

或

$$gz + \frac{u^2}{2} + \frac{p}{\rho} = 常数 \tag{2.36b}$$

式(2.36a)和式(2.36b)称为伯努利方程,方程中各项的单位均为 $J \cdot kg^{-1}$。

3) 流体流动阻力

流体流动中的阻力损失 $h_f$按流动形态可分为层流阻力损失和湍流阻力损失;按管路形态可分为直管阻力(流体流经直管段的阻力)损失和局部阻力(流体流经管件、阀门和设备进、出口等处的阻力)损失。一般由下式计算:

$$\sum h_f = h_f(直) + h_f(局) = \left(\lambda \frac{l}{d} + \sum \zeta\right)\frac{u^2}{2} \tag{2.37}$$

式中:$h_f$(直)、$h_f$(局)分别为直管阻力损失和局部阻力损失,单位为 $J \cdot kg^{-1}$;$l$、$d$ 分别为管长和管径,单位为 m;$\lambda$、$\zeta$ 分别为摩擦系数和局部阻力系数(无量纲),可从相关手册和教材查取。

3. 流体输送设备

为了将流体从低能位向高能位输送,必须使用各种流体输送设备。用于输送液体的设备称为泵,用于输送气体的设备称为通风机、鼓风机、压缩机和真空泵等。

1) 离心泵

离心泵是在化工生产过程中使用最广泛的一种泵。它结构简单紧凑、流量均匀而易于调节,又能输送有腐蚀性、含悬浮物的液体。它的缺点是压头(以流体柱高度表示的压力,m)较低,一般没有自吸能力。当要求液体压力在 2 MPa 以下时,常使用单级或双级离心泵。

如图 2.8 所示,离心泵由蜗壳(泵壳)与叶轮两个主要部件构成。泵启动前要先灌满所输送的液体,开启后,叶轮在转动轴的带动下高速旋转,产生离心力。液体从叶轮中心被抛向叶轮外周,压力增高,并高速(15～25 $m \cdot s^{-1}$)流入蜗壳,在壳内减速,使大部分动能转换为压力能,然后从排出口进入排出管路。叶轮内的液体被抛出后,叶轮中心处形成真空。泵的吸入管路一端与叶轮中心处相通,另一端则浸没在输送的液体内,在液面压力(常为大气压)与泵内压

力(负压)差作用下,液体经进口管路被吸入泵内,填补了被排出液体的位置。只要叶轮不停地转动,液体便不断地被吸入和排出。因此离心泵之所以能输送液体,主要是依靠高速旋转的叶轮所产生的离心力。

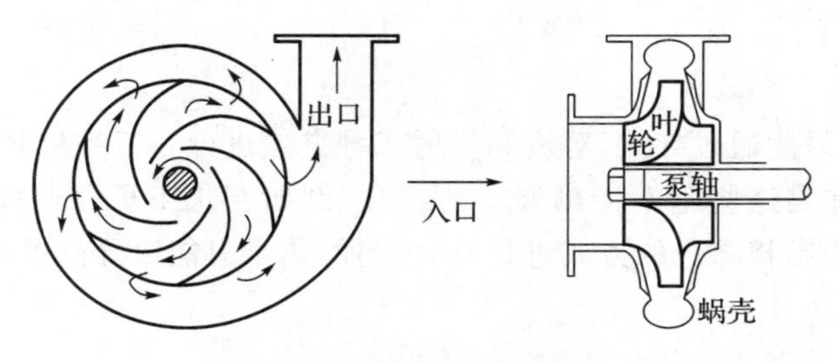


图 2.8 离心泵结构示意图

离心泵开动时如果泵壳和吸入管路内没有充满液体,便没有抽吸液体的能力,这是因为空气的密度比液体小得多,叶轮旋转所产生的离心力不足以造成吸上液体所需要的真空度。工业上通常将离心泵安装在低于其所输送的液体液面以下,以便在打开进口管上的阀门后可自动灌泵排气。离心泵的出口管路上也装有阀门,用于调节泵的流量。

为了便于输送不同特性的液体,离心泵的叶轮有敞式、半闭式与闭式三种结构,如图 2.9 所示。

(a) 敞式　(b) 半闭式　(c) 闭式

图 2.9 离心泵叶轮

2) 其他泵

(1) 往复泵。当要求液体压力在 2 MPa 以上时,常使用往复泵。往复泵可以输送高压头、较大流量的液体。其结构复杂、造价高、流量不均匀。

(2) 轴流泵。常用于输送大流量、低压头的液体。

(3) 旋涡泵。常用于输送小流量、高压头的清洁液体。

(4) 旋转泵。常用于输送小流量、较高压头的高黏度液体。

3) 气体压缩与输送设备

气体的压缩与输送设备按其终压(最终出口表压)可分为四类。通风机:终压不大于 15 kPa。鼓风机:终压为 15～300 kPa。压缩机:终压在 300 kPa 以上。真空泵(或喷射泵):在容器或设备内造成真空,终压为大气压,入口压力小于大气压,实际真空度由工艺要求决定。

气体压缩与输送机械的基本形式及其操作原理,与液体输送机械类似,也有离心式、往复式以及喷射式等类型。但因气体在一般的操作压力之下,其密度远比液体的小,故气体压缩与输送机械的运转速度较高,体积较大;而且因为气体的黏度也较低,泄漏的可能性较大,故气体压缩机各部件之间的缝隙要留得很小。此外,气体在压缩过程中所接受的能量有很大一部分转变为热，使气体温度明显升高，故气体压缩机一般都设有冷却器。

### 2.4.3 传热与换热器

1. 基本概念

1) 传热方式

任何热量的传递只能通过导热、对流和辐射三种方式进行。三种传热的基本方式，很少单独存在，传热过程往往是这些基本传热方式的组合，例如在化工厂普遍使用的间壁式换热器中，主要以对流和热传导相结合的方式进行；固体内的热量只能以导热的方式传递。

2) 传热速率

传热速率可用两种方法表示。

(1) 热流量 $Q$。指单位时间内通过传热面的热量。整个换热器的传热速率称为热负荷，它表征了换热器的生产能力，单位为 W。

(2) 热通量 $q$。指单位时间内通过单位传热面积所传递的热量。在一定的传热速率下，$q$ 越大，所需的传热面积越小。因此，热通量是反映传热强度的指标，又称为热流强度，单位为 $W \cdot m^{-2}$。

定常传热过程的传热速率必为常量。

3) 傅里叶定律

在一个均匀的物体内，热量以热传导的方式沿任意方向 $n$ 通过物体。取传热方向上的微分长度 $dn$，其温度变化为 $dt$。实践证明，单位时间内传导的热量 $Q$ 与导热面积 $A$、温度梯度 $\frac{dt}{dn}$ 成正比。即

$$Q = -\lambda A \frac{dt}{dn} \tag{2.38}$$

式中：$Q$ 为导热速率，单位为 W；$\lambda$ 为导热系数，其数值通常由实验测定，单位为 $W \cdot m^{-1} \cdot ℃^{-1}$ 或 $W \cdot m^{-1} \cdot K^{-1}$；$A$ 为导热面积，即垂直于热流方向的截面积，单位为 $m^2$；$\frac{dt}{dn}$ 为温度梯度，单位为 $℃ \cdot m^{-1}$ 或 $K \cdot m^{-1}$，规定温度梯度的正方向总是指向温度增加的方向。

4) 牛顿冷却定律

对流传热是一个复杂的传热过程，其影响因素很多，目前工程上都按半经验法处理。牛顿冷却定律给出了对流传热的速率关系：

$$Q = \alpha A \Delta t \tag{2.39}$$

式中：$\alpha$ 为对流传热系数，单位为 $W \cdot m^{-2} \cdot ℃^{-1}$，它集中了所有影响对流传热的因素，一般由半经验式计算；$A$ 为传热面积，单位为 $m^2$；$\Delta t$ 为流体与壁面间的平均温度差，单位为℃。

5) 间壁式换热器传热过程

工业上的传热过程绝大多数是在间壁式换热器中进行的，热流体和冷流体之间由固体壁面隔开，热量由热流体通过间壁传递给冷流体。间壁式换热器的类型很多，以套管换热器为例说明传热过程。如图 2.10 所示，在传热方向上热量传递过程包括以下三个步骤：

(1) 热流体以对流传热方式将热量传递到间壁的一侧；

(2) 热量自间壁一侧以热传导的方式传递至另一侧；

(3) 以对流传热方式从壁面向冷流体传递热量。

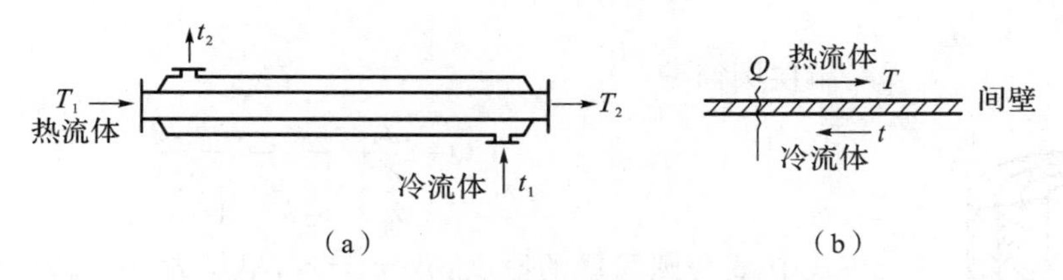


**图 2.10　间壁式换热器传热过程**

2. 传热过程基本方程与计算

1)导热速率

(1) 通过平壁的定常热传导。

设有一高度和宽度很大的平壁，厚度为 $\delta$。假设平壁导热系数不随温度变化(或取其平均值)，壁面两侧温度为 $t_1$、$t_2$，且 $t_1>t_2$，这种情况下壁内传热是定常的一维热传导。取平壁的任意垂直截面积为传热面积 $A$，单位时间内通过面积 $A$ 的热量为 $Q$，由傅里叶定律知

$$Q=-\lambda A\frac{\mathrm{d}t}{\mathrm{d}x}$$

由于在热流方向上 $Q$、$\lambda$、$A$ 均为常量，故分离变量后积分得

$$\int_{t_1}^{t_2}\mathrm{d}t=-\frac{Q}{\lambda A}\int_0^{\delta}\mathrm{d}x$$

故

$$t_2-t_1=-\frac{Q}{\lambda A}\delta$$

整理得

$$Q=\frac{\lambda}{\delta}A(t_1-t_2)\quad 或\quad Q=\frac{t_1-t_2}{\delta/(\lambda A)}=\frac{\Delta t}{R}=\frac{传热推动力}{热阻}\tag{2.40}$$

在生产中，通过多层平壁的导热过程很常见。图2.11以三层平壁为例，说明多层平壁导热过程的计算。假定各层之间接触良好，相互接触表面上温度相等，各层材质均匀且导热系数可视为常数。对于一维定常热传导，热流方向上传热速率相同，这是一个典型的串联热传递过程(相当于电路中三个电阻串联)。由式(2.40)知

$$Q=\frac{t_1-t_2}{\dfrac{\delta_1}{\lambda_1 A}}=\frac{t_2-t_3}{\dfrac{\delta_2}{\lambda_2 A}}=\frac{t_3-t_4}{\dfrac{\delta_3}{\lambda_3 A}}\tag{2.41}$$

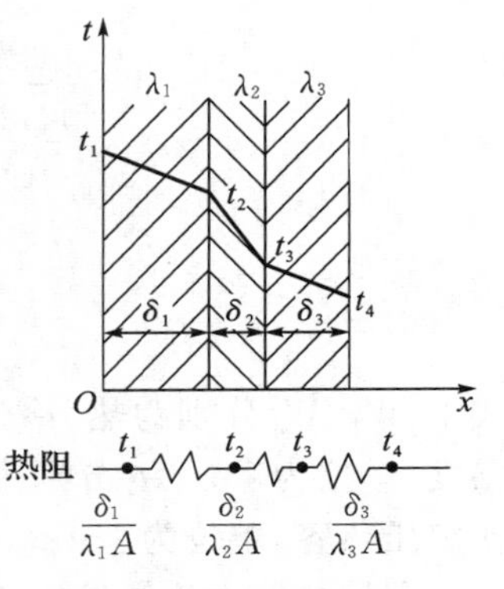


**图 2.11　多层平壁导热**

根据等比定理得

$$Q=\frac{t_1-t_4}{\dfrac{\delta_1}{\lambda_1 A}+\dfrac{\delta_2}{\lambda_2 A}+\dfrac{\delta_3}{\lambda_3 A}}=\frac{\sum\limits_{i=1}^{3}\Delta t_i}{\sum\limits_{i=1}^{3}R_i}=\frac{总推动力}{总阻力}\tag{2.42}$$

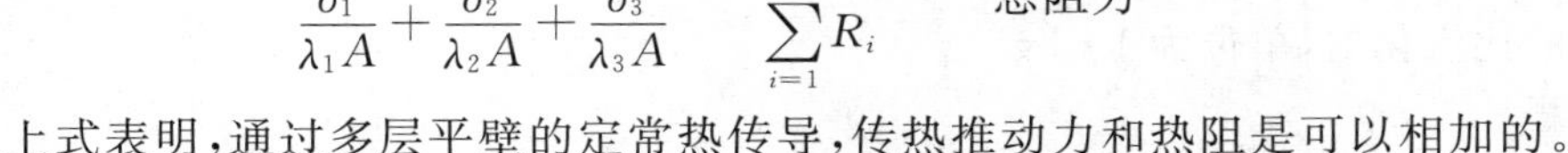

上式表明，通过多层平壁的定常热传导，传热推动力和热阻是可以相加的。

(2) 通过圆筒壁的定常热传导。

在化工生产中，所用设备、管道多为圆筒形，故通过圆筒壁的热传导极为常见。设圆筒的内、外半径分别为 $r_1$、$r_2$，内、外表面分别维持恒定的温度 $t_1$ 和 $t_2$，且管长 $l$ 足够大，可以认为温度只沿半径方向变化，则圆筒壁内的传热也属于一维定常热传导。采用和平壁同样的方法

可得

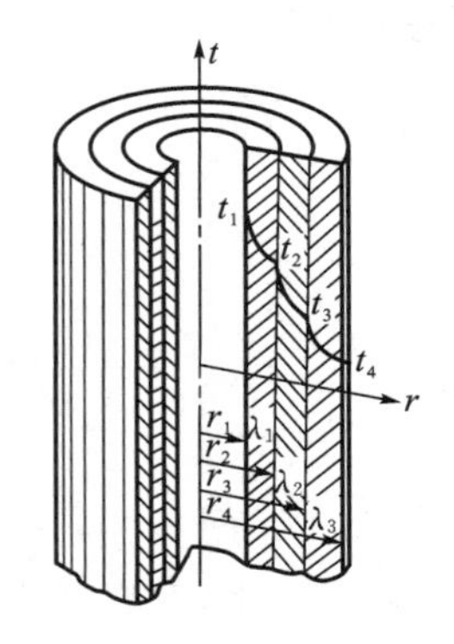


图 2.12　多层圆筒壁导热

单层圆筒壁

$$Q=\frac{t_1-t_2}{\frac{\delta}{\lambda}\frac{1}{2\pi r_m l}}=\frac{t_1-t_2}{\frac{\delta}{\lambda A_m}} \tag{2.43}$$

式中：$\delta$ 为圆筒壁的厚度，$\delta=r_2-r_1$，单位为 m；$r_m$ 为对数平均半径，$r_m=\frac{r_2-r_1}{\ln(r_2/r_1)}$，单位为 m，当$\frac{r_2}{r_1}<2$ 时，可用算术平均值 $r=(r_2+r_1)/2$ 近似计算；$A_m$ 为平均导热面积，$A_m=2\pi r_m l$，单位为 $m^2$。

对于多层圆筒壁，如图 2.12(以三层圆筒壁为例)所示，有

$$Q=\frac{t_1-t_2}{\delta_1/(\lambda_1 A_{m_1})}=\frac{t_2-t_3}{\delta_2/(\lambda_2 A_{m_2})}=\frac{t_3-t_4}{\delta_3/(\lambda_3 A_{m_3})}$$

$$Q=\frac{t_1-t_4}{\frac{\delta_1}{\lambda_1 A_{m_1}}+\frac{\delta_2}{\lambda_2 A_{m_2}}+\frac{\delta_3}{\lambda_3 A_{m_3}}}=\frac{t_1-t_4}{R_1+R_2+R_3} \tag{2.44}$$

式中：$R_1$、$R_2$、$R_3$ 分别表示各层热阻。

2) 传热过程热量衡算

在换热器计算中，需要确定换热器的热负荷。在图 2.13 的列管式换热器中，若换热器保温良好，热损失可以忽略不计，对于定常传热过程，若流体在换热过程中没有相变化，可列出热量衡算式：

$$Q=W_h c_{ph}(T_1-T_2)=W_c c_{pc}(t_2-t_1) \tag{2.45}$$

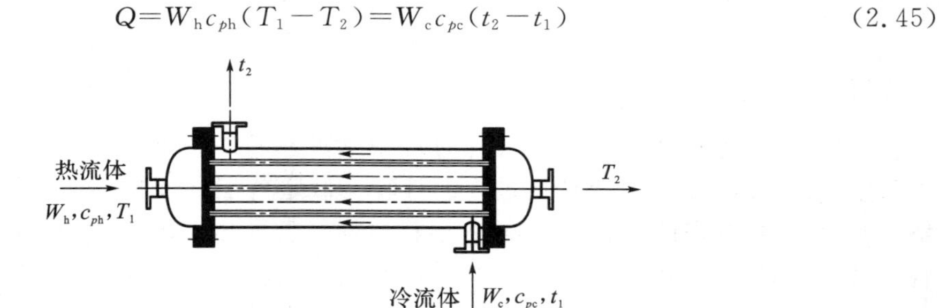


图 2.13　传热过程热量衡算

式中：$W_h$、$W_c$ 分别为热、冷流体的质量流量，单位为 $kg \cdot s^{-1}$；$T_1$、$T_2$ 分别为热流体的进、出口温度，单位为℃；$t_1$、$t_2$ 分别为冷流体的进、出口温度，单位为℃；$c_{ph}$、$c_{pc}$ 分别为热、冷流体的平均比定压热容，单位为 $J \cdot kg^{-1} \cdot ℃^{-1}$。

若换热器中流体发生相变化，例如，热流体为饱和蒸气，并在饱和温度下发生冷凝，而冷流体无相变化，则

$$Q=W_h r_h=W_c c_{pc}(t_2-t_1) \tag{2.46}$$

式中：$r_h$ 为饱和蒸气的比汽化焓，单位为 $J \cdot kg^{-1}$。

3) 传热速率方程

(1) 传热速率方程。在一定热负荷下，需要多大的传热面积才能完成任务呢？经验表明，在定常情况下，换热器的热负荷即传热速率同样可表示为传热推动力和传热热阻之比。

$$Q=KA\Delta t_m=\frac{\Delta t_m}{\frac{1}{KA}}=\frac{\text{传热总推动力}}{\text{传热总阻力}} \tag{2.47}$$

式中：$A$ 为换热器的传热面积，单位为 $m^2$；$\Delta t_m$ 为热、冷两流体的平均温度差，单位为℃；$K$ 为比例系数，称为传热系数，单位为 $W \cdot m^{-2} \cdot ℃^{-1}$，它与间壁两侧流体的对流传热系数有关，一般视为常数。

列管式换热器中，两流体间的传热是通过管壁进行的，故管壁表面积可视作传热面积。

$$A = n\pi dl \tag{2.48}$$

式中：$n$ 为管数；$d$ 为管径（一般为外径），单位为 m；$l$ 为管长，单位为 m。

由式(2.48)确定传热面积，即可在选定管子规格以后，确定管子的长度或根数，进而完成换热器的工艺设计或选型工作。

(2) 平均温度差 $\Delta t_m$ 的计算。在变温传热时，沿传热面的局部温差是变化的。平均温度差 $\Delta t_m$ 常采用换热器进、出口处两种流体温度差的对数平均值计算。

$$\Delta t_m = \frac{\Delta t_1 - \Delta t_2}{\ln(\Delta t_1 / \Delta t_2)} \tag{2.49}$$

上述结果对并流和逆流都适用，只要用换热器两端热、冷流体的实际温度代入就可计算出 $\Delta t_m$。通常，将温度差较大的一个作为 $\Delta t_1$，较小的一个作为 $\Delta t_2$，计算时比较方便。当 $\Delta t_1 / \Delta t_2 < 2$ 时，可用算术平均值 $\Delta t_m = (\Delta t_1 + \Delta t_2)/2$ 代替对数平均值，其误差不超过4%。

(3) 传热系数的计算。传热系数 $K$ 是衡量换热器工作效率的重要参数。其计算公式为

$$\frac{1}{K} = \frac{1}{\alpha_o} + R_{so} + \frac{\delta d_o}{\lambda d_m} + R_{si}\frac{d_o}{d_i} + \frac{d_o}{\alpha_i d_i} \tag{2.50}$$

式中：$\alpha_i$、$\alpha_o$ 分别为管内、外侧流体的对流传热系数，单位为 $W \cdot m^{-2} \cdot ℃^{-1}$，可视为常数；$d_i$、$d_o$、$d_m$ 分别为换热管的内径、外径和平均直径，单位为 m；$R_{si}$、$R_{so}$ 分别为管内、外侧流体的污垢热阻，单位为 $m^2 \cdot ℃ \cdot W^{-1}$，根据经验确定其值，对于清洁流体该项可忽略。

在工程传热计算中，习惯上以管外表面积作为计算的传热面积，故传热系数 $K$ 都是相对应于管外表面积的。对于易结垢的流体，换热器使用过久，污垢热阻过大，使传热速率严重下降，故换热器要根据工作条件，定期清洗。常见污垢热阻和列管式换热器 $K$ 值可查相关手册。

4) 对流传热系数的计算

影响对流传热系数 $\alpha$ 的因素很复杂，大致包括流体的物性（$\rho$、$\mu$、$\lambda$、$c_p$、相态和相态的变化等）；流动状态（$Re$ 大小）和流动的起因（强制对流或自然对流）；传热面的形状特征和相对位置（常用特征尺寸 $l$ 来表示）。综合上述影响因素，采用量纲分析法可得到计算 $\alpha$ 的特征数关系式：

$$Nu = ARe^a Pr^f Gr^h \tag{2.51}$$

式中：系数 $A$ 和指数 $a$、$f$、$h$ 需经实验确定。因而不同实验条件下获得的具体的特征数关系式是一种半经验公式。上式中四个特征数的名称及其含义见表2.3。

**表2.3　特征数的名称及其含义**

| 特征数名称 | 表达式 | 含　义 |
| --- | --- | --- |
| 努塞尔(Nusselt)数 | $Nu = \frac{\alpha l}{\lambda}$ | 包含待定的对流给热系数 |
| 雷诺(Reynolds)数 | $Re = \frac{\rho l u}{\mu}$ | 反映流体的流动形态和湍动程度 |
| 普朗特(Prandtl)数 | $Pr = \frac{c_p \mu}{\lambda}$ | 反映与传热有关的流体物性 |

续表

| 特征数名称 | 表达式 | 含　　义 |
| --- | --- | --- |
| 格拉晓夫(Grashof)数 | $Gr=\frac{\beta g\Delta t l^3\rho^2}{\mu^2}$ | 反映由于温度差而引起的自然对流强度 |

使用式(2.51)时要注意下列问题。

(1) 特征尺寸。关系式中所用的特征尺寸 $l$ 一般是反映传热面的几何特征,并对传热过程产生直接影响的主要几何尺寸。如管内强制对流传热时,圆管的特征尺寸取管内径 $d$;如为非圆形管道,通常取当量直径 $d_e$。在特殊情况下对流传热涉及几个特征尺寸,它们在关系式中常以两个特征尺寸之比的幂形式出现,以保特征数方程的无量纲性。

(2) 定性温度。流体在对流传热过程中温度是变化的。确定特征数中流体的特性参数所依据的温度即为定性温度。

(3) 适用范围。关联式中 $Re$、$Pr$、$Gr$ 等的数值应在实验所进行的数值范围内。

下面给出几个常用的计算式。

(1) 圆形直管内强制湍流的对流传热系数。

$$Nu=0.023Re^{0.8}Pr^n \tag{2.52a}$$

或

$$\alpha=0.023\frac{\lambda}{d}\left(\frac{du\rho}{\mu}\right)^{0.8}\left(\frac{c_p\mu}{\lambda}\right)^n \tag{2.52b}$$

式中:$n$ 为 $Pr$ 的指数,当流体被加热时,$n=0.4$;当流体被冷却时,$n=0.3$。

应用范围:$Re>10^4$,$0.7<Pr<120$,管长与管径之比$\frac{l}{d}>60$,低黏度流体,光滑管。

定性温度:取流体进、出口温度的算术平均值。

特征尺寸:$Re$、$Nu$ 中的 $l$ 取管内径 $d$。

(2) 圆形直管内强制湍流的高黏度液体传热系数。

$$\alpha=0.027\frac{\lambda}{d}\left(\frac{du\rho}{\mu}\right)^{0.8}\left(\frac{c_p\mu}{\lambda}\right)^{0.33}\left(\frac{\mu}{\mu_w}\right)^{0.14} \tag{2.53}$$

式中:$\mu_w$取壁温下的流体黏度,其他物理量的定性温度与特征尺寸与式(2.52a)相同。应用范围:$Re>10^4$,$0.7<Pr<700$,$\frac{l}{d}>60$。

(3) 列管式换热器管外平均强制对流传热系数。当管外装有割去25%面积的折流挡板时,有

$$Nu=0.36Re^{0.55}Pr^{\frac{1}{3}}\left(\frac{\mu}{\mu_w}\right)^{0.14} \tag{2.54}$$

应用范围:$Re=2\times10^3\sim1\times10^6$,$\mu_w$取壁温下的流体黏度。

定性温度:取流体进、出口温度的算术平均值。

特征尺寸:$Re$、$Nu$ 中的 $l$ 取当量直径 $d_e$,$d_e=4\times$流体流动截面积/传热周边长度。

(4) 蒸气在垂直管外膜状冷凝。对冷凝系统,有

$$Re=\frac{d_e u\rho}{\mu}=\frac{\frac{4S}{b}\times\frac{W}{S}}{\mu}=\frac{\frac{4W}{b}}{\mu}=\frac{4M}{\mu} \tag{2.55}$$

式中:$d_e$为当量直径,单位为 m;$S$ 为冷凝液的流通截面积,单位为 $m^2$;$b$ 为冷凝液的润湿周边长度,对圆管,$b=\pi d_o$,单位为 m;$W$ 为冷凝液的质量流量,单位为$kg\cdot s^{-1}$;$M$ 为冷凝负荷,即

单位长度润湿周边上冷凝液的质量流量，$M=W/b$，单位为 $kg\cdot m^{-1}\cdot s^{-1}$。

当 $Re<2000$（层流）时，有

$$\alpha=1.13\left(\frac{\rho^2 g\lambda^2 r}{\mu^2}\right)^{\frac{1}{4}} \tag{2.56}$$

当 $Re>4000$ 时（湍流），有

$$\alpha=0.0077\left(\frac{\rho^2 g\lambda^3}{\mu^2}\right)^{\frac{1}{3}} Re^{0.4} \tag{2.57}$$

特征尺寸：$Re$ 中 $l$ 需取垂直管长或板高。

定性温度：取蒸气温度 $t_s$ 和壁温 $t_w$ 的算术平均值。

3. 换热器

根据冷、热流体热量交换方式，换热器可分为三种类型，即间壁式、直接接触式和蓄热式。此处主要介绍间壁式换热器。

1）夹套式换热器

如图 2.14 (a)所示，这种换热器在容器外壁焊有一个夹套，夹套内通入加热剂或冷却剂。传热面就是夹套所在的整个容器壁。其特点是结构简单，但传热面受容器壁面限制，传热系数也不高。夹套式换热器广泛用于反应器的加热和冷却。釜内通常设置搅拌器以提高釜内传热系数，并使釜内液体受热均匀。

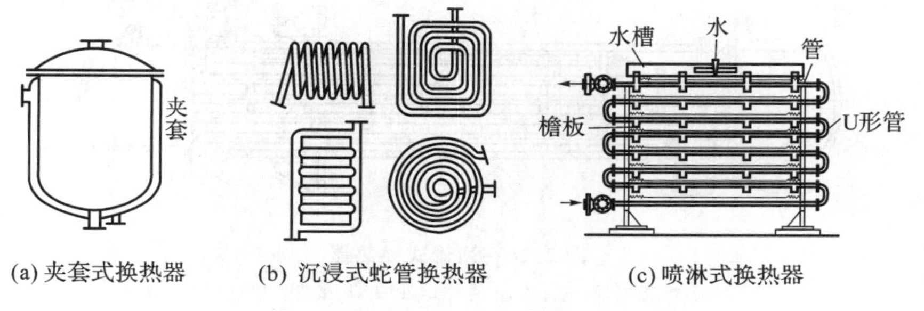


**图 2.14　换热器**

2）沉浸式蛇管换热器

如图 2.14 (b)所示，这种换热器是将金属管绕成各种与容器相适应的形状，并沉浸在容器内的液体中。优点是结构简单、制造方便、管内能承受高压并可选择不同材料以利防腐，管外便于清洗。缺点是管外容器中的流动情况较差，对流传热系数小，平均温度差也较低。沉浸式蛇管换热器适用于反应器内的传热、高压下的传热以及强腐蚀性介质的传热。

3）喷淋式换热器

如图 2.14 (c)所示，这种换热器是将换热管成排地固定在钢架上，热流体在管内流动，与从上方自由喷淋而下的冷却水进行换热。喷淋换热器的管外是一层湍动程度较高的液膜，且换热器多放在空气流通之处，冷却水的蒸发也带走一部分热量，故比沉浸式蛇管换热器传热效果好。喷淋式换热器的结构简单，管外便于清洗，水消耗量也不大，特别适用于高压流体的冷却。缺点是占地面积较大，喷淋也不易均匀。

4）套管式换热器

如图 2.15 所示，套管式换热器由直径不同的直管制成同心套管，并用 U 形弯头连接而成。换热器中的管内流体和环隙流体皆可选用较高的流速，故传热系数较大，并且两流体可安排为纯逆流,对数平均推动力较大。优点是结构简单,能承受高压,传热面易于增减。缺点是单位传热面的金属耗量较大,不够紧凑,介质流量较小和热负荷不大,一般适用于压强较高的场合。

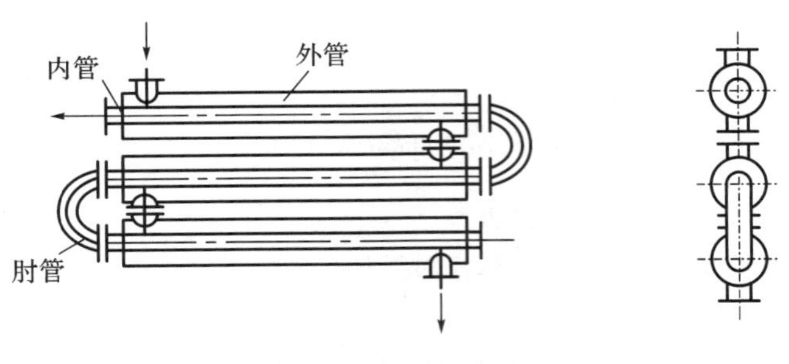


图 2.15 套管式换热器

5) 列管式换热器

列管式换热器(管壳式换热器)是应用最广的间壁式换热器。列管式换热器主要由壳体、管束、折流挡板、管板和封头等部分组成。管束两端固定在管板上,管板外是封头,供管程流体的进入和流出,如图 2.16 所示。常用的折流挡板有圆缺形和圆盘形两种,如图 2.17 所示。圆缺形挡板应用最广泛。

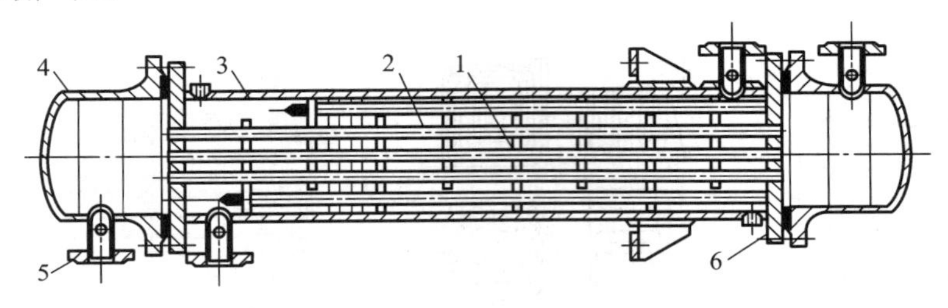


图 2.16 列管式换热器

1-折流挡板;2-管束;3-壳体;4-封头;5-接管;6-管板

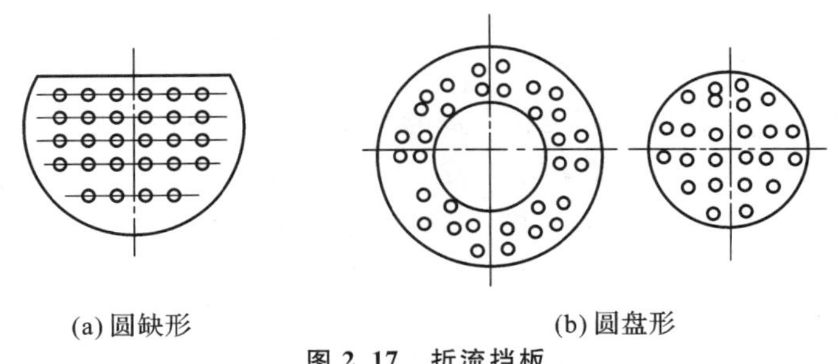


图 2.17 折流挡板

列管式换热器有多种形式。图 2.16 所示的换热器为单壳程单管程换热器。为了调节管程和壳程流速,还可采用多管程和多壳程。如在两端封头内设置适当的隔板,使全部管子分为若干组,流体依次通过每组管子往返多次。管程数不宜太多,以 2 程、4 程、6 程较为常见。同样,在壳体内安装纵向隔板使流体多次通过壳体空间,可提高管外流速。

在列管式换热器内,由于管内、外流体温度不同,壳体和管束的温度及其热膨胀的程度也不同。若两者温度差较大,就可能引起很大的内应力,使设备变形、管子弯曲、断裂甚至从板上脱落。所以,必须采取适当的措施,以消除或减少热应力的影响。为此可采用 U 形管换热器和浮头式换热器，其结构特点为每根管子皆可自由伸缩，与壳体无关，解决了温度差补偿的问题。

### 2.4.4　气体吸收

1. 基本概念

1）吸收的依据和目的

吸收是分离气体混合物的单元操作。它依据气体混合物中各组分在某种溶剂中溶解度的不同而进行分离。吸收操作中所用的溶剂称为吸收剂，用 S 表示；气体中能溶于溶剂的组分称为溶质，用 A 表示；基本上不溶于溶剂的组分统称为惰性气体，用 B 表示。惰性气体可以是一种或多种组分。如用水吸收空气-氨混合气体时，水为吸收剂，氨为溶质，空气为惰性气体。将溶质从吸收后的溶液中分离出来的操作称为解吸（或脱吸），解吸是吸收操作的逆过程。通过解吸可使溶质气体得到回收，并使吸收剂得以循环使用。一个完整的吸收过程一般包括吸收和解吸两个部分。

吸收操作的目的有两个：回收混合气体中的有用组分或用以制取产品；除去有害组分以净化气体。

2）吸收过程的气、液两相平衡关系——亨利定律

气、液两相平衡是气-液传质过程的热力学极限，由相平衡关系可以判别过程能否进行以及进行的方向。对于气体溶解后所形成的溶液为稀溶液的情况，气、液两相平衡关系服从亨利定律：

$$p_A^* = Ex \quad \text{或} \quad x^* = p_A/E \tag{2.58}$$

式中：$p_A^*$ 为溶质 A 在气相中的平衡分压，单位为 kPa；$x$ 为溶质在液相中的摩尔分数；$E$ 为亨利系数，单位为 kPa；$x^*$ 为溶质在液相中的平衡摩尔分数；$p_A$ 为溶质在气相中的分压，单位为 kPa。

亨利系数 $E$ 的值随物系而变化。当物系一定时，通常温度升高，$E$ 值增大，即气体的溶解度随温度升高而减小，不利于吸收但有利于解吸。亨利系数由实验测定。

当气、液两相组成都用摩尔分数表示时，亨利定律可表示为

$$y^* = mx \quad \text{或} \quad x^* = y/m \tag{2.59}$$

式中：$m$ 为相平衡常数，无量纲，$m = E/p$。相平衡常数是温度和总压 $p$ 的函数，升温和减压不利于吸收。

3）质量传递机理

吸收操作是溶质从气相向液相进行质量传递的过程。质量传递方式有分子扩散和对流传质两种。

（1）分子扩散。描述分子扩散通量或速率的基本定律为费克定律，对含有两组分 A 和 B 的扩散物系有

$$J_A = -D_{AB}\frac{\mathrm{d}c_A}{\mathrm{d}z} \tag{2.60}$$

式中：$J_A$ 为组分 A 的扩散通量，单位为 $\mathrm{kmol \cdot m^{-2} \cdot s^{-1}}$；$D_{AB}$ 为组分 A 在组分 B 中的扩散系数，单位为 $\mathrm{m^2 \cdot s^{-1}}$，其值可查手册或实验测得；$\mathrm{d}c_A/\mathrm{d}z$ 为组分 A 在扩散方向上的浓度梯度，单位为 $\mathrm{kmol \cdot m^{-4}}$。

（2）对流传质速率。对流传质现象极为复杂，传质速率一般难以求得，必须依靠实验测

定。仿照对流传热，可将流体与界面之间组分 A 的传质速率 $N_A$ 写成类似于牛顿冷却定律的形式。但与对流传热不同的是气、液两相的浓度都可用不同的单位表示，所以对流传质速率式可写成多种形式。气相与界面的传质速率 $N_A$，单位为 $kmol \cdot m^{-2} \cdot s^{-1}$，可写成

$$N_A = k_G(p - p_i) \quad 或 \quad N_A = k_y(y - y_i) \tag{2.61}$$

式中：$p$、$p_i$ 分别为溶质 A 在气相主体与界面处的分压，单位为 kPa；$y$、$y_i$ 分别为溶质 A 在气相主体与界面处的摩尔分数；$k_G$、$k_y$ 分别为以分压差或摩尔分数差表示推动力的气相传质系数，单位为 $kmol \cdot m^{-2} \cdot s^{-1} \cdot kPa^{-1}$ 或 $kmol \cdot m^{-2} \cdot s^{-1}$。

液相与界面的传质速率式可写成

$$N_A = k_L(c_i - c) \quad 或 \quad N_A = k_x(x_i - x) \tag{2.62}$$

式中：$c$、$c_i$ 分别为溶质 A 的主体浓度和界面浓度，单位为 $kmol \cdot m^{-3}$；$x$、$x_i$ 分别为 A 在主体与界面处的摩尔分数；$k_L$、$k_x$ 分别为以浓度差或摩尔分数差表示推动力的液相传质系数，单位为 $m \cdot s^{-1}$ 或 $kmol \cdot m^{-2} \cdot s^{-1}$。

比较式(2.62)与式(2.61)、式(2.58)与式(2.59)，不难导出如下关系：

$$k_y = pk_G \quad 和 \quad k_x = c_M k_L \tag{2.63}$$

以上处理方法是将主体浓度和界面浓度之差作为对流传质的推动力，而将其他所有影响对流传质的因素均包括在气相(或液相)传质系数之中。实验的任务是在各种具体条件下测定传质系数 $k_G$、$k_L$(或 $k_y$、$k_x$)的数值及流动条件对它的影响。

4) 相际传质速率方程

吸收涉及气、液两相间的物质传递，如图 2.18 所示，包括三个步骤：

(1) 溶质由气相主体传递到气-液界面，即气相内的物质传递；

(2) 溶质在相界面上的溶解，溶质由气相进入液相；

(3) 溶质由液相侧界面向液相主体的传递，即液相内的物质传递。

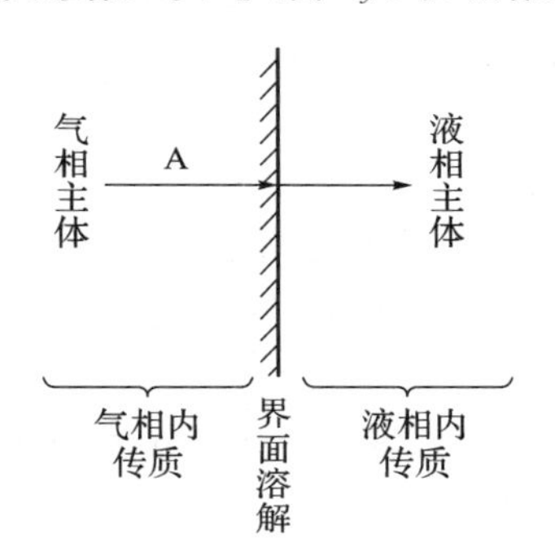


**图 2.18　气、液两相间的物质传递**

已知气、液两相传质速率式分别为

$$N_A = k_y(y - y_i) \quad 和 \quad N_A = k_x(x_i - x) \tag{2.64}$$

界面上气体的溶解没有阻力，即界面上气、液两相组成服从相平衡方程。对稀溶液，物系服从亨利定律：

$$y_i = mx_i \quad 或 \quad y_e = mx$$

传质速率可写成推动力与阻力之比，对定常过程，式(2.64)可改写为

$$N_A = \frac{y - y_i}{1/k_y} = \frac{x_i - x}{1/k_x} \tag{2.65}$$

将亨利定律代入上式可得

$$N_A = \frac{y - y_e}{\dfrac{1}{k_y} + \dfrac{m}{k_x}} \tag{2.66}$$

于是相际传质速率方程式可表示为

$$N_A = K_y(y - y_e) \tag{2.67}$$

其中

$$K_y = \frac{1}{\dfrac{1}{k_y} + \dfrac{m}{k_x}} \tag{2.68}$$

式(2.68)称为以气相摩尔分数差($y - y_e$)为推动力的总传质系数,单位为kmol · m$^{-2}$ · s$^{-1}$。

表 2.4 列举了各种常用的速率方程。不同的推动力对应于不同的传质系数,此点在计算及引用数据时应特别注意。

**表 2.4　传质速率方程的各种形式**

| 相平衡方程 | $y = mx + a$ | $p = Hc + b$ | |
|---|---|---|---|
| 吸收传质速率方程 | $N_A = k_y(y - y_i)$<br>$= k_x(x_i - x)$<br>$= K_y(y - y_e)$<br>$= K_x(x_e - x)$ | $N_A = k_G(p - p_i)$<br>$= k_L(c_i - c)$<br>$= k_G(p - p_e)$<br>$= k_L(c_e - c)$ | $k_y = pk_G$<br>$k_x = c_M k_L$<br>$K_y = pK_G$<br>$K_x = c_M K_L$ |
| 吸收或解吸的传质系数 | $K_y = \dfrac{1}{\dfrac{1}{k_y} + \dfrac{m}{k_x}}$<br>$K_x = \dfrac{1}{\dfrac{1}{k_y m} + \dfrac{1}{k_x}}$ | $K_G = \dfrac{1}{\dfrac{1}{k_G} + \dfrac{H}{k_L}}$<br>$K_L = \dfrac{1}{\dfrac{1}{k_G H} + \dfrac{1}{k_L}}$ | |
| | $K_y m = K_x$ | $K_G H = K_L$ | |

2. 低含量气体吸收过程基本方程与计算

大多数工业吸收操作都是将气体中少量溶质组分加以回收或除去。当进塔混合气中的溶质含量(摩尔分数,下同)较低(小于 10%)时,通常称为低含量气体(贫气)吸收。此外,即使被处理气体的溶质含量较高,但在塔内被吸收的数量不大,此类吸收也具有低含量气体吸收的特点。计算此类吸收问题时可做如下假设。

① 因吸收量很小,流经全塔的混合气体流率 $G$ 与液体流率 $L$ 变化不大,可视为常量。

② 因吸收量小,由溶解热而引起的液体温度升高不显著,可认为吸收在等温下进行。

③ 因气、液两相在塔内的流率几乎不变,全塔流动状况相同,传质系数 $k_x$、$k_y$ 为常数。

这些特点使低含量气体吸收的计算大为简化。工业生产中的吸收操作多采用塔式设备(逐级接触的板式塔、连续接触的填料塔)。本节以填料塔为基础讨论两组分气体吸收过程的计算。

1) 物料衡算

(1) 全塔物料衡算式。对图 2.19 所示的填料塔作物料衡算可得

$$G(y_1 - y_2) = L(x_1 - x_2) \tag{2.69}$$

式中:$G$、$L$ 分别为混合气体流率和液体流率,单位为 kmol · m$^{-2}$ · s$^{-1}$;$y_1$、$y_2$分别为进、出塔气体中溶质的摩尔分数;$x_1$、$x_2$分别为出、进塔液体中溶质的摩尔分数。

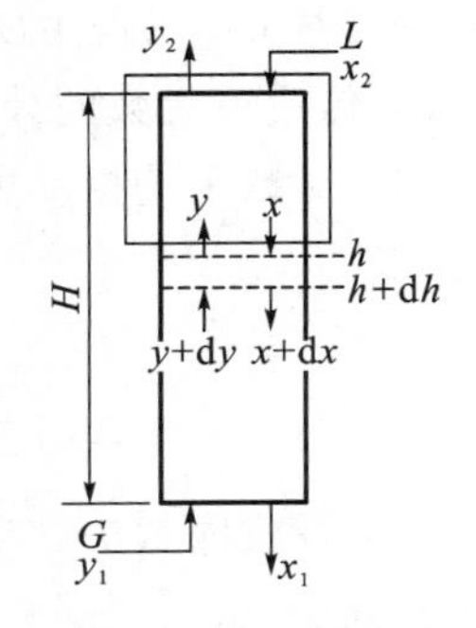


**图 2.19　填料塔物料衡算**

(2) 物料衡算微分式。图 2.19 所示填料塔中取微元塔高 d$h$,设其截面积为 $A$,单位体积内填料的有效表面积为 $a$,单位为 m$^2$ · m$^{-3}$,则两相传质面积为 $aA$d$h$。单位时间在此微元塔段内溶质的传递量为 $N_A aA$d$h$。对微元塔段 d$h$ 作物料衡算,对气相有

$$G\mathrm{d}y = N_A a\mathrm{d}h \tag{2.70}$$

将式(2.67)代入上式可得

$$G\mathrm{d}y = K_y a(y - y_e)\mathrm{d}h \tag{2.71}$$

(3) 操作线方程。对图 2.19 中虚线以上范围进行物料衡算可得

$$Gy + Lx_2 = Gy_2 + Lx \quad 或 \quad y = \frac{L}{G}(x - x_2) + y_2 \tag{2.72}$$

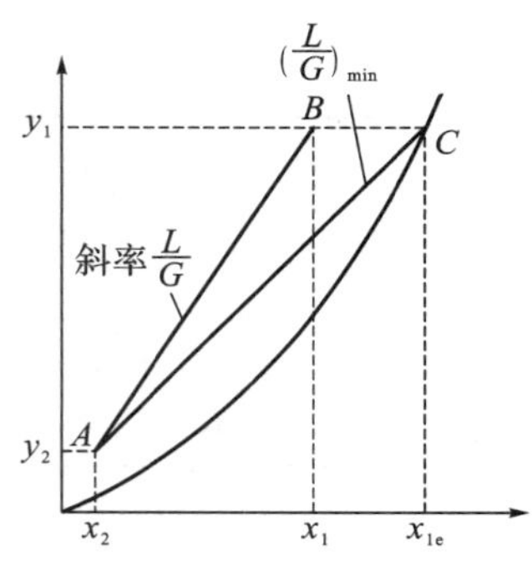


图 2.20　操作线与平衡线

式(2.72)在 $y$-$x$ 图上为直线,称为吸收操作线,如图 2.20 中直线 $AB$。操作线斜率 $L/G$ 称为液气比,将操作线和相平衡关系表示的平衡线绘于同一张图上,则两线间的垂直距离即为吸收推动力 $\Delta y = y - y_e$。

2) 填料层高度

因气、液两相流率 $G$ 和 $L$,气、液两相传质系数 $k_y$ 和 $k_x$ 皆为常数。若在操作范围内平衡线为直线,则总传质系数 $K_y$ 和 $K_x$ 也沿塔高保持不变。将式(2.71)积分可得

$$H = \frac{G}{K_y a}\int_{y_2}^{y_1} \frac{\mathrm{d}y}{y - y_e} \tag{2.73}$$

式(2.73)为低含量气体吸收全塔传质速率方程或填料层高度 $H$ 计算的基本方程。若令

$$N_{OG} = \int_{y_2}^{y_1} \frac{\mathrm{d}y}{y - y_e} \quad 和 \quad H_{OG} = \frac{G}{K_y a} \tag{2.74}$$

则式(2.74)可写成

$$H = H_{OG} N_{OG} \tag{2.75}$$

式中:$N_{OG}$为以 $y - y_e$为推动力的传质单元数,无量纲;$H_{OG}$为传质单元高度,单位为 m。若将传质速率 $N_A$的其他表达形式代入式(2.71)进行积分,可得类似的塔高计算式。

传质单元数 $N_{OG}$中所含的变量只与物质的相平衡以及进、出口的含量条件有关,与设备的形式和设备中的操作条件(如流速)等无关。$N_{OG}$反映了分离任务的难易。$N_{OG}$大则表明吸收剂性能差,或表明分离要求过高。$H_{OG}$则与设备的形式、设备中的操作条件有关,$H_{OG}$表示完成一个传质单元所需的填料层高,反映吸收设备效能的高低。

3) 传质单元数的计算

(1) 对数平均推动力法。当相平衡关系为直线时,$N_{OG}$可采用下式计算。

$$N_{OG} = \frac{y_1 - y_2}{\Delta y_m} \tag{2.76}$$

其中　$\Delta y_m = \dfrac{\Delta y_1 - \Delta y_2}{\ln(\Delta y_1 / \Delta y_2)}$，　$\Delta y_1 = y_1 - mx_1$，　$\Delta y_2 = y_2 - mx_2$

(2) 吸收因数法。当相平衡关系服从亨利定律,即平衡线为一通过原点的直线时,有

$$N_{OG} = \frac{1}{1 - \frac{1}{A}}\ln\left[\left(1 - \frac{1}{A}\right)\frac{y_1 - mx_2}{y_2 - mx_2} + \frac{1}{A}\right] \tag{2.77}$$

式中:$\dfrac{1}{A}$为解吸因数,$\dfrac{1}{A} = \dfrac{mG}{L}$;$A$ 为吸收因数。

4) 低含量气体吸收塔的设计计算

(1) 流向选择。在连续接触的填料吸收塔内,气、液两相可以做逆流也可作并流流动。在

两相进、出口摩尔分数相同的情况下，逆流时的对数平均推动力必大于并流时的。为使过程具有最大的推动力，一般吸收操作总是采用逆流。在特殊情况下，例如相平衡线斜率极小时，逆流并无多大优点，可以考虑采用并流。

(2) 吸收剂用量的选择和最小液气比。为计算平均传质推动力或传质单元数，除须知 $y_1$、$y_2$ 和 $x_2$ 之外，还必须确定吸收剂出口含量 $x_1$ 或液气比 $L/G$。液气比的选择是个经济上的优化问题。吸收剂出口含量 $x_1$ 与液气比 $L/G$ 受全塔物料衡算制约。将式(2.72)变形得

$$x_1 = x_2 + \frac{G}{L}(y_1 - y_2)$$

当 $y_1$、$y_2$、$x_2$ 已确定时，液气比 $L/G$ 增大，则吸收剂出口含量 $x_1$ 减小。过程的平均推动力相应增大而传质单元数相应减小，从而所需塔高降低。但是，吸收液的数量大而出口含量低，必使吸收剂的再生费用增加。这里需要做多方案比较，从中选择最经济的液气比。

另一方面，吸收剂的最小用量也存在着技术上的限制。当液气比 $L/G$ 减小到图 2.20 中的 $(L/G)_{min}$ 时，操作线与平衡线相交于 $C$ 点，塔底的气、液两相含量达到平衡。此时吸收推动力 $\Delta y_1$ 为零，所需塔高将为无穷大，显然这是液气比的下限或 $x_1$ 的上限。通常称此 $(L/G)_{min}$ 为吸收设计的最小液气比，相应的吸收剂用量为最小吸收剂用量 $L_{min}$。最小液气比可按物料衡算求得，即

$$\left(\frac{L}{G}\right)_{min} = \frac{y_1 - y_2}{x_{1e} - x_2} \tag{2.78}$$

注意：① 最小液气比的限制来自规定的分离要求，并非吸收塔不能在更低的液气比下操作，液气比小于此最低值，规定的分离要求将不能达到；② 在液气比下降时，只要塔内某一截面处气、液两相趋近平衡，达到指定分离要求所需的塔高，即为无穷大，此时的液气比即为最小液气比。

在设计时，通常可先求最小液气比，然后乘以某一经验的倍数作为设计的液气比。一般有

$$\frac{L}{G} = (1.1 \sim 2)\left(\frac{L}{G}\right)_{min}$$

### 2.4.5　液体精馏

1. 基本概念

1) 精馏的原理和目的

精馏是分离液体混合物的单元操作。它依据液体混合物中各组分挥发能力的差异而达到分离的目的。习惯上把混合液中挥发能力高的组分称为易挥发组分(或轻组分)，以 A 表示；把挥发能力低的组分称为难挥发组分(或重组分)，以 B 表示。

精馏的目的是提纯或回收有用组分。

2) 精馏过程的分类

工业上，精馏操作可按以下方法分类。

(1) 按操作方式可分为简单蒸馏、平衡蒸馏(闪蒸)、精馏和特殊精馏等。简单蒸馏和平衡蒸馏常用于混合物中各组分的挥发度相差较大，对分离要求又不高的场合；精馏适用于难分离物系或对分离要求较高的场合；特殊精馏适用于某些普通精馏难以分离(或无法分离)的物系。工业生产中以精馏的应用最为广泛。

(2) 按精馏操作流程可分为间歇精馏和连续精馏。

(3) 按物系中组分的数目可分为两组分精馏和多组分精馏。

(4) 按操作压力可分为加压、常压和减压精馏。常压下为气态(如空气、石油气)或常压下沸点为室温的混合物,常采用加压精馏;常压下,沸点为室温至150 ℃的混合液,一般采用常压精馏;对于常压下沸点较高或热敏性混合物(高温下易发生分解、聚合等变质现象)宜采用减压蒸馏,以降低操作温度。

本节重点讨论两组分物系、常压连续精馏的原理及计算方法。

3) 理想物系精馏过程的气-液平衡关系

蒸馏操作是气、液两相间的传质过程,气、液两相达到平衡状态是传质过程的极限。因此,气-液平衡关系是分析精馏原理、解决精馏计算的基础。本节只讨论两组分物系的气-液平衡。

(1) 理想物系。所谓理想物系是指液相和气相符合以下条件的物系。

① 液相为理想溶液,遵循拉乌尔定律。

$$p_A = p_A^\circ x_A \tag{2.79a}$$

$$p_B = p_B^\circ x_B \tag{2.79b}$$

式中:$p_A$、$p_B$分别为液相上方A、B两组分的蒸气压;$p_A^\circ$、$p_B^\circ$分别为在溶液温度$t$下A、B两种纯组分的饱和蒸气压;$x_A$、$x_B$分别为液相中A、B两组分的摩尔分数。通常下标“A”表示易挥发组分,“B”表示难挥发组分。

② 气相为理想气体,服从理想气体定律或道尔顿分压定律。

严格地讲,理想溶液并不存在,但对于化学结构相似、性质极相近的组分组成的物系,如苯-甲苯、甲醇-乙醇、常压及150 ℃以下的各种轻烃的混合物,可近似按理想物系处理。

(2) 挥发度与相对挥发度。纯液体挥发性的大小可用纯组分的饱和蒸气压表示。在溶液中,各组分的挥发性因受其他组分的影响而与纯组分不同,故不能用各组分的饱和蒸气压表示。溶液中各组分的挥发性应使用各组分的平衡蒸气分压$p_i$与其液相摩尔分数$x_i$的比值来表示,称为挥发度$\nu_i$。对两组分物系

$$\nu_A = p_A / x_A \tag{2.80a}$$

$$\nu_B = p_B / x_B \tag{2.80b}$$

混合液中两组分挥发度之比称为相对挥发度$\alpha$。当气体服从道尔顿分压定律时可写成

$$\alpha = \frac{\nu_A}{\nu_B} = \frac{y_A / y_B}{x_A / x_B} \tag{2.81}$$

(3) 两组分理想物系的相平衡方程。对双组分理想物系,式(2.81)可整理成

$$y = \frac{\alpha x}{1 + (\alpha - 1)x} \tag{2.82}$$

上式称为相平衡方程。如能得知相对挥发度$\alpha$的数值,由上式可得到气-液平衡时易挥发组分浓度($y$-$x$)的对应关系。纯组分的饱和蒸气压均为温度的函数,且随温度的升高而加大。因此$\alpha$原则上随温度而变化。但可在操作的温度范围内取平均相对挥发度,并将其视为常数而与组成$x$无关,这样可使相平衡方程的使用更为简便。

(4) 温度-组成($t$-$x$-$y$)相图。在总压恒定的条件下,气(液)相组成与温度的关系可表示成图2.21所示的曲线。该图的横坐标为液相(气相)的组成,均以易挥发组分的摩尔分数$x$(或$y$)表示(以下所述均同)。由图可得到以下几点。

① 两端点。端点$A$、$B$分别代表纯组分$A$、$B$的沸点。

② 两条线。$AGCB$线为泡点线(或饱和液体线),表示平衡时液相组成$x$与泡点间的关系;$ADIB$线为露点线(或饱和蒸气线),表示平衡时气相组成$y$与露点间的关系。

③ 三个区域。$AGCB$ 线以下区域为过冷液体区；$ADIB$ 线以上区域为过热蒸气区；两线之间（包括两线本身）所夹区域为气、液两相共存区，即表示气、液两相同时存在。组成为 $x_F$、温度为 $t_F$ 的液体在给定总压下升温至 $G$ 点达到该溶液的泡点 $t_G$，产生第一个气泡的组成为 $y_1$。组成为 $x_F$、温度为 $t_J$ 的气体冷却至 $I$ 点达到该混合气的露点 $t_I$，凝结出第一个液滴的组成为 $x_1$。当某混合物的温度与总组成位于 $H$ 点时，则此物系必分成互成平衡的气、液两相，液相的组成在 $C$ 点，气相组成在 $D$ 点。

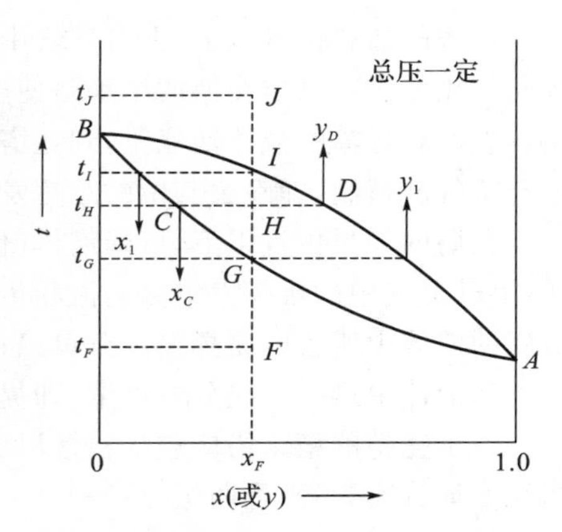


图 2.21　双组分溶液的 $t$-$x$-$y$ 图

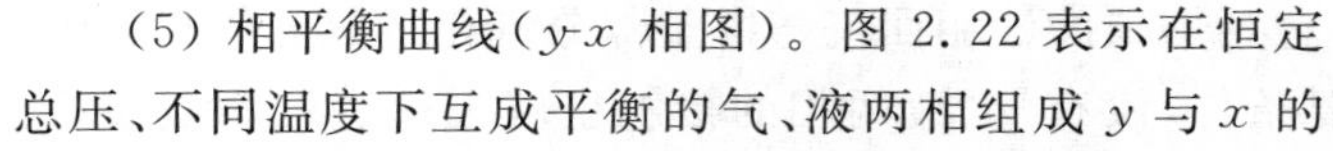

（5）相平衡曲线（$y$-$x$ 相图）。图 2.22 表示在恒定总压、不同温度下互成平衡的气、液两相组成 $y$ 与 $x$ 的关系。对于理想物系，气相组成 $y$ 恒大于液相组成 $x$，故相平衡曲线必位于对角线的上方。相对挥发度等于 1 时的相平衡曲线即为对角线 $y=x$。$\alpha$ 值愈大，同一液相组成 $x$ 对应的 $y$ 值愈大，可获得的提浓程度愈大。因此，$\alpha$ 的大小表示了精馏分离的难易程度。此外，应注意在 $y$-$x$ 曲线上各点所对应的温度是不同的。

4）非理想物系的气、液相平衡

实际生产所遇到的大多数物系为非理想物系，尤其是非理想溶液系统。若蒸气分压的实际值比拉乌尔定律的预计值高，则称为正偏差溶液，如甲醇-水溶液、苯-乙醇溶液和正丙醇-水溶液等。若蒸气分压的实际值比拉乌尔定律的预计值低，则称为负偏差溶液，如硝酸-水溶液、氯仿-丙酮溶液、苯酚-苯胺溶液等。实际所用的各种气-液平衡数据一般由实验测定，常见物系的实验数据已列入手册和专业书籍中供检索。

2. 精馏原理

图 2.23 为连续精馏过程。料液自塔的中部某适当位置连续地加入塔内，塔顶设有冷凝器将塔顶蒸气冷凝为液体。冷凝液的一部分回入塔顶，称为回流液，其余作为塔顶产品（馏出液）连续排出。在塔内，上半部（加料位置以上）上升蒸气和回流液体之间进行着逆流接触和物质传递。塔底部装有再沸器（蒸馏釜）以加热液体产生蒸气，蒸气沿塔上升，与下降的液体逆流接触并进行物质传递，塔底连续排出部分液体作为塔底产品。

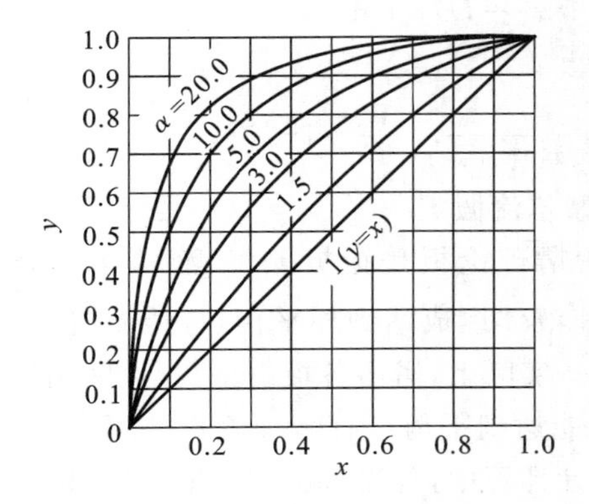


图 2.22　$\alpha$ 为定值的 $y$-$x$ 图

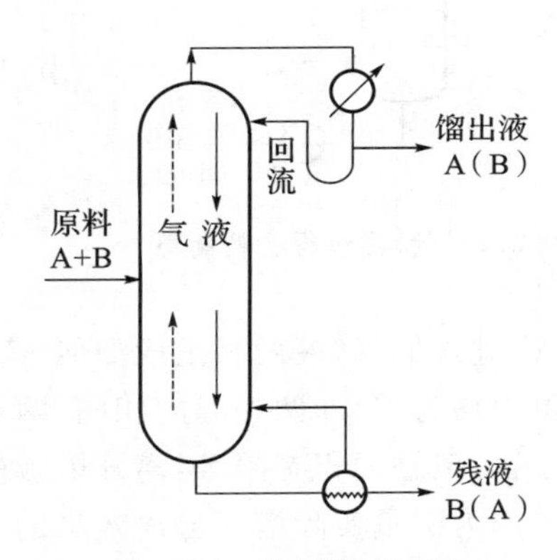


图 2.23　连续精馏过程

在塔的加料位置以上,上升蒸气中所含的难挥发组分向液相传递,而回流液中的易挥发组分向气相传递。物质交换的结果是使上升蒸气中轻组分的浓度逐渐升高。只要有足够的相际接触表面和足够的液体回流量,到达塔顶的蒸气将成为高纯度的轻组分。塔的上半部完成了上升蒸气的精制,即除去其中的难挥发组分,因而称为精馏段。

在塔的加料位置以下,下降液体(包括回流液和加料中的液体)中的易挥发组分向气相传递,上升蒸气中的难挥发组分向液相传递。这样,只要两相接触面和上升蒸气量足够大,到达塔底的液体中所含的易挥发组分可以很少,从而获得高纯度的难挥发组分。塔的下半部完成了下降液体中难挥发组分的提浓,即提出了易挥发组分,因而称为提馏段。

一个完整的精馏塔应包括精馏段和提馏段,在这样的塔内可将一个双组分混合物连续地、高纯度地分离为轻、重两组分。

精馏与蒸馏的区别就在于"回流",包括塔顶的液相回流与塔釜部分汽化造成的气相回流。回流是构成气、液两相接触传质的必要条件,没有气、液两相的接触也就无从进行物质交换。另一方面,组分挥发度的差异造成了有利的相平衡条件($y>x$)。这使上升蒸气在与自身冷凝回流液之间的接触过程中,难挥发组分向液相传递,易挥发组分向气相传递。相平衡条件($y>x$)使必需的回流液的量小于塔顶冷凝液的总量,即只需要部分回流而不需全部回流。只有这样,才有可能从塔顶抽出部分冷凝液作为产品。

本节以板式塔为基础讨论精馏过程的计算。如图 2.24,整个精馏塔由若干块塔板组成,每块塔板为一个气、液接触单元,每经过一块板,上升蒸气中易挥发组分和下降液体中难挥发组分分别同时得到一次提浓。

### 3. 双组分连续精馏过程基本方程与计算

#### 1) 全塔物料衡算

连续精馏过程的塔顶和塔底产物的流量和组成与加料的流量和组成有关。无论设备内气、液两相的接触情况如何,这些流量与组成之间的关系均受全塔物料衡算的约束。

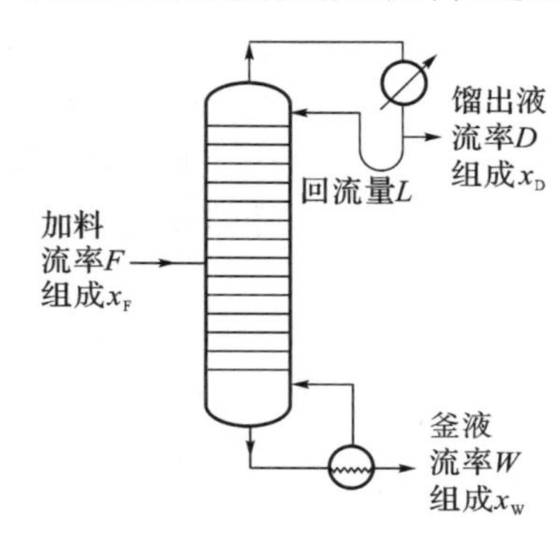


**图 2.24 精馏过程物料衡算**

若采用图 2.24 所示的命名,其中流率均以kmol · s$^{-1}$表示,组成均以易挥发组分的摩尔分数表示(以后皆同),对定常的连续过程作总物料衡算可得

$$F=D+W \tag{2.83}$$

作易挥发组分物料衡算可得

$$Fx_F=Dx_D+Wx_W \tag{2.84}$$

由以上两式可求出

$$\frac{D}{F}=\frac{x_F-x_W}{x_D-x_W},\quad \frac{W}{F}=1-\frac{D}{F} \tag{2.85}$$

#### 2) 理论板与恒摩尔流假定

(1) 理论板。所谓理论板是指板上气、液两相充分混合,不论进入的气、液两相组成如何,离开该板的蒸气和液体组成达到相平衡,且传质、传热过程的阻力均为零,即两相温度相同,两相组成互成平衡。实际上,塔内各板由于气、液两相接触时间短暂,接触面积有限等,离开塔板的蒸气与液体未能达到平衡,因此,理论板并不存在,但它可以作为衡量实际塔板分离效果的一个标准。在设计计算中,首先求出理论塔板数,再根据塔板效率的高低来决定实际塔板数。

(2) 恒摩尔流假定。精馏过程比较复杂,过程的影响因素也很多,为了使计算简化,引入恒摩尔流假定：精馏段每块塔板上升蒸气的摩尔流量 $V_i$ 彼此相等，为常数；下降液体的摩尔流量 $L_i$ 也各自相等，为常数；同理，提馏段蒸气摩尔流量 $V'_i$、液体摩尔流量 $L'_i$ 亦然。恒摩尔流假定必须满足以下条件：

① 各组分的摩尔汽化焓相等；

② 气、液接触时因温度不同，交换的热量可以忽略；

③ 塔设备保温良好，热损失可以忽略不计。

在很多情况下，恒摩尔流假定是与实际情况很接近的。

3）操作线方程

（1）精馏段操作线方程。在图 2.25 中，对虚线所划定的范围（包括精馏段中第 $n+1$ 块塔板以上的塔段及全凝器在内）作物料衡算。

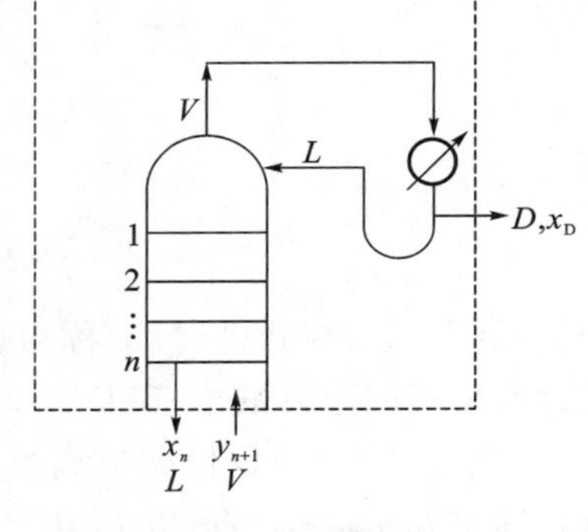


图 2.25　精馏段物料衡算

作总物料衡算得

$$V=L+D \tag{2.86}$$

作易挥发组分的物料衡算得

$$Vy_{n+1}=Lx_n+Dx_D \tag{2.87}$$

将上式两边同除以 $V$，得

$$y_{n+1}=\frac{L}{V}x_n+\frac{D}{V}x_D \tag{2.88a}$$

令 $R=L/D$，$R$ 称为回流比，上式可整理为

$$y_{n+1}=\frac{R}{R+1}x_n+\frac{x_D}{R+1} \tag{2.88b}$$

式（2.88a）和式（2.88b）称为精馏段操作线方程。它表达了在一定操作条件下从精馏段内任意一板（第 $n$ 板）下降的液体组成 $x_n$ 与自相邻的下一板（第 $n+1$ 板）上升的蒸气组成 $y_{n+1}$ 之间的关系。若回流比 $R$ 及馏出液量 $D$ 已知，则由 $L=RD$ 及 $V=L+D=(R+1)D$ 可直接求出精馏段内液相流量 $L$ 和气相流量 $V$。精馏段操作线方程为一直线方程。该直线过对角线上 $a(x_D,x_D)$ 点，以 $R/(R+1)$ 为斜率，在 $y$ 轴上的截距为 $x_D/(R+1)$，即图 2.26 所示的直线 $ad$。

（2）提馏段操作线方程。

对图 2.27 虚线范围（包括提馏段第 $m$ 块塔板以下塔段及再沸器）做物料衡算。

作总物料衡算得

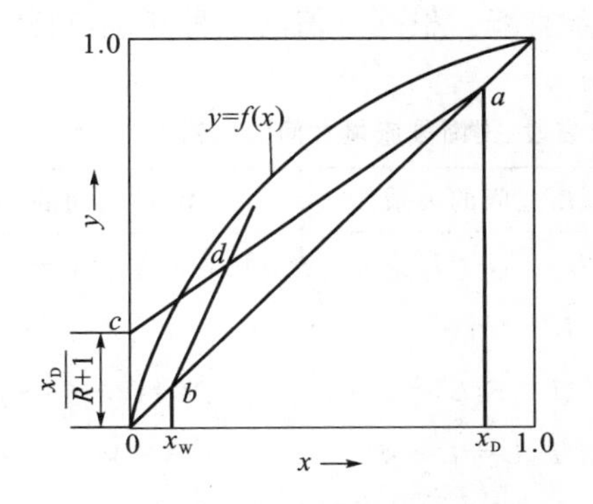


图 2.26　操作线方程图示

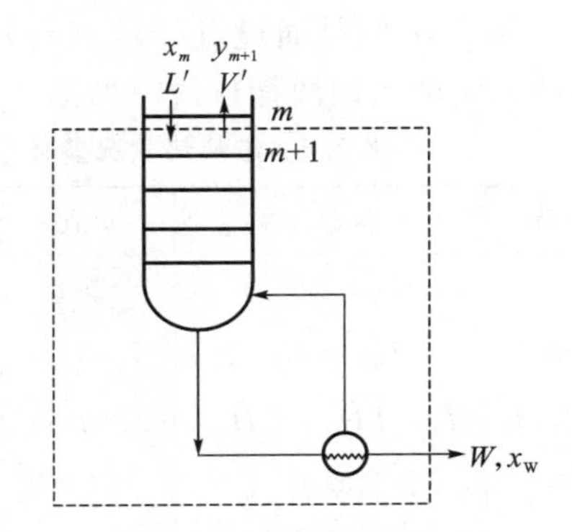


图 2.27　提馏段物料衡算

$$L'=V'+W \tag{2.89}$$

作易挥发组分的物料衡算得

$$L'x_m=V'y_{m+1}+W \tag{2.90}$$

上式整理得

$$y_{m+1}=\frac{L'}{V'}x_m-\frac{W}{V'}x_W \tag{2.91a}$$

或

$$y_{m+1}=\frac{L'}{L'-W}x_m-\frac{W}{L'-W}x_W \tag{2.91b}$$

式(2.91a)与式(2.91b)称为提馏段操作线方程。它表达了在一定操作条件下,提馏段内任意两塔板间上升的蒸气组成 $y_{m+1}$ 与下降的液体组成 $x_m$ 之间的关系。定常连续操作过程中,$W$、$x_W$ 为定值,又根据恒摩尔流假定 $L'$、$V'$ 为常数,故提馏段操作线也是一条直线。该直线过对角线上 $b(x_W,x_W)$ 点,以 $L'/V'$ 为斜率,在 $y$ 轴上的截距为 $-Wx_W/V'$,即图 2.26 所示的直线 $bd$。若进料为泡点进料,进料量为 $F$,则 $L'=L+F$,$V'=V$。

4) 进料热状况的影响和 $q$ 线方程

进料热状况存在以下五种可能:① 过冷液体进料,所用的是进料温度低于泡点的冷液体;② 泡点进料,所用的是进料温度为泡点的饱和液体;③ 气、液混合进料;④露点进料,所用的是进料温度为露点的饱和蒸气;⑤过热蒸气进料,所用的是进料温度高于露点的过热蒸气。不同状况下进料,进料的焓值不同,在进料板上方混合结果也不同,使从进料板上升的蒸气量及下降的液体量发生变化。因此,精馏塔内精馏段与提馏段上升的蒸气量及下降的液体量与进料热状况之间存在某种数值上的联系。另外不同的进料热状况会改变 $d$ 点位置,从而影响到提馏段操作线的位置。为此,引入进料热状况参数 $q$。

$$q=\frac{H_{m,V}-H_{m,F}}{H_{m,V}-H_{m,L}}=\frac{\text{原料从进料状况变为饱和蒸气的焓}}{\text{原料由饱和液体变为饱和蒸气的焓}} \tag{2.92}$$

式中:$H_{m,F}$、$H_{m,L}$、$H_{m,V}$ 分别为进料状况下原料的摩尔焓、进入加料板的饱和液体的摩尔焓、离开加料板的饱和蒸气的摩尔焓,单位均为 $kJ \cdot kmol^{-1}$。

进料热状况参数 $q$ 值与精馏段、提馏段流量间的关系见表 2.5。由精馏段和提馏段操作线方程联立,可得到两线交点的轨迹方程——$q$ 线方程,也称进料方程:

$$y=\frac{q}{q-1}x-\frac{x_F}{q-1} \tag{2.93}$$

在 $y$-$x$ 图上,$q$ 线是通过点$(x_F,y(x_F))$的一条直线。根据 $q$ 值的五种状况,可绘出五条 $q$ 线以及由此而定的提馏段操作线。如图 2.28 所示。

**表 2.5 进料热状况参数 $q$ 值与精馏段、提馏段流量之间的关系**

| 进料热状况 | 进料摩尔焓 | $q$ 值 | $L$、$L'$之间的关系 | $V$、$V'$之间的关系 |
|---|---|---|---|---|
| 冷进料 | $H_{m,F}<H_{m,L}$ | $q>1$ | $L'>L+F, L=L'+qF$ | $V'>V, V'=V-(1-q)F$ |
| 饱和液体 | $H_{m,F}=H_{m,L}$ | $q=1$ | $L'=L+qF$ | $V'=V$ |
| 气、液混合物 | $H_{m,L}<H_{m,F}<H_{m,V}$ | $1>q>0$ | $L<L'<L+F, L'=L+qF$ | $V'=V-(1-q)F$ |
| 饱和蒸气 | $H_{m,F}=H_{m,V}$ | $q=0$ | $L'<L, L'=L+qF$ | $V'<V-F, V'=V-(1-q)F$ |
| 过热蒸气 | $H_{m,F}>H_{m,V}$ | $q<0$ | $L'<L, L'=L+qF$ | $V'<V-F, V'=V-(1-q)F$ |

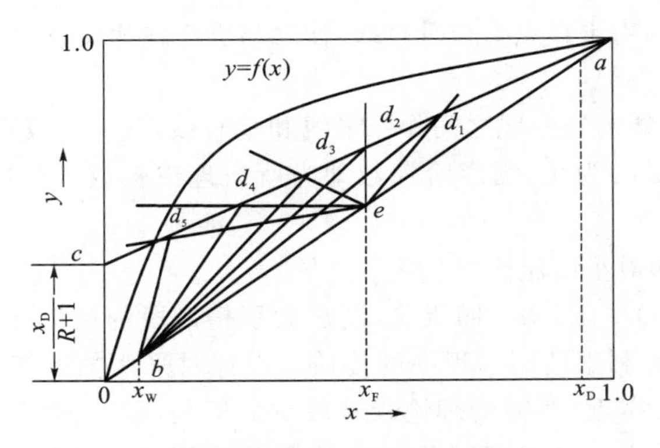


图 2.28　$R$ 值一定时的 $q$ 线

5）理论塔板数的确定

理论塔板数的计算可采用逐板计算法或图解法，这两种方法均以物系的相平衡关系和操作线方程为依据。如图 2.29 所示。设塔顶为全凝器，泡点回流；塔釜为间接蒸气加热；进料为泡点进料。

(1) 逐板计算法。通常从塔顶开始进行计算。因塔顶为全凝器，故从塔顶最上一层板（第一块板）上升的蒸气进入冷凝器后被全部冷凝，自第一块板上升的蒸气组成应等于塔顶产品的组成，即 $y_1=x_D$。

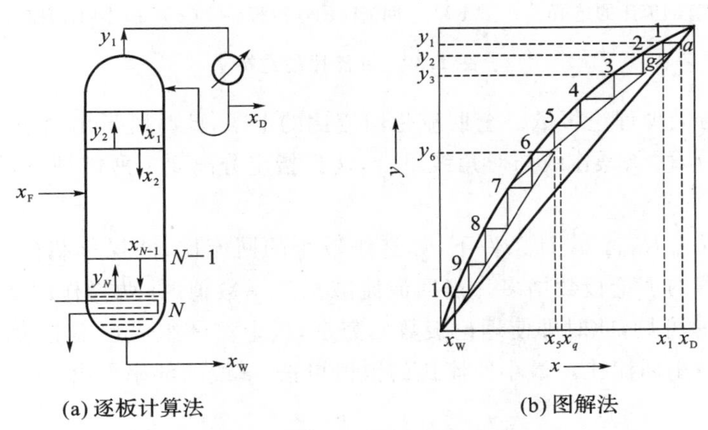


(a) 逐板计算法　　(b) 图解法

图 2.29　理论塔板数的计算

自第一板下降的液体组成 $x_1$ 必与 $y_1$ 成平衡，故可用相平衡方程(2.82)，以 $y_1$ 计算 $x_1$。

自第二板上升的蒸气组成 $y_2$ 与 $x_1$ 必须满足操作线方程，故可用精馏段操作线方程(2.88a)，以 $x_1$ 计算 $y_2$。如此交替地使用相平衡方程和操作线方程进行逐板计算，直至计算到 $x_i \leqslant x_F$（仅适用于泡点进料时）后，再改用相平衡方程和提馏段操作线方程(2.91)计算提馏段塔板组成，直至计算到 $x_N \leqslant x_W$ 为止。在计算过程中每使用一次平衡关系，表示需要一块理论板，从而得出所需理论板数（包括塔釜再沸器的一块）。

(2) 图解法。上述计算过程也可在 $y$-$x$ 图上进行。在 $y$-$x$ 图上做出相平衡曲线和两条操作线，参见图 2.29。图解法可从对角线上的 $a(x_D,y_1)$ 点开始。

由 $y_1$ 求 $x_1$ 的过程相当于自 $a$ 点作水平线使之与平衡线相交，由交点 1 的坐标$(x_1,y_1)$可知 $x_1$。

由 $x_1$ 求 $y_2$ 的过程相当于自点 1 作垂直线,使之与操作线相交,由交点 $g$ 的坐标($y_2$,$x_1$)可知 $y_2$。

如此交替地在平衡线与操作线之间作水平线和垂直线,相当于交替地使用相平衡方程和操作线方程。直至 $x_N \leqslant x_W$ 为止,图中阶梯数即为所需理论板数。跨过两操作线交点的板为加料板。

6) 回流比的选择和最小回流比

当分离要求($x_D$,$x_W$)一定,增大回流比,既加大了精馏段的液气比 $L/V$,也加大了提馏段的气液比 $V/L$,两者均有利于精馏过程中的传质。设计时采用的回流比较大,则在 $y$-$x$ 图上两条操作线均向对角线靠近,所需的理论板数较少。但是,增大回流比是以增加能耗为代价的。因此,回流比的选择是一个经济问题,即应在操作费用(能耗)和设备费用(板数及塔釜传热面、冷凝器传热面等)之间做出权衡。回流比与费用的关系如图2.30(a)所示。

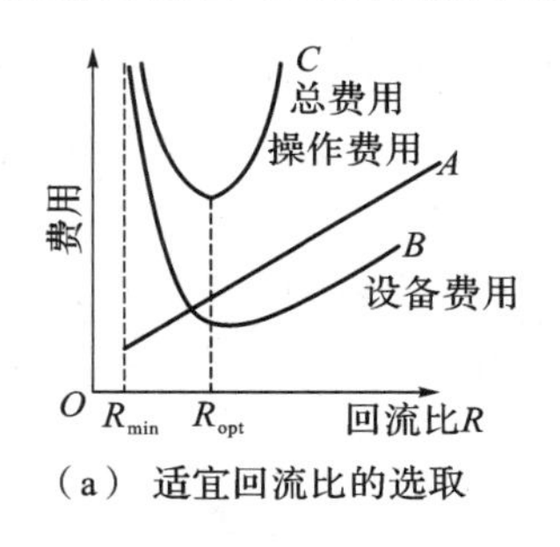

(a) 适宜回流比的选取

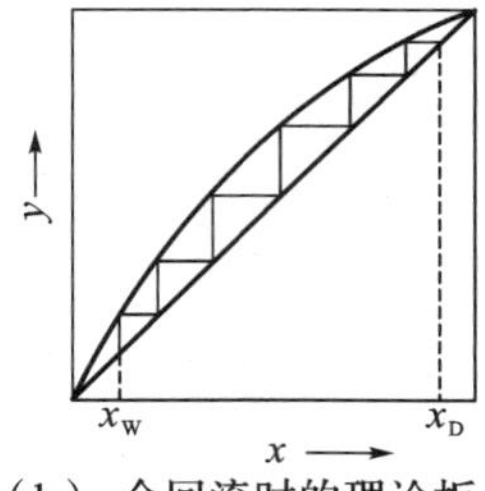

(b) 全回流时的理论板

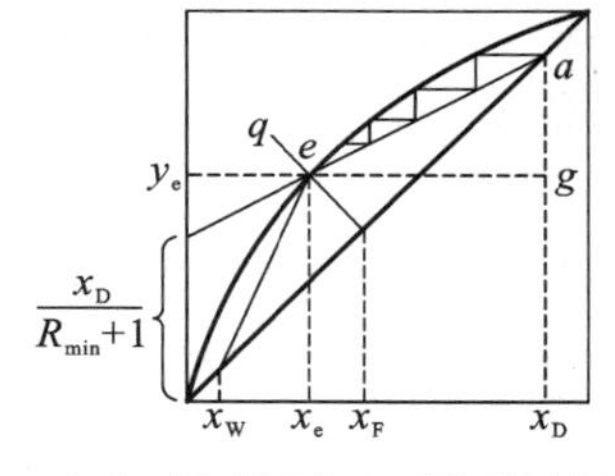

(c) 最小回流比时的理论板

**图 2.30 回流比的选择**

(1) 全回流与最少理论板数。全回流是回流比的上限,此时既不出料也不进料,因而无精馏段和提馏段之分,两条操作线与对角线重合,达到指定分离要求所需理论板最少。如图2.30(b)。

(2) 最小回流比 $R_{min}$。设计条件下,如选用较小的回流比,两操作线向平衡线移动,达到指定分离要求所需的理论板数增多。当回流比减至某一数值时,两操作线的交点 $e$ 落在平衡线上,由图 2.30(c)可见,此时即使理论板数无穷多,板上流体组成也不能跨越 $e$ 点,此即为指定分离程度时的最小回流比。最小回流比的数值可按 $ae$ 线的斜率导出。

$$R_{min}=\frac{x_D-x_e}{y_e-x_e} \tag{2.94}$$

(3) 最适宜回流比的选取。如图 2.30(a),最小回流比对应于无穷多塔板数,此时的设备费用过大而不经济。增加回流比起初可显著降低所需塔板数,设备费用的明显下降能补偿能耗的增加。再增大回流比,所需理论板数下降缓慢,此时塔板费用的减少将不足以补偿能耗的增长。此外,回流比的增加也将增大塔顶冷凝器和塔底再沸器的传热面积,设备费用随回流比增加而有所上升。显然存在着一个总费用的最低点,与此对应的即为最适宜的回流比 $R_{opt}$。一般最适宜回流比的数值范围为

$$R_{opt}=(1.2\sim2)R_{min}$$

## 2.4.6 气液传质设备

吸收和精馏都属于均相混合物分离过程的单元操作,都涉及气液两相间的质量与热量传递。工业上实现这一过程的主要设备称为气液传质设备。

1. 气液传质设备类型与基本要求

气液传质设备种类繁多,根据塔内气液接触情况可分为两大类:一类是逐级接触式的板式塔(图 2.31(a)),另一类是连续接触式的填料塔(图 2.31(b))。逆流条件下传质平均推动力最大,因此这两类塔在总体上都是逆流操作(填料塔在少数情况下可采用并流)。

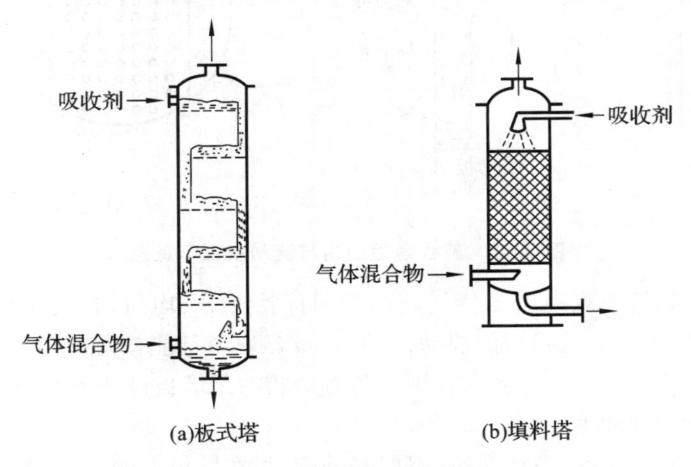


图 2.31　气液传质设备示意图

气液传质设备的性能通常由以下几个要素表示。

(1) 设备的生产能力和生产强度(单位时间单位塔截面积上的处理量或气(液)流量)要大。

(2) 传质效率要高。板式塔的传质效率通常用塔板效率来衡量,填料塔则可用传质单元高度来表示。

(3) 流体阻力要小。指气体通过每层塔板或每米填料层高度的压降要小,这对于吸收、真空精馏等操作尤为重要。

(4) 设备的操作弹性要大。指最大气速负荷与最小气速负荷之比要大,此值反映了塔对负荷变化的适应能力。

(5) 塔的结构简单、投资少、安装检修方便。

以上各要素很难同时满足,要根据实际情况和需要有所侧重,选择适宜的塔型。

2. 板式塔

板式塔通常由圆柱状的塔体及按一定间距水平设置的若干塔板构成,塔内气体在压差作用下由下而上,液体在自身重力作用下,由上而下,总体呈逆流流动。板式塔可分为有溢流式与无溢流式(又称穿流式)两大类,本节主要讨论有溢流式板式塔(以筛板为例说明)。

在这类塔中,塔板上由溢流堰维持一定液层(图 2.32(a)),实际的气液接触过程是在每一块塔板上逐级进行的。

1) 塔板上气液流动

气液在总体上逆流,但在每块塔板上呈错流流动,即从上方降液管流下的液体横向流过塔板,翻过溢流堰进入降液管再流向下层塔板,而气体则由下而上穿过板上横流的液层,在液层中实现气液相密切接触,然后离开液层,在塔板上方空间汇合后进入上层塔板,每一块塔板相当于一个混合分离器,既要求上升气流与下降液流在板上充分接触,又要求经传质后的气液两相完全分离,各自进入相邻塔板。

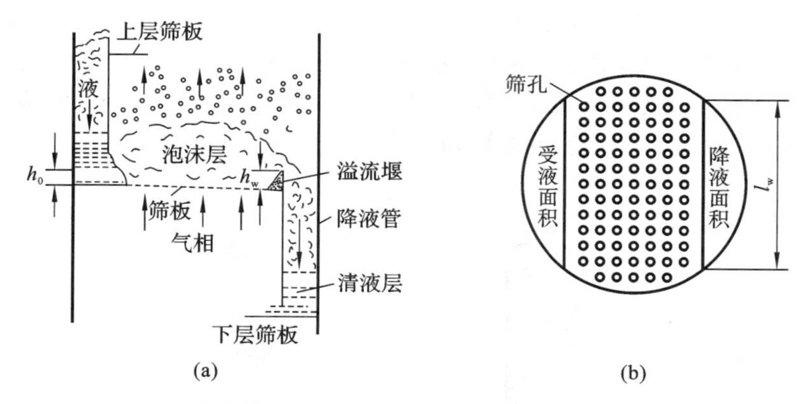


**图 2.32 筛板塔板结构与流动状况示意图**

塔板上有组织的气液流动应当使气液两相间保持充分、均匀、有效而良好的接触。这是指:相间接触面积要大且有较强烈的湍动;气液分布要均匀且能按总体逆流、板上错流的原则保持最大的传质推动力。尽力达到这种理想的流动状态是塔板设计和操作改进的一个目标。

2) 塔板上气液两相接触状态

气体通过板孔时的速度(简称孔速)不同,气液两相在塔板上的接触状况就不同。图 2.33 即为实验观察到的三种状态。

(1) 鼓泡接触状态。当孔速很低时,气体以鼓泡形式穿过板上清液层。此时,两相的接触面积为气泡表面,液体为连续相,气体为分散相。由于气泡数量较少,气泡表面的湍动程度较低,因而传质阻力较大,传质表面积较小。

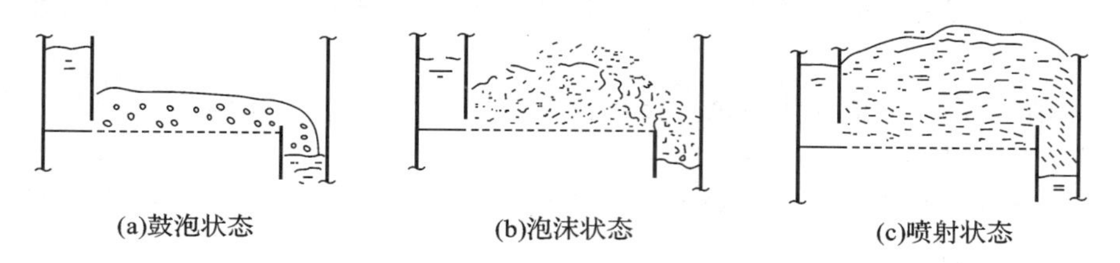


**图 2.33 塔板上气液两相接触状态示意图**

(2) 泡沫接触状态。随着孔速的增大,气泡的数量增多并形成泡沫,此时气液两相的传质面积主要为面积很大的液膜,液体仍为连续相,气体仍为分散相。由于泡沫层的高度湍动,液膜和气泡不断发生破裂与合并又重新形成,为两相传质创造了良好的流体力学条件。

(3) 喷射接触状态。当孔速继续增加,动能较大的气体从筛孔喷出穿过液层,将板上的液体破碎成许多大小不等的液滴而抛向塔板上方空间,当液滴回落合并后再次被破碎成液滴抛出。此时两相传质面积是液滴外表面,液体为分散相,气体为连续相。此接触状态下,液滴多次形成与合并,使传质表面不断更新,也为两相传质创造了较好的流体力学条件。

工业生产中,气液两相接触一般为泡沫状态或喷射状态。

3) 塔板上气液两相的非理想流动

板式塔实际操作过程中经常出现偏离理想流动的情况,大致归纳如下。

(1) 返混现象。与主流方向相反的流动称为返混现象。板上与液体主体流动方向相反的流动表现为液沫夹带(又称雾沫夹带),与气体主体流动方向相反的流动表现为气泡夹带。

当气体穿过板上液层时都会产生大量液滴,如果气速过大,这些液滴的一部分就会被夹带到上层塔板，这就是液沫来带。

气泡夹带前面已述及，在塔板上与气体充分接触后的液流，翻越溢流堰进入降液管时必含有大量气泡，同时，液体落入降液管时又卷入一些气体产生新气泡。若液体在降液管内停留的时间太短，所含气泡来不及分离，将被卷入下层塔板，这种现象称为气泡夹带。

无论是液沫夹带还是气泡夹带，都违背了逆流的原则，导致平均传质推动力的下降和塔板效率的降低，对传质过程不利。

(2) 气体和液体的不均匀分布。气体沿塔板的不均匀分布在每一层塔板上气液两相呈错流流动，因此希望在塔板上各点气体流速相等，如图 2.34(a)所示。但液面落差 Δ 的存在，导致气体沿塔板的不均匀分布，如图 2.34(b)所示。在液体入口部位，气量小而浓度差大，使这部分气体的增浓度增大而有所得；而液体出口部位，气量大而浓差小，增浓度大为降低，平均结果所失必定大于所得，故不均匀的气流分布对传质是不利的。

液体沿塔板不均匀分布，因塔截面是圆形的，故液体横向穿过塔板时在不同部位具有不同的流动行程。在塔中央部分的液体流动行程短而直，所以流速大、阻力小；而在塔板外围部分的液体流动行程长而弯曲，所以流速小、阻力大，如图 2.35 所示。液流不均匀分布使塔板的物质传递量减少，对传质也是不利的。

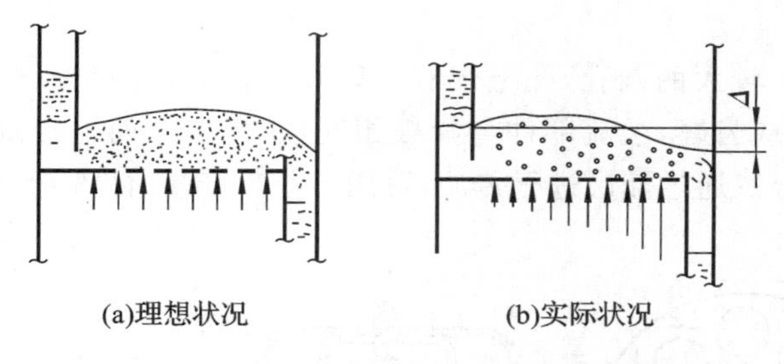


(a)理想状况　(b)实际状况

图 2.34　气液在塔板上的分布情况示意图

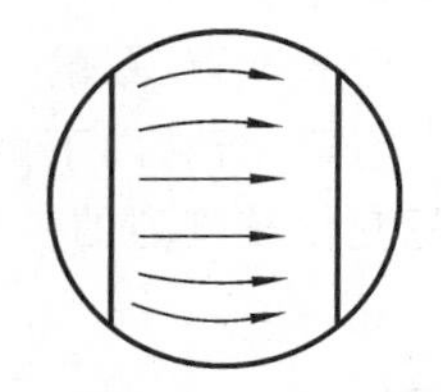

图 2.35　液体在塔板上的流动示意图

(3) 漏液。液体从板孔直接落下的现象称为漏液。未经充分接触传质的液体直接进入下板，这是一种短路现象，会降低塔板的有效利用率和板效率。实验表明，漏液具有以下几个特点。

① 漏液具有随机性。

② 漏液具有倾向性。一般在液体入口处，气体通过量最少而漏液量最多；出口处则相反。这是由于液面落差造成的。

③ 漏液量随气量(筛孔气速)的增加而减少，到一定程度可基本停止漏液。

4) 板式塔的不正常操作

气液两相非理想流动虽然对传质过程不利，但塔仍能维持正常操作。而板式塔的不正常操作是指因某种原因使塔根本无法工作的情况。

(1) 液泛。在操作过程中，塔板上液体下降受阻，并逐渐在板上积累，直到充满整个板间(淹塔)，这种现象称为液泛。液泛时可观察到塔内气相压降大幅度上升，并剧烈波动，分离情况急剧恶化，因而是塔板设计和操作中必须避免的现象。根据引起液泛的原因不同，可将其分为两类。

① 降液管液泛。操作中，液体流量和(或)气体流量过大都会引起降液管液泛。降液管内的液柱重力要克服塔板间压差及降液管的流动阻力并与之达到平衡。若液流量增大，管内液体流速增大，流动阻力也迅速增大，降液管内清液层高度将增加；气体流量增大，使相邻板间的

压降增大,同样会使降液管内液面上升。在一定范围内,它们可以达到新的平衡而不致影响操作。但如果气液量增加过大,使降液管内的液面升至上层塔板溢流堰顶后,上层塔板上的液面就会随之升高,气体经过塔板的压降也相应增大,进一步阻碍了液体的下流,于是形成了恶性循环,发生降液管液泛。

② 夹带液泛。上升气速增加时,一方面气相动能增大,引起板上液沫生成量与夹带量增加,同时泡沫层也增厚;另一方面液面上方的分离空间减少,加剧了液沫夹带,而夹带上去的液体又反过来增加降液管的液体负荷。当气速增加至某一程度,也会形成恶性循环而导致液泛,这种液泛是夹带引起的,故称夹带液泛。

由此可见,气液两相流量过大都可能导致液泛现象发生。生产中以气速过大引起的液泛较为常见。液泛时的气速称为泛点气速,操作气速应在此气速以下;提高板间距,可以提高泛点气速值。

(2) 严重漏液。严重漏液会使塔板上缺乏存液,板效率骤降以致无法正常操作。对于一定的塔结构,气速是决定漏液大小的主要因素。生产上,一般取漏液量达到液体流量的10%时的气速为漏液点气速,它是板式塔的操作气速的下限。

5) 其他类型塔板

在工业上生产中常见的塔板如下。

(1) 泡罩塔板(图2.36)。板上开有多个较大的圆孔,孔上焊有一段短管,称为升气管,管上方覆有钟形的泡罩,罩的下缘开有条形孔或齿缝,溢流部件与筛板相同,气体自下而上穿过升气管进入泡罩,折转向下由齿缝处吹出,分散通过液层进行传质,可用于小生产量、低液量以及生产负荷变化较剧烈的一些场合。

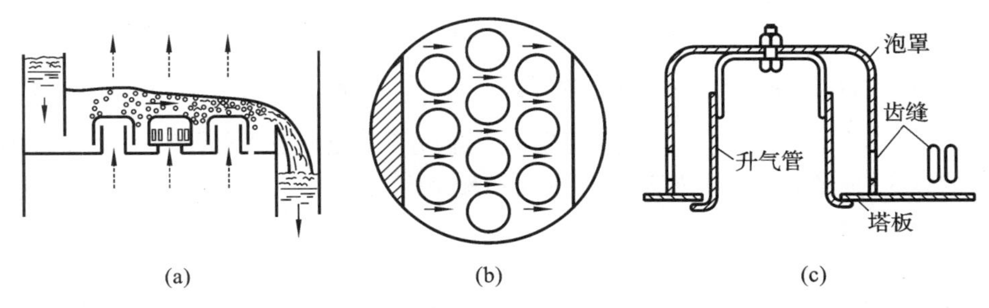


**图2.36　泡罩塔板示意图**

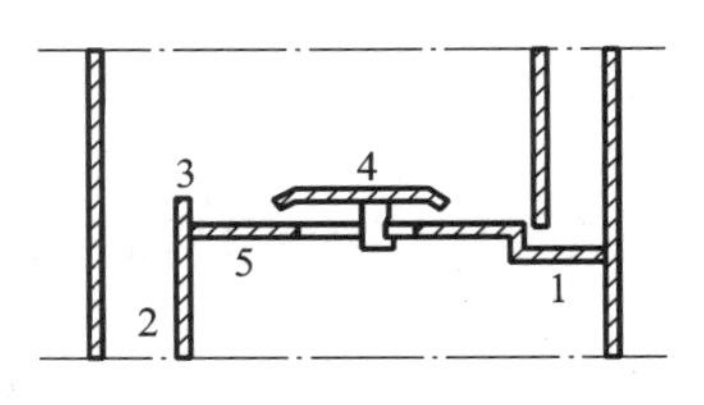


**图2.37　浮阀塔板示意图**

1-受液盘;2-降液管;3-溢流堰;4-浮阀;5-塔板

(2) 浮阀塔板(图2.37)。板上开有若干较大的孔,孔上方装有一个在压差和自身重力作用下可上下浮动的阀片(称为浮阀),由孔上升的气流经阀片与塔板的间隙从水平方向穿入板上液层,形成两相混合体,然后从液面上方逸出,故两相接触时间较长而液沫夹带较低。阀片与塔板间隙的大小可随通过气量的变化在一定范围内自行调节,浮阀类型甚多,图2.38表示其中的三种。

(3) 垂直筛板(图2.39)。这是近来开发的一种喷射接触型塔板,塔板上排列若干大直径的筛孔,其气液接触部件是固定在孔上的帽罩,帽罩的上部侧壁开有许多小孔,帽罩底部有与清液层相连的缝隙。当气体以较高速度从筛孔上吹时,液体被抽吸而从缝隙呈环状液膜,进入帽罩并被提升,形成气液混合相,然后通过侧壁小孔以喷

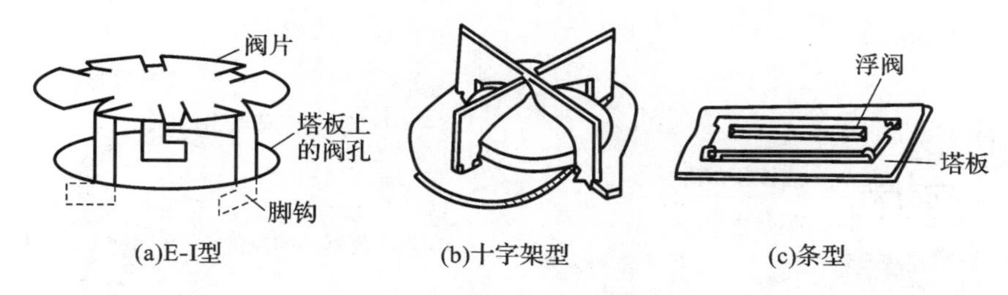


图 2.38　浮阀示意图

射态水平喷出，在上方空间气液分离后，气相进入上层塔板，液滴则重新坠入下方较薄的清液层，部分又被吸入作二次循环，部分随液层进入下一排帽罩进行类似循环，最后经降液管落入下层塔板。

这类板的适应能力好，在高真空、大气量、极低液气比和发泡液体等条件下均可顺利操作，也适用于大塔径的场合。

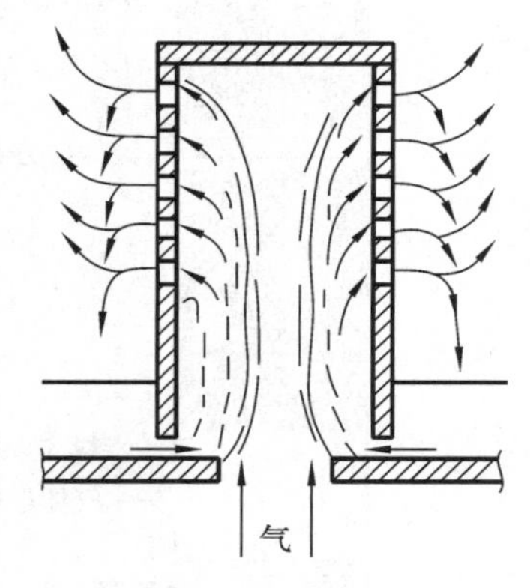


图 2.39　垂直筛板示意图

3. 填料塔

填料塔由塔体、填料、液体分布装置、填料压板(用于防止填料被吹开，有时可不用)、填料支承装置、液体再分布装置等构成(图 2.40)。

填料塔操作时，液体自塔上部进入，通过液体分布器均匀喷洒在塔截面上并沿填料表面呈膜状流下。当塔较高时，由于液体有偏向塔壁面流动的倾向(称为壁流现象)，使液体分布逐渐变得不均匀，因而经过一定高度的填料层需要设置液体再分布器，将液体重新均匀分布到下段填料层的截面上，最后液体经填料支承装置由塔下部排出。气体自塔下部经气体分布装置送入，通过填料支承装置在填料缝隙中的自由空间上升并与下降的液体相接触，最后从塔上部排出。

填料分为散装填料和整砌填料两类，前者大多分散随机堆放，后者在塔中呈整齐的有规则排列(图 2.41)。

1) 填料特性

填料是具有一定几何形体结构的固体元件。填料塔操作性能的优劣，与所选择的填料密切相关，因此，根据填料特性，合理选择填料显得非常重要。填料的主要性能可由以下特征量表示。

(1) 比表面积 $a$。定义为每单位体积填料的表面积($m^2/m^3$)。填料的比表面积越大，可能提供的气液接触面积越大。但是由于填料堆积过程中的互相屏蔽，以及填料润湿并不完全，因此实际的气液接触面积一般小于填料的比表面积。

(2) 空隙率 $\varepsilon$。定义为单位体积填料层所具有的空隙体积($m^3/m^3$)。空隙率越大，所通过的气体阻力越小，通过能力越大。

(3) 填料因子。在填料被润湿前后，其比表面积 $a$ 与空隙率 $\varepsilon$ 均有所不同，可用干填料因子和湿填料因子来表征这种差别。干填料因子定义为 $a/\varepsilon^3$($m^{-1}$)，湿填料因子又简称填料因子(符号 $\phi$)，可理解为润湿后的 $a/\varepsilon^3$ 之值($m^{-1}$)，其值均由实验测定。干、湿填料因子分别表示气体通过干填料层与湿填料层时流动特性的优劣，反映了堆积后的填料层的性能。

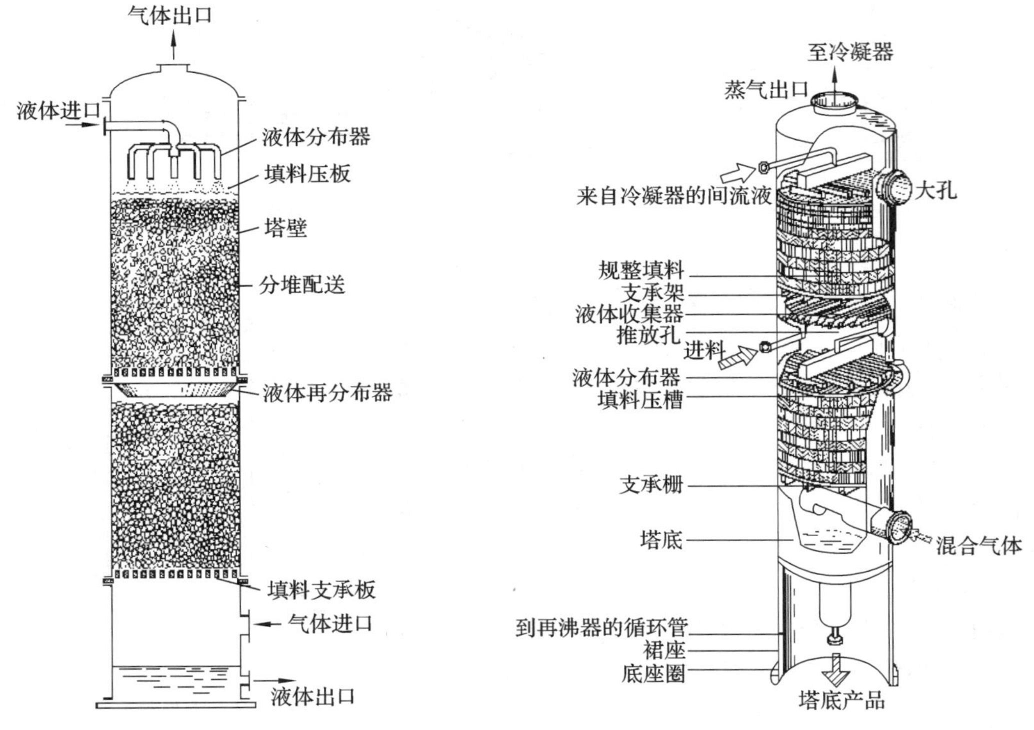


图 2.40　填料塔结构示意图　　　　图 2.41　整砌填料塔

(4) 单位体积内堆积填料的数目 $n$。单位体积内堆积填料的数目与填料尺寸大小有关。对同一种填料,减小填料尺寸则填料数目增加,单位体积填料的造价增加,填料层的比表面积增大而空隙率下降,气体阻力也相应增加。反之,填料尺寸若过大,在靠近壁面处,由于填料与塔壁之间的空隙大,引起气液流动沿塔截面分布不均。

(5) 堆积密度 $\rho_P$。填料的堆积密度是指单位体积填料的质量($kg/m^3$)。它的数值大小影响到填料支承板的强度设计,此外,填料的壁厚越薄,单位体积填料的质量就越小,材料消耗量也低,但应保证填料个体有足够的机械强度,不致压碎或变形。

除以上特性外,还要从经济性、适应性等方面去考察各种填料的优劣。尽量选用造价低、坚固耐用、机械强度高、化学稳定性好及耐腐蚀的填料。

2) 常用填料

早期使用的填料为碎石、焦炭等天然块状物,后来广泛使用瓷环和木栅等人造填料。据文献报道,目前散装填料(图 2.42)中金属环矩鞍形填料综合性能最好,而整砌填料以波纹填料(图 2.43)为最优。

(a)拉西环　(b)鲍尔环　(c)阶梯环　(d)弧鞍形填料　(e)矩鞍形填料　(f)金属环矩鞍形填料

图 2.42　常用散堆填料

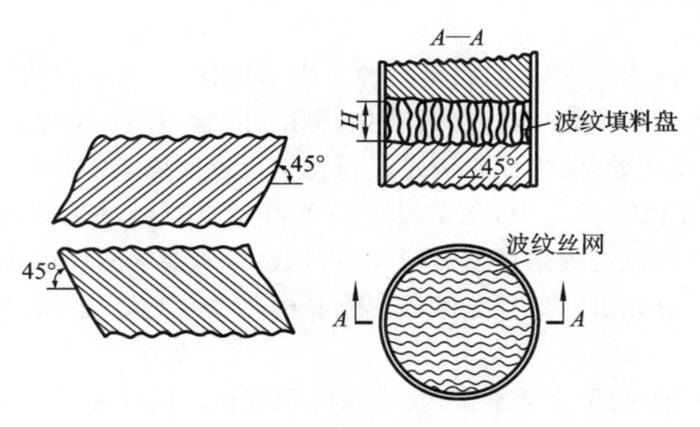


图 2.43 波纹填料

对于同种填料，尺寸规格不同，其特性有很大差异。对于不同类型填料，即使尺寸相同，但特性也不相同，应按具体情况进行选择。一般塔径增大，宜选尺寸较大的填料。

3）填料塔内的流体力学特性

填料塔内的流体力学特性包括气体通过填料层的压降、液泛速度、持液量（操作时单位体积填料层内持有的液体体积）及气液两相流体的分布等。

(1) 气体通过填料层的压降。图 2.44 在双对数坐标系下给出了在不同液体喷淋量下单位填料层高度的压降 $\Delta p/Z$ 与空塔气速 $u$ 之间的定性关系。

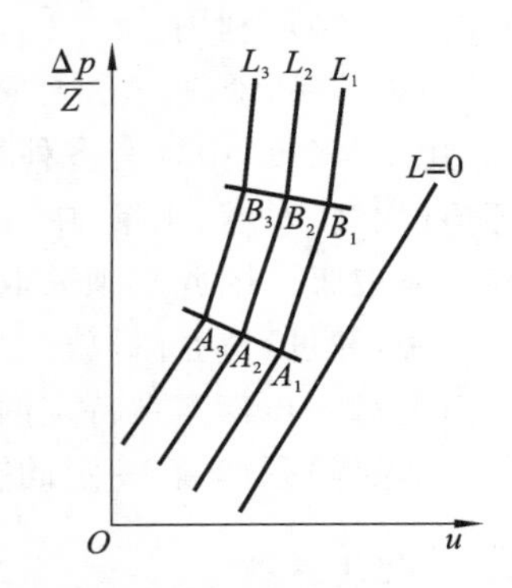


图 2.44 气体通过填料层的压降

图中最右边的直线为无液体喷淋时的干填料，即喷淋密度[单位面积、单位时间液体的喷淋量，$m^3/(m^2 \cdot s)$]$L=0$ 时的情形；其余三条线为有液体喷淋到填料表面时的情形，并且从左至右喷淋密度递减，即 $L_3>L_2>L_1$。线上各有两个转折点，即图中 $A_i$、$B_i$ 各点，$A_1$、$A_2$、$A_3$ 点称为“载点”，$B_1$、$B_2$、$B_3$ 点称为“泛点”。这两个转折点将曲线分成三个区域。

载点以上气液相互作用加剧，传质速度提高，载点气速是正常操作气速的下限；超过泛点气速后，气流出现大幅度脉动，并将大量液体从塔顶带出，塔的正常操作被破坏，通常认为泛点气速是填料塔正常操作气速的上限。

(2) 泛点气速。影响泛点气速的因素很多，其中包括填料的特性、流体的物理性质以及液气比等。泛点气速的计算方法也很多，但基本上是经验式。

(3) 持液量。因填料与其空隙中所持的液体是堆积在填料支承板上的，故在进行填料支承板强度计算时，要考虑填料本身的重量与持液量。持液量小，则气体流动阻力亦小，液体在填料塔内的停留时间短，此点对处理热敏性物料有利。但要使操作平稳，必须维持一定的持液量。到了载点以后，持液量随气速的增加而增加。

## 2.5 化学工艺

化学工艺即化工生产技术，是指将原料经过化学反应转变为产品的方法和过程，包括实现这种转变的全部化学的和物理的措施，也即运用化学、物理方法改变物质组成与物质结构，合成新物质的生产过程和技术。化学工艺一般包括四个主要步骤：原料处理、化学反应、产品精制和“三废”处理。

(1) 原料处理。化工生产所用的原料多种多样,因原料的规格和性状各不相同,需根据具体情况,将不同的原料进行预处理,即经过净化、提浓、混合、升温(降温)、加压(减压)或改变相态等多种不同的单元操作处理,使原料满足进行化学反应所要求的条件。

(2) 化学反应。在化学工艺中,化学反应是关键步骤。经过预处理的原料,在一定的浓度、配比、温度、压力和催化剂等条件下进行反应,以达到所要求的反应转化率和回收率。反应类型是多样的,可以是氧化、还原、复分解、磺化、异构化、聚合、焙烧等。通过化学反应,获得目的产物或其混合物。

(3) 产品精制。因受制于化学平衡、反应条件和催化剂的性能等因素,工业生产中的化学反应绝大多数不能进行到底,与此同时还伴有多种副反应,其产物通常都是混合物(主产物、副产物和未反应的原料等)。因此化学反应得到的混合物需要进行分离与精制,分离出主产物、副产物、未反应的原料并除去杂质,以获得符合各项规格的化工产品,同时回收副产物,并将未反应的原料循环利用。

(4) “三废”处理。在上面三个步骤中,会不同程度地产生废气、废水和固体废弃物(杂质)。化工“三废”中含有多种有毒、有害物质,若不经妥善处理,未达到规定的排放标准而排放到环境(大气、水域、土壤)中,就将对环境产生污染,破坏生态平衡和自然资源,影响工农业生产和人体健康。因此必须采取多种措施对化工生产过程中产生的“三废”进行有效的处理和合理的利用,并进行达标排放。

以上每一步都需在特定的设备(反应器和单元操作设备)中,按照化学反应原理和传递过程(单元操作)原理,在一定的操作条件下完成所要求的化学和物理的转变。

### 2.5.1 化工原料

广义上来讲,地球上的任何资源都可以作为化工原料,化工原料没有绝对的分类方法,大致可分为基础原料(初始原料)、基本原料和中间原料。

1. 基础原料

基础原料是可以用来加工生产化工基本原料或产品的在自然界存在的资源,主要有以下几种。

(1) 矿产资源。矿产资源是指由地质作用形成的,具有利用价值的,呈固态、液态、气态的自然资源。目前世界已知的矿物有 3000 种左右,绝大多数是固态无机物,如硫铁矿,钾钠盐矿,自然硫、磷、铀矿,石灰岩,硅石等;固态有机物,如煤(是典型的无机和有机混合物)、油页岩、琥珀等仅占数十种。液态矿产有石油、天然汞。气态的有天然气、二氧化碳和氦气等。矿物原料和矿物材料是极为重要的一类天然资源,广泛应用于工农业及科学技术的各个部门。矿产资源属于不可再生资源,其储量有限。

(2) 生物资源。生物资源是指生物圈中一切动、植物和微生物组成的生物群落的总和,包括植物资源(粮食、林产、草产)、动物资源(动物、渔业)和微生物资源(细菌、真菌)三大类。

(3) 空气。众所周知,空气属于混合物,它主要由氮气、氧气、稀有气体(氦、氖、氩、氪、氙、氡)、二氧化碳以及其他物质(如水蒸气、杂质等)组合而成,是工业氮气、氧气和惰性气体的主要来源。

(4) 水。水是来源广泛又廉价的液体化工原料,是制取氢气的主要原料,同时广泛用作溶剂、传热介质和传质介质。

2. 基本原料

基本原料是基础原料经加工制得的。根据物质来源可分为无机原料和有机原料两大类。

(1) 无机原料。由无机矿产资源和煤、石油、天然气，以及空气、水加工得到的硫酸、硝酸、盐酸、磷酸等无机酸，纯碱、烧碱、合成氨、钛白粉及无机盐等。

(2) 有机原料。由煤、石油和天然气等加工得到的烷烃及其衍生物、烯烃及其衍生物、炔烃及衍生物、醇类、酮类、酚类、醚类、有机酸、羧酸盐、碳水化合物、杂环类和其他种类。

3. 中间原料

中间原料也叫原料中间体，由基本原料加工制取。化工中间体是基本原料("三烯"、"三苯"、乙炔、萘等)及重要有机原料的下游产品，又是生产精细化工产品、药品、农药、染料等的重要原料，在化学工业生产中起着十分重要的作用。从用途上可分为通用中间体和专用中间体。

(1) 通用中间体。其用途比较广泛，可用于生产医药、农药、染料、橡塑助剂等，产量比较大。如氯苯、苯胺，邻、对硝基氯苯，2-萘酚、蒽醌、对硝基苯酚(钠)、乙胺类、氯乙酸、氯化苄、氯磺酸、三聚氯氰、乙二胺、乙醇胺、双乙烯酮、硫酸二甲酯等。

(2) 专用中间体。其用途比较窄，产量比较小，专用性强，主要用于某一类产品的生产。一般来说，其生产难度较大，技术含量较高，大多在医药、农药、染料等生产企业内生产。中国将生产 11 大类精细化学品的原料和中间体统称为化工中间体。如染料、塑料、药品、甲醇、丙酮、氯乙烯等。

### 2.5.2 化工产品

化工产品是指由原料经化学反应、化工单元操作等加工方法生产出来的可作为生产资料和生活资料的物品。化工生产中，在生产主产物的同时，往往还会伴随部分有一定价值的副产物。例如:裂解柴油馏分生产乙烯的同时，会产生裂解汽油等副产物;焦化粗苯是炼焦工业的副产品，精制可得到苯、甲苯及二甲苯等化工基本原料。

化工产品种类众多，几乎涉及人类活动的方方面面。按照《化学工业国家标准和行业标准目录》分类，有 85 类之多。例如:G 20/29 化肥(氮肥、磷肥、钾肥、复合肥料、微量元素肥料、细菌肥料、农药肥料、其他肥料等)、农药(杀虫剂、杀菌剂、除草剂、植物生长调节剂、杀鼠剂、混合剂型、生物农药);G 30/39 合成材料(合成树脂及塑料、合成橡胶、合成纤维单(聚)体、其他高分子聚合物等);G 50/59 涂料、颜料、染料(油漆、特种印刷油墨、无机颜料、其他涂料、纤维用染料、皮革染料、涂料印花浆、电影胶片用染料、有机颜料、其他染料等);G 80/84 信息用化学品(感光材料、磁记录材料、照相级化学品等);X 40/49 食品添加剂与食用香料(食品添加剂、饲料添加剂、食用香料)。

化工产品应符合其产品的质量标准(国标或行业标准)，如外观、颜色、粒度、晶形、黏度、杂质含量等，产品质量通常以纯度或浓度表示，并分成不同等级。例如:工业用乙二醇(GB/T 4649—2008)，优等品≥99.8%(乙二醇质量分数，下同)，一级品≥99.0%，合格品≥98.0%。

化工产品的生产从化学工艺的角度看，有如下特点。

(1) 可从不同的原料出发，采用不同工艺流程制造同一产品。例如:合成氨可以利用煤、石油、天然气来生产;乙醇可以通过粮食淀粉、各种糖质、纤维素原料发酵生产，也可以通过石油裂解气、煤基合成气为原料进行生产。

(2) 同一种原料采用不同的工艺流程，可以生产不同的产品。例如:以苯为原料，通过磺化可制成苯磺酸，通过硝化可制成硝基苯，通过氯化可制成氯苯;以苯磺酸、硝基苯、氯苯作为中间体,又可制造出大量的化学品。以煤为原料,经过气化,煤转化为含有一氧化碳、氢、甲烷、二氧化碳等组成的合成气,进而生产合成氨、甲醇、醋酐、二甲醚以及合成液体燃料等;将煤干馏,使其分解生成焦炭、煤焦油、粗苯和焦炉气,以生产苯、甲苯、二甲苯、酚、萘和碳;将煤液化,直接转化成液体燃料,再进一步加工精制成汽油、柴油等燃料油。

(3) 同一原料制造同一产品还可采用不同的工艺流程。例如:在以石英砂为原料制备硅酸钠的过程中,有干法和湿法两种工艺流程;煤炭液化生产液体燃料,可采用直接液化工艺和间接液化工艺。

### 2.5.3 化工生产工艺过程

化工生产工艺过程(化学工艺)通常是针对特定的产品或原料设计开发的,例如合成氨生产工艺、氯乙烯生产工艺、石油的催化裂化工艺、煤气化工艺等。因此,每种化工生产工艺都具有其特殊性。

在化工生产中,从原料到产品,物料经过了一系列化学和物理加工处理步骤,即化工生产工艺过程。化工工艺过程是围绕核心(主要)反应器组成的,其上游为原料(反应物)的预处理,以满足主要化学反应工艺条件为目标;下游为产品(生成物)的后处理,通过分离、纯化等手段,以达到产品质量标准为目标;与此同时,对工艺过程中产生的“三废”进行处理,达标排放。化工工艺过程主要由进行物理过程的单元操作(设备占比 90%以上),如流体输送、物料换热、机械分离、传质分离等,进行化学过程的单元反应,如氧化、加氢,硝化、卤化、裂解、聚合和化学净化等组成;有时也将生化处理引入化工工艺过程,例如气体脱硫、废水的厌氧和好氧处理、废渣的发酵等。

化学工艺是化工过程的精髓。开发设计一个化工过程,就是一种化学工艺的形成过程。化工原料的多样性、化工产品的多样性,使得化工工艺十分复杂,因而化工工艺过程开发设计的重要特征就是多方案性。所以要确定某个化工产品的生产工艺,将面临一系列的选择与优化,主要内容如下:

(1) 原料路线的选择。工艺过程选用什么原料路线,对生产工艺和技术经济指标有决定性的影响。在化工产品的成本中,原料费用一般占有较高的比例(60%～70%)。原料的种类、品质和来源的多样性使得不同原料有不同的工艺路线,同一种原料也会有几种工艺路线。因此,必须充分考虑所需原料供应的可靠性、合理性和采用不同原料线路可以达到的技术经济指标,经过对比,找出最佳方案。

(2) 生产方法和技术的选择。其原则是:生产方法合理可行;工艺技术科学先进;原料和能量利用充分合理;安全措施得当可靠;“三废”治理方法可靠有效。经济指标先进合理。

(3) 单元设备的选择或设计。根据生产方法确定所用单元设备(反应器、热交换器、分离设备、输送设备等)和操作条件。

(4) 工艺流程的合成与优化。确定单元操作设备和反应器之间的最优连接方式和操作条件,用选定的原料生产出所需要的产品,并使生产成本最低,过程安全可靠,环境污染程度最小。化学工艺的合成与优化对能否进行正常生产以及能否取得经济效益,至关重要。

## 复习思考题

1. 在温度、容积恒定的容器中,含有 A、B 两种理想气体,若在容器中再加入一定量的理想气体 C,问:A 的分压和分体积将如何变化?

2. 试述下列术语的含义：系统、环境、相平衡、化学平衡、热力学能、焓、热容。
3. 试述热力学第一定律，并写出其表达式。
4. 温度、压力、反应物的浓度对化学平衡的影响如何？
5. 是否活化能越大，反应进行得越慢？
6. 化学反应速率的定义是什么？基元反应的速率方程如何表示？
7. 催化剂的基本特征有哪些？
8. 工业生产对化学反应器的要求是什么？
9. 试述物料衡算和能量衡算的基本步骤。
10. 单元操作的特点是什么？
11. 解释下列名词：层流、湍流、雷诺数、热通量、最小液气比、最小回流比、理论板。
12. 写出伯努利方程，并解释其中各项的含义。
13. 写出传热速率方程，式中的 $K$、$\Delta t_m$ 如何计算？
14. 吸收、精馏的依据各是什么？它们的相平衡关系各应如何表达？
15. 如何用图示法表示吸收的操作线和平衡线？吸收塔的填料层高度如何计算？
16. 如何用图示法表示精馏的操作线和平衡线？精馏塔的理论板数如何计算？
17. 化学工艺一般包括几个主要步骤，分别是什么？
18. 化工基础原料有哪些？

## 主要参考文献

[1] 胡英. 物理化学[M]. 4 版. 北京：高等教育出版社，1999.
[2] 王正烈. 物理化学[M]. 4 版. 北京：高等教育出版社，2001.
[3] 沈文霞. 物理化学核心教程[M]. 北京：科学出版社，2004.
[4] 陈敏恒. 化学反应工程基本原理[M]. 修订本. 北京：化学工业出版社，1986.
[5] 朱炳辰. 化学反应工程[M]. 3 版. 北京：化学工业出版社，2001.
[6] 廖传华. 工业化学过程与计算[M]. 北京：化学工业出版社，2005.
[7] 张浩勤. 化工过程开发与设计[M]. 北京：化学工业出版社，2002.
[8] 陈敏恒. 化工原理[M]. 3 版. 北京：化学工业出版社，2006.
[9] 贾绍义. 化工原理及实验[M]. 北京：高等教育出版社，2004.
[10] 陆美娟. 化工原理[M]. 2 版. 北京：化学工业出版社，2007.
[11] 贡长生. 现代工业化学概论[M]. 武汉：湖北科学技术出版社，2003.
[12] 黄仲九，房鼎业. 化学工艺学[M]. 2 版. 北京：高等教育出版社，2008.
[13] 刘晓勤. 化学工艺学[M]. 北京：化学工业出版社，2010.
[14] 戴猷元. 化工概论[M]. 2 版. 北京：化学工业出版社，2012.
[15] 全国化学标准化技术委员会，中国标准出版社第二编辑室. 化学工业国家标准和行业标准目录[M]. 北京：中国标准出版社，2010.

# 第3章　无机化工

## 3.1　概　　述

无机化工是无机化学工业的简称，是以天然资源和工业副产物为原料生产硫酸、硝酸、盐酸、磷酸、纯碱、烧碱、合成氨、化肥以及无机盐等化工产品的工业。无机化工包括硫酸工业、纯碱工业、氯碱工业、合成氨工业、化肥工业和无机盐工业，广义上也包括无机非金属材料和精细无机化学品如陶瓷、无机颜料等的生产。本章安排了硫酸工业、合成氨工业、磷酸盐工业、制碱工业四个部分，介绍硫酸、合成氨、尿素、磷酸盐、磷肥、纯碱、烧碱等的生产工艺，囊括了无机化工中硫酸工业、纯碱工业、氯碱工业、合成氨工业、化肥工业和无机盐工业的主要内容。

### 3.1.1　无机化工的特点

得益于18世纪中叶开始的产业革命，无机化工是化学工业各分支中最早发展起来的。与其他化学工业分支相比，无机化工的特点如下：①形成历史最久，对化学工业发展的贡献最大。最早的无机化工是从硫酸、纯碱等生产开始的，纯碱、硫酸生产以及其他早期无机化工生产过程中的技术发展，为单元操作的形成和发展奠定了基础。②产品数量不多，但应用范围非常广。除无机盐品种较多外，其他无机化工产品品种不多。例如早期的无机化工产品主要就是“三酸两碱”，虽然品种很少，却是众多其他工业部门的基本原料，其中硫酸曾有“化学工业之母”之称，它的产量在一定程度上标志着一个国家工业的发达程度。③无机化工产品产量大，设备投资大。无机化工产品，特别是其中的酸、碱、化肥产品，都是大宗化工产品，产量非常大。例如：近年即便由于环保的严格控制等呈现稍微下滑的趋势，2017年我国硫酸、氮磷钾化肥的产量仍分别达8694.2万吨、6065.2万吨；2017年我国纯碱、烧碱产量保持增长势头，纯碱产量超2600万吨，烧碱产量达3365.2万吨。由此，生产装置及设备的投入和厂区占地等都是巨大的。④以化工原料矿物为主要原料，环保压力相对较大。例如，化工原料矿的开采会带来矿产地环境生态的严重破坏；又如，湿法磷酸生产中产生大量的磷石膏，对整个磷化工行业的绿色发展带来了极大的挑战。

### 3.1.2　无机化工原料

无机化工产品的主要原料一是化工原料矿物，二是工业副产物和废物。此外，煤、石油、天然气以及空气、水等也是无机化工的主要原料。

矿产资源分为金属矿产、能源矿产和非金属矿产三大类，后者即指除了前两类矿产之外的所有矿产。世界上目前已开发利用的非金属矿产达200多种，其中包括150余种矿物和50余种岩石。中国已开采的非金属矿产约有86种，按其工业用途大致可分为六类：化学工业原料非金属矿产（简称化工原料矿产）、建筑材料非金属矿产、冶金辅助原料非金属矿产、轻工原料非金属矿产、电气及电子工业原料非金属矿产、宝石类及光学材料非金属矿产。

作为化学工业原料的非金属矿产，是含硫、钠、磷、钾、钙等的化学矿物。主要矿产有磷矿、硫铁矿、自然硫矿、钾盐矿、硼矿、芒硝矿、化工灰岩矿、白云石矿、天然碱矿、重晶石矿、明矾石矿、砷矿、钠硝石矿、膨润土矿、金红石矿、蛇纹石矿、橄榄石矿、天青石矿、萤石矿、伊利石矿、硅藻土矿、石膏矿等。

此外，很多工业部门的副产物和废物，也是无机化工的原料。例如：钢铁工业中炼焦生产过程的焦炉煤气，其中所含的氨可用硫酸加以回收制成硫酸铵；黄铜矿、方铅矿、闪锌矿的冶炼废气中的二氧化硫可用来生产硫酸等；磷肥厂的含氟废气可用来生产冰晶石、氢氟酸等。

### 3.1.3 无机化工产品

无机化工主要产品多为用途广泛的基本化工原料，除无机盐品种繁多外，其他无机化工产品品种不多，与其他化工产品比较，无机化工产品的产量较大。

无机化工产品可以分为四大类：无机酸（"三酸"：盐酸、硝酸、硫酸）；无机碱（"两碱"：纯碱、烧碱）；无机盐；无机气体。无机盐产品按生产实践和习惯分成22类：钡化合物，硼化合物，溴化合物，碳酸盐，氯化物及氯酸盐，铬盐，氰化物，氟化合物，碘化合物，镁盐，锰盐，硝酸盐，磷化合物及磷酸盐，硅化合物及硅酸盐，硫化物及硫酸盐，钼、钛、钨、钒、锆化合物，稀土元素化合物，过氧化物，氢氧化物，氧化物，单质，其他无机化合物。无机气体产品分为：工业气体，包括氢气、氧气、氮气、氨气、二氧化碳和氮氧化合物等；惰性气体，包括氩、氦、氪、氖、氙和氩氖混合气体等。

无机化工产品是用途十分广泛的基本工业原料，属基础化工产品，用途广、需求量大。其用途涉及造纸、橡胶、塑料、农药、饲料添加剂、微量元素肥料、空间技术、采矿、采油、航海、高新技术领域中的信息产业、电子工业以及各种材料工业，又与日常生活中人们的衣、食、住、行以及轻工、环保、交通等息息相关。

### 3.1.4 无机化工的发展

18世纪中叶，由于纺织、印染工业的发展，硫酸用量迅速增加，1746年英国人J.罗巴克采用铅室代替玻璃瓶，建成世界上第一座铅室法硫酸厂。同时，因制造肥皂和玻璃需要用碱，而天然碱又不能满足要求，1775年法国科学院征求制碱方法，法国人N.吕布兰提出以食盐为原料与硫酸作用生产纯碱的方法，工业上称吕布兰法。此法除了制取纯碱外，还能生产硫酸钠、盐酸等产品。硫酸工业和纯碱工业成为无机化工生产最早的两个行业。到19世纪，人们认识到由土壤和天然有机肥料提供作物的养分已经不能满足需要，1842年英国人J.B.劳斯建立了生产过磷酸钙的工厂，这是世界上最早的磷肥工厂。由于吕布兰法制碱原料消耗多，劳动条件差、成本高，1861年比利时人E.索尔维开发了索尔维法，又称氨碱法。随着造纸、染料和印染等工业的发展，对烧碱和氯气的需要不断增加，由苛化法制得的烧碱已不能满足要求。在直流发电机制造成功之后，1893年开始用食盐饱和水溶液以电解法生产烧碱和氯气。到19世纪末，形成了以硫酸、纯碱、烧碱、盐酸为主要产品的无机化学工业。

由于农业发展和军工生产的需要，以天然有机肥料及天然硝石作为氮肥主要来源已不能满足需要，迫切要求解决利用空气中氮的问题。20世纪初，很多化学家积极从事氨合成的理论基础研究和工艺条件试验，德国物理化学家F.哈伯和工程师C.博施于高压、高温和有催化剂存在时，利用氮气和氢气成功地直接合成了氨。1913年，世界上第一座日产30 t氨的装置在德国建成投产，从而在工业上第一次实现了利用高压，由单质直接合成无机产品的生产过程。到1922年，用氨和二氧化碳合成尿素在德国实现了工业化。由于两次世界大战，军火生产需要大量硝酸、硫酸和硝酸铵等,促使这些工业迅速发展。

自 1950 年以来,各企业间竞争激烈,为了降低成本、减少消耗,力求在技术上取得进步。例如:硫酸生产中,在 1960—1970 年开发了二次转化、二次吸收的接触法新流程,提高了原料利用率,并降低了尾气中的 $SO_2$ 浓度。为应对环保要求,我国在《硫酸行业“十三五”发展规划》中倡导采用“一转一吸”+“有机胺法”回收工艺,这既可以使尾气二氧化硫排放浓度降低到很低的值,又可以简化工艺流程,节约投资;氯碱生产的传统方法是苛化法、隔膜电解法、水银电解法,1970—1980 年,开发了离子膜电解法,此后,环境污染严重的水银法和落后的苛化法逐步被淘汰。尿素生产中,在 1960—1970 年,开发了二氧化碳气提法和氨气提法等工艺方法;在合成氨生产中,开发了低能耗新流程等。

20 世纪 60 年代后期,生产装置的规模进一步扩大,降低了基建投资费用和产品成本,建成了日产 1000～1500 t 氨的单系列装置;80 年代初期,建成了日产 2800 t 硫酸的大型装置。进入 21 世纪,冶炼烟气制酸装置单系列规模最大已达到 5300 t/d。随着装置规模的大型化,热能综合利用有了较大发展,工艺与热力、动力系统的结合,降低了单位产品的能耗,也推动了化工系统工程的发展。

由于原料和能源费用在无机化工产品中占有较大比例,如合成氨工业、氯碱工业、黄磷、电石(碳化钙)生产等都是耗能较多的,技术改造的重点将趋向采用低能耗工艺和原料的综合利用。如化肥工业正在向高浓度复合肥料和专用肥料方向发展,湿法磷酸净化技术的突破使磷酸盐生产有了更科学的选择。随着工业不断发展,硫酸、合成氨、磷肥、无机盐等生产所排放的废渣、废液、废气累积越来越多,它们给环境生态带来的影响,已经危及行业的发展,从现在开始,解决“三废”问题成为决定无机化工行业命运的突出问题。

## 3.2　硫酸工业

### 3.2.1　硫酸的性质和用途

硫酸是三氧化硫($SO_3$)和水($H_2O$)的化合物。化学上把一分子 $SO_3$ 与一分子 $H_2O$ 相结合的物质称为无水硫酸,又称纯硫酸(100%的硫酸),密度为 1.8269 $g \cdot cm^{-3}$。工业上用的硫酸,则是指 $SO_3$ 与 $H_2O$ 以任何比例化合的物质。$SO_3$ 与 $H_2O$ 的物质的量之比小于 1 时,称为硫酸水溶液;$SO_3$ 与 $H_2O$ 的物质的量之比大于 1 时,称为发烟硫酸。发烟硫酸因其 $SO_3$ 蒸气压较大,暴露在空气中能释放出 $SO_3$,易与空气中的水蒸气迅速结合并凝聚成白色酸雾而得名。

习惯上把质量分数大于或等于 75%的硫酸称为浓硫酸,而把质量分数小于 75%的硫酸称为稀硫酸。

表 3.1 是常见的几种硫酸产品的组成。

**表 3.1　硫酸的组成**

| 名　称 | $SO_3$ 与 $H_2O$ 的物质的量之比 | $H_2SO_4$ 的质量分数/(%) | $SO_3$ 的质量分数/(%) | |
|---|---|---|---|---|
| | | | 游离态的质量分数/(%) | 总的质量分数/(%) |
| 92.5%硫酸 | 0.694 | 92.50 | — | 75.51 |
| 98%硫酸 | 0.900 | 98.00 | — | 80.00 |

续表

| 名　称 | $SO_3$与$H_2O$的物质的量之比 | $H_2SO_4$的质量分数/(%) | $SO_3$的质量分数/(%) | |
|---|---|---|---|---|
| | | | 游离态的质量分数/(%) | 总的质量分数/(%) |
| 无水硫酸 | 1.000 | 100.00 | — | 81.64 |
| 20%发烟硫酸 | 1.306 | 104.50 | 20.00 | 85.31 |
| 65%发烟硫酸 | 3.275 | 114.63 | 60.00 | 93.57 |

硫酸是最强的无机酸之一，不仅具有强酸的一切通性，还具有一些特性，如浓硫酸具有脱水、氧化、磺化等性质。

硫酸是重要的基本化工原料，在国民经济各个部门有着广泛用途。在农业中，磷肥、复肥的生产，除草剂等的制造需要硫酸。在工业中，炼焦时需要用硫酸回收焦炉气中的氨，钢材加工及其成品的酸洗需要硫酸，有色金属的冶炼也需要一定量的硫酸。在化学工业中，硫酸是生产硫酸盐和其他酸的原料，也是合成染料的原料。此外，在国防工业、原子能工业、火箭工业等行业中也需要用到硫酸。因此，在历史上硫酸曾有"化学工业之母"的美称。

### 3.2.2　硫酸的生产

制取硫酸的原料，是指能够产生$SO_2$的含硫物质，主要有硫黄、硫化矿物、冶炼烟气、硫酸盐及含硫化氢的工业废气等。

硫黄是制取硫酸最早而又最理想的原料。天然硫存在于自然界的硫矿之中，呈晶体，有$\alpha$（正交）、$\beta$及$\gamma$（单斜）三种同素异形体。另外，还有聚合型（无定形）的硫。用硫黄制取硫酸的方法相对简单，制取的硫酸质量也较好。

硫铁矿是硫化铁矿物的总称，又称黄铁矿，硫铁矿按化学成分和特性不同又可分为普通硫铁矿、磁硫铁矿、含煤硫铁矿、高砷高氟硫铁矿、高铅高锌硫铁矿和高硫酸盐硫铁矿等。其主要成分为二硫化铁（$FeS_2$），理论含硫量为53.46%（质量分数），含铁量为46.54%（质量分数）。硫铁矿是制取硫酸的主要原料之一。此外，利用在有色金属冶炼、炼焦等过程中产生的含硫废气、废料也可作为生产硫酸的原料。

硫酸的制取方法分为亚硝基法和接触法两种。亚硝基法又分为铅室法和塔式法。亚硝基法最基本的特征是借助于氮氧化物完成将$SO_2$氧化成酸的反应。目前制取硫酸主要是用接触法，接触法的基本原理是应用固体催化剂，以空气中的氧直接氧化$SO_2$。其生产过程主要包括以下几个方面：① 原料气的制备；② 烟气的净化和干燥；③ $SO_2$氧化；④ $SO_3$的吸收；⑤ 尾气回收和污水处理。

1. $SO_2$烟气的制备

1）硫铁矿焙烧

硫铁矿焙烧反应极为复杂，随着条件不同而得到不同的反应产物。其过程分为两步。

第一步是硫铁矿中的有效成分$FeS_2$受热分解成FeS和单体硫。

$$FeS_2 = FeS_{1+x} + \frac{1-x}{2}S_2$$

这一步是吸热反应，温度越高，对$FeS_2$分解反应越有利。实际上高于400 ℃就开始分解，500 ℃时则较为显著。$x$值随温度改变而变化，在900 ℃左右时，$x=0$。

第二步是分解出的单体硫与空气燃烧，生成$SO_2$。

$$S_2+2O_2 = 2SO_2$$

硫铁矿在释出硫黄后,剩下的硫化亚铁在氧分压为 3.04 kPa 以上时,生成红棕色的 $Fe_2O_3$。

$$4FeS+7O_2 = 2Fe_2O_3+4SO_2$$

当氧含量在1%(质量分数)左右时,则生成棕黑色的 $Fe_3O_4$。

$$3FeS+5O_2 = Fe_3O_4+3SO_2$$

在低温下(250 ℃以下),硫化亚铁与氧作用生成硫酸亚铁。

$$FeS+2O_2 = FeSO_4$$

硫酸亚铁在高温下不稳定,按下式分解。

$$FeSO_4 = FeO+SO_3$$

综合以上各式,可得硫铁矿常规焙烧总的化学反应方程式为

$$4FeS_2+11O_2 = 8SO_2+2Fe_2O_3$$

同时,还可得硫铁矿焙烧另一总的化学反应方程式为

$$3FeS_2+8O_2 = 6SO_2+Fe_3O_4$$

在工业生产中,为了保证硫分尽可能多地转变为 $SO_2$,而不生成或尽可能少地生成硫酸盐及 $SO_3$,反应都在高温(600~1000 ℃)下进行。

焙烧过程中还有许多副反应发生。如硫铁矿中所含铜、铅、锌、钴、镉、砷、硒等的硫化物,在焙烧后部分成为氧化物,如 PbO、$As_2O_3$、$SeO_2$ 等。另外,在焙烧过程中还会生成 HF。生产过程中的这些杂质对制酸过程是很有害的,特别是 $As_2O_3$ 和 HF。因而清除这些杂质是烟气净化的重要任务之一。

上述反应中硫与氧生成的 $SO_2$ 及过量 $O_2$、空气带入的 $N_2$ 和水蒸气等其他气体,统称为烟气,是制酸的原料气;铁与氧生成的氧化物及其他固态物质统称为炉渣(或烧渣)。

2) 硫铁矿焙烧工艺流程

矿料先由皮带输送机通过给料器加入,空气由鼓风机供给,矿渣回收热能后由增湿器增湿降温,用输送机排出。焙烧炉所产生的 $SO_2$ 烟气从上部引出,先经废热锅炉除尘降温,再由旋风分离器和电除尘器除尘后进入烟气净化工序。沸腾焙烧流程如图 3.1 所示。

2. 烟气的净化和干燥

1) 烟气净化原理和基本方法

(1) 烟气净化目的和指标。

无论是什么原料的 $SO_2$ 烟气,都含有一些固态和气态的有害杂质,主要有 $As_2O_3$、$SeO_2$、$SO_3$、$H_2O$(气态),氟化物、矿尘等。烟气净化的目的就是尽可能除掉这些有害杂质,使气体在进入转化器之前得到净化。

目前,我国执行的指标如下(标准状态下,在 $SO_2$ 鼓风机出口测定)。

$\rho_{水分}<0.1\ g\cdot m^{-3}$　　$\rho_{酸雾}<0.005\ g\cdot m^{-3}$　　$\rho_{氟}<0.003\ g\cdot m^{-3}$

$\rho_{尘}<0.002\ g\cdot m^{-3}$　　$\rho_{砷}<0.001\ g\cdot m^{-3}$

(2) 烟气净化的原则。

① 烟气中悬浮颗粒分布很广,大小相差很大,有的颗粒直径达 1000 μm,有的直径在1 μm以下,在净化过程中应分级逐段进行分离,先大后小,先易后难。

② 烟气中悬浮颗粒是以气、固、液三态存在的,质量相差很大,在净化过程中应按颗粒的轻重程度分别进行,要先固、液,后气体,先重后轻。

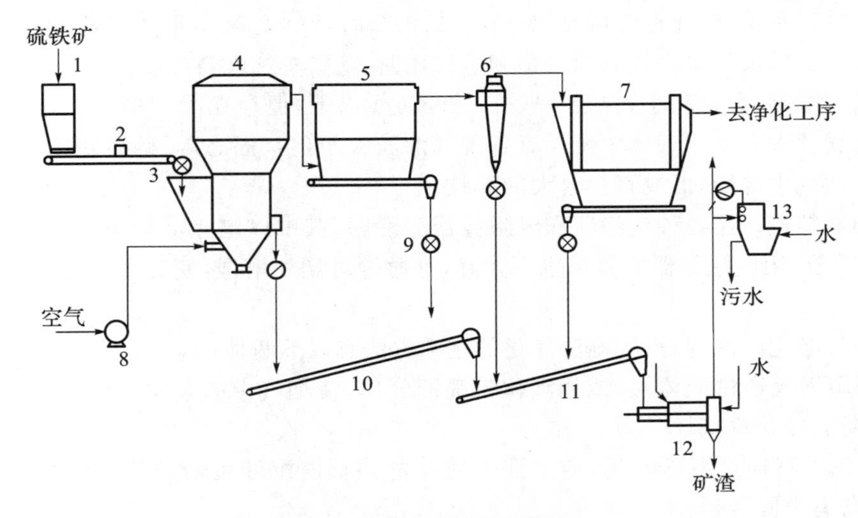


图3.1　沸腾焙烧流程示意图

1-矿斗；2-皮带秤；3-给料器；4-沸腾炉；5-余热锅炉；6-旋风分离器；7-电除尘器；
8-空气鼓风机；9-星形排灰阀；10，11-埋刮扳机；12-增湿器；13-蒸气洗涤器

③ 对于不同粒径的颗粒，应选择适应的分离设备，以提高设备的分离效率。

（3）烟气净化原理。

① 烟气杂质在净化过程中的处理。在生产中，通常先将烟气中的矿尘分离掉。这是由于烟气杂质所含矿尘最多，而且矿尘的颗粒比较大，易于清除。

如果烟气中不含有或含有较少的砷、氟等杂质，同时成品酸能允许含有较多的砷、氟等杂质，则烟气可在高温和干燥条件下经过一系列的除尘设备（使所含矿尘量达到一定指标）后直接进入转化器。这便是所谓的干法净化流程。

如果烟气中含砷、氟较多，则通常采用烟气湿法净化的流程。这种方法不需要预先分离掉矿尘，因为在洗涤 $As_2O_3$、氟化物等杂质的同时，也能进一步除掉残存的矿尘。而在洗涤时，烟气温度骤然下降，$SO_3$便会与水蒸气结合生成硫酸蒸气并形成酸雾。$As_2O_3$ 和 $SeO_2$ 也会在洗涤时因突然冷却分离，绝大部分被洗掉，剩余微量的 $As_2O_3$ 和 $SeO_2$ 以微小晶体颗粒形态悬浮于烟气中。烟气中的 HF 在洗涤过程中因特别容易溶于水而被除去。

② 酸雾的产生和清除。在烟气净化过程中，由于烟气被洗涤冷却，大量的水蒸气进入气相，与烟气中的 $SO_3$发生反应，生成硫酸蒸气。

$$SO_3(g)+H_2O(g)\rightleftharpoons H_2SO_4(g)$$

其逆反应平衡常数 $K_p$ 可表示为

$$K_p=\frac{p_{SO_3}p_{H_2O}}{p_{H_2SO_4}}$$

式中：$p_{SO_3}$、$p_{H_2O}$、$p_{H_2SO_4}$ 分别为气相中 $SO_3$、$H_2O$、$H_2SO_4$蒸气的分压。不同温度下的 $K_p$ 值见表3.2。

表3.2　不同温度下的 $K_p$ 值

| 温度/℃ | 100 | 200 | 300 | 400 |
|---|---|---|---|---|
| $K_p$ | $5.58\times10^{-4}$ | 0.528 | 45.43 | $1.043\times10^{3}$ |

从表中可以看出，气体温度降低到 100～200 ℃时，$SO_3$ 已基本形成了硫酸蒸气。当气相中的硫酸蒸气分压大于洗涤液表面的饱和蒸气压时，硫酸蒸气就会冷凝。

初形成的酸雾，雾粒较小，粒径一般在 0.05 μm 以下，但存在凝结中心(如杂质微粒)时，生成的雾粒就较大。由于气体中悬浮有各种气溶胶粒子(尘、固态砷、硒氧化物等)，硫酸蒸气就在它们表面发生冷凝，形成直径较大的雾粒。

较大的雾粒可以用各种洗涤器和电除雾器等清除，其中以电除雾器为主。但对于粒径小于 2 μm 的雾粒，用电除雾器的效果也不太好，可通过对烟气增湿，使其直径增大，再用电除雾器除之。

根据烟气净化的原理，烟气湿法净化的基本方法有以下两种：

(1) 利用烟气通过液体层，或用液体来喷洒气体，使烟气中的杂质得到分离，即液体洗涤法，主要设备有净化洗涤塔。

(2) 利用烟气通过高压电场，使悬浮杂质荷电并移向沉淀极而被移除，即电离法净化气体，主要设备有电除雾器。

2) 烟气净化的工艺流程

烟气湿法净化流程可分为酸洗净化流程和水洗净化流程。由于水洗净化流程的污水量大，后续处理困难，现在一般都采用酸洗净化流程。酸洗净化流程由于净化设备的组合不同，又可分为多种流程。图 3.2 为目前普遍应用的“两塔两电”净化流程。

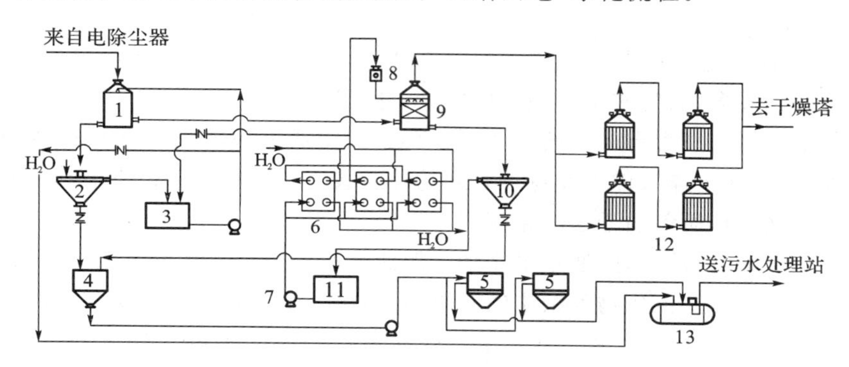


**图 3.2 “两塔两电”净化流程**

1-空塔；2-空塔沉降槽；3-空塔循环槽；4-底流搅拌槽；5-压滤机；6-稀酸板式换热器；7-稀酸泵；8-填料塔高位槽；9-玻璃钢填料塔；10-填料塔沉降槽；11-填料塔循环槽；12-电除雾器；13-中间泵槽

3) 烟气的干燥

通常 $SO_2$ 中的水蒸气对钒催化剂是没有危害的，但水蒸气会与转化后的 $SO_3$ 形成酸雾且很难被吸收，并会污染大气。同时酸雾会造成管道、设备的腐蚀，也会损坏催化剂。因此，进入转化工序前，气体必须进行干燥。工业上利用浓硫酸的吸水性能，使用浓硫酸来作为干燥气体的吸收剂。用高浓度的硫酸来喷淋干燥塔，可使原料气干燥后在标准状况下的水分质量浓度小于 $0.1\ g \cdot m^{-3}$。

气体的干燥原理，可以用“双膜理论”来解释。“双膜理论”就是在气、液两相接触时，存在着界面，界面两边又分别存在着一层稳定的气膜和液膜，质量和热量的传递必须克服气膜和液膜的阻力后才可进行。气体干燥过程中，气体中的水蒸气通过气相主体以对流的形式扩散到气膜，然后以分子扩散的形式通过液膜，再以对流扩散的形式传递到液相主体，从而使气体得以干燥。

在同一温度下，硫酸的浓度越高，硫酸液面的水蒸气平衡分压越小，干燥效果越好。但浓硫酸的浓度与酸雾的生成有关，干燥塔喷淋酸的浓度越高，硫酸蒸气的平衡分压越高，就越容易生成酸雾；此外，$SO_2$在85%（质量分数）$H_2SO_4$中的溶解度最低。在质量分数大于85%的$H_2SO_4$中，$SO_2$溶解度随硫酸浓度升高而增加，随同成品酸带出的$SO_2$损失也增大。

在工业生产中，干燥用硫酸的质量分数一般为93%～95%。质量分数为93%和95%的硫酸的结晶温度分别为−27 ℃和−22.5 ℃，尤其宜于在严寒地区生产、储存和运输。

4）烟气干燥的工艺流程

经净化除去杂质后的$SO_2$烟气，从底部进入干燥塔，与塔顶喷淋下来的浓硫酸在填料中逆流接触，气相中的水分被吸收后，经捕沫器除去气体夹带的酸沫后，再进入转化工序。

出干燥塔的硫酸，因吸收水分而温度升高、硫酸浓度下降，所以在流入循环槽后先加入从吸收塔串入的质量分数为98%的浓硫酸以提高浓度，再由泵打进酸冷却器降温后送到干燥塔，同时一部分质量分数为93%硫酸送往吸收工序。其工艺流程如图3.3所示。

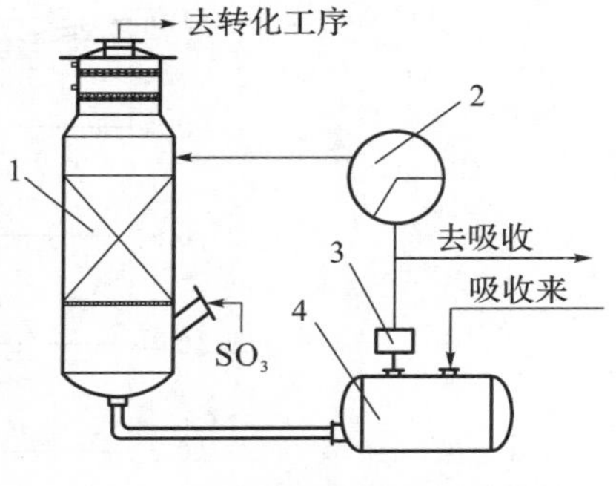

图3.3 烟气干燥的工艺流程

1-干燥塔；2-酸冷却器；3-浓硫酸泵；4-循环酸槽

3. $SO_2$的转化

已除去杂质和水分的烟气，将进入$SO_2$转化系统（催化氧化系统）。此时烟气的组成（体积分数）为5%～12%的$SO_2$、10%～13%的$O_2$和一些$N_2$。转化系统的任务就是使$SO_2$和$O_2$反应生成$SO_3$，此过程在工业上称为$SO_2$的转化。

1）$SO_2$转化原理

$SO_2$转化成$SO_3$的反应为

$$SO_2+\frac{1}{2}O_2 \rightleftharpoons SO_3$$

$SO_2$转化反应是一个可逆反应。在$SO_2$转化反应中，同时进行着$SO_2$的氧化反应和$SO_3$的分解反应，当两个反应的速率相等时，反应达到化学平衡状态。此时，气体成分保持相对稳定，$SO_2$、$O_2$、$SO_3$的体积分数不再发生变化。

转化率是反映$SO_2$转化程度的一个重要指标。$SO_2$转化率的定义是：某一瞬间，参加反应的混合气体中，$SO_3$分压与$SO_3$、$SO_2$两者分压之和的比值。其表达式为

$$x=p_{SO_3}/(p_{SO_2}+p_{SO_3})$$

式中：$x$为转化率，单位为%；$p_{SO_2}$、$p_{SO_3}$分别为反应混合气体中$SO_2$、$SO_3$分压，单位为kPa。

反应达到平衡时的转化率称为平衡转化率，它是在反应条件一定时所能达到的最高转化率。平衡转化率越高，则实际可能达到的转化率也越高。其表达式为

$$x_t=(p_{SO_3})_t/[(p_{SO_2})_t+(p_{SO_3})_t]$$

式中：$x_t$为平衡转化率，单位为%；$(p_{SO_2})_t$、$(p_{SO_3})_t$分别为反应平衡时，混合气体中$SO_2$、$SO_3$分压，单位为kPa。

2）转化工艺操作条件和工艺流程

$SO_2$的氧化反应是一个放热反应，所放出的热量能使反应气体、催化剂和转化设备的温度升高，如不及时将多余的反应热移走，就会对催化剂和转化设备造成危害，也会影响转化率。

现在普遍使用的降低温度的方法是采用间断绝热反应、间断降温。让烟气在不移走热量

的条件下,通过一段反应后升高温度,然后换热冷却或直接掺入冷烟气(或冷的干燥空气)降温,再反应一段再降温。这样连续几段下去,反应段的温度范围越降越低,最后达到较高的转化率。这样做,从反应段局部来看是升温,但从整个反应过程总体看则是按着最适宜温度的要求逐步把反应温度降下来。这个过程也可以用图 3.4 来表示。图中平衡曲线表示平衡转化率与温度的关系(计算值),最适宜温度曲线表示理想温度与转化率的关系;绝热操作线表示各段的进、出口温度,也就是实际的转化过程的分段情况。

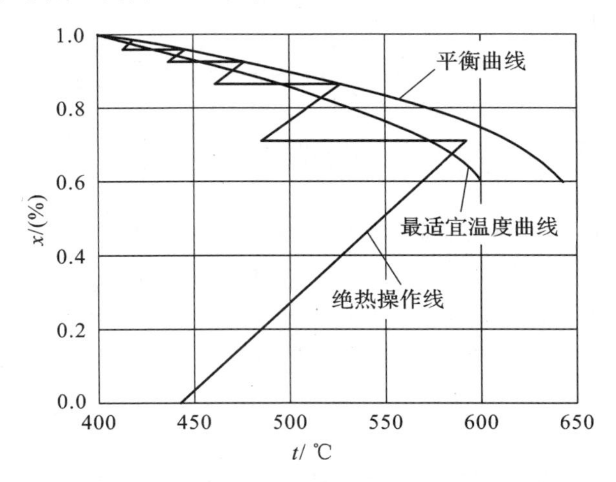


**图 3.4　多段转化反应过程的温度与转化率的关系**

可以看出,段数更多,不但可以达到更高的最终转化率,而且温度与转化率的变化更接近于最适宜温度曲线,催化剂的利用率也就更高。

理论上当段数无限增多时,反应过程的变化就会沿最适宜温度曲线进行。不过,转化器的段数的增多,必然使设备和管路变得复杂,阻力增大,操作不易控制。现在,大多采用四段或五段转化器。转化流程根据转化反应后换热或降温方式的不同而分为两大类。

第一类:利用冷烟气或冷干燥空气直接掺入转化气降温,称为直接降温式转化或冷激式转化。其中用冷烟气掺入降温的称为"烟气冷激式"转化,用空气掺入降温的称为"空气冷激式"转化。采用冷烟气降温,由于省去换热器,能减少投资,这是它突出的优点。但同时也因原料气的加入,使得最终转化率下降,要维持相同的转化率,就必须增加更多的催化剂。因此,在工业上采用原料气冷激转化时,只是在一、二段之间采用冷激换热方式,而在后几段仍采用间接换热方式。这样既可以省去一、二段之间的换热器,又不会增加太多的催化剂用量。

第二类:利用热的转化气与冷的烟气进行热交换,达到既冷却转化气又加热烟气的目的,这类流程通称为间接换热式转化。转化流程中,各段催化剂间的热交换器装在转化器内的称为器内中间换热式转化;装在转化器外的称为器外中间换热式转化。典型的一转一吸工艺流程如图 3.5 所示。由于 $SO_2$ 排放标准越来越严,一转一吸流程不能满足这一要求;取而代之的是两转两吸工艺流程,如图 3.6 所示。

4. $SO_3$ 的吸收

1) $SO_3$ 的吸收原理

在生产硫酸的吸收操作中,存在物理吸收和化学吸收两种过程,习惯上通称为 $SO_3$ 的吸收。$SO_3$ 的吸收是接触法制造硫酸的最后一道工序。$SO_3$ 是按下列反应进行的。

$$nSO_3 + H_2O(l) = H_2SO_4 + (n-1)SO_3$$

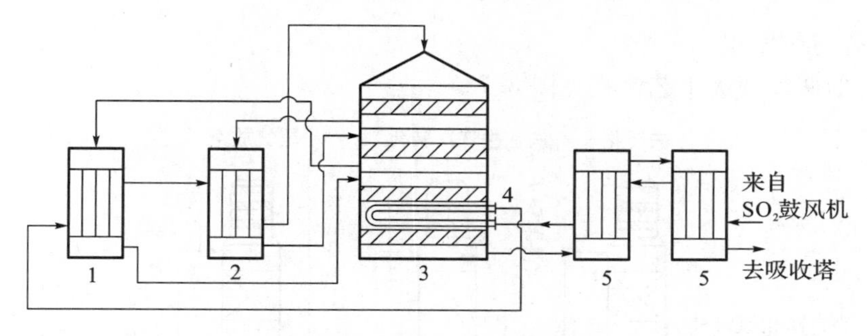


**图 3.5 一转一吸工艺流程图**

1-换热器Ⅰ;2-换热器Ⅱ;3-转化器;4-换热器Ⅲ;5-换热器Ⅳ

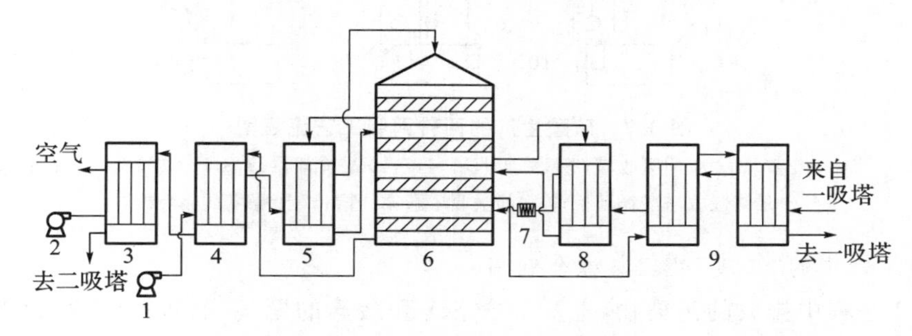


**图 3.6 两转两吸工艺流程图**

1-$SO_2$ 鼓风机;2-$SO_3$ 冷却风机;3-$SO_3$ 冷却器;4-换热器Ⅳ;5-换热器Ⅰ;

6-转化器;7-电加热炉;8-换热器Ⅱ;9-换热器Ⅲ

一般把被吸收的 $SO_3$ 的量和原来气体中 $SO_3$ 的总量之百分比称为 $SO_3$ 的吸收率。

$$n=\frac{a-b}{a}\times 100\% \tag{3.1}$$

式中:$n$ 为吸收率,单位为%;$a$ 为进吸收塔的 $SO_3$ 的量,单位为 mol;$b$ 为出吸收塔的 $SO_3$ 的量,单位为 mol。

对于两转两吸工艺流程,正常生产时其吸收率在 99.95%以上。

用浓硫酸吸收 $SO_3$ 时,要求吸收完全,且不产生酸雾,这就要求所用吸收酸液面上 $SO_3$ 与水蒸气的分压尽可能低。从硫酸的性质可以看出质量分数为98.3%时的硫酸兼有上述特点。液面上,$SO_3$ 和水蒸气平衡分压都很低,几乎为零。用质量分数为 98.3%的硫酸作吸收剂,基本上不产生酸雾,吸收率也可以达到 99.95%以上。

2) $SO_3$ 的吸收工艺流程

$SO_3$ 的吸收工艺流程分为泵前冷却流程和泵后冷却流程。根据串酸方式的不同,泵前冷却流程又可分为酸先冷却后再串酸流程和先串酸混酸后再冷却流程;泵后冷却流程也可分为酸先冷却后再串酸流程和先串酸混酸后再经泵送去冷却的流程。

(1) 泵前冷却流程。泵前冷却流程即酸冷却器位于塔与循环槽之间、泵的入口之前。由于酸冷却器中的酸是借重力流动克服阻力,这类流程只适用于阻力小的酸冷却器(如排管冷却器),而难以采用流速高、传热系数大、阻力大的板式或管壳式酸冷却器。由于需要依靠液位差克服管道、阀门、酸冷却器的阻力,因此吸收塔要放在较高的平台上。

(2) 泵后冷却流程。泵后冷却流程中酸冷却器位于泵和塔之间、泵出口之后。酸冷却器是加压操作。此流程适合采用板式换热器和管壳式酸冷却器。由于酸流速提高,可增大传热系数,从而节省传热面积。

硫酸生产的两转两吸工艺流程见图 3.7。

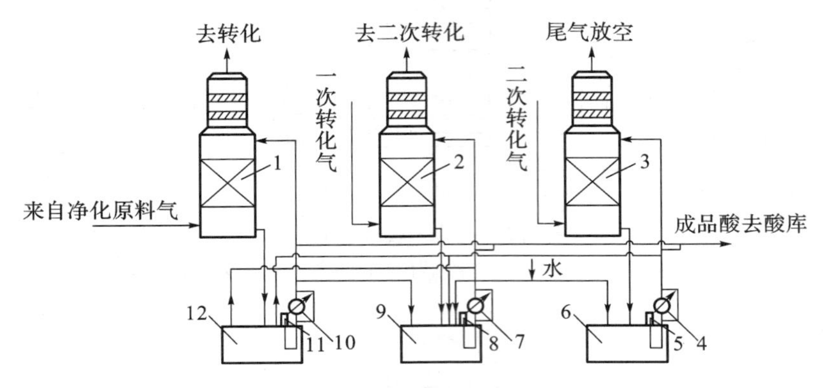


**图 3.7 硫酸生产的两转两吸工艺流程图**

1-干燥塔;2-中间吸收塔;3-最终吸收塔;4,7,10-酸冷却器;5,8,11-浓酸泵;
6-最终吸收塔酸循环槽;9-中间吸收塔酸循环槽;12-干燥塔酸循环槽

5. 硫酸生产中的“三废”处理与综合利用

硫酸生产过程中排放的污染物,主要是含 $SO_2$ 和酸雾的尾气、有毒酸性废液和废水、固体烧渣和酸泥等。这些物质直接排放,无疑会污染环境,必须加以处理与利用。

1) 尾气处理

从硫酸厂出来的尾气主要有 $SO_2$ 和酸雾,对其处理一般有干法和湿法两种。干法即采用硅胶、活性炭等固体吸附剂进行吸附,而吸附剂用空气或蒸气解吸再生;湿法是以碱性物质,如氨水、氢氧化钠、碳酸钠水溶液或石灰乳作吸收剂,吸收尾气中的 $SO_2$。

2) 矿渣处理

硫铁矿焙烧会产生大量的矿渣,若是高品位硫铁矿的矿渣,其含铁量较高,可直接作为炼铁原料;但中、低品位硫铁矿的烧渣,其含铁量较低,有害杂质含量较高,若用于炼铁原料需首先进行磁选等预处理。另外,还可以用烧渣制取铁系化工产品,如三氯化铁、硫酸亚铁、铁红等。若硫铁矿中有色金属的浓度较高时,也可进行硫酸化焙烧或氯化焙烧,先回收大部分的有色金属,然后进行炼铁。

3) 废液处理

硫酸工业的废液处理,目前比较成熟的是化学沉淀法,即加入碱性物质,使污酸中所含的砷、氟及硫酸根等形成难溶物质,通过沉淀单元操作,将对环境有害的物质及固体矿尘分离出来。常用的有石灰中和法及其衍生的石灰-铁盐法、石灰-磷酸盐法、石灰-软锰矿法、氧化法和硫化法,以及物理处理法,包括吸附、离子交换法。但针对工业上不同的硫酸污水,工艺流程也有差别,主要依据污水中砷的含量来确定。如低砷污水,可采用石灰中和法,一次中和沉降即可;对于高砷污水,一般采用石灰-铁盐法,即在碱性条件下再加入铁离子,通过控制适当的铁砷比及 pH 值,使酸性废水中的砷达到排放要求。

## 3.3 合成氨工业

氨是化学肥料工业和有机原料工业的主要原料。

自1754年发现氨后，从氨的实验研究到合成氨的工业生产，经历了150多年。20世纪初，德国物理化学家哈伯(Haber F.)成功地采用化学合成的方法，将氢气和氮气通过催化剂的作用，在高温高压下制取氨。哈伯也因此获得1918年的诺贝尔化学奖。这种直接合成氨的方法称为哈伯-博施法，直接合成的产物称为“合成氨”。

### 3.3.1　氨的性质和用途

1. 氨的性质

氨分子式为$NH_3$，在常温常压下为无色气体，比空气轻，具有特殊的刺激性气味，较易液化。在25 ℃、1 MPa时，气态氨可液化为无色的液氨。

氨气易溶于水，溶解时放出大量的热，可生成质量分数为15%～30%的氨水(呈碱性、易挥发)。

液氨或干燥的氨气对大部分物质不腐蚀，但有水存在时，对铜、银、锌等金属有腐蚀作用。

氨是一种可燃性气体，自燃点为630 ℃，一般较难自燃。

氨常温下较稳定，在高温、电火花或紫外光作用下可分解为氮和氢。氨可与一些无机酸(如硫酸、硝酸、磷酸等)反应，生成硫酸铵、硝酸铵、磷酸铵等，也可与水和$CO_2$反应生成碳酸氢铵。

2. 氨的用途

合成氨工业在国民经济中有着重要的地位，现在约有80%的氨用来制造化肥，例如硝酸铵、磷酸铵、硫酸铵、碳酸氢铵、氯化铵、氨水以及各种含氮的复合肥等。

氨也可用来制造炸药(如三硝基甲苯)、化学纤维(如锦纶、腈纶等)和塑料(如聚酰胺等)；氨还可以用作空调或冷藏系统的制冷剂；在冶金工业中，氨可用来提炼矿石中的铜、镍等金属；在医药工业中，氨可用来生产磺胺类药物等。

### 3.3.2　合成氨生产

合成氨的生产包括原料气的制取、原料气的净化、氨的合成等过程。

1. 合成氨原料气的制取

合成氨原料气主要来源于固体燃料和气态烃。

1）固体燃料气化法

工业上用气化剂对煤或焦炭进行热加工，将碳转化为可燃性气体的过程，称为固体燃料的气化。如以水蒸气为气化剂，其气体产物称为水煤气，水煤气中$H_2$与CO的含量(摩尔分数，下同)高达85%，$N_2$含量低，热值高；如以空气为气化剂，其气体产物称为空气煤气，空气煤气中可燃气体含量较低，$N_2$含量高(约50%)，常作为工业燃料。

对合成氨工业而言，固体燃料气化的目的是制备合成氨原料气。除了要求气化产物中$H_2$和CO含量较高外，还要求其中$n_{CO+H_2}/n_{N_2}$应为3.1～3.2，经CO变换等过程后，可得$n_{H_2}/n_{N_2}\approx 3$的合成氨原料气。这种以空气和水蒸气为气化剂，满足上述要求的气化产物称为半水煤气。

(1) 固体燃料气化过程的原理。

以煤为例，煤的气化过程包括煤的干燥、煤的热解和煤气化反应三个阶段。

① 煤的干燥。即除去煤中的游离态水、吸附态水。

② 煤的热解。此过程非常复杂，可表示为

$$煤 \longrightarrow CH_4 + CO_2 + CO + H_2 + H_2O + 气态烃 + 焦油 + 焦炭$$

产物中的焦油和气态烃还可进一步裂解或反应生成气态产物，如

$$气态烃+焦油 \longrightarrow CH_4+CO_2+CO+H_2+H_2O+C$$

故煤的热解过程与煤在隔绝空气或惰性气体中所进行的干馏过程相似。

③ 煤气化反应。

当气化剂为空气或富氧空气时，碳与氧之间的反应为

$$C+O_2 = CO_2+Q$$

$$C+\frac{1}{2}O_2 = CO+Q$$

$$C+CO_2 = 2CO+Q$$

$$CO+\frac{1}{2}O_2 = CO_2-Q$$

当气化剂为水蒸气时，碳与水蒸气的反应为

$$C+H_2O(g) = CO+H_2-Q$$

$$C+2H_2O(g) = CO_2+2H_2-Q$$

$$CO+H_2O(g) = CO_2+H_2+Q$$

$$C+2H_2 = CH_4+Q$$

制半水煤气时，如果控制空气与水蒸气的比例，使碳与空气反应放出的热量等于碳与水蒸气反应所需的热量，则制气过程可以维持自热运行，但产生的气体组成难以满足要求。反之，在满足气体组成要求时，系统将不能维持自热运行。通过热量衡算可知空气与水蒸气同时进行气化反应时，如不提供外部热源，则气化产物中 $H_2$ 和 CO 的含量将远不能满足合成氨原料气的要求。

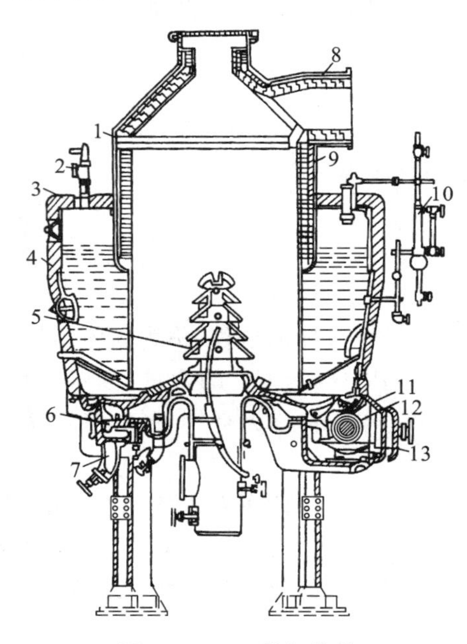


**图 3.8　UGI 煤气化炉**

1-外壳；2-安全阀；3-保温材料；4-夹套锅炉；5-炉箅；6-灰盘接触面；7-炉底；8-保温砖；9-耐火砖；10-液位计；11-涡轮；12-蜗杆；13-油箱

(2) 煤气化的工业方法。

为解决气体组成与热量平衡的矛盾，可采用下列方法供热。

① 富氧空气气化法。用富氧空气($O_2$的摩尔分数在 50%左右)或纯氧和水蒸气作为气化剂同时进行煤气化反应，以调整煤气中氮的含量。由于富氧空气中含氮量较少，故在保证系统自热运行的同时，也可满足合成氨原料气的要求。此法的关键是要有较廉价的富氧空气来源。

② 蓄热法(间歇气化法)。将空气和水蒸气交替送入煤层。其过程大致是：先通入空气使煤层燃烧以提高煤层温度并蓄热，生成的气体(吹风气)经热量回收后大部分放空；再通入水蒸气进行煤气化反应，此时反应吸热，煤层温度逐渐下降，所得水煤气中混入部分吹风气即成半水煤气；然后再通入空气提高煤层温度、通入水蒸气进行气化反应，如此重复交替进行。

通常，工业上的间歇式气化过程，是在固定层煤气化炉中进行的，如图 3.8 所示的 UGI 煤气化炉。UGI 煤气化炉是在移动床吹风时使煤层蓄热的。使

用UGI煤气化炉时，须固体排渣，并采用稳定性较好的无烟煤和焦炭，且将其压制成煤球或煤棒。因间歇操作，UGI煤气化炉生产能力低，且炉中齿轮转动部件磨损严重，底盘易结疤，生产管理难度大。

另外，工业上典型的煤气化炉还有鲁奇炉、温克勒炉、德士克炉等。

(3) 间歇式制取半水煤气的工艺流程。

间歇式制取半水煤气的工艺流程中一般包括煤气化炉、热量回收装置，以及煤气的除尘、降温、储存等设备。由于间歇式制气，且吹风气要经烟囱放空，故备有两套管线，切换使用。图3.9为UGI煤气化炉制取半水煤气的工艺流程图。固体燃料由加料机从炉顶间歇加入炉内。空气经鼓风机自下而上通过燃料层，所得的吹风气先进入燃烧室与加入的二次空气相遇燃烧，使燃烧室内的耐火砖蓄热，然后再经废热锅炉回收热量后由烟囱放空。灰渣落在旋转炉箅上，由刮刀刮入灰箱，定期排出炉外。

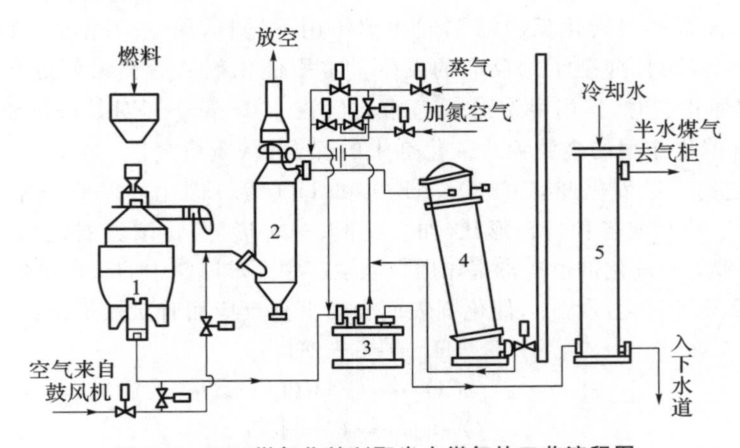


**图3.9 UGI煤气化炉制取半水煤气的工艺流程图**

1-煤气发生炉；2-燃烧室；3-水封槽(即洗气箱)；4-废热锅炉；5-洗涤塔

蒸气上吹制气时，煤气经燃烧室及废热锅炉回收余热后，再由洗气箱经洗涤塔进入气柜。蒸气下吹制气时，蒸气从燃烧室顶部进入，自上而下流经燃料层预热，由于所得的煤气温度较低，可直接由洗气箱经洗涤塔进入气柜。

二次上吹制气与空气吹净时，气体均自下而上通过燃料层。煤气的流向则与一次上吹相同，即经过燃烧室、废热锅炉、洗气箱及洗涤塔后进入气柜，燃烧室无须加入二次空气。

2) 气态烃蒸气转化法

气态烃蒸气转化法始于1930年，是目前大型合成氨装置应用最广的合成氨原料气生产工艺。

(1) 气态烃蒸气转化反应的特点。

工业上用作此类反应的气态烃有天然气、油田伴生气、焦炉气及石油炼厂气等。上述气体中，除主要成分甲烷($CH_4$)以外，还有一些其他烷烃，有的甚至还有少量烯烃，均可用$C_nH_m$表示，在高温下与水蒸气反应生成以$H_2$和CO为主要成分的原料气，即

$$C_nH_m + nH_2O(g) = nCO + \left(n + \frac{m}{2}\right)H_2$$

但在工业条件下，不论上述何种气态烃原料与水蒸气反应都需经过甲烷这一阶段。因此，气态烃的蒸气转化可用甲烷蒸气转化反应表示，反应式为

$$CH_4+H_2O=CO+3H_2$$
$$CH_4+2H_2O=CO_2+4H_2$$

反应的产物为含 $H_2$、CO、$CO_2$和未反应完的 $CH_4$、$H_2O$ 的混合气。为满足合成氨原料气组成的要求,可在反应系统中加入空气参与反应。甲烷蒸气转化反应有以下主要特点。

① 总反应为强吸热且体积增大的可逆反应。提高温度、增加水蒸气的配入量,可提高甲烷的平衡转化率,而增大压力则降低甲烷的平衡转化率。即从化学平衡来看,反应宜在高温、低压及过量水蒸气存在时进行。

② 实际生产中,甲烷蒸气转化过程一般都是在加压条件下进行的,压力最高可达 5 MPa。加压虽然降低了甲烷的平衡转化率,却可以节省动力消耗。此外,加压转化还可以经 $CO_2$变换冷却后回收原料气中大量的余热,以提高过量蒸气余热的利用价值,并减少原料气制备与净化系统的设备投资。

③ 工业上气态烃蒸气转化反应需在催化剂作用下进行,属气-固相催化反应。催化剂不仅提高了反应速率,而且抑制了副反应的发生。常用催化剂的活性组分是金属镍,使用前呈 NiO 状态。使用催化剂时,先用甲烷-水蒸气混合气在 600~800 ℃对其进行还原,使催化剂中的 NiO 变成具有催化作用的金属镍。催化剂中的镍含量(质量分数)为 4%~30%,镍含量越大,催化剂活性越高。助催化剂有 $Cr_2O_3$、$Al_2O_3$和 $TiO_2$等。催化剂以 $Al_2O_3$或耐高温的材料为载体,做成环状、球状或各种特殊形状(如多孔形、车轮形等)。该类催化剂的主要毒物是多种硫化物,卤素、砷等对催化剂也有毒害作用。故生产中要求原料中的硫含量低于 $0.5\times10^{-6}$。

④ 在气态烃蒸气转化过程中,催化剂表面会因下列反应而有炭黑析出:

$$CH_4=C+2H_2$$
$$2CO=C+CO_2$$
$$CO+H_2=C+H_2O$$

炭黑会堵塞催化剂微孔,使甲烷转化率下降。炭黑还可造成反应器的堵塞,增加床层阻力,影响传热,甚至使正常生产无法进行。故防止反应过程析炭是操作中的重要问题。通常采取的措施是确定恰当的水碳比(水和碳的物质的量之比,下同)、选用适宜的催化剂(从动力学角度讲,高活性催化剂不存在析炭现象)、选择合适的操作条件等。可通过观察管壁颜色(如热斑、热带等)或由转化管压降来判断是否析炭;当析炭较轻时,可通过降压、减量或提高水碳比的方法去除炭黑;当析炭较重时,则用蒸气去除炭黑。

(2) 天然气转化工艺流程。

合成氨生产中一般都采用二段转化法。烃类作为制氨原料,要求尽可能转化完全,同时,甲烷在氨的合成中为惰性气体,它会在合成回路中逐渐积累,有害无益。因此,一般要求转化气中残余甲烷要小于 0.5%(干基)。为了达到这项指标,在加压条件下,相应的反应温度需在 1000 ℃以上。对于吸热的烃类转化反应,除了采取类似于固体燃料的间歇式气化转化外,目前合成氨厂也采用外热式的连续催化转化法。由于目前耐热合金管还只能在 800~900 ℃下运行,考虑到制氨不仅要有氢,而且还要有氮,故工业上采用分二段进行的工艺流程。

首先,在较低温度下的一段炉的外热式转化管中进行反应;然后,在较高温度下的有耐火砖衬里的二段炉中加入空气继续进行反应。一般情况下,一、二段转化气中残余甲烷的摩尔分数分别按 10%和 0.5%设计。

天然气转化的典型流程,即日产 1000 t 的凯洛格(Kellogg)流程,如图 3.10 所示。一段转化炉分为两部分:前部分设有转化管,主要依靠高温燃烧气体对转化管进行辐射传热,称为“辐射段”；后部分设有多个预热器，用辐射段排出的高温烟道气加热各种原料气，主要依靠流体的对流传热，故称为“对流段”。原料气经脱硫后，在 3.6 MPa、380 ℃左右的条件下配入中压蒸气达到一定的水碳比（约为 3.5），进入对流段加热到 500～520 ℃，再进入辐射段顶部后分配至各反应管中，气体自上而下流经催化剂床层，边吸热边反应。离开反应管底部的转化气温度为 800～820 ℃，压力为 3.1 MPa，甲烷含量约为 9.5%。各反应管的转化气汇合于集气管后，沿上升管流动送往二段转化炉。

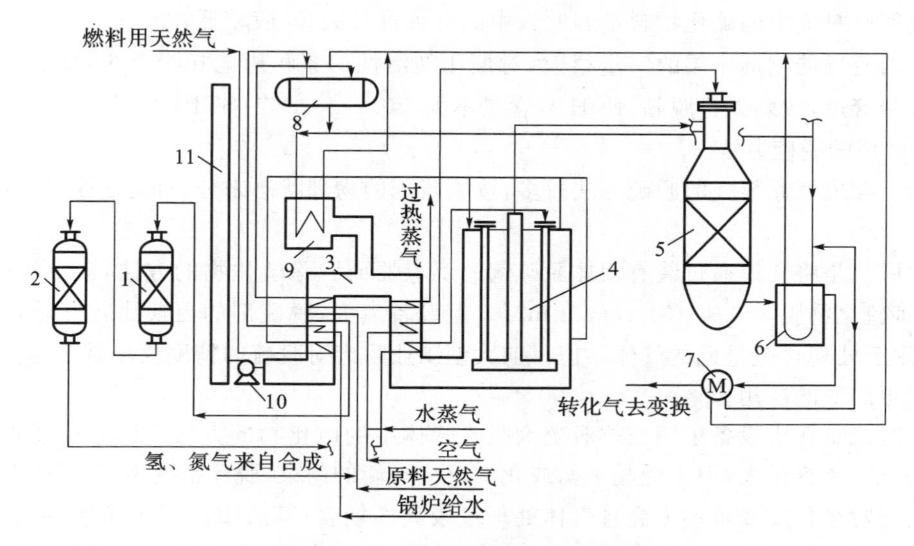


**图 3.10 天然气转化的工艺流程图**

1-钴钼加氢反应器；2-氧化锌脱硫罐；3-对流段；4-辐射段（一段炉）；5-二段转化炉；
6-第一废热锅炉；7-第二废热锅炉；8-汽包；9-辅助锅炉；10-排风机；11-烟囱

二段转化炉为立式的钢制圆筒，内衬耐火材料，外有水夹套防止外壳超温，是合成氨厂中温度最高的设备。镍催化剂装入其中。一段转化气和经预热并压缩的空气（配入少量水蒸气）分别进入二段炉顶部，在顶部燃烧区迅速燃烧使气体温度升至 1200 ℃，然后进入催化剂床层继续吸热反应。离开二段转化炉的气体温度约 1000 ℃，压力为 3 MPa，二段转化气经废热锅炉回收热量后，温度降至 370 ℃左右，再送往变换工序。废热锅炉和辅助锅炉可产生 10.5 MPa 的高压蒸气。

燃料天然气从辐射段顶部烧嘴喷入并燃烧，烟道气自上而下流动，与管内的气体流向一致。离开辐射段的烟道气温度在 1000 ℃以上。进入对流段后，依次通过混合气、空气、水蒸气、原料天然气、锅炉给水和燃料天然气等各个盘管，温度降到 250 ℃，再用排风机排空。

2. 合成氨原料气的净化

各种制取的合成氨原料气中都含一定量的硫和碳的氧化物，这将会影响合成氨生产过程中的催化反应，故必须进行脱除净化。合成氨原料气的净化主要包括脱硫、脱碳和最终净化等工序。

对于以气态烃蒸气转化法生产的原料气，净化的第一步是脱硫，以保护转化催化剂；而对于以重油和煤为原料生产的原料气，应考虑 CO 变换是否采用耐硫催化剂而确定脱硫工段的位置。

1) 合成氨原料气的脱硫

(1) 合成氨原料气中硫化物的形态和含量。

合成氨原料气中的硫化物分为无机硫和有机硫两类。无机硫为硫化氢($H_2S$),是煤中铁的硫化物在造气过程中生成的。有机硫的种类较多,半水煤气中以硫氧化碳(COS)为主,另外还有二硫化碳($CS_2$)、多种硫醇(RSH)、噻吩($C_4H_4S$)、硫醚(RSR′)等。天然气中噻吩的含量较少。煤气中无机硫含量占硫化物总量的90%～95%,其余的为有机硫。

合成氨原料气中的硫化物含量和原料中的含硫量有关,一般较低,介于 $1.0\sim4.0\ g\cdot m^{-3}$ 之间。但因通过催化剂床层的气量很大,对催化剂活性的累积影响相当严重,而且 $H_2S$ 还会腐蚀设备和管道,故须先行脱除,使 $H_2S$ 含量不大于 $0.2\ g\cdot m^{-3}$(STP)。

(2) 常用的脱硫方法。

工业上合成氨原料气的脱硫方法较多,按脱硫剂的物理状态来分,有干法脱硫与湿法脱硫两大类。

干法脱硫是将气体通过装有固体脱硫剂的反应器而脱除硫化物的方法,该方法脱硫较为彻底,可将硫化物脱至 $0.1\sim0.5\ cm^3\cdot m^{-3}$。但设备庞大,脱硫剂的更换比较麻烦,再生能耗大,仅适用于处理含硫量低的气体。但目前大型工业生产对脱硫的精度要求越来越高,干法脱硫也有了更广泛的应用。

湿法脱硫是在塔设备中用液体脱硫剂吸收气体中的硫化物的方法。该方法吸收(或化学吸收)速率快,硫容量大,但因受相平衡或化学反应平衡的约束,脱硫精度不高。该方法适于气体含硫高而对净化度要求不太高且气体处理量较大的场合;其脱硫液再生简便,可循环使用,还可副产硫黄。湿法脱硫还可分为物理法、化学法和物理化学法,相关情况可参见表 3.3。下面重点介绍改良 ADA 法。

**表 3.3　常用脱硫方法**

| 类别 | 名　　称 | 脱 硫 剂 | 方 法 特 点 | 温度/℃ | 再生情况 |
|---|---|---|---|---|---|
| 干法脱硫 | 氧化锌法 | 氧化锌 | 脱除无机硫及部分有机硫,出口总硫含量低于 $1\times10^{-6}$ | 350～400 | 不再生 |
| | 活性炭法 | 活性炭 | 脱除无机硫及部分有机硫,出口总硫含量低于 $1\times10^{-6}$ | 常温 | 可用水蒸气再生 |
| | 钴钼加氢脱硫法 | 氧化钴、氧化钼 | 在 $H_2$ 存在下有机硫转化为无机硫,气体须再经氧化锌脱硫 | 350～430 | 可再生 |
| 湿法脱硫 | 改良 ADA 法 | 稀硫酸钠溶液中添加蒽醌二磺酸钠、偏钒酸钠等 | 脱除无机硫,出口总硫含量低于 $20\times10^{-6}$ | 常温 | 脱硫液与空气接触进行再生,副产硫黄 |
| | 氨水催化法 | 稀氨水中添加对苯二酚或硫酸亚铁等 | 脱除无机硫,出口总硫含量低于 $20\times10^{-6}$ | 常温 | 脱硫液与空气接触进行再生,副产硫黄 |

(3) 改良 ADA 法。

ADA 即 anthraquinone disulphonic acid(蒽醌二磺酸)的缩写,表示该法使用了催化剂蒽醌二磺酸钠。ADA 法脱硫是 1958 年由英国两家公司开发的,是用加有蒽醌二磺酸钠的稀碳酸钠溶液脱除气体中硫($H_2S$)的方法。为了加快吸收和氧化速率,在原 ADA 法的溶液中又加入偏钒酸钠、酒石酸钾钠等，在常压或加压下脱硫，称为改良 ADA 法，即 Stretford 法。此法可将 $H_2S$ 脱至 0.5 $cm^3 \cdot m^{-3}$ 以下，回收的硫黄纯度可达 99.9%。

用改良 ADA 法脱硫时，气体与溶液在吸收塔接触，气体中的 $H_2S$ 被溶液吸收，吸收 $H_2S$ 后的溶液送入氧化塔，塔底通入空气进行氧化，氧化后的溶液再送入吸收塔脱硫。溶液经过一个循环后，组成并不发生变化。所以，可以把脱硫过程看成是用空气氧化 $H_2S$ 的化学反应。

① 反应原理。

脱硫反应原理：

先用 pH 值为 8.5～9.2 的稀碱液吸收 $H_2S$ 生成硫氢化物，反应式为

$$Na_2CO_3 + H_2S \xlongequal{} NaHS + NaHCO_3$$

硫氢化物再与偏钒酸盐反应转化成元素硫（析硫反应），反应式为

$$2NaHS + 4NaVO_3 + H_2O \xlongequal{} Na_2V_4O_9 + 4NaOH + 2S$$

氧化态的 ADA 再氧化亚四钒酸钠（熟化反应），反应式为

$$Na_2V_4O_9 + 2ADA(\text{氧化态}) + 2NaOH + H_2O \xlongequal{} 4NaVO_3 + 2ADA(\text{还原态})$$

其中，析硫反应和熟化反应在脱硫塔和富液槽中同时进行。

再生塔中的反应原理：

还原态的 ADA 在再生塔中被空气中的氧氧化恢复氧化态，反应式为

$$2ADA(\text{还原态}) + O_2 \xlongequal{} 2ADA(\text{氧化态}) + 2H_2O$$

其后溶液循环使用，可见 ADA 仅作为一个载氧剂，将氧传递给钒酸盐。

另外，再生塔中还可能发生硫氢化钠氧化生成硫代硫酸钠等副反应。

② 工艺流程。

改良 ADA 法脱硫的工艺流程如图 3.11 所示。

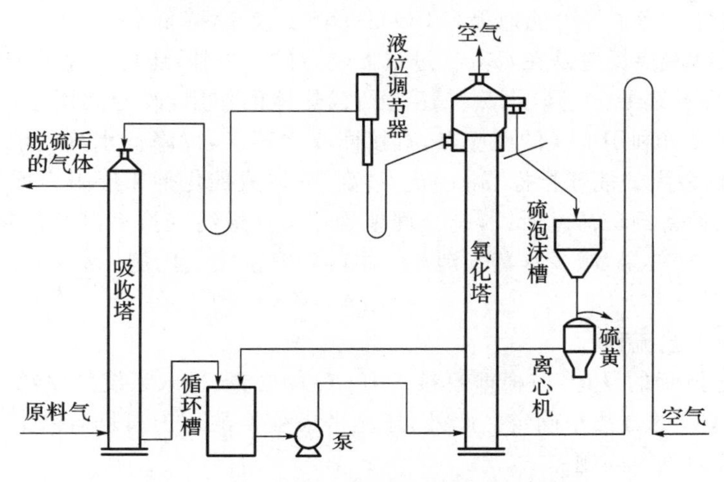


**图 3.11　改良 ADA 法脱硫的工艺流程图**

含有 $H_2S$ 的原料气从底部进入吸收塔，与塔顶喷淋下来的溶液逆流接触，气体中的 $H_2S$ 即被脱除。净化后的气体从塔顶出来，送往下一工序。吸收 $H_2S$ 后的溶液从吸收塔底部引出，经循环槽用泵打入氧化塔进行再生，空气从氧化塔底部鼓泡通入，使溶液氧化，空气由塔顶排入大气，析出的硫黄呈泡沫状浮在液面上，由塔顶的扩大部分上部出口流入硫泡沫槽，用离心机分离出硫黄作为副产品，滤液则返回循环槽。氧化再生后的溶液由氧化塔顶部的扩大部分下部出口引出，经液位调节器进入吸收塔。

ADA 法的优点是溶液无毒,副产品硫黄中不含有毒物质。缺点是溶液组成复杂。

2) CO 的变换

CO 是氨合成反应的毒物,在原料气中含量为 12%～40%。通常先通过 CO 变换反应,反应式为

$$CO+H_2O(g)=\!=\!=CO_2+H_2$$

CO 转化为较易被清除的 $CO_2$,同时获得 $H_2$。因而 CO 变换反应既是气体的净化过程,又是原料气制取过程的延续。最后,少量的 CO 再通过其他净化法加以脱除。

(1) CO 变换反应过程的工艺条件。

① CO 变换反应为等物质的量的可逆放热反应,工业上须借助催化剂进行,属气-固相催化反应。CO 变换反应过程与硫酸生产中 $SO_2$ 催化氧化过程具有许多相似之处,存在最适宜温度线,为了尽量接近最佳温度线,工业上采用多段冷却,即变换反应是在多段催化床中进行的,段间可采用间壁冷却,也可用水或水蒸气直接冷激。低温变换的温度改变很小,催化剂不必分段。

② 由化学反应式可知,操作压力对化学平衡无影响。但工业上一般是加压变换,因为从动力学角度,加压可提高反应速率,减少催化剂用量。

③ 变换反应过程可分为中(高)温变换和低温变换。早期催化剂以 $Fe_2O_3$ 为主体,$Cr_2O_3$、MgO 等为助催化剂,操作温度为 350～550 ℃。由于反应温度较高,受化学平衡的限制,出口气体中尚含 3%左右的 CO。之后又开发出在较低温度下具有良好活性的钴钼系耐硫变换催化剂,以 CuO 为主体,ZnO、$Cr_2O_3$ 等为助催化剂,操作温度为 180～280 ℃,可使出口气体的 CO 含量降至 0.3%左右。20 世纪 80 年代之后,国外又研制出适合低气量的铁-铬改进型高变催化剂,国内也成功开发出耐硫的宽温变换催化剂,并已在许多中小型合成氨装置上使用。

④ 水蒸气过量。为了尽可能地提高 CO 的平衡变换率,降低 CO 残余含量,并防止副反应的发生,工业上 CO 变换反应是在水蒸气过量下进行的。另外,还可以保证催化剂中活性组分 $Fe_2O_3$ 的稳定,不致被还原。过量水蒸气还起到载热体的作用,改变其用量,可有效调节床层温度。因此,应该充分利用变换的反应热,直接回收水蒸气,以降低水蒸气消耗。但水蒸气用量是 CO 变换过程最大的能耗指标,$n_{H_2O}:n_{CO}$ 过高,会造成催化剂床层阻力增加,CO 停留时间短,加重热量回收设备的负荷。所以,应合理地确定 CO 最终变换率以及催化剂床层的段数,保持良好的段间冷却效果,减少水蒸气消耗。中(高)变水蒸气比例($n_{H_2O}:n_{CO}$,或称汽气比)一般为 3～5。

(2) CO 变换工艺流程。

CO 变换工艺流程的设计,应根据原料气中 CO 的含量、进入系统的原料气温度及湿含量,并结合脱除残余 CO 的方法来确定。此外,还应考虑变换的压力、段间冷却方式、催化剂的段数、变换反应热的回收等问题。

图 3.12 为三段中温变换流程,适用于半水煤气为原料的变换过程。由压缩机三段过来的混合气经焦炭过滤器进一步过滤后进入半水煤气预热器的壳程,与来自脱碳低变煮沸器的气体换热后,温度升高,再进入半水煤气换热器Ⅰ的管程,与低变炉一段出来的气体换热,温度继续提高,然后经水蒸气喷射器增加水蒸气含量后,被送入半水煤气换热器Ⅱ的管程,与中变炉三段出来的中变气换热,升到反应温度后进入中变炉一段,在催化剂的作用下进行绝热反应。由于反应为放热过程,因此随着反应的进行,体系温度会升高,为了使反应在比较适宜的温度条件下进行,则把中变炉分为三段。经一段反应后,离开反应器,进入增湿器Ⅰ,同时,蒸汽冷

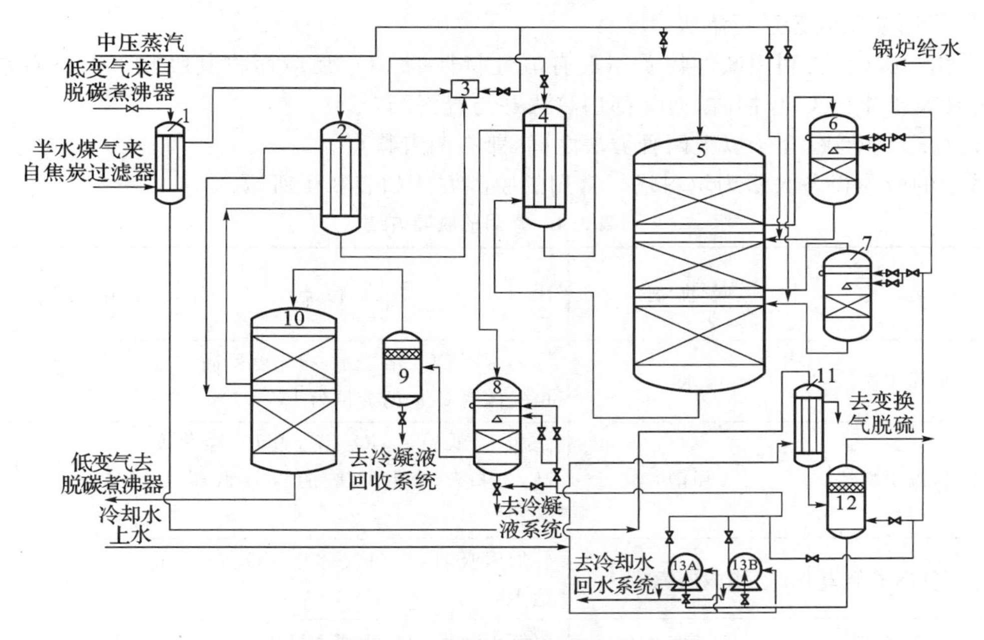


**图3.12　CO变换工艺流程图**

1-半水煤气预热器；2-半水煤气换热器Ⅰ；3-水蒸气喷射器；4-半水煤气换热器Ⅱ；5-中温变换炉；6-增湿器Ⅰ；7-增湿器Ⅲ；8-增湿器Ⅱ；9-变换气分离器；10-低温变换炉；11-水冷器；12-低变气分离器；13A/B-冷凝液泵

凝液喷入增湿器Ⅰ并气化为水蒸气，两者混合后，一段变换气降温；或直接加入水蒸气冷激，使一段变换气降温。降温后的一段变换气，重新进入反应器的二段进行反应，温度升高后再次离开反应器，进入增湿器Ⅲ，采用与增湿器Ⅰ同样的方法使二段变换气降温。降温后的二段变换气，重新进入反应器的三段进行反应，当体系CO含量满足工艺要求（3%左右）后，离开反应器。高温变换气进入半水煤气换热器Ⅱ的壳程，与半水煤气换热后变换气温度有所降低，继续进入增湿器Ⅱ，增加变换气中水蒸气含量，同时将其温度降到低温变换反应所要求的指标。再经变换气分离器将蒸汽冷凝液彻底分离后，进入低变炉一段，进行低温变换反应。同样，由于反应放热，体系温度升高，因此一段反应后，离开反应器，进入半水煤气换热器Ⅰ的壳程，与半水煤气换热降温后，再进入低变炉的二段进行低变反应，使CO含量满足体系工艺要求后，离开低变炉。彻底完成CO的变换反应，进入脱碳系统煮沸器，利用其热量后，再次回到变换系统的半水煤气预热器。然后再进入低变气冷却器，用冷却水降温后，经低变气分离器将冷凝下来的蒸汽冷凝液分离出来，排入蒸汽冷凝液系统，经冷凝液泵升压后循环使用。变换气则重新进入脱碳系统进行脱碳。

3）$CO_2$ 的脱除

经CO变换后，变换气中 $CO_2$ 含量增加，可达18%～32%。$CO_2$ 是合成氨催化剂的毒物，必须将 $CO_2$ 脱除，合成氨工业中称为“脱碳”。但 $CO_2$ 又是制取尿素、纯碱和碳酸氢铵等产品的原料，故脱除的 $CO_2$ 大多加以回收利用，或在脱碳的同时，生成含碳的产品，即脱碳与回收过程结合在一起。

（1）工业脱碳方法。

工业上脱碳方法很多，一般采用溶液吸收法。根据吸收剂性能的差异，分为以下三大类。

① 物理吸收法：利用 $CO_2$ 能溶于水或有机溶剂这一性质完成。吸收 $CO_2$ 后的溶液（称为

“富液”)可用减压闪蒸进行解吸。

② 化学吸收法:利用碱性物质与具有酸性特征的 $CO_2$ 反应而将其吸收。但仅靠常温减压不能使富液中的 $CO_2$ 回收,通常都用热法并与气提结合。

③ 物理化学法:介于以上两种方法之间,兼有两者特点。

采用的吸收设备大多为填料塔。常用的脱碳方法如表 3.4 所示。

**表 3.4　常用的脱碳方法**

| 种类 | 名　称 | 吸收剂 | 方法特点 | 温度/℃ | 压力/MPa |
|---|---|---|---|---|---|
| 物理吸收法 | 加压水洗法 | 水 | 加压下 $CO_2$ 溶于水,净化度不高。出口气体中 $CO_2$ 的含量为 1%～1.5% | 常温 | 1.8 |
| | 低温甲醇法 | 甲醇 | 加压、低温下 $CO_2$ 溶于甲醇,净化度高,出口气体中 $CO_2$ 的含量低于 $10\times10^{-6}$ | −70～−30 | 3.2 |
| | 碳酸丙烯酯法 | 碳酸丙烯酯 | 加压吸收,出口气体中 $CO_2$ 的含量达 1% | 35 | 2.7 |
| 化学吸收法 | 氨水法 | 氨水 | 氨水吸收 $CO_2$ 生成 $NH_4HCO_3$ | 常温 | |
| | 乙醇胺法 | 乙醇胺 | 加压吸收,出口气体中 $CO_2$ 的含量为 0.1% | 43 | |
| | 改良热碱法 | 碳酸钾溶液中添加二乙醇胺、五氧化二钒等 | 在较高温度下加压吸收,出口气体中 $CO_2$ 的含量达0.1% | 70～110 | |

由于合成氨生产中,$CO_2$ 的脱除及其回收利用是脱碳过程的双重目的,因此在选择脱碳方法时,不仅要从方法本身的特点考虑,而且要根据原料、$CO_2$ 用途、技术经济指标等进行考虑。

(2) 脱碳工艺流程。

以热碳酸钾法为例,简要介绍脱碳的工艺流程。热碳酸钾法,又称热钾碱法,是 20 世纪 50 年代由美国的 Benson H. E. 和 Field J. H. 开发的,他们在流程中加入了活化剂和缓蚀剂,形成了本菲尔脱碳工艺,60 年代后该工艺在合成氨工业中得到了广泛的应用。热钾碱法脱碳的流程有多种组合,应用较多的是两段吸收和两段再生流程。这两种流程不仅能保证吸收和解吸的等温操作的优点,而且节省能源,最终得到较高的气体净化度。

图 3.13 为以天然气为原料的合成氨厂中用碳酸钾溶液脱碳的工艺流程。

含 $CO_2$ 18%左右的变换气于 2.7 MPa、127 ℃下由吸收塔底部进入塔内。在塔内中部和顶部分别用 110 ℃的半贫液和 70 ℃左右的贫液进行洗涤。出塔的净化气中 $CO_2$ 含量低于 0.1%,经分离器将夹带的液滴及少量的冷凝液分离后,进入甲烷化系统。

富液从吸收塔底引出,经水力透平减压膨胀回收能量后,进入再生塔顶部。在塔内,溶液闪蒸出部分水蒸气和 $CO_2$ 后,与由再沸器加热产生的蒸气逆流接触,同时升温释放出 $CO_2$。由塔中部引出的半贫液,经半贫液泵送入吸收塔的中部。半贫液泵靠水力透平回收的能量可节省一部分能耗。剩下的溶液在再生塔的下部继续与上升的蒸汽接触进行再生,再生后的贫液温度约 120 ℃,用贫液泵加压并冷却到 70 ℃左右送入吸收塔顶部。

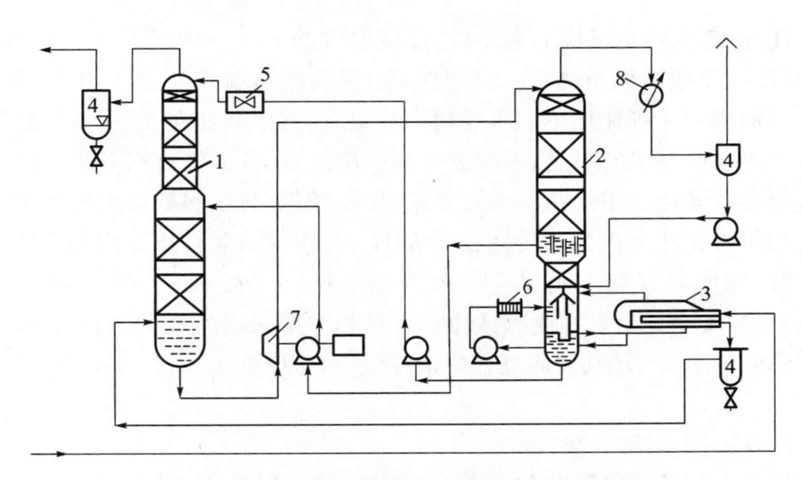


**图 3.13 用碳酸钾溶液脱碳的工艺流程图**

1-吸收塔；2-再生塔；3-再沸器；4-分离器；5-冷却器；6-过滤器；7-水力透平；8-冷凝器

4）合成氨原料气的最终净化

合成氨原料气经脱硫、CO 变换和 $CO_2$脱碳后仍残余少量的 CO 及 $CO_2$。由于它们对氨合成催化剂有较大的毒害作用，故在送往合成工序前，必须做最后的净化处理，使 CO 与 $CO_2$两者含量之和小于 $10\times10^{-6}$。

脱除少量 CO 及 $CO_2$的主要方法有以下几种。

(1) 铜氨液吸收法。

铜氨液是亚铜离子、酸根及氨组成的水溶液。可在高压和低温下用铜氨液吸收 CO 并生成新的配合物，然后再通过减压和加热处理使溶液再生。工业上通常把该操作称为“铜洗”。这是最早用于脱除少量 CO 和 $CO_2$ 的方法。为了避免腐蚀设备，工业上常采用乙酸和碳酸等弱酸的铜氨液。

主要反应为

$$Cu(NH_3)_2Ac+CO+NH_3=\!=\!=[Cu(NH_3)_3CO]Ac$$

$$2NH_4OH+CO_2=\!=\!=(NH_4)_2CO_3+H_2O$$

$$(NH_4)_2CO_3+H_2O+CO_2=\!=\!=2NH_4HCO_3$$

$$4Cu(NH_3)_2Ac+4NH_4Ac+4NH_4OH+O_2=\!=\!=4Cu(NH_3)_4Ac_2+6H_2O$$

$$2NH_4OH+H_2S=\!=\!=(NH_4)_2S+2H_2O$$

$$2\,Cu(NH_3)_2Ac+2H_2S=\!=\!=(NH_4)_2S+2NH_4Ac+Cu_2S\downarrow$$

铜氨液吸收 $CO_2$的热效应约为 70 $kJ\cdot mol^{-1}$，所以在吸收过程中有大量的热量放出，使铜氨液温度升高，会影响吸收，并消耗游离氨。

通常，操作中 CO 吸收率为平衡状态时的 60%～80%。

(2) 甲烷化法。

甲烷化法是 20 世纪 60 年代开发了低变催化剂后，才开始在合成氨工业上广泛应用的一种新的净化工艺。此法是在镍催化剂作用下，气体中少量的 CO 及 $CO_2$与 $H_2$反应，生成 $CH_4$和 $H_2O$，从而达到气体的最终净化。主要反应为

$$CO+3H_2=\!=\!=CH_4+H_2O$$

$$CO_2+4H_2=\!=\!=CH_4+2H_2O$$

上述反应即 $CH_4$ 水蒸气转化反应的逆反应，反应温度为 360～380 ℃。由于甲烷化反应是强放热反应，在甲烷化反应操作条件下，CO 每转化 1%的绝热温升为72 ℃，$CO_2$ 每转化 1%的绝热温升为 60 ℃，而镍催化剂床层不能承受很大的温升(一般只能在 30～50 ℃之间)，故对气体中 CO 和 $CO_2$ 的含量有一定的限制，否则会引起床层温升，造成催化剂失活。因而甲烷化法一般只与低变流程配合使用。甲烷化法流程简单，能耗较低，目前多数以天然气为原料的大型新建合成氨厂采用甲烷化法。但此法需耗去部分 $H_2$，并生成对氨合成无用的惰性组分 $CH_4$。

净化后，合成氨原料气基本上是 $H_2$ 和 $N_2$，其中 $n_{H_2}/n_{N_2} \approx 3$。此外尚含0.6%～1.0% $CH_4$、0.3%～0.4%Ar。$CH_4$ 是在制气或甲烷化过程中带入或生成的，而 Ar 则是在制气时随空气带入的。$CH_4$ 与 Ar 都是氨合成过程的惰性组分，会降低 $H_2$、$N_2$ 的分压，影响氨合成的反应速率。

(3) 深冷分离法(液氮洗涤法)。

深冷分离法即利用液态氮吸收并分离 CO、$CH_4$ 和大部分 Ar，在深度冷冻(4.6～7.8 MPa 和－100 ℃以下)的条件下把原料气中残留的少量 CO 和 $CH_4$ 等除去。此法的气体净化程度较高，但此工艺需要液态氮，适用于煤加压部分氧化法制原料气的净化流程，也可用于焦炉气分离制氢的流程。

3. 氨的合成

氨的合成是整个合成氨生产过程的核心。

1) 氨合成反应的热力学基础

氨合成反应是放热同时物质的量减小的可逆反应。反应式为

$$N_2 + 3H_2 \rightleftharpoons 2NH_3$$

实验表明，氨合成温度越高，平衡常数值越小。增大压力，$K_p$ 有所增加。利用平衡常数及其他已知条件，可以计算某一温度、压力下的平衡氨含量。平衡氨含量也随温度升高而降低，随压力增大而增大；另外，惰性气体含量越大，平衡氨含量越小。

总之，增大压力、降低温度，氢氮比保持在 3 左右，并尽量减少惰性气体的含量，可有利于氨的生成。但是，即使在压力较高的条件下反应，氨的合成率还是很低的，即仍有大量的 $H_2$ 和 $N_2$ 未参与反应，因此这部分 $H_2$ 和 $N_2$ 必须加以回收利用，从而构成了氨分离后的 $H_2$ 和 $N_2$ 循环的回路流程。

2) 氨合成的反应动力学

氨合成反应过程由气固相催化反应过程的外扩散、内扩散和化学反应动力学等一系列连续步骤组成。当气流速率相当大及催化剂粒度足够小时，外扩散及内扩散的影响均不显著，则整个催化反应过程的速率可以认为和化学反应动力学速率相等。但工业过程还是要考虑到内扩散的阻滞作用，采用小颗粒催化剂可提高内表面利用率，即减小内扩散的阻滞作用。

对于氨合成的反应机理，存在着不同的假设。一般认为，氮在催化剂上被活性吸附，解离为氮原子。然后逐步加氢，连续生成 NH、$NH_2$ 和 $NH_3$。

3) 氨合成催化剂

长期以来，人们对氨合成反应的催化剂做了大量的研究工作，发现对氨合成反应具有活性的一系列金属中，铁系催化剂价廉易得，活性良好，使用寿命长。因此，以铁为主体，并添加助催化剂的铁系催化剂在合成氨工业中得到了广泛的应用。

铁系催化剂的主要成分为 $Fe_3O_4$，加入的助催化剂有 $K_2O$、CaO、MgO、$Al_2O_3$ 和 $SiO_2$ 等多种组分。其中 $Al_2O_3$ 和 MgO 为结构型助催化剂，可使催化剂的比表面积增大，即通过改善还

原态铁的结构呈现出助催化作用。$K_2O$为电子型助催化剂，虽然添加后催化剂的比表面积略微下降，但可使金属电子逸出功降低，有助于氮的活性吸附。CaO也是电子型助催化剂，主要有助于$Al_2O_3$与$Fe_3O_4$固溶体的形成，还可提高催化剂的热稳定性。$SiO_2$具有“中和”$K_2O$、CaO等碱性组分的功能，并提高催化剂抗水毒害和耐烧结的性能。

通常制成的催化剂为黑色不规则颗粒，有金属光泽，堆密度为2.5～3.0 kg·$L^{-1}$，孔隙率为40%～50%。

催化剂中具有活性的成分是金属铁，因此使用前要用$H_2$和$N_2$混合气使其还原，反应式为

$$Fe_3O_4+4H_2 = 3Fe+4H_2O(g)$$

由于反应吸热，故还原时应提供足够的热量。

对铁催化剂有毒的物质主要有硫、磷、砷的化合物，CO、$CO_2$和水蒸气等。另外，使用过程中，细结晶长大会改变催化剂的结构，机械杂质的覆盖也会使比表面积下降，这些也都会使催化剂活性下降。

4）氨合成的工艺条件

（1）温度。

可逆放热反应均存在着最适宜温度，氨合成反应也是如此。最适宜反应温度与反应气的组成、操作压力和催化剂活性有关。

氨合成反应温度一般控制在400～500 ℃。生产中是将气体先预热到高于催化剂的活性温度下限后，送入催化剂床层，在绝热的条件下进行反应，随着反应热的放出，床层温度逐渐升高，当接近最适宜温度后，再采取冷却措施，使反应温度分布尽量接近于最适宜温度曲线。

（2）压力。

从化学平衡和化学反应速率的角度看，增大操作压力有利于氨合成反应的进行。合成装置的生产能力随压力增大而增加，而且压力较大时，氨分离流程可以简化。但是，压力较大时对设备材质、加工制造的要求均高。同时，高压下反应温度一般较高，会缩短催化剂使用寿命。

生产上操作压力选择的主要依据是能量消耗，并参考包括能量消耗、原料费用、设备投资在内的综合费用。一般30 MPa左右是合成氨比较适宜的操作压力。根据实际情况，我国中小型氨厂大多采用20～32 MPa的操作压力，大型生产装置的操作压力为15～24 MPa。

（3）空间速度。

空间速度（简称空速）是标准状况下，单位时间、单位体积催化剂上通过的气体量。实际上它是气体与催化剂的接触时间的倒数，单位为$h^{-1}$。显然空间速度越大，接触时间越短。

在一定条件下，增加空间速度虽然使合成塔出口气的氨含量下降，即氨净值（出口与进口气体的氨含量之差）降低，但由于入塔气量大，生成的总氨量是增加的。增加空间速度也使循环气压缩功耗、氨分离过程所需的冷冻量均增加，还使系统阻力增大。同时，由于单位体积入塔气中产氨量减少，所获得的反应热也相应减少，有可能使自热反应难以维持。因此，空间速度应根据实际情况维持一个适宜值，如30 MPa中压合成氨的空间速度在$2\times10^4\sim3\times10^4\ h^{-1}$之间。

（4）合成塔进口气体组成。

合成塔进口气体组成包括氢氮比（$n_{H_2}:n_{N_2}$）、惰性气含量与氨初始含量。

由于化学平衡的限制，氨合成过程有大量未反应的$H_2$和$N_2$需进行循环，故进入合成塔的气体是循环气与新鲜气的混合气，其含量为新鲜气的4～5倍，组分也与新鲜气有所不同。

生产实践表明,控制进塔气体的氢氮比略低于3,如2.8～2.9比较合适。按照化学反应的计量关系,氨合成反应中 $H_2$ 与 $N_2$ 总是按3∶1消耗,故新鲜气中氢氮比应控制为3,否则循环系统中多余的 $H_2$ 或 $N_2$ 积累起来,会造成循环气中氢氮比的失调。

惰性气体($CH_4$和 Ar)是由新鲜气带入的。惰性气体由于不参与反应而会在氨合成系统中积累。惰性气体的存在,无论从热力学还是动力学上考虑都是不利的,循环回路中适当进行排放(放空气)是消除惰性气体积累的有效方法。但是,维持过低的惰性气体含量又需排放大量循环气,这将导致 $H_2$ 和 $N_2$ 的损失。为此,入塔气体将保持一定的惰性气体含量。一般新鲜气中惰性气体含量为0.9%～1.4%,入塔气体的适宜惰性气体含量为10%～15%。生产中放空气量约为新鲜气量的10%,放空气中含有氢气,应加以回收利用。

入塔气体中的氨是由于氨分离不可能非常彻底而随循环气带入的。入塔气体氨含量高,氨净值小,使生产单位产品的循环气量增大,即功耗增加。而降低入塔气体的氨含量,则又会增加分离氨所需的电耗。因此入塔气体的氨含量存在一个适宜值:一般操作压力为30 MPa的合成氨系统,入塔气体的适宜氨含量为3.2%～3.8%;操作压力为15 MPa的合成氨系统,入塔气体的适宜氨含量为2.0%～3.2%。

5) 氨合成工艺流程

由于循环气压缩机、新鲜气补入及放空气排出的位置的不同,还有冷热交换的安排和热能回收的方式的差异等,氨合成具有不同的工艺流程。氨合成工艺流程包括五个基本环节:新鲜 $H_2$ 和 $N_2$ 的压缩并补入循环系统;循环气的预热与氨的合成;反应热的回收及氨的分离;对未参与反应的气体补充压力并循环使用;排放部分循环气以维持系统中适宜的惰性气体含量。

图3.14为典型的中压两级氨分离流程图。合成塔出口气体中氨含量为14%～18%,压力约为30 MPa,经排管式水冷器冷却至常温,气体中部分氨被冷凝,在氨分离器中将液氨分离。为降低系统中惰性气体含量,少量循环气在氨分离后放空,大部分循环气由循环压缩机加压至32 MPa后进入油过滤器,在此处补入新鲜的 $H_2$ 和 $N_2$。然后混合气体进入冷凝塔上部的换热器,与第二次分离氨后的低温循环气换热,再进入氨冷凝器中的蛇管。管外用液氨蒸发

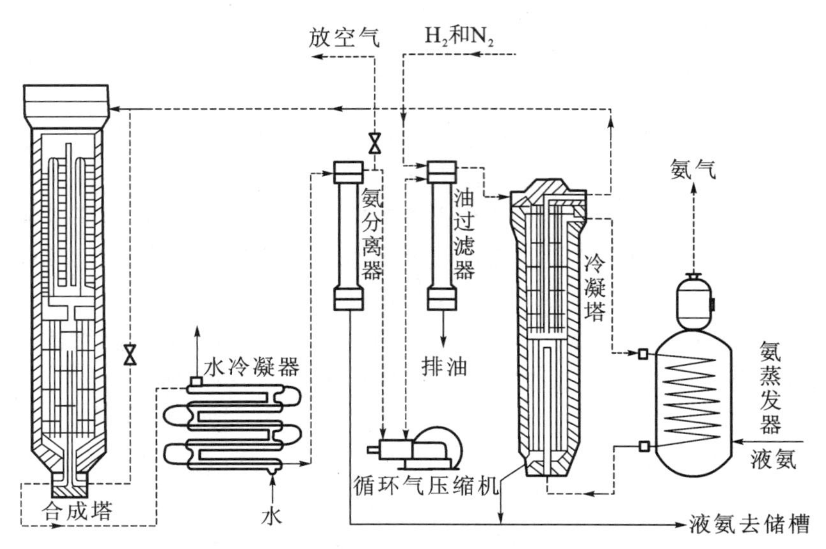


**图3.14　中压两级氨分离流程图**

作为冷源,使蛇管中循环气温度降至−8～0 ℃,气体中的大多数氨在此冷凝,并在冷凝塔下部进行气、液分离,气体中残余氨含量约为3%。分离出液氨的气体进入冷凝塔上部经换热,温度上升至10～30 ℃后进入氨合成塔,从而完成 $H_2$ 和 $N_2$ 的循环过程。作为冷冻剂的液氨汽化后回冷冻系统,经氨压缩机加压,水冷后又成为液氨,循环使用。

大型氨厂常采用蒸气透平驱动的带循环段的离心式压缩机。氨合成反应热除了可以预热进塔气体之外,还可用于加热锅炉给水或副产高压蒸汽,可以较好地回收热量。

6）驰放气的回收

在原料气的最终净化过程中,除深冷分离法外,也可采用甲烷化或铜氨液吸收法,但随新鲜的 $H_2$ 和 $N_2$ 进入循环系统的惰性气体(甲烷和氩),会在循环中不断积累。为避免惰性气体在循环中的积累,一般会排放部分循环气。另外,也会从氨储槽中排放一部分溶解在液氨中的 $H_2$ 和 $N_2$(储槽气)。这些从合成系统中被排出的气体,称为驰放气,其组成(体积分数)一般为60%～70% $H_2$、20%～25% $N_2$、7%～12% $CH_4$、3%～8% Ar。

驰放气的回收主要在于氢气的回收。20世纪80年代以来,已经开发了中空纤维膜分离、变压吸附和深冷分离技术,用来回收氢气。

## 3.4　磷酸盐工业

磷酸盐工业是现代化学工业的重要组成部分,从肥料磷酸盐、普通磷酸盐到精细磷酸盐、专用磷酸盐和材料型磷酸盐,都与人们的日常生活以及高新技术的发展息息相关,在国民经济中占有极为重要的地位。因此,世界各国都非常重视发展磷酸盐工业。全球生产的磷酸盐品种(包括磷化物)约200种,加上同一品种的不同规格,总数达300种以上。

### 3.4.1　磷酸

磷酸是由五氧化二磷($P_2O_5$)与水反应得到的化合物。正磷酸对应的分子式为 $H_3PO_4$,简称为磷酸,与五氧化二磷结合的水的比例低于正磷酸时会形成焦磷酸($H_4P_2O_7$)、三聚磷酸($H_5P_3O_{10}$)、四聚磷酸($H_6P_4O_{13}$)和聚偏磷酸$(HPO_3)_n$。在磷的含氧酸中,以磷酸最为重要,它是生产磷肥、高效复合肥料以及各种技术磷酸盐的中间产品。

1. 磷酸的物理化学性质

常温下纯磷酸是无色固体,相对密度为1.88,单斜晶体结构,熔点为42.35 ℃。通常生产和使用的磷酸都是水溶液。在工业上常用 $P_2O_5$ 或 $H_3PO_4$ 的质量分数表示磷酸的浓度。例如,85% $H_3PO_4$(即 $P_2O_5$ 质量分数为61.6%),80% $H_3PO_4$($P_2O_5$ 质量分数为58.0%),75% $H_3PO_4$($P_2O_5$ 质量分数为54.3%)。市售磷酸是含85% $H_3PO_4$ 的黏稠液体。

$H_3PO_4$ 是一种无氧化性、不挥发的中等强度的三元酸。

磷酸经强热脱水或同磷酐相互作用形成聚磷酸。聚磷酸有两类:一类是分子呈环状结构,即所谓偏磷酸,实际上是具有环状结构的聚磷酸,常见的偏磷酸有三偏磷酸和四偏磷酸;另一类是分子呈链状结构,为长链结构的聚磷酸。

聚磷酸中所含 $P_2O_5$ 量高,腐蚀性小,它们与铵、钾、钠、钙以及其他阳离子结合形成各种各样的聚磷酸盐,既可作为高浓度复合肥料,又可以作为各种特定功能用途的磷酸盐,因此,聚磷酸及其盐的开发利用已经引起人们的广泛重视。

2. 磷酸的用途

磷酸主要用于制造高浓度的磷肥(如重过磷酸钙、磷酸铵等)和各种磷酸盐。

磷酸还用作电镀抛光剂、磷化液、印刷工业去污剂、有机合成和石油化工的催化剂、染料及其中间体生产中的干燥剂、乳胶的凝固剂、软水剂、合成洗涤剂的助剂、补牙黏合剂以及作为无机黏合剂。

经过精制净化后的高纯磷酸可作为食品添加剂或在医药工业中使用。

3. 湿法磷酸

磷酸的生产方法主要有两种:湿法和热法。

湿法是用无机酸来分解磷矿石制备磷酸。根据所用无机酸的不同,又可分为硫酸法、盐酸法、硝酸法等。由于硫酸法操作稳定技术成熟,分离容易,所以它是制造磷酸最主要的方法。

1) 硫酸法生产磷酸的物理化学原理

湿法磷酸生产中,硫酸分解磷矿是在大量磷酸溶液介质中进行的,反应式为

$$Ca_5F(PO_4)_3+5H_2SO_4+nH_3PO_4+5nH_2O = (n+3)H_3PO_4+5CaSO_4\cdot nH_2O+HF$$

式中的 $n$ 可以等于 0、$\frac{1}{2}$、2。

实际上分解过程是分两步进行的。首先是磷矿同磷酸(返回系统的磷酸)作用,生产磷酸二氢钙,反应式为

$$Ca_5F(PO_4)_3+7H_3PO_4 = 5Ca(H_2PO_4)_2+HF$$

第二步是磷酸二氢钙和硫酸反应,使磷酸二氢钙全部转化为磷酸,并析出硫酸钙沉淀,反应式为

$$5Ca(H_2PO_4)_2+5H_2SO_4+5nH_2O = 10H_3PO_4+5CaSO_4\cdot nH_2O\downarrow$$

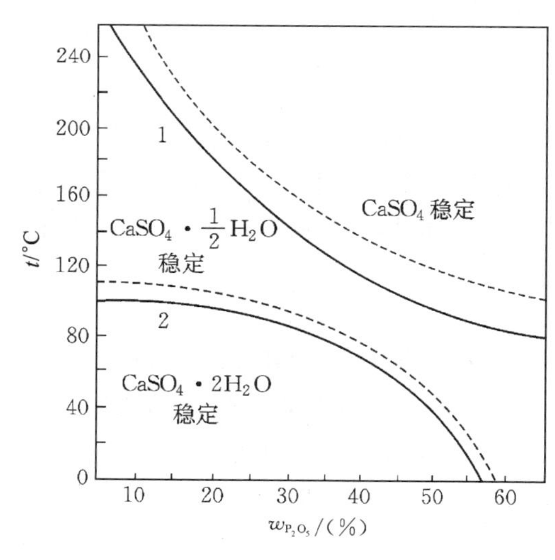


**图 3.15 $CaSO_4$ 结晶与磷酸浓度及温度的关系**

(实线 2 为村上惠一的修正线)

生成的硫酸钙根据磷酸溶液中酸浓度和温度不同,可以有二水硫酸钙($CaSO_4\cdot 2H_2O$)、半水硫酸钙($CaSO_4\cdot 1/2H_2O$)和无水硫酸钙($CaSO_4$)。实际生产中,析出稳定磷石膏的过程是在制取含30%~32%$P_2O_5$的磷酸和温度为65~80 ℃条件下进行的。在较高浓度(35%$P_2O_5$以上)的溶液和提高温度到 90~95 ℃时,则析出半水物,所析出的半水物在不同程度上能水化成石膏。降低析出沉淀的温度和磷酸的浓度,以及提高溶液中 CaO 或 $SO_3$ 的含量都有助于获得迅速水合的半水物。有大量石膏存在时也能加速半水合物的转变,在温度高于 150 ℃和酸浓度大于 45%($P_2O_5$)时,则析出无水物,如图 3.15 所示。

在磷矿石被分解的同时,原料中的其他无机物杂质也被分解,发生各种副反应。例如,天然磷矿中所含的碳酸盐按下式分解:

$$CaCO_3+H_2SO_4+(n-1)H_2O = CaSO_4\cdot nH_2O+CO_2$$

磷矿中氧化镁以碳酸盐形式存在,酸溶解时几乎全部进入磷酸溶液中,反应式为

$$MgCO_3+H_2SO_4 = MgSO_4+CO_2\uparrow+H_2O$$

将给磷酸质量和后加工带来不利影响。

磷矿中通常含有2%～4%的氟，酸解时首先生成氟化氢，氟化氢再与磷矿中的活性氧化硅或硅酸盐反应生成四氟化硅和氟硅酸。

$$SiO_2 + 4HF = SiF_4 + 2H_2O$$

$$SiO_2 + 6HF = H_2SiF_6 + 2H_2O$$

部分四氟化硅呈气态逸出，氟硅酸保留在溶液中。在浓缩磷酸时，氟硅酸分解为$SiF_4$和HF。在浓缩过程中约有60%的氟从酸中逸出，可回收加工制取氟盐。

氧化铁和氧化铝等也进入溶液中，并同磷酸作用，反应式为

$$R_2O_3 + 2H_3PO_4 = 2RPO_4 + 3H_2O \quad (R=Fe,Al)$$

因此，天然磷矿中含有较多的氧化铁和氧化铝时不适宜用硫酸法制备磷酸。

磷酸生产中的硫酸消耗量，可根据磷矿的化学组成，按化学反应式计算出理论硫酸用量。对不同类型的磷矿，其杂质含量不同，因而实际硫酸消耗量与化学理论量之间存在偏差，需由实验确定。

在酸中磷灰石的溶解受氢离子从溶液主流中向磷矿颗粒表面扩散速度和钙离子从界面向溶液主流中扩散速度所控制。在高浓度范围内，磷酸溶液的黏度显著增大，离子扩散减慢，也引起磷灰石溶解速率降低，因此，氢离子浓度和溶液的黏度是决定$H_2SO_4$、$H_3PO_4$混合溶液中磷灰石溶解速率的主要因素。

由于液固反应，搅拌可以提高磷灰石的溶解速率。因为分解磷块岩，伴随着逸出二氧化碳并形成泡沫。当搅拌不强烈时，落在相对静止的泡沫上的磷矿粒子结成小团，由于磷矿和硫酸相互作用，生成的硫酸钙结晶的薄膜覆盖其上，从而使磷灰石的分解不能正常进行。因此搅拌应当保证上层泡沫发生剧烈运动，使液体在搅拌时能形成旋涡状。为此，控制料浆的液固比也是很有意义的。实际上应确定料浆液固比在2.5～3.5范围内，这是靠磷酸的循环来维持的。

磷灰石与磷酸反应的速率也与温度有关，温度越高，磷酸分解磷灰石的分解率越高，在实际生产条件下，料浆被加热到60～70 ℃或稍高的温度。

2）工艺流程

根据生成硫酸钙结晶的水合形式的不同，其生产工艺分为二水物流程、半水物流程、半水-二水物流程、二水-半水物流程和无水物流程，其中又以二水物流程居多。这里简要介绍硫酸法二水物流程。

磷矿粉的主要成分为氟磷酸钙，要求其中氧化铁和氧化铝的总量在3%以下，氧化铁含量不应超过$P_2O_5$含量的8%，氧化镁含量不超过$P_2O_5$含量的6%，二氧化碳含量应小于6%，并要求活性二氧化硅与氟物质的量之比为6或稍低一些。

硫酸浓度尽可能高一些，一般采用92%$H_2SO_4$。

单槽晶浆循环的二水物流程是目前广泛采用的工艺。目前国内多采用同心圆式的多桨单槽，它是湿法磷酸生产的主要设备，为两个同心的内、外圆所组成的圆筒形容器，内分七个反应区，每区都装有搅拌桨。内、外圆之间的环形空间分装6只搅拌桨，依次称为第1～第6区，内筒装有一只搅拌桨，称为第7区。第1区和第6区之间装有挡墙，把两个区的液相部分分开。挡墙靠液面及外壁处开有一个长方形的回浆口。在第6区和第7区的内筒槽壁上，设有溢流口，以便第6区的料浆溢流到第7区。第7区料浆用浸没式料浆泵送去过滤。典型二水物流程如图3.16所示。

磷矿石经粉碎至80～100目后，进入反应槽第1区，在第1区加入稀磷酸和返酸以维持料

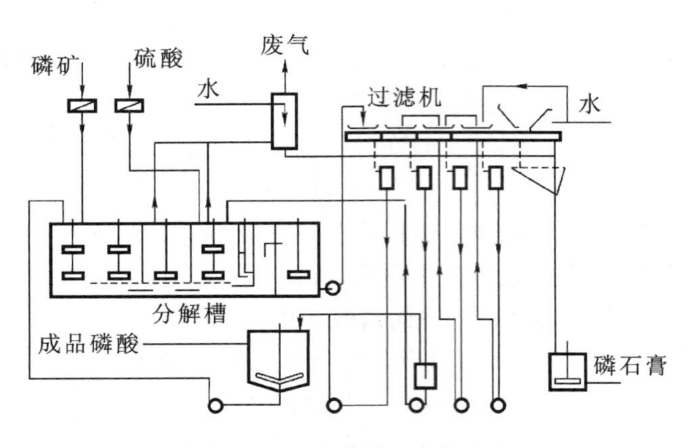


**图 3.16 湿法磷酸二水物流程**

浆的液固质量比为 2.5～3.5,并调节磷酸浓度。

硫酸由硫酸高位槽经流量计加入反应槽第 2 区,硫酸用量为理论量的 102%～104%。反应生成的硫酸钙晶体要求具有稳定的结晶形式,并要求颗粒大而整齐,便于过滤和洗涤,反应温度一般维持在 60～70 ℃,分解反应为放热反应,萃取液可自热到 80 ℃以上,因此可以采用抽真空或鼓入冷空气来降低槽内温度,以保证产品浓度,同时可排出氟化物,减少因析出氟化物而造成过滤困难,但温度过低对石膏晶体会有不利影响。

分解反应需 4～6 h,反应后所得料浆大部分由第 6 区返回第 1 区,只有一小部分由第 7 区溢流至盘式或带式过滤机,滤液即为磷酸,其 $P_2O_5$ 浓度为 25%～32%,一部分返回反应槽调节液固比,另一部分作为成品送去蒸发浓缩。滤渣为二水石膏,经串联洗涤 2～3 次,一次洗液为稀磷酸,返回反应槽,而二、三次洗液作为一次洗水用。石膏洗涤后可综合利用。

磷矿石中的杂质(白云石、方解石等碳酸盐和海绿石、霞石等硅酸盐)会消耗硫酸,产生副反应。当碳酸盐与有机杂质含量大时,会使溶液产生大量的泡沫,严重时会“冒槽”,这时可加适量柴油或肥皂水消除。

镁盐含量高时,会影响石膏结晶质量,并使黏度增大,造成过滤困难,而铁铝氧化物含量高时会造成五氧化二磷的损失,并堵塞滤布。

反应生成的氟化氢与二氧化硅反应生成氟硅酸,氟硅酸对石膏结晶有利,故当矿石中 $SiO_2$ 含量不足时,可适量补加硅胶。

反应槽内接触的腐蚀性介质有硫酸、磷酸、氟硅酸、含氟气体(四氟化硅、氟化氢)等,槽体应合理选用耐腐蚀材料,一般可用钢板或水泥衬石墨板或衬辉绿岩防腐层制成。顶盖用钢板内衬玻璃钢制成。搅拌桨叶及轴可用含钼合金或钢外包橡胶制成。

运输和储存的槽、罐需用含钼合金或非金属材料如石墨、橡胶、塑料衬里。

3) 湿法磷酸的精制

湿法磷酸因生产方法所限,有很多杂质带入成品酸中。常存在的杂质包括溶解物和悬浮物,有无机物,也有有机物。这些杂质的来源除矿石本身外,还有磷矿富集过程中吸附的药剂、硫酸及各生产工序的加工设备受物理化学侵蚀带入的杂质。

湿法磷酸的精制方法主要有溶剂萃取法、结晶法、离子交换法、电渗析法、化学沉淀法。

化学沉淀法和溶剂萃取法已经工业化,其余各种方法在工艺和技术方面也有不同程度的突破。溶剂萃取法所用的溶剂种类见表 3.5。

表3.5　溶剂萃取法所用的溶剂种类

| 溶剂种类 | 实　　例 |
|---|---|
| 脂肪醇 | 甲醇、乙醇、正丁醇、异丁醇、异戊醇 |
| 磷酸酯 | 磷酸三丁酯 |
| 醚 | 异丙醚 |
| 酮和脂肪酸酯 | 甲基异丁基酮 |

溶剂萃取流程基本上是按萃取—精制—反萃取这一顺序进行的。首先使溶剂与湿法磷酸混合，分成两相：溶剂相和水相。磷酸被萃取到溶剂相中而杂质留在水相中，水相作为萃取残液取出。接着用水或磷酸洗涤溶剂相，以除去在萃取溶剂相中被萃取出的一部分杂质。最后再将溶剂相与水混合，将溶剂中的磷酸反萃取到水中，溶剂可循环使用，水相作为精制磷酸加以回收。

目前，世界上所采用的二水物法流程生产的湿法磷酸中 $P_2O_5$ 含量一般为28%～32%，不能满足生产高浓度磷肥和技术级磷酸盐的需要，必须进行浓缩处理，通常采用直接接触蒸发和管式加热蒸发两种浓缩方法，以得到所需要的磷酸产品。

4. 热法磷酸

热法是用黄磷燃烧并水合吸收所生成的 $P_4O_{10}$ 来制备磷酸。热法磷酸的制造方法主要有液态磷燃烧法(又称二步法)。

二步法有多种流程，在工业上普遍采用的有两种。第一种是将黄磷燃烧，得到五氧化二磷，用水冷却和吸收制得磷酸，此法称为水冷流程。第二种是将燃烧产物五氧化二磷用预先冷却的磷酸进行冷却和吸收而制成磷酸，此法称为酸冷流程。这里简要介绍酸冷流程，见图3.17。

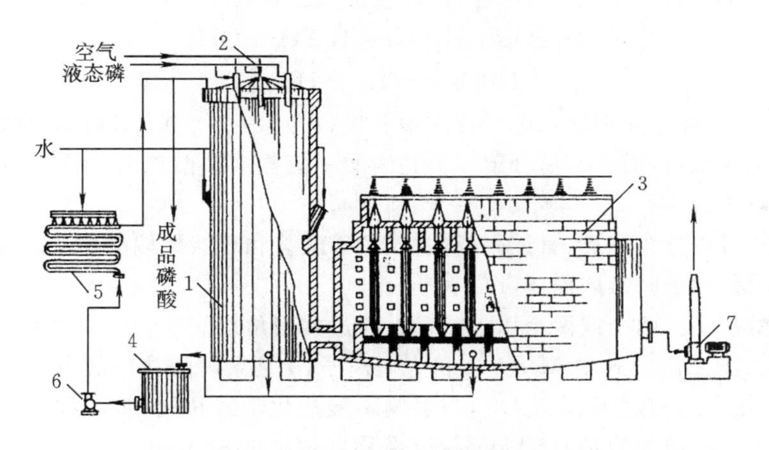


图3.17　酸冷却法生产热法磷酸工艺流程

1-燃烧水化塔；2-喷嘴；3-电除雾器；4，5-冷却器；6-泵；7-排风机

将黄磷在熔磷槽内熔化为液体，液态磷用压缩空气经黄磷喷嘴喷入燃烧水合塔进行燃烧，为使磷氧化完全，防止磷的低级氧化物生成，在塔顶还需补充二次空气，燃烧使用空气量为理论量的1.6～2.0倍。

在塔顶沿塔壁淋洒温度为30～40 ℃的循环磷酸，在塔壁上形成一层酸膜，使燃烧气体冷却,同时 $P_2O_5$ 与水化合生成磷酸。

塔中流出的磷酸浓度为86%~88%($H_3PO_4$ 的质量分数),酸的温度为85 ℃,出酸量为总酸量的75%。气体在85~110 ℃条件下进入电除雾器以回收磷酸,电除雾器流出的磷酸浓度为75%~77%($H_3PO_4$ 的质量分数),其量约为总酸量的25%。

从水化塔和电除雾器来的热法磷酸先进入浸没式冷却器,再经喷淋冷却器冷却至30~35 ℃。一部分磷酸送燃烧水化塔作为喷洒酸,一部分作为成品酸送储酸库。

### 3.4.2　磷酸盐

P(Ⅴ)各种酸的复杂性,使得磷酸盐化学具有极其丰富的内容。磷酸盐的品种繁多,用途广泛。本节在介绍磷酸盐分类和性质的基础上,重点论述磷酸二氢钾、磷酸氢钙和三聚磷酸钠的制备原理、生产方法和工艺流程。

1. 磷酸盐的分类和性质

磷酸盐可以分为简单磷酸盐和复杂磷酸盐。

所谓简单磷酸盐是正磷酸的各种盐,例如 $NaH_2PO_4$、$Na_2HPO_4$、$Na_3PO_4$、$KH_2PO_4$、$CaHPO_4$、$NH_4H_2PO_4$、$(NH_4)_2HPO_4$、$K_3PO_4$、$Ca_3(PO_4)_2$、$Zn_3(PO_4)_2$ 等。简单磷酸盐比较重要的性质是溶解性、水解性和稳定性。

磷酸的钠盐、钾盐、铵盐以及所有的磷酸二氢盐都易溶于水,而磷酸一氢盐和磷酸正盐除钠、钾和铵盐以外,一般都难溶于水。

由于磷酸是中强酸,所以它的碱金属盐都易于水解。如 $Na_2HPO_4$ 和 $Na_3PO_4$ 在水中发生如下水解反应使溶液呈碱性:

$$PO_4^{3-} + H_2O \rightleftharpoons HPO_4^{2-} + OH^-$$

$$HPO_4^{2-} + H_2O \rightleftharpoons H_2PO_4^- + OH^-$$

对于 $NaH_2PO_4$,除了发生水解反应外,还可能发生解离作用,反应式为

$$H_2PO_4^- + H_2O \rightleftharpoons H_3PO_4 + OH^-$$

$$H_2PO_4^- \rightleftharpoons H^+ + HPO_4^{2-}$$

由于解离程度($K_{解离}=6.2\times10^{-2}$)比水解程度($K_{水解}=10^{-11}$)大,因而,显酸性反应。

磷酸正盐比较稳定,通常不易分解。但是磷酸一氢盐或磷酸二氢盐受热时易脱水缩合为焦磷酸盐或偏磷酸盐。

复杂磷酸盐可以分为三类:直链聚磷酸盐、超磷酸盐和环状聚偏磷酸盐。构成复杂磷酸盐的基本结构单元仍然是磷氧四面体($PO_4$)。

直链聚磷酸盐是由两个或两个以上的 $PO_4$ 通过共用角顶氧原子形成直链结构。这类磷酸盐的通式是 $M_{n+2}P_nO_{3n+1}$,式中 M 是+1 价金属离子,$n$ 是聚磷酸盐中的磷原子数。当 $n$ 很大时,聚磷酸盐的化学式趋近于 $M_nP_nO_{3n}$,与聚偏磷酸盐化学式相同,常误称为偏磷酸盐。直链聚磷酸盐中最为人们熟知的是 Graham's 盐(俗称六偏磷酸钠,Calgon),是一种水溶性聚磷酸盐玻璃体,具有近似于 $(NaPO_3)_n$ 的组成,它没有固定的熔点,在水中具有较大的溶解度,水溶液具有很大的黏性,pH 值在5.6~6.4之间。近来研究表明,它不是一种简单的化合物,而是一种具有高相对分子质量聚磷酸盐玻璃体(90%)和各种偏磷酸盐(10%)的混合物。

具有支链笼状结构的聚磷酸盐称为超磷酸盐,通式也是 $M_{n+2}P_nO_{3n+1}$,超磷酸盐是无定形玻璃体,具有良好的可塑性。

环状聚偏磷酸盐是由3个或3个以上的 $PO_4$ 通过共用氧原子而连接成环状结构,通式是

$(MPO_3)_n$。常见的有环状三偏磷酸盐(六元环)和四偏磷酸盐(八元环)。

聚磷酸盐的重要化学性质有水解作用、配位作用、催化作用和高分子性质。这些性质确定了聚磷酸盐在各方面的重要应用。

1) 水解作用

聚磷酸盐都显示出不同程度的水解性,水解的速率取决于聚磷酸盐的结构和所处的条件(pH 值和温度)。

正磷酸盐的水解不涉及 P—O—P 键的断裂,而是通过相平衡的移动形成水溶性较小的物种。例如,磷酸二氢钙和过量的水作用生成羟基磷灰石,这和自然界磷灰石的生成相关。

$$Ca(H_2PO_4)_2 + H_2O \longrightarrow Ca(H_2PO_4)_2 \cdot H_2O$$

$$Ca(H_2PO_4)_2 \cdot H_2O + H_2O \longrightarrow CaHPO_4 \cdot 2H_2O + H_3PO_4$$

$$8CaHPO_4 \cdot 2H_2O \longrightarrow Ca_8H_2(PO_4)_6 \cdot 5H_2O + 2H_3PO_4 + 11H_2O$$

$$5Ca_8H_2(PO_4)_6 \cdot 5H_2O \longrightarrow 4Ca_{10}(PO_4)_6(OH)_2 + 6H_3PO_4 + 17H_2O$$

聚磷酸盐水解时,所有 P—O—P 键均能断裂,尤其是长链聚磷酸盐的水解更复杂,除了链端基团断裂外,在链节内部断裂形成较短链的聚磷酸盐,并伴随环状偏磷酸盐的形成,但最终生成正磷酸盐。

聚磷酸盐水解速率随 pH 值减小而增大,升高温度能提高水解速率。金属离子对水解具有催化作用,近似正比于阳离子的电荷和阳离子浓度的对数。

2) 配位作用

磷酸盐具有很强的配位能力,能与许多金属离子形成可溶性的配合物。实际上,聚磷酸盐能和所有的金属阳离子形成配合物。一般说来,碱金属聚磷酸盐有比较弱的配位作用,碱土金属聚磷酸盐有稍微弱的配位作用,过渡金属聚磷酸盐有很强的配位作用。配合物的稳定性:正磷酸盐≪焦磷酸盐<三聚磷酸盐<四聚磷酸盐。因此,作为合成洗涤剂的配位助剂,三聚磷酸盐要优于焦磷酸盐,这也是三聚磷酸钠大量用于洗涤剂和水处理方面的原因所在。

3) 催化作用

磷酸和磷酸盐是通过与反应物之间进行质子交换而促进化学反应的催化剂,具有促进链烯烃的聚合、异构化、水合、烯烃的烷基化以及醇类脱水等作用。

例如,磷酸镧、磷酸铈都是气相水解法合成甲酚和二甲酚的催化剂。磷酸硼是环烷醇脱水作用的新型催化剂,磷酸锆作为固体酸催化剂广泛用于各种有机合成反应中。$P_2O_5$ 含量为82%～85%的聚磷酸大量用于石油化工的催化剂,如烷基化反应、异构化反应、脱氢反应和聚合反应。它负载于硅藻土上直接作为催化剂,无焦化现象、副反应少,反应后的磷酸易于除去,这些对于生产过程极为有利。

4) 高分子性质

聚磷酸盐具有高分子性质,能使悬浮液变成溶胶,降低溶液的黏度,从而对微细分散的固体物质有很强的分散能力,因此广泛用作食品加工中的乳化剂和分散剂、钻井泥浆的分散剂、油漆中颜料的分散剂,以及矿石浮选的分散剂和乳化剂。

2. 磷酸二氢钾

1) 性质

$KH_2PO_4$ 是无色或白色带光泽的斜方晶体,相对密度为 2.338,熔点为 252.6 ℃,加热到400 ℃时则熔化成透明的液体。冷却后,即固化为不透明的玻璃状的物质——偏磷酸钾$(KPO_3)_n$,能溶于水,不溶于醇,有吸湿性。

2) 用途

$KH_2PO_4$ 主要是作为高效水溶性的复合肥料，工业上作为细菌培养剂、酿造酵母培养剂以及缓冲溶液的制备原料，也可作为合成偏磷酸钾的原料，在食品和医药工业中作为添加剂和营养剂，以及合成清酒的调味剂，高纯 $KH_2PO_4$ 可作为铁电功能材料。

3) 生产方法

$KH_2PO_4$ 的制备方法很多，主要有如下几种。

(1) 中和法。采用 KOH 或 $K_2CO_3$ 中和 $H_3PO_4$ 以制取 $KH_2PO_4$。其化学反应式为

$$H_3PO_4 + KOH = KH_2PO_4 + H_2O$$

$$2H_3PO_4 + K_2CO_3 = 2KH_2PO_4 + CO_2 + H_2O$$

早在 1821 年 Mitscherlish 就采用中和法制备出 $KH_2PO_4$，此后许多研究者在这方面做了大量的工作，使中和法工艺日趋完善。中和法由于具有工艺简单、投产容易、见效快、产品纯度高等优点，又适用于小批量的生产，因此，一直沿用至今，目前我国大规模生产的有 16 家，产量近 20000 t/a。

(2) 复分解法。将氯化钾与磷酸二氢钠(或铵盐)通过复分解反应生成磷酸二氢钾。其化学反应式为

$$KCl + NaH_2PO_4 = KH_2PO_4 + NaCl$$

$$KCl + NH_4H_2PO_4 = KH_2PO_4 + NH_4Cl$$

反应后的料液可以根据 $NH_4Cl$-$KH_2PO_4$-$H_2O$ 或 NaCl-$KH_2PO_4$-$H_2O$ 系统相图分离出 $KH_2PO_4$。

近年来，开发了以氯化钾和磷酸，特别是湿法磷酸为原料制取磷酸二氢钾的工艺，从而使生产 $KH_2PO_4$ 的成本大幅度下降。其化学反应式为

$$KCl + H_3PO_4 = KH_2PO_4 + HCl$$

围绕着如何排除反应生成的 HCl 和如何从 $KH_2PO_4$-$H_3PO_4$-KCl-$H_2O$ 系统中分离出 $KH_2PO_4$，提出了一系列工艺方法：结晶法、沉淀法、萃取法、离子交换法以及用磷矿石和钾盐原料直接生产 $KH_2PO_4$ 的直接法等。

(3) 离子交换法。利用一种阳离子或阴离子交换树脂分别对 $H_2PO_4^-$ 或 $K^+$ 进行吸收和再生过程来合成 $KH_2PO_4$。

$$H_3PO_4 + NH_3 \longrightarrow NH_4H_2PO_4$$

$$\downarrow$$

$$R{-}SO_3NH_4 + KCl = R{-}SO_3K + NH_4Cl$$

$$\downarrow$$

$$R{-}SO_3NH_4 + KH_2PO_4$$

在 1965 年日本研究了用离子交换法制取 $KH_2PO_4$，制备过程分为三段：首先用含磷酸(或磷酸盐)的溶液通过 $OH^-$ 型弱碱性阴离子交换树脂，使 $OH^-$ 型树脂转变成 $H_2PO_4^-$ 型，然后用 KCl 溶液来洗脱，使 $H_2PO_4^-$ 型树脂转变为 $Cl^-$ 型，洗脱下来的 $H_2PO_4^-$ 与洗脱液中的 $K^+$ 结合成 $KH_2PO_4$，最后再用氨水再生树脂，使其恢复成 $OH^-$ 型，同时副产 $NH_4Cl$。

最近美国发表了以湿法磷酸和硫酸钾为原料，用离子交换法制 $KH_2PO_4$ 的专利。它是利用 $H_2SO_4$ 来分解磷矿粉制取粗磷酸，按碱法用明矾石生产铝盐副产硫酸钾的联合工艺，如果使用氢型离子交换树脂，首先树脂与副产 $K_2SO_4$ 溶液接触进行交换吸附钾离子，然后用粗磷酸洗脱，洗脱下来的 $K^+$ 与洗脱液中的 $H_2PO_4^-$ 结合成 $KH_2PO_4$。如果使用的是阴离子交换树脂

(游离铵型),首先树脂与粗磷酸接触交换,成为 $H_2PO_4^-$,与洗脱液中的 $K^+$ 结合成 $KH_2PO_4$,在再生树脂时还副产 $H_2SO_4$,这部分副产 $H_2SO_4$ 可循环到磷矿酸解部分,本工艺不需设置净化工艺,生产出合格的工业 $KH_2PO_4$,经济效益较好。

3. 磷酸氢钙

1) 性质

磷酸氢钙以无水 $CaHPO_4$(相对密度为2.89的三斜晶体)和 $CaHPO_4 \cdot 2H_2O$(相对密度为2.318的单斜晶体)两种结构存在。在 $CaO$-$P_2O_5$-$H_2O$ 体系中,当温度低于36 ℃时二水磷酸氢钙是稳定的,高于36 ℃时无水 $CaHPO_4$ 是稳定的。实际生产是在40～50 ℃时沉淀出介稳的二水磷酸氢钙,更高的温度下则沉淀出无水盐,常用的是二水物。

磷酸氢钙含枸溶性 $P_2O_5$ 达30%～41%,无异常气味,溶于稀盐酸、硝酸、乙酸、柠檬酸铵中,不溶于醇,微溶于水。二水物在115～120 ℃时失去2个结晶水,属热敏性材料,当加热至400 ℃以上时,形成焦磷酸钙。

2) 生产方法

磷酸氢钙(DCP)是世界上产量最大和普遍使用的饲料磷酸盐品种,也是我国饲料磷酸盐的主要品种,占饲料磷酸盐总产量的90%以上。饲料磷酸氢钙的生产方法主要有热法磷酸法、湿法磷酸法。

(1) 热法磷酸法。

将浓度70%～80%热法磷酸加热到40～50 ℃,与石灰乳或含95% $CaCO_3$ 的方解石粉在混合器中搅拌反应生成磷酸氢钙,经干燥、粉碎,即得成品。消耗定额为:热法磷酸($H_3PO_4$ 以100%计)0.650 $t \cdot t^{-1}$,方解石粉($CaCO_3$ 以100%计)0.700 $t \cdot t^{-1}$,电60 $kW \cdot h \cdot t^{-1}$。由于热法磷酸纯度高,无须净化,可直接中和,因而工艺流程短,产品质量好。但生产成本高,将逐渐被湿法磷酸法所取代。

(2) 湿法磷酸法。

先用硫酸(或盐酸)分解磷矿制得磷酸,湿法磷酸经脱氟除去重金属离子等净化处理,再与石灰乳或方解石悬乳液反应制得饲料级磷酸氢钙。湿法磷酸法由于原料易得,能耗小,成本低,已成为国内外生产饲料磷酸氢钙的主要方法之一。

该法的技术关键在于湿法磷酸的净化精制、脱除其中的有害元素,主要是氟。脱氟的方法很多,主要有化学沉淀法、浓缩脱氟法、溶剂萃取法等。工业上应用较多的是化学沉淀法。

化学沉淀法是在二段中和法基础上发展的。即第一段中和时用含 $CaO$ 5%～8%的石灰乳或方解石粉悬浊液将湿法磷酸调至pH值为3.0～3.2,磷酸中的氟及铁、铝、镁等杂质以氟化钙、氟硅酸钙、枸溶性磷酸铁、磷酸铝、磷酸镁等沉淀物形式沉淀出来,使湿法磷酸中 $n_{P_2O_5}/n_F>230$,然后再用石灰乳在40 ℃左右将净化的湿法磷酸调至pH值为5.5～6.0,即得饲料级磷酸氢钙。

由于一段中和时调pH值为3.0～3.2,脱氟同时使大量磷酸氢钙共同沉降,因此该法磷的收率仅为60%左右。在此基础上开发出用钠盐(硫酸钠、氯化钠、碳酸钠)和钾盐(氯化钾、硫酸钾)等预脱氟的改进二段中和法制取饲料磷酸钙流程。这是利用湿法磷酸中的氟先与钠盐或钾盐生成溶解度极小的氟硅酸盐等沉淀。相关化学反应式为

$$H_2SiF_6+Na_2SO_4 = Na_2SiF_6\downarrow+H_2SO_4$$

$$H_3AlF_6+3NaCl = Na_3AlF_6\downarrow+3HCl$$

$$H_2SiF_6+2KCl = K_2SiF_6\downarrow+2HCl$$

若采用钠盐，加入理论量的130%～150%；采用钾盐时，加入理论量的105%～110%。预脱氟阶段的脱氟率在70%左右。磷酸浓度越高，脱氟率越高；反应温度越高，脱氟率越低。无论是采用钠盐还是钾盐预脱氟，都主要是脱除磷酸中以 $H_2SiF_6$ 形式存在的氟。由于磷矿源不同，$SiO_2$ 含量不同，磷酸中的 $H_2SiF_6$ 和 HF 含量不同，因此不同磷酸脱氟效果会有差别。

预脱氟后 $n_{P_2O_5}/n_F=80～150$，还不能达到饲料级磷酸 $n_{P_2O_5}/n_F=220～230$ 的要求。过滤澄清后的磷酸再经石灰乳深度脱氟。化学反应式为

$$Ca(OH)_2+2HF \longrightarrow CaF_2\downarrow+2H_2O$$

$$Ca(OH)_2+H_2SiF_6 \longrightarrow CaSiF_6\downarrow+2H_2O$$

深度脱氟 pH 值为2.5～3.0，使共同沉淀的磷酸氢钙量减少，降低了磷的损失率，同时将湿法磷酸中绝大部分氟脱除。目前国内外多采用芒硝-石灰乳两段中和脱氟法，除了生产饲料级磷酸氢钙，还副产肥料级磷酸氢钙和氟硅酸钠。该法磷酸氢钙磷的收率可达到70%以上。

湿法磷酸中的砷以及重金属等杂质主要来源于磷矿和硫酸，一般采用 $Na_2S$ 或 $P_2S_5$ 来沉淀砷及重金属等杂质。加入量为理论量的2～4倍，然后过滤除去硫化砷等沉淀物。过滤清酸用空气吹去残存 $H_2S$ 后，用硅藻土除去磷酸中悬浮状硫，再用石灰乳或方解石粉调至 pH 值为5.5～6.0，制得磷酸氢钙。

浓缩脱氟净化法是将湿法磷酸浓缩到含 $P_2O_5$ 50%～54%，先除去70%～80%的氟化物，并加入活性 $SiO_2$，通入蒸气或热空气脱氟。逸出的氟用水吸收。美国西方化学公司引进 Sirycon 有限公司技术，采用真空浓缩脱氟净化然后石灰石中和法生产饲料级磷酸氢钙。消耗定额为：磷酸($P_2O_5$ 54%)0.43 $t\cdot t^{-1}$，石灰石粉($CaCO_3$ 以100%计)0.48～0.57 $t\cdot t^{-1}$，活性 $SiO_2$ 7.3 $kg\cdot t^{-1}$，电70 $kW\cdot h\cdot t^{-1}$。

4. 三聚磷酸钠

在众多的磷酸盐中，具有代表性而且最为重要的是三聚磷酸钠(简写为STPP)，它是磷酸盐工业中的大宗工业产品，主要用作合成洗涤助剂。

1) 性质

三聚磷酸钠为白色粉末，表观密度(又称堆积密度)为0.30～1.10 $g\cdot cm^{-3}$。三聚磷酸钠无水物的两种构型不同，带来了某些性质的不同，但是化学性质相同。

(1) 溶解性。

三聚磷酸钠在水中的溶解度是温度的函数。在室温时，三聚磷酸钠六水合物的溶解度为13 g($Na_5P_3O_{10}$)/100 g(溶液)。

无水 STPP 具有吸湿性，容易吸收水蒸气形成六水合物。STPP 的吸湿性实质是 STPP 在湿空气中的水合作用。空气中的相对湿度对于 STPP 的水合作用有较大的影响，相对湿度高，水合速率快；反之，水合速率慢。

(2) 水解稳定性。

三聚磷酸钠在水中或湿空气中，都会发生水合作用生成六水合物，而六水合物是亚稳态，会进一步发生水解形成焦磷酸盐和正磷酸盐。相关反应式为

$$Na_5P_3O_{10}+H_2O \longrightarrow Na_4P_2O_7+NaH_2PO_4$$

$$Na_5P_3O_{10}\cdot 6H_2O \longrightarrow Na_3HP_2O_7+Na_2HPO_4+5H_2O$$

影响水解的因素有：① 溶液的 pH 值，随着 pH 值减小，水解速率增大；② 温度，温度升高，水解加快。

应该着重指出，在室温下三聚磷酸钠具有较高的水解稳定性。

(3) 配位性。

三聚磷酸钠属水溶性好的线性聚磷酸盐,$P_3O_{10}^{5-}$ 是一种很好的配位剂,能与钙、镁、铁等金属离子形成可溶性配合物。

由于 STPP 能与 $Ca^{2+}$、$Mg^{2+}$、$Fe^{2+}$、$Fe^{3+}$、$Cu^{2+}$ 等配位,STPP 可以作为硬水软化剂、食品加工中的品质改良剂以及 $H_2O_2$ 的稳定剂。

此外,STPP 还有乳化分散、胶溶等功能。

2) 制备原理

三聚磷酸钠可由热法磷酸或湿法磷酸用碱(纯碱、烧碱)中和并脱水缩聚制得,其制备反应主要是中和及缩聚,为此重点讨论缩聚反应原理及有关问题。

(1) 磷酸中和。

磷酸与纯碱中和反应制取磷酸钠盐混合溶液,其反应式为

$$6H_3PO_4 + 5Na_2CO_3 \longrightarrow 4Na_2HPO_4 + 2NaH_2PO_4 + 5CO_2\uparrow + 5H_2O$$

如用热法磷酸,由于其纯度和浓度都比较高,不需要净化,其中和液可直接进行聚合。

如用湿法磷酸,由于其中含有不同量的 $SO_4^{2-}$、$H_2SiF_6$、$Fe_2O_3 \cdot 4H_3PO_4$、$Al_2O_3 \cdot 4H_3PO_4$、$CaH_4(PO_4)_2$ 等,在中和时会发生如下反应:

$$H_2SO_4 + Na_2CO_3 \longrightarrow Na_2SO_4 + H_2O + CO_2\uparrow$$

$$H_2SiF_6 + Na_2CO_3 \longrightarrow Na_2SiF_6\downarrow + H_2O + CO_2\uparrow$$

$$Fe_2O_3 \cdot 4H_3PO_4 + Na_2CO_3 \longrightarrow 2FePO_4\downarrow + 2NaH_2PO_4 + CO_2\uparrow + 4H_2O$$

$$Al_2O_3 \cdot 4H_3PO_4 + Na_2CO_3 \longrightarrow 2AlPO_4\downarrow + 2NaH_2PO_4 + CO_2\uparrow + 4H_2O$$

$$CaH_4(PO_4)_2 + Na_2CO_3 \longrightarrow CaHPO_4\downarrow + Na_2HPO_4 + CO_2\uparrow + H_2O$$

湿法磷酸的中和,若用纯碱将萃取磷酸调至 pH 值为 4.2～5.0,此时氟硅酸钠沉淀最完全,从而使磷酸中大部分的氟以氟硅酸钠沉淀析出。回收的氟硅酸钠可用于生产各种氟化合物。先分离再中和,有利于溶液中氟含量的降低和制备高质量 STPP。在中和过程中,金属被半氧化物以磷酸盐沉淀析出,成为“碱渣”除去。

对于 $SO_4^{2-}$ 可加入 $BaCO_3$ 脱除,其反应式为

$$H_2SO_4 + BaCO_3 \longrightarrow BaSO_4\downarrow + CO_2\uparrow + H_2O$$

$$MgSO_4 + H_3PO_4 + BaCO_3 \longrightarrow BaSO_4\downarrow + MgHPO_4\downarrow + CO_2\uparrow + H_2O$$

$$Na_2SO_4 + H_3PO_4 + BaCO_3 \longrightarrow BaSO_4\downarrow + Na_2HPO_4 + CO_2\uparrow + H_2O$$

若采用溶剂(正庚醇等)萃取与中和的方法,可以较好地脱除湿法磷酸中的钙、镁、铝和氟化物。

在磷酸中和过程中,控制中和度是 STPP 质量达标的必要条件。所谓中和度就是磷酸被中和的程度。对于生产 STPP 来说,就是用纯碱中和磷酸以制取符合 STPP 组成所需要的磷酸钠盐混合溶液,即 $n_{Na_2HPO_4} : n_{NaH_2PO_4}$(物质的量之比)为2∶1。因为

$$2Na_2HPO_4 + NaH_2PO_4 \xlongequal{\triangle} Na_5P_3O_{10} + 2H_2O$$

所以中和度可以表示为

$$\text{中和度} = \frac{\text{磷酸氢二钠的物质的量}}{\text{磷酸氢二钠的物质的量} + \text{磷酸二氢钠的物质的量}} \times 100\% = 66.67\%$$

在磷酸盐中,常用 $n_{Na_2O}/n_{P_2O_5}$ 来表示磷酸盐的组成,也表示了相应的中和度。对于 STPP,$n_{Na_2O}/n_{P_2O_5} = \frac{5}{3} = 1.67$。这两种表示方法的意义是相同的,在工厂生产实际中都有应用。

当中和度控制在66.67%(或$n_{Na_2O}/n_{P_2O_5}=1.67$)时，聚合反应的产物为$Na_5P_3O_{10}$和$H_2O$。这时$Na_5P_3O_{10}$和$P_2O_5$含量的理论值分别为100%和57.88%。

中和度大于66.67%(或$n_{Na_2O}/n_{P_2O_5}>1.67$)时，过量的$Na_2HPO_4$会缩合为焦磷酸钠，反应式为

$$2Na_2HPO_4 \overset{\triangle}{=\!=} Na_4P_2O_7+H_2O$$

使最终产品STPP中焦磷酸钠含量增加，导致产品中$P_2O_5$含量下降，小于57.88%。

中和度小于66.67%(或$n_{Na_2O}/n_{P_2O_5}<1.67$)时，过量的$NaH_2PO_4$会发生脱水缩合生成偏磷酸钠盐，反应式为

$$nNaH_2PO_4 \overset{\triangle}{=\!=} (NaPO_3)_n+nH_2O \qquad (n\geqslant 3)$$

导致产品中$P_2O_5$含量提高，大于57.88%。特别是不溶性偏磷酸盐，将使产品中不溶水的物质含量增加。

由此可以清楚地看出控制中和度的意义和重要性。从图3.18所示的聚磷酸盐体系相图也可以得到很好的说明。为稳定和提高STPP质量，必须严格准确地控制中和度。

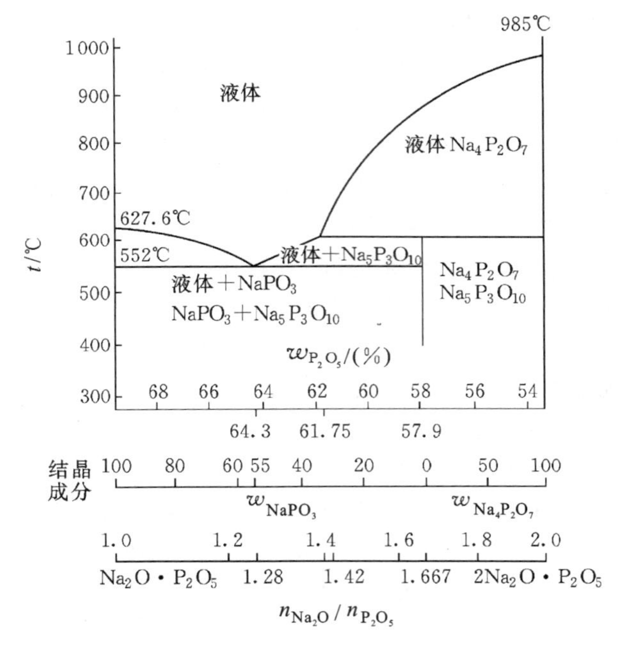


**图3.18** $Na_2O·P_2O_5$ **与** $2Na_2O·P_2O_5$ **间的磷酸钠盐的相图**

(2) 缩聚反应机理。

将合格的正磷酸钠盐混合溶液在350～400 ℃脱水缩聚，就可以制得三聚磷酸钠。反应式为

$$2Na_2HPO_4+NaH_2PO_4 \overset{\triangle}{=\!=} Na_5P_3O_{10}+2H_2O$$

关于缩聚反应的机理，通常认为在温度180～290 ℃时正磷酸钠盐先缩聚成焦磷酸钠盐，反应式为

$$4Na_2HPO_4+2NaH_2PO_4 = 2Na_4P_2O_7+Na_2H_2P_2O_7+3H_2O$$

当温度升到290～310 ℃时焦磷酸钠盐就缩聚成三聚磷酸钠，为使缩聚反应进行得更快更

完全，反应温度宜控制在350～400 ℃。

$$2Na_4P_2O_7 + Na_2H_2P_2O_7 = 2Na_5P_3O_{10} + H_2O$$

有人认为煅烧正磷酸钠盐，$Na_2HPO_4$和$NaH_2PO_4$首先变成焦磷酸钠盐和偏磷酸钠盐，反应式为

$$2Na_2HPO_4 + NaH_2PO_4 = Na_4P_2O_7 + NaPO_3 + 2H_2O$$

在185～220 ℃时以最大速率生成中间化合物，然后焦磷酸钠盐和偏磷酸钠盐相互反应生成三聚磷酸钠，并且在290～310 ℃时反应速率最快。

$$Na_4P_2O_7 + NaPO_3 = Na_5P_3O_{10}$$

影响缩聚反应的主要因素如下。

① 钠磷比。如上所述，精确控制中和度，使$n_{Na_2O}/n_{P_2O_5}=1.67$，是制取合格的STPP的必要条件，也是影响缩聚反应的重要因素。

② 温度。实验表明，温度越高，完成缩聚反应所需的时间越短。例如，225 ℃时需要2 h，250 ℃时需要50 min，300 ℃时需要20 min；而且温度越高，产物中STPP含量越高，225 ℃时STPP含量为36%，250 ℃时为48%，300 ℃时为84.5%。根据缩聚反应机理可知，当温度升到290～310 ℃时，焦磷酸钠盐就迅速缩聚成STPP。在实际生产中，为使$Na_2HPO_4$和$NaH_2PO_4$快速而完全地转化为STPP，反应温度通常控制在(400±20) ℃。

③ 催化剂。在精制的中和液中添加0.5%～1%$NH_4NO_3$作催化剂，可以加快STPP的生成速率，使缩聚反应在较低温度下进行，见表3.6。同时也有利于STPP-Ⅱ的生成，降低STPP-Ⅰ的含量。

**表3.6 添加0.5%$NH_4NO_3$对STPP含量(%)的影响**

| $t$/℃ | 不加$NH_4NO_3$ | 加0.5%$NH_4NO_3$ |
|---|---|---|
| 320±10 | 92.9 | 95.0 |
| 360±10 | 95.1 | 96.1 |

在正磷酸钠盐聚合成STPP的反应中，能用作催化剂的化合物主要有$H_2O$、硝酸盐、尿素以及氨的无机盐和有机酸盐，通常采用$NH_4NO_3$。据有关文献报道，添加适量的可溶性钾盐(如$KNO_3$)，可提高产品中STPP的含量，减少难溶性偏磷酸盐的生成，适用于洗涤剂生产的需要。

由于STPP-Ⅰ型无水物水合吸湿快，易结块，从实际应用看，STPP-Ⅱ型无水物在合成洗涤剂生产中更有价值，因此产品中STPP-Ⅰ型无水物含量不宜过高。我国三聚磷酸钠内控指标STPP-Ⅰ型含量为5%～20%，为了制得高含量STPP-Ⅱ型的三聚磷酸钠，在工业生产中采取下列措施。

加入适量的硝酸盐作催化剂，降低缩聚反应的温度，稳定STPP-Ⅱ型，使产品白度增加。

在正磷酸钠盐无水物缩聚时保持适量水蒸气分压，有利于STPP-Ⅰ型向STPP-Ⅱ型的转化。美国Monsanto化学工业公司就是维持一定量水蒸气分压以生产STPP-Ⅱ型高含量的三聚磷酸钠，提供给P&G公司。

在正磷酸钠盐($n_{Na_2O}:n_{P_2O_5}=5:3$)中，加入少量STPP晶体，可以提高STPP-Ⅱ型的产率，而且STPP-Ⅰ型和六水合物晶体比STPP-Ⅱ型更有效，其用量约为2%。

控制缩聚反应温度在(400±20) ℃。因为STPP-Ⅰ型无水物属高温型，在450～622 ℃范围内稳定，温度越高，越有利于生成STPP-Ⅰ型无水物。

3）生产方法

目前世界各国生产三聚磷酸钠基本上采用两种工艺路线：用热法磷酸与纯碱中和，称为热法磷酸工艺；用湿法磷酸与纯碱中和，称为湿法磷酸工艺。由于热法磷酸能耗比较高，加之湿法磷酸净化技术日益完善，因此湿法磷酸生产 STPP 近 10 年来发展很快。

在三聚磷酸钠生产中，如果由正磷酸钠盐先制得无水磷酸钠盐，再缩聚成 STPP，称为两步法；如果直接从正磷酸钠盐溶液制得成品 STPP，则称为一步法。因此，STPP 生产流程有热法磷酸一步法和两步法、湿法磷酸一步法和两步法。

(1) 热法磷酸生产三聚磷酸钠。

用热法磷酸生产 STPP，主要生产过程包括磷酸的制备、磷酸的中和、磷酸钠盐的干燥缩聚，以及尾气的回收和排放等，工艺流程见图 3.19。

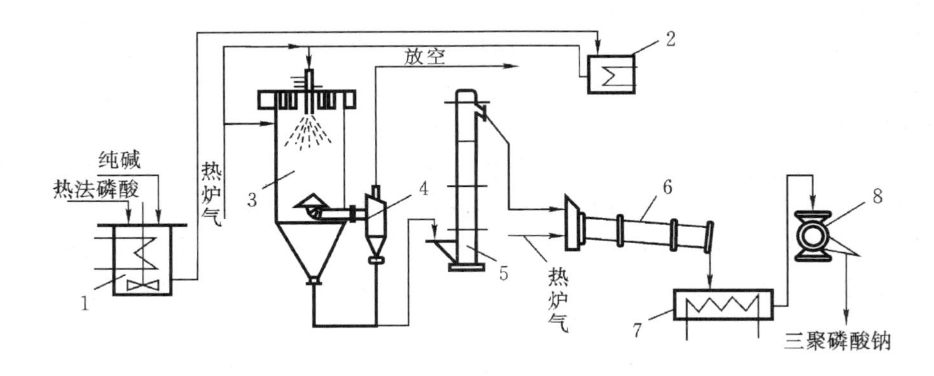


**图 3.19　热法磷酸两步法生产三聚磷酸钠工艺流程图**

1-中和槽；2-高位槽；3-喷雾干燥塔；4-旋风分离器；5-斗式提升机；
6-回转聚合炉；7-冷却器；8-粉碎机

热法磷酸由黄磷氧化水合反应制得。磷酸中和，目前国内外大都采用间歇法，即粗中和、调整(精调)间歇进行。中和时应注意如下几点。

① 中和操作。可以先酸后碱，或先碱后酸。但不管采用哪种方式，投料速度要均匀适当，因为中和反应会产生大量的 $CO_2$ 气体和水蒸气，应防止溢料泛浆，注意安全。

② 加碱方式。一是加入预先配制好的碱液。一般是在碳钢制的溶碱槽中加水，升温至 40～50 ℃，搅拌，投入一定量的纯碱，制得含碱量 50%的纯碱液，放入中和槽供磷酸中和用。二是固体纯碱中和。磷酸从高位槽计量后放入不锈钢中和槽中，开动搅拌机，将固体纯碱加入 $H_3PO_4$ 中进行中和。由于国产纯碱属轻质碱，相对密度为 0.56～0.74，因此投料一定要均匀，避免局部发生过碱现象，析出 $Na_2HPO_4$ 固体包裹了纯碱，阻碍其进一步反应。

③ 控制好中和度。投料停止后，煮沸 30 min，以使中和反应完全，控制反应终点 pH 值为 6.5～7.0。中和液料浆相对密度为 1.50～1.60。然后加入适量(0.5%～1%)$NH_4NO_3$，制得合格的正磷酸钠盐中和液以备聚合之用。

将中和后的混合正磷酸钠盐溶液(含干盐 40%～50%)用泵送至高位槽中，然后由高位槽放出，经压缩空气压进喷嘴，喷入喷雾干燥塔中进行干燥，干燥塔的热炉气由重油燃烧炉或由其他热源供给，进塔温度为 600～700 ℃，与物料并流，干燥后的粉状磷酸钠盐，大部分从塔底卸出，少部分被出口炉气带走，通过旋风除尘器回收，炉气送去洗涤后放空。

从喷雾干燥塔塔底卸出和旋风除尘器回收的正磷酸钠盐，由斗式提升机送到料仓，然后进入回转聚合炉中进行煅烧聚合，所用的炉气由重油燃烧或由其他热源供给，炉气温度为 600～700 ℃，物料聚合温度为 350～450 ℃，在炉内停留时间为 30～60 min。聚合生成的三聚磷酸钠，经冷却即为成品，送去包装。

（2）湿法磷酸生产三聚磷酸钠。

用湿法磷酸生产 STPP，其工艺过程主要有湿法磷酸及其净化、中和、浓缩、聚合，以及尾气的回收和排放等。

湿法磷酸必须经过脱氟、脱硫等净化处理。因为磷酸中所含的杂质不仅使成品中 STPP 含量下降，而且对脱水缩聚过程起着反催化作用。在化学净化湿法磷酸时，先用纯碱脱除磷酸中的氟，控制溶液 pH 值为 4.2～5.0，使其成为 $Na_2SiF_6$ 沉淀析出。脱氟分离（或未分离）的湿法磷酸用 $BaCO_3$ 脱硫，根据磷酸中 $SO_4^{2-}$ 的含量确定 $BaCO_3$ 的投入量，保持脱硫温度为 60～80 ℃，维持反应时间为 15 min，使 $SO_4^{2-}$ 含量小于 0.15%。必要时用 $Na_2S$（或 $P_2S_5$）进行脱砷和去除重金属离子。

湿法磷酸的中和操作不仅可以先酸后碱，或先碱后酸，而且可以酸碱同时投加。用预先制备的纯碱溶液（浓度为 35%）在加热搅拌条件下进行中和，pH 值控制在 6.5。此时磷酸中 $Ca^{2+}$、$Mg^{2+}$、$Al^{3+}$、$Fe^{3+}$ 等形成磷酸盐沉淀出来，成为碱渣，压滤分离。碱渣可以综合利用，用碱（烧碱）熔法制取 $Na_3PO_4$，或者添加 $NH_4NO_3$、钾盐等制成 NPK 复混肥料。滤液进行调整，使其中和度符合生产要求。将调整压滤后的磷酸钠盐中和液（相对密度约为 1.20）送入单效、双效或三效真空蒸发器进行浓缩，真空度为 53.3～60 kPa，浓缩至料浆相对密度约为 1.50，加入适量的 $NH_4NO_3$，然后中和液送至干燥聚合工段。

干燥聚合可以是一步法，也可以是两步法，视各厂具体情况而定。

## 3.5 制碱工业

### 3.5.1 碱的性质和用途

碱的品种很多，有纯碱、烧碱、洁碱（也称小苏打）、倍半碱、硫化碱、泡花碱等 20 多种，其中产量最大、用途最广的是纯碱和烧碱，其产量在无机化工产品中仅次于化肥与硫酸，其性质与工业用途见表 3.7。

**表 3.7　纯碱和烧碱的性质与用途**

| | 纯　碱 | 烧　碱 |
|---|---|---|
| 化学式 | $Na_2CO_3 \cdot 10H_2O$ | NaOH |
| 俗　名 | 苏打（或碱灰） | 苛性钠（或火碱） |
| 性　状 | 白色结晶粉末 | 白色半透明羽状结晶，有片状、块状、棒状和粒状 |
| 密　度 | 2533 $kg \cdot m^{-3}$ | 2130 $kg \cdot m^{-3}$ |
| 熔　点 | 851 ℃ | 318.4 ℃ |
| 水溶性 | 易溶于水，并与水生成多种水合物 | 易溶于水，并放出大量溶解热 |

续表

| | 纯　碱 | 烧　碱 |
|---|---|---|
| 化学性质 | 属于盐 | 属于强碱,与酸能发生剧烈反应,也对许多物质都有强烈的腐蚀性 |
| 用　途 | 用于制造各种玻璃,且制取钠盐、金属碳酸盐、漂白粉、填料、催化剂以及染料;也用于选矿、制取耐火材料和釉,并应用于气体脱硫、工业废水处理、金属去脂、合成纤维和纺织、造纸及洗涤剂制造等行业 | 广泛应用于洗涤剂、肥皂、造纸、印染、纺织、医药、染料、金属制品、基本化工及有机化工工业 |

### 3.5.2　氨碱法制纯碱

1791 年,法国医生路布兰(Nicolas Lebelanc)首先提出了工业制碱方法,即路布兰法。该方法首先用食盐与硫酸反应生成硫酸钠,然后再将硫酸钠和石灰石、煤在高温下共熔得到纯碱。其总化学反应式为

$$2NaCl+2C+2O_2+H_2O = 2HCl+Na_2CO_3+CO_2$$

路布兰法有两个明显的缺点:一是几乎所有的反应(生产)均在固相范围内进行,难以连续化;二是过程中所回收的盐酸(HCl)当时不能自行消化,也无较好的应用出路,且产品纯度低,生产成本高,因此,路布兰法已被淘汰。

1861 年,比利时人索尔维(Ernest Solvay)发现用食盐水吸收氨和二氧化碳时可得到碳酸氢钠,然后将碳酸氢钠煅烧放出 $CO_2$ 和 $H_2O$,生成碳酸钠。这种生产方法被称为索尔维制碱法。又因生产纯碱过程中,氨起到了媒介作用,故又称为氨碱法。此方法原料易得、成本低、产品质量好,适合于大规模生产。目前我国纯碱生产仍以氨碱法为主,约占总产量的 60%。

1. 氨碱法生产纯碱的工艺流程

氨碱法是以食盐和石灰石为原料,以氨为媒介,进行一系列化学反应和单元操作而制得纯碱的,其流程如图 3.20 所示。

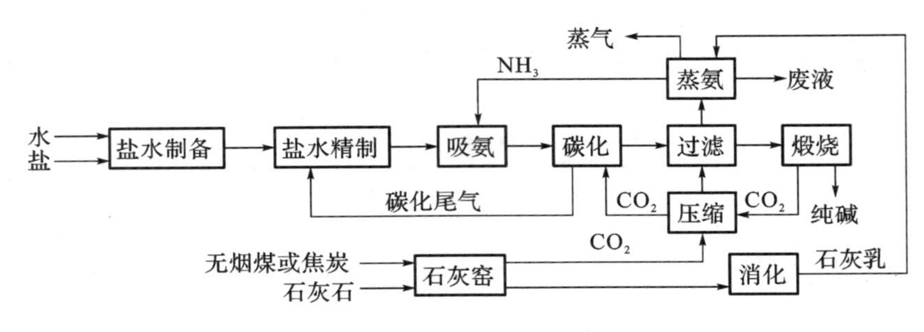


图 3.20　氨碱法流程示意图

氨碱法生产纯碱由以下几部分组成。① $CO_2$ 和石灰乳的制备:石灰石经煅烧制得石灰和 $CO_2$,石灰经消化得石灰乳;② 盐水精制及氨化制氨盐水;③ 氨盐水碳酸化(或简称碳化)制得重碱;④ 重碱的过滤和洗涤;⑤ 重碱煅烧制得纯碱成品及 $CO_2$;⑥ 母液中氨的蒸发与回收。

1) 石灰石煅烧与石灰乳和二氧化碳的制备

氨盐水精制和氨回收过程中需要的大量石灰乳,以及氨盐水碳酸化过程需要的大量 $CO_2$,均来自于石灰石的煅烧。

石灰石在窑中经煤煅烧受热分解的反应如下，为可逆吸热反应：

$$CaCO_3 = CaO + CO_2 \uparrow$$

当温度一定时，$CO_2$ 的平衡分压也为定值。此值即为石灰石在该温度下的分解压。$CaCO_3$ 的分解压随温度升高而增大，当温度超过 600 ℃时，石灰石即开始分解，但 $CO_2$ 的分压极低；当升至 850 ℃后，分解压迅速增加；当温度达到 898 ℃，$CO_2$ 分压达到 0.1 MPa 时，即认为是 $CaCO_3$ 在常压下的理论分解温度。但天然碳酸钙矿石因其表观性质和组成的差别，其分解温度与纯 $CaCO_3$ 略有差别。

要促进 $CaCO_3$ 的分解，一是升高分解温度，以提高分解压；二是排出已产生的 $CO_2$，使气体中 $CO_2$ 的分压小于该温度下的分解压。这样可使 $CaCO_3$ 连续分解，直至彻底分解。但要注意煅烧温度也不宜过高，否则石灰石熔融，将造成炉料结瘤和挂壁；还会使石灰石变为坚硬、不易消化、化学活性极差的块状物，即出现过烧现象。生产中，煅烧温度一般控制在 950～1200 ℃。

另外，碳酸钙分解所需的热量是由煤（也可用燃气或油）燃烧来提供，同时产生 $CO_2$，而 $CaCO_3$ 分解也产生大量的 $CO_2$。理论上，两种反应所产生的 $CO_2$ 共可达气体总量的 46.3%，但实际生产过程中，由于空气中氧的不完全利用，一般有约0.3%的剩余氧气；煤的不完全燃烧，还会产生部分约 0.6%的 CO，以及配焦率（煤中 C 与矿石中的 $CaCO_3$ 的配比）和热损失等原因，使窑气中的 $CO_2$ 浓度（体积分数）一般只能在 40%～44%之间。

为了便于在工厂中输送和操作，同时也可除去泥沙和生烧石灰石，常把石灰窑排出的成品石灰加水进行消化为石灰乳，即成为盐水精制和蒸氨过程所需的氢氧化钙。其化学反应式为

$$CaO(s) + H_2O = Ca(OH)_2(s)$$

消化时因加水量不同即可得到消石灰（细粉末）、石灰膏（稠厚而不流动的膏状）、石灰乳（消石灰在水中的悬浮液）或石灰水（$Ca(OH)_2$ 水溶液）。工业上常采用石灰乳。石灰乳较稠，对生产有利，但其黏度随稠厚程度升高而增加，太稠则消石灰易沉降，阻塞管道及设备。另外，石灰乳中的消石灰固体颗粒应细小均匀，使其反应活性好，且不易沉降。

2）盐水精制与吸氨

无论是海盐、岩盐、井盐或湖盐，其中的钙、镁离子虽然含量并不大，但制碱过程中会与 $NH_3$ 和 $CO_2$ 生成 $CaCO_3$、$Mg(OH)_2$ 以及复盐的结晶沉淀，不仅消耗了原料 $NH_3$ 和 $CO_2$，沉淀物还会堵塞设备和管道，若是混杂在纯碱产品中，纯度也会降低。故盐水必须精制，一般要求精制后 $Ca^{2+}$ 与 $Mg^{2+}$ 总量不大于 $30\times10^{-6}$。

目前盐水精制的方法主要有两种，即石灰-碳酸铵法和石灰-纯碱法。

（1）石灰-碳酸铵法（石灰-塔气法）。即用石灰乳除去盐中的镁离子（$Mg^{2+}$），化学反应式为

$$Mg^{2+} + Ca(OH)_2 = Mg(OH)_2 \downarrow + Ca^{2+}$$

过程中溶液的 pH 值一般控制在 10～11，并适当加入絮凝剂，可加速沉淀出$Mg(OH)_2$（一次泥）。

将分离出沉淀的溶液（称为一次盐水）送入除钙塔中，与碳酸化塔顶部尾气（即塔气）中的 $NH_3$ 和 $CO_2$ 反应再除去 $Ca^{2+}$，化学反应式为

$$Ca^{2+} + CO_2 + 2NH_3 + H_2O = CaCO_3 \downarrow + 2NH_4^+$$

除钙后的盐水称为二次盐水。

此法适于镁含量较高的海盐，且由于利用了碳酸化尾气，回收了 $NH_3$ 和 $CO_2$，可降低成

本。我国氨碱法技术路线多数采用此法。其流程见图 3.21。但缺点是造成溶液中氯化铵含量较高,氨耗较大,氯化钠的利用率下降,工艺流程长而复杂,且盐水精制度不高,除钙塔易被 $CaCO_3$ 结疤。

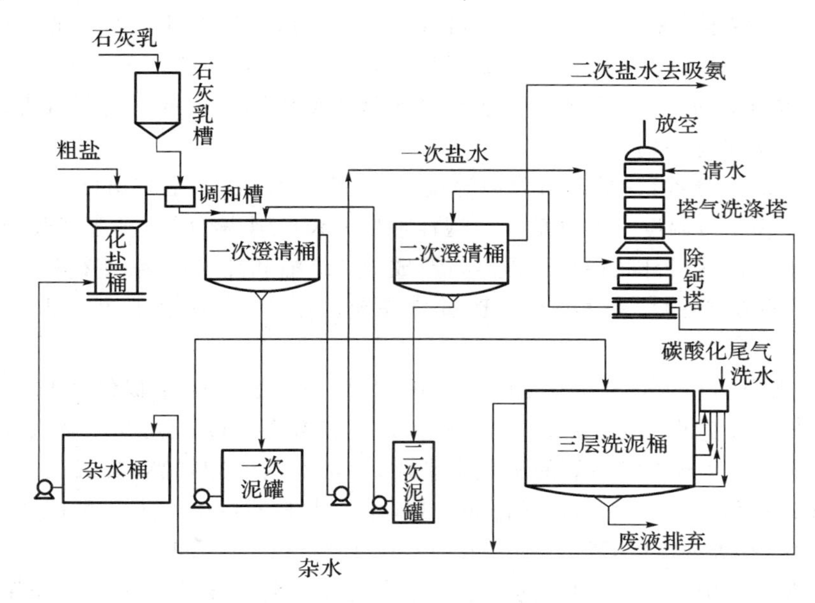


图 3.21 石灰-碳酸铵法精制盐水流程

(2) 石灰-纯碱法。除镁的方法与石灰-碳酸铵法相同,再采用纯碱法除去 $Ca^{2+}$。

$$Ca^{2+}+Na_2CO_3 = CaCO_3\downarrow+2Na^+$$

该法除钙的同时不生成铵盐而生成钠盐,因此不会降低氯化钠的转化率。

采用这一方法精制盐水时,钙、镁离子的沉淀过程是一次进行的,其石灰的用量与镁的含量相等,而纯碱的用量为钙、镁含量之和。由于 $CaCO_3$ 在饱和盐水中的溶解度比在纯水中大,因此纯碱用量稍大于理论用量,一般控制纯碱过量0.8 $g\cdot L^{-1}$,石灰过量 0.5 $g\cdot L^{-1}$,pH 值均为 9 左右。其工艺流程如图 3.22 所示。

石灰-纯碱法生产流程简单,盐水精制度高,但 $Na^+$ 保留在精制盐水中,使消耗的纯碱不致浪费。

盐水精制完成后即进行吸氨,目的是使其氨浓度达到碳酸化的要求。所吸收的氨主要来自蒸氨塔,其次还有真空抽滤气和碳酸化塔尾气。这些气体中均含有少量 $CO_2$ 和水蒸气。

精制盐水与 $NH_3$ 发生的反应为

$$NH_3(g)+H_2O(l) = NH_4OH$$

吸氨过程中会放出大量的热量,包括 $NH_3$ 和 $CO_2$ 溶解于水的溶解热、$NH_3$ 与 $CO_2$ 反应放出的反应热,以及气相中夹带的水蒸气在吸收过程中冷凝成水放出的显热和潜热。这些热量如果不及时移出系统,将导致溶液温度升高而影响 $NH_3$ 的吸收,严重时会使溶液沸腾,而吸氨过程停止。因此吸氨过程中的工艺和设备的冷却方式和效果非常关键。

吸氨过程中,还由于氨气进入液相,使溶液的体积增大,密度降低,加之气相中部分水蒸气的冷凝液也进入液相,稀释了饱和盐水。经过吸氨后溶液的体积最终会增加 13%左右。

盐和氨分别溶于水溶液时的饱和溶解度与两者在同一水溶液体系中的情况有很大差别,源于两者之间的相互影响,即氨在水中溶解越多,则盐的溶解度越小。氨本来是一种在水中溶

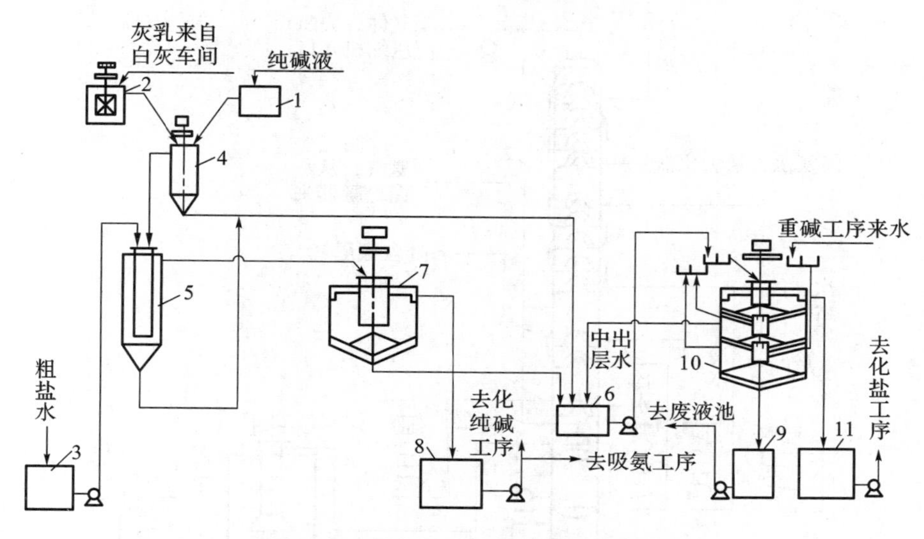


**图 3.22 石灰-纯碱法精制盐水流程图**

1-纯碱液高位桶；2-灰乳高位桶；3-粗盐水储桶；4-常温苛化桶；5-反应桶；6-反应泥储桶；
7-澄清桶；8-精制盐水桶；9-废泥桶，10-三层洗泥桶；11-淡液桶

解度很大的物质，但在有 NaCl 存在的盐水中，其溶解度有所降低，表现在氨盐水表面的平衡分压较纯水上方氨的平衡分压大，即 NaCl 的盐析效应。

温度对氨溶解度的影响遵循一般气体的规律，即温度升高则溶解度降低。但在盐水吸氨过程中，因有一部分 $CO_2$ 参与反应而生成 $(NH_4)_2CO_3$，因此反而会提高 $NH_3$ 在盐水中的溶解度。

吸氨工艺流程见图 3.23。

吸氨的主要设备是吸氨塔，有外冷式和内冷式之分。流程中为外冷式吸氨塔，塔的上、中、下分三次引出盐水使之冷却，再返回下一圈继续吸氨。为了防止吸氨塔漏气，操作在真空下进行。

3）氨盐水碳酸化

氨盐水吸收 $CO_2$ 的过程称为碳酸化，即使溶液中的氨或碱性氧化物生成碳酸盐，其化学反应式为

$$NaCl + NH_3 + CO_2 + H_2O = NH_4Cl + NaHCO_3$$

或

$$NaCl + NH_4HCO_3 = NH_4Cl + NaHCO_3$$

碳酸化是氨碱法生产过程的核心，也影响着整个工艺的消耗定额。它集吸收、结晶和传热等单元操作过程于一体，相互关联又相互制约。

碳酸化典型的工艺流程见图 3.24。

碳酸化工艺中最主要的设备是碳酸化塔，应用最广泛的是 Solvay 碳酸化塔。其上部为吸收段，下部为冷却段，$NaHCO_3$ 不断结晶析出。该工艺易结疤，故在大规模生产系统中，常采用“塔组”进行多塔生产与操作。每组中有一塔作为清洗塔，并将预碳酸化液分配给几个制碱塔碳酸化制碱。塔的组合有多种形式：二塔组合、三塔组合、四塔组合，最多的有八塔组合。塔组合数的多少和方式原则上应注意：清洗塔能清垢干净，换塔次数少，碳酸化制碱时间长。当塔的数量一定时，塔的制碱时间和清洗时间比例就不变。清洗时间的长短需由具体情况而定，清洗时间长，换塔次数少，可以减少工人劳动强度及非定态操作引起的出碱不正常和转化率不高

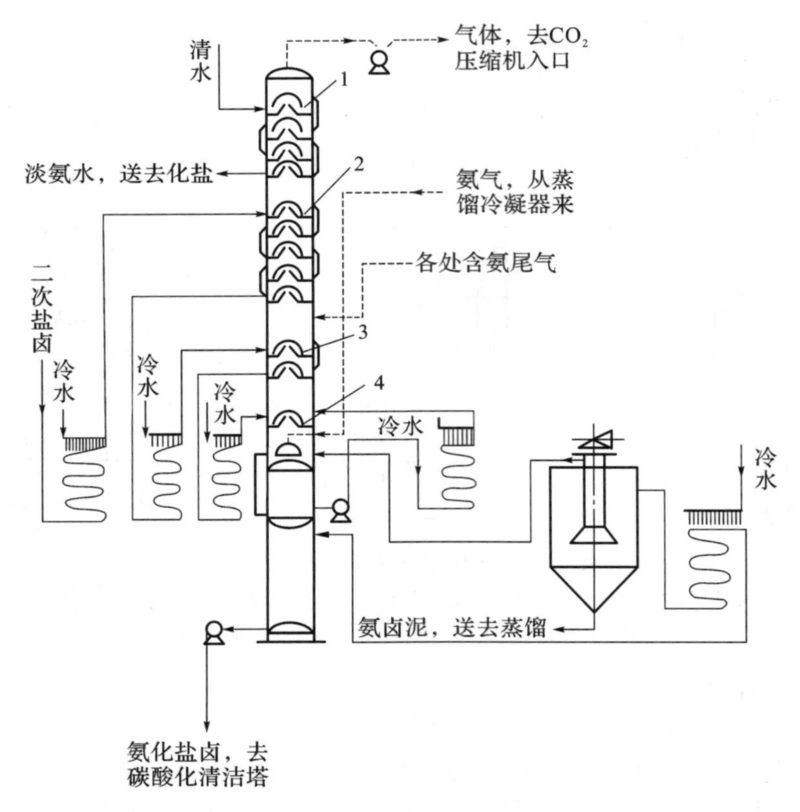


图 3.23　吸氨工艺流程图

1-净氨塔；2-洗氨塔；3-中段吸氨塔；4-下段吸氨塔

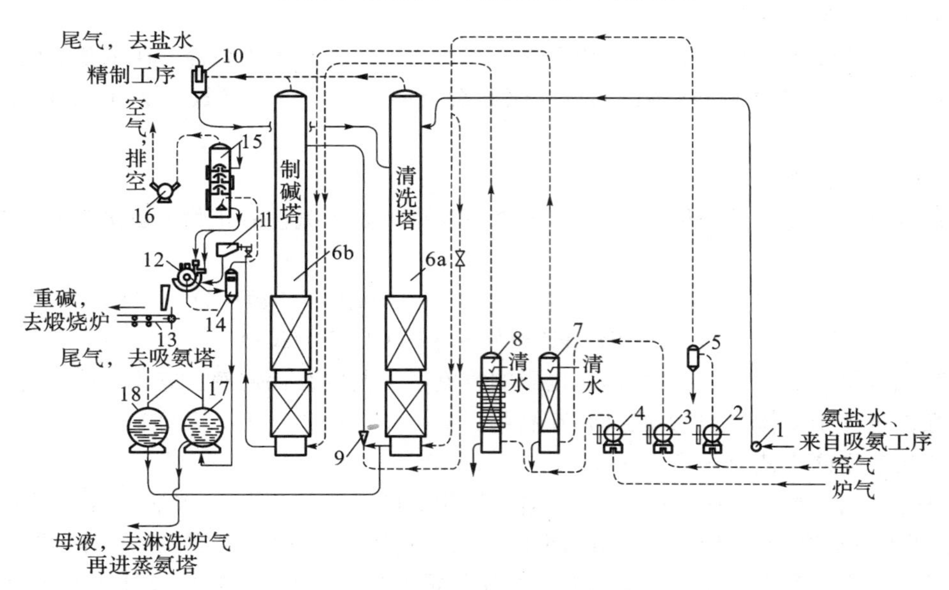


图 3.24　碳酸化工艺流程示意图

1-氨盐水泵；2-清洗气压缩机；3-中段气压缩机；4-下段气压缩机；5-分离器；6a，6b-碳酸化塔；7-中段气冷却塔；8-下段气冷却塔；9-气升器；10-尾气分离器；11-出碱集中槽；12-真空转鼓过滤机；13-皮带运碱机；14-分离器；15-过滤气净氨塔；16-真空机；17-冷母液桶；18-倒塔桶

等情况的发生，但制碱时间太长易发生堵塞。而多塔组合与少塔组合比较，塔数越多，制碱与清洗的时间之比就越大，对每个塔来说，制碱时间越多，塔的利用率就越高。

4）重碱过滤

从碳酸化塔取出的晶浆中含有45%～50%（体积分数）的悬浮固体 $NaHCO_3$，生产中采用过滤的单元操作使其与母液分离。将分离并洗涤后的固体 $NaHCO_3$（称为重碱）送去煅烧，生成纯碱，而母液送回氨吸收系统进行蒸氨。

离心过滤机对重碱粒度要求高，生产能力低，氨耗高，国内大厂较少使用；而多采用真空过滤机，可连续操作，生产能力大，但滤出的固体重碱含水量较高。为了进一步降低产品的含水量，还可采用真空过滤机-离心机联用的工艺。

为了进一步降低产品的含盐量，还可采用真空过滤机-离心机联用的方法。

5）重碱的煅烧

过滤出来的重碱 $NaHCO_3$ 需经加热煅烧后方能分解精制为纯碱。

重碱 $NaHCO_3$ 是一种不稳定的化合物，在常温常压下即能自行分解，随着温度的升高而分解速率加快。化学反应式为

$$2NaHCO_3 = Na_2CO_3 + CO_2\uparrow + H_2O\uparrow$$

重碱的分解压随温度升高而急剧上升，当温度为100～101 ℃时，分解压已达到101.325 kPa，即常压可使 $NaHCO_3$ 完全分解，但此时的分解速率仍很慢。生产实践中为了提高分解速率，一般用提高温度的办法来实现。当温度达到190 ℃时，煅烧炉内的 $NaHCO_3$ 在半小时内即可分解完全，因此生产中一般控制煅烧温度为160～200 ℃。

煅烧过程除了重碱分解外，其中杂质也会发生一些副反应，会在煅烧炉尾气中产生 $CO_2$、水蒸气和少量的 $NH_3$。各种副反应不仅消耗了热量，而且使系统氨循环量增大，氨耗增加，同时生成的 NaCl 固体影响了纯碱产品的质量。因此，要保证最终产品质量，应重点关注重碱的碳酸化、结晶、过滤、洗涤过程。

重碱煅烧炉出来的尾气称为炉气。重碱经煅烧后所得的纯碱质量与原重碱质量的比值称为烧成率，一般为51%左右。

工艺上目前一般采用内热式蒸气煅烧炉，其工艺流程及设备见图3.25。

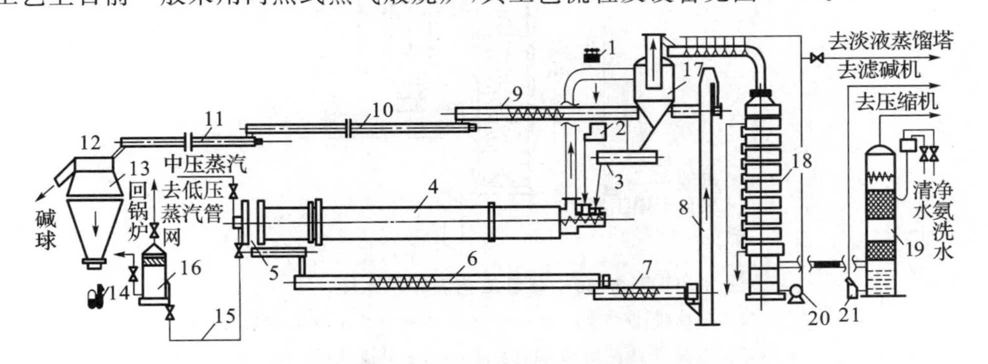


**图3.25 蒸气煅烧炉工艺流程及设备示意图**

1-皮带运输机；2-圆盘加料器；3-进碱螺旋输送机；4-煅烧炉；5-出碱螺旋输送机；6-地下螺旋输送机；7-喂碱螺旋输送机；8-斗式提升机，9-分配螺旋输送机；10-成品螺旋输送机；11-筛上螺旋输送机；12-圆筒筛；13-碱仓；14-磅秤；15-疏水器；16-扩容器；17-分离器；18-冷凝塔；19-洗涤塔；20-冷凝泵；21-洗水泵

重碱由皮带输送机运来，经重碱溜口进入圆盘加料器以控制加碱量，再经进碱螺旋输送机

与 2～3 倍返碱混合，并与从炉气分离器中来的粉尘混合进煅烧炉，经中压蒸汽间接加热分解约 20 min，即由出碱螺旋输送机自炉内卸出，一部分作返碱送至入口，一部分经冷却后送圆筒筛筛分入仓。煅烧炉分解出的 $CO_2$、$H_2O$ 和少量的 $NH_3$ 一并从炉层排出，经除尘、冷却、洗涤，$CO_2$浓度（体积分数）可达 90%，由压缩机抽送碳酸化塔使用。

6）氨的回收

氨碱法生产纯碱的过程中，氨是循环使用的，每生产 1 t 纯碱需循环 0.4～0.5 t 氨。氨价格较贵，减少纯碱生产和氨的回收循环使用过程中氨的损耗，是降低制碱成本的关键。

氨回收是将各种含氨溶液集中进行加热蒸馏，或用氢氧化钙（$Ca(OH)_2$）对溶液进行中和后再蒸馏回收。含氨溶液主要是指碳酸化母液和淡液。碳酸化母液中含有游离氨和结合氨，同时有少量的 $CO_2$ 或 $HCO_3^-$。为了节约石灰，以免生成$CaCO_3$沉淀，氨回收在工艺上一般采用两步进行。首先将溶液中的游离 $NH_3$ 和 $CO_2$ 用加热的方法逐出液相，然后再加石灰乳与结合氨作用，使其变成游离氨而蒸出。淡液是指炉气洗涤液、冷凝液及其他含氨杂水，其中只含有游离氨，浓度很低，易蒸出，回收也较为简单，可以与过滤母液一起回收或分开回收。分开回收可节约能耗，减轻蒸氨塔的负荷，但需单设一台淡液蒸氨回收设备。

蒸氨工艺流程见图 3.26，整个过程包括石灰乳蒸馏段、加热段、分液段、蒸馏和母液预热段。

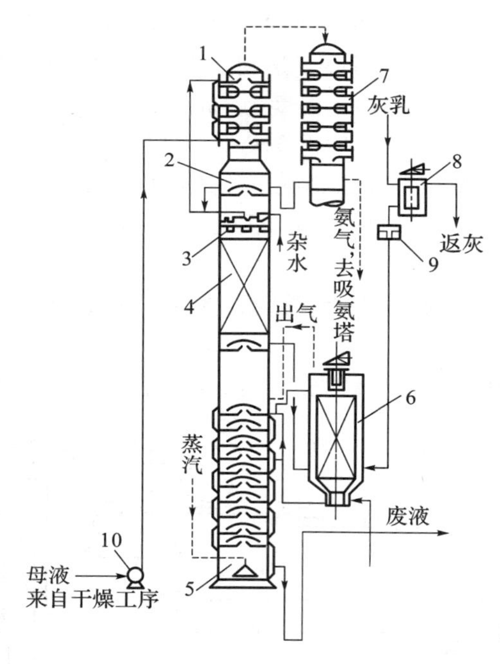


**图 3.26　蒸氨工艺流程示意图**

1-母液预热段；2-蒸馏段；3-分液槽；4-预热段；5-石灰乳蒸馏段；
6-预灰桶；7-冷凝器；8-加石乳罐；9-石灰乳流堰；10-母液泵

从过滤工序来的 36～40 ℃母液经泵打入蒸氨塔顶母液预热段的水箱内，被蒸汽加热，温度升至 70 ℃左右，从预热段最上层流入塔中部加热段 4，该段采用填料或设置托液槽，以扩大气液接触面。母液经分液槽加入，与下部上来的热蒸汽直接接触，蒸出其中的游离氨和 $CO_2$。仍含结合氨的母液被送入预灰桶 6，在搅拌作用下与石灰乳均匀混合，将结合氨转变成游离氨，液相再进入塔下部石灰乳蒸馏段（灰蒸段）的上部单菌帽泡罩板上，与底部上升蒸汽直接逆流接触，使 99%以上的氨被蒸出，废液由塔底排放。

蒸氨塔各段蒸出的氨自下而上升至预热段，预热母液后温度降至 65～70 ℃，进入冷凝器被冷却，大部分水蒸气经冷凝后去吸氨塔。

蒸氨塔能耗是氨碱厂中最大的，所需热量由塔底进入的 0.18 MPa 低压蒸汽供给，每生产 1 t 纯碱需要 1.5～2.5 t 蒸汽。

淡液蒸馏过程直接用蒸汽“气提”蒸出氨和 $CO_2$，并回收到生产系统中。在含有纯碱的淡液中含有的结合氨量较少，可看成不含 NaCl 和 $NH_4Cl$ 的 $NH_3$-$CO_2$-$H_2O$ 系统。其蒸馏过程的主要反应与前述过程的加热段相同。

淡液蒸馏塔上部设有冷却水箱，分为两段，下段是淡液，上段是冷却水。淡液在下段被预热，气体在上段被冷却，使部分蒸气冷凝分离，其余气体浓度提高，便于吸收。

2. 氨碱法生产纯碱的总流程与特点

氨碱法生产纯碱的总流程见图 3.27。

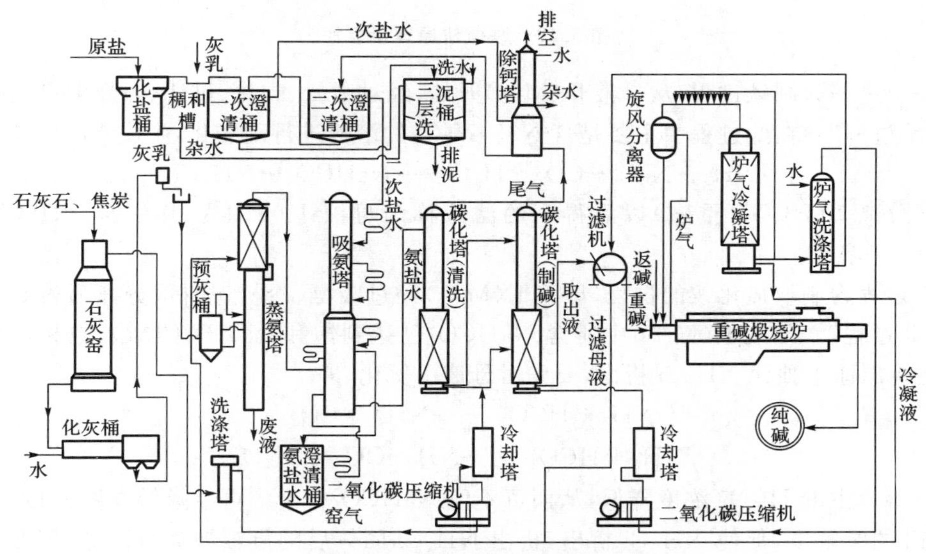


图 3.27　氨碱法生产纯碱的总流程示意图

氨碱法生产纯碱的技术成熟，原料易得，产品纯度高，价格低廉，过程中的 $NH_3$ 循环使用，损失较少。机械自动化程度高，单套装置产能较大，适合大规模连续化生产，且不受氯化铵市场影响。

该法也有缺点：原料利用率低，主要指的是 NaCl，其中的 $Cl^-$ 完全未加利用，而 $Na^+$ 也仅利用了 75%左右；大量氯化物的排放对环境的污染很严重；厂址选择有很大局限性，一般限于环境承受能力较强的海边滩涂等地；石灰制备和氨回收系统设备庞大，能耗较高，流程较长。

针对上述不足和合成氨厂副产 $CO_2$ 的特点，提出了氨碱两大生产系统组成同一条连续的生产线，用 NaCl、$NH_3$ 和 $CO_2$ 同时生产出纯碱和氯化铵两种产品，即联碱法。

### 3.5.3　联碱法制取纯碱与烧碱

1942 年，我国著名化学家侯德榜总结了国内外制碱的研究成果，并结合自己多年的工业实践经验，提出了联合制取纯碱和氯化铵的方法，科学地把合成氨和制碱工艺联合起来，在同一连续的生产系统中，同时制造出纯碱和氯化铵，即所谓的侯氏制碱法、联合制碱法（简称为联碱法)或循环制碱法。1961 年在大连建立了第一座联碱车间，之后又陆续建立了一些联碱厂。目前我国大多数中小企业采用联碱法工艺，其产量占总产量的 50%左右。联碱法可以分两个过程，如图 3.28 所示。

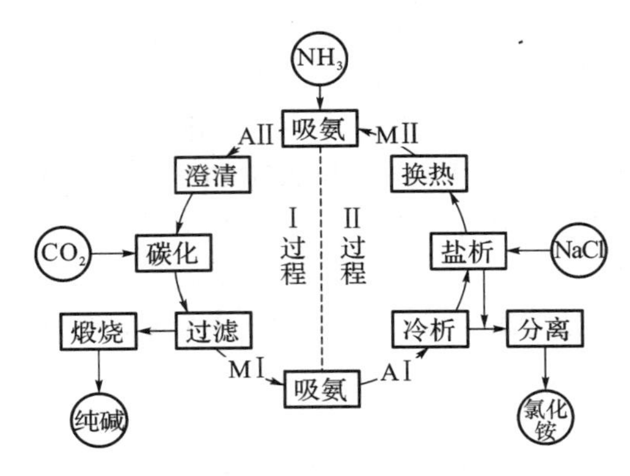


图 3.28 联碱法原理示意图

第一个过程为制碱过程，从母液Ⅱ(MⅡ)开始，经过吸氨、碳化、过滤、煅烧即可制得烧碱，即称为“Ⅰ过程”。在此过程中主要是含 $NH_3$-NaCl 的溶液进行碳酸化，生成 $NaHCO_3$，即

$$NH_3 + NaCl + CO_2 + H_2O \longrightarrow NaHCO_3 + NH_4Cl$$

过滤分离 $NaHCO_3$(重碱)以后得到的滤液称为母液Ⅰ(MⅠ)，其中含 $NH_4Cl$、NaCl、$NH_4HCO_3$ 等溶质。

第二过程为制取氯化铵的过程，母液Ⅰ(MⅠ)经过吸氨、冷析、盐析、分离后得到氯化铵，即称为“Ⅱ过程”。母液Ⅰ(MⅠ)中所含 $NaHCO_3$ 已达到饱和，而 $NH_4Cl$ 却未饱和，为了避免 $NaHCO_3$ 析出而单独让 $NH_4Cl$ 析出，要先对母液Ⅰ氨化，即

$$NH_3 + HCO_3^- \longrightarrow NH_4^+ + CO_3^{2-}$$

$$NH_3 + HCO_3^- \longrightarrow NH_2COO^- + H_2O$$

此时溶液中的 $HCO_3^-$ 浓度降低，从而可不使 $NaHCO_3$ 析出。再经降低温度、加入 NaCl 降低 $NH_4Cl$ 的溶解度，促使 $NH_4Cl$ 析出，析出 $NH_4Cl$ 固体后的母液即为母液Ⅱ(MⅡ)。这两个过程构成一个循环，连续向循环中加入原料(NaCl、$H_2O$、$NH_3$ 和 $CO_2$)就能不断生产出纯碱和氯化铵，故又称为循环制碱法。

1. 联碱法工艺流程

世界上联碱法生产技术依原料加入的次数及析出氯化铵温度的不同而发展并形成了多种工艺流程，常见的联碱法工艺流程如图 3.29 所示。我国联碱法主要采用一次碳化、两次吸氨、一次加盐的工艺方法。

1)“Ⅰ过程”流程

母液Ⅱ经喷射吸氨器吸氨后制得氨母液Ⅱ(AⅡ)，经澄清桶除泥后送入碳化塔内与合成氨系统所提供的 $CO_2$ 进行反应，所得的重碱悬浆经真空过滤机过滤(或用离心分离机分离)得到粗重碱，经煅烧炉加热分解成纯碱。煅烧分解出的炉气，经炉气冷凝器与炉气洗涤器，回收炉气中的氨气及碱粉，并使水蒸气冷凝和降低炉气温度，再使炉气(其中约含 90%的 $CO_2$)进入 $CO_2$ 压缩机压缩后，重新送回碳化塔供制碱用，该过程与氨碱法相似。

2)“Ⅱ过程”流程

重碱悬浆经过滤所得的滤液为母液Ⅰ(MⅠ)，为了降低 $HCO_3^-$ 浓度，避免 $NaHCO_3$ 析出，

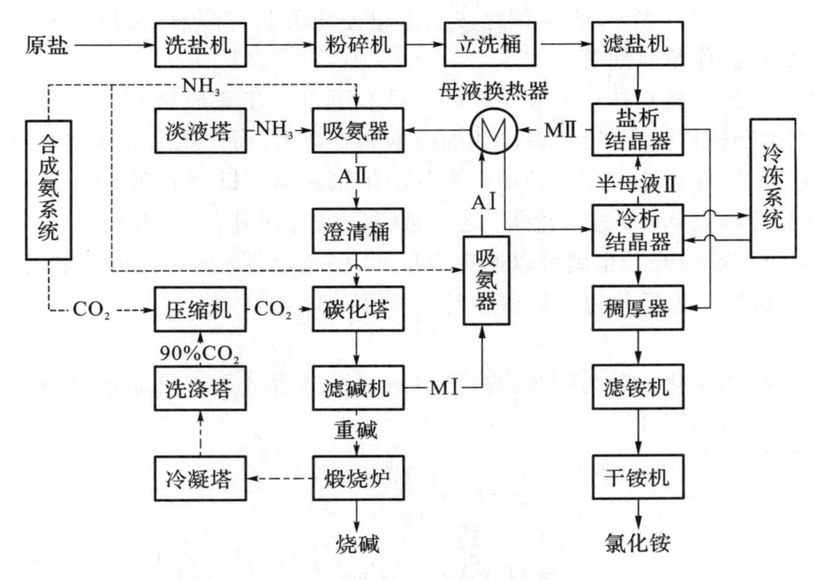


**图 3.29　联碱法工艺流程示意图**

母液Ⅰ经喷射吸氨器吸氨后为氨母液Ⅰ(AⅠ),然后氨母液Ⅰ送往冷析结晶器降温,使部分$NH_4Cl$析出,此步骤称为"冷析"。冷析后的母液称为半母液Ⅱ,半母液Ⅱ由冷析结晶器溢流入盐析结晶器,加入洗盐,利用同离子效应,可再析出部分$NH_4Cl$,并补充系统中所需的$Na^+$。由冷析结晶器和盐析结晶器下部取出的$NH_4Cl$悬浮液,经稠厚器、滤铵机,再经干燥制成氯化铵。盐析结晶器中的清液即母液Ⅱ(MⅡ),送入母液换热器与氨母液Ⅰ进行换热,经喷射吸氨器吸氨后制得氨母液Ⅱ(AⅡ),再送至碳化塔制碱,从而与"Ⅰ过程"构成循环。

3) 原盐的洗涤流程

联碱法生产纯碱时,如果原盐品质较好,杂质含量少,只需先经粉碎便可直接加到盐析结晶中。由于我国多使用海盐为原料,含有较多的钙、镁等杂质,这些杂质的存在将导致如下问题:钙、镁杂质最终会进入产品中,降低产品品质;使各种母液的浊度增大,影响$NH_4Cl$和$NaHCO_3$晶体的生长,使晶体变细,不利于过滤和干燥;钙、镁离子的碳酸盐容易在设备、管线上结疤,从而影响设备运行。因此,NaCl在进入生产系统前必须对原盐进行精制。

原盐的精制方法有洗涤法和重结晶法,一般联碱法多用前者。原盐先筛分出去杂草、石块等杂物,再用饱和食盐水逆流洗涤,除去其中大部分钙、镁等杂质,再经粉碎机粉碎,立洗桶分级稠厚,离心滤盐机分离,制成符合规定纯度和粒度的"洗盐",然后送入盐析结晶器。洗涤液循环使用,当洗涤液内杂质含量增高时,则回收处理。

2. 氯化铵的结晶与生产流程

氯化铵结晶是联碱法生产过程的一个重要步骤,它不仅是生产氯化铵的过程,同时也密切影响制碱的过程与质量。氯化铵的结晶是通过冷洗和加入氯化钠产生同离子效应发生盐析作用而实现的,同时获得合乎要求的母液Ⅱ。

在Ⅰ过程的碳化塔中,由于溶液连续不断地吸收$CO_2$而产生$NaHCO_3$,只有当其浓度过饱和时才有结晶析出。而Ⅱ过程的氯化铵晶体并不是由于浓度逐渐增大而析出,而是在一定浓度条件下降低温度而过饱和后析出的。另外,从溶液到析晶,可分为过饱和的形成、晶核生成和晶粒成长三个阶段,欲得到均匀的较大晶体,必须避免析出大量晶核且同时促进一定数量的晶核不断生长。生产过程中,影响氯化铵晶体粒径的因素有溶液的组成、搅拌强度、冷却速度、晶浆固液比、结晶停留时间等。

氯化铵结晶是经冷析和盐析两步完成的。虽然可以一步完成结晶过程,从而节约冷冻量和简化流程,但由于这样做会导致 $NH_4Cl$ 的过饱和度很大,而介稳结晶区很窄,在冷却器上容易结疤,堵死管路,致使无法工作。而如果先在冷析结晶器中析出全部 $NH_4Cl$ 的1/3左右后,再送入盐析结晶器加入 NaCl 进行盐析,此时温度虽稍有回升,过饱和度也稍有下降,但由于盐析结晶器不再设置冷却器,也就可以避免 $NH_4Cl$ 在冷却器表面结疤的问题了。依氯化铵晶体的流向,冷析-盐析流程可分为并料和逆料两种流程。

1)并料流程

氨母液Ⅱ中析出氯化铵分为两步,先冷析后盐析,然后分别取出晶浆,再稠厚分离出氯化铵,此即"并料流程",如图3.30所示。

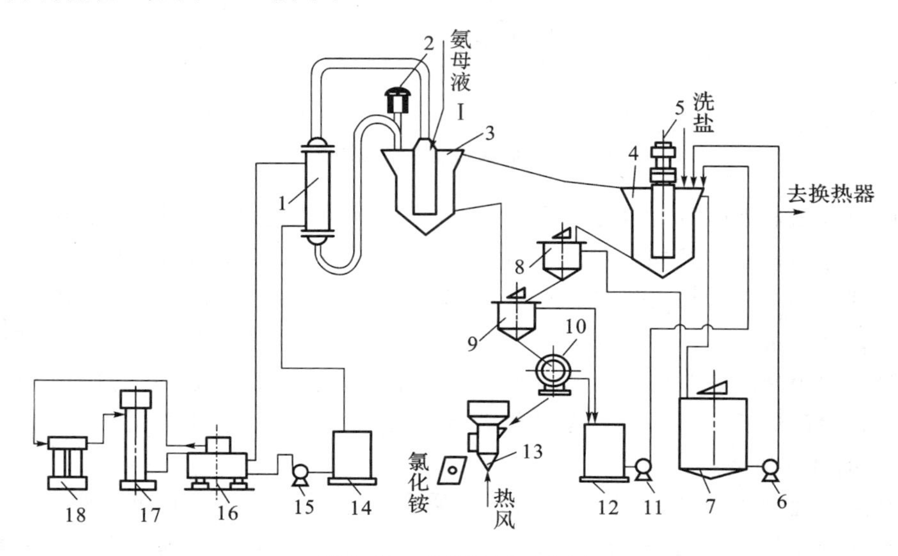


**图 3.30 并料流程示意图**

1-外冷器;2-冷析轴流泵;3-冷析结晶器;4-盐析结晶器;5-盐析轴流泵;6-母液Ⅰ泵;
7-母液Ⅰ桶;8-盐析稠厚器;9-混合稠厚器;10-滤铵机;11-滤液泵;12-滤液桶;13-干燥炉;
14-盐水桶;15-盐水泵;16-氨蒸发器;17-氨冷凝器;18-氨压缩机

从制碱来的母液Ⅰ吸氨后成为氨母液Ⅰ,在换热器中与母液Ⅱ进行换热以降低温度,经流量计后,与外冷器的循环母液一起流入冷析结晶器3的中央循环管内,下行至结晶器底部,折回分布上升穿过悬浆层。冷析结晶器的母液由冷析轴流泵2送入外冷器1,与管间低温介质卤水进行换热降温。由外冷器上部出来,经冷析结晶器中央循环管回到冷析结晶器底部,如此循环冷却,以保持结晶器内的温度稳定。结晶器内降温形成氯化铵的过饱和度逐渐消失,并促使结晶的生成和长大。

在冷析结晶器中由于大量液体循环流动,所以晶体呈悬浮状,上部清液为半母液Ⅱ。半母液Ⅱ依靠位差自动溢流进入盐析结晶器4的中央循环管。由洗盐工序送来的精洗盐从盐析结晶器中央循环管的中部加入,晶浆在中央循环管底部流出,与半母液Ⅱ一起由结晶器下部上升,并逐渐溶解,借同离子效应析出 $NH_4Cl$ 结晶,盐析轴流泵5不断地将盐析结晶器中母液抽出,再压入中央循环管,使盐析晶浆与冷析结晶器中物料一样,呈悬浮结晶状。盐析结晶器上部的清液流入母液Ⅰ桶7,用泵6送至换热器与氨母液Ⅰ换热,再去吸氨,制成氨母液Ⅱ去制碱。

两结晶器的晶浆，都是利用系统内自身静压取出，盐析晶浆先入盐析稠厚器8，稠厚器内高浓度晶浆由下部自压流入混合稠厚器9，与冷析晶浆混合。盐析晶浆中含盐较高，在混合稠厚器中，用纯度较高并有溶解能力的冷析晶浆来洗涤它，并一起稠厚，如此可提高产品质量。稠厚晶浆用滤铵机10分离，固体$NH_4Cl$用皮带输送去干燥炉13进行干燥。滤液与混合稠厚器溢流液一起流入滤液桶12，用滤液泵11送回盐析结晶器。盐析稠厚器溢流液流入母液Ⅱ桶。

从氨蒸发器16来的低温盐水进入外冷器管间上端，经热交换后的盐水由外冷器管间下端流回盐水桶14，并用盐水泵15输送到氨蒸发器16降温，在氨蒸发器中，利用液氨蒸发吸热使盐水降温。汽化后的氨进氨压缩机18，经压缩后进氨冷凝器17以冷却水间接冷却降温，使氨气液化，再回氨蒸发器，供盐水降温之用，如此不断循环称为冰机系统。

2）逆料流程

逆料流程见图3.31。

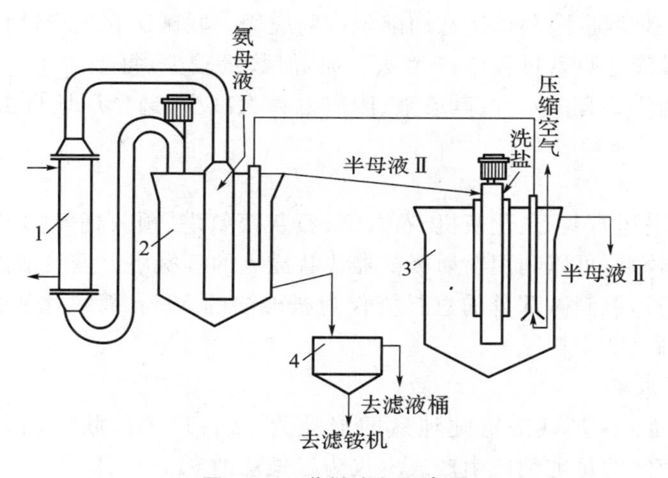


**图3.31 逆料流程示意图**

1-换热器；2-盐析结晶器；3-冷析结晶器；4-分离器

将盐析结晶器的结晶借助于晶浆泵或气升设备送回冷析结晶器的晶床中，而产品全部从冷析结晶器中取出。半母液Ⅱ则由冷析结晶器溢流到盐析结晶器中，经加盐再析结晶，因此结晶须经过两个结晶器，停留时间较长，故加盐量可以接近饱和。在盐析结晶器上部溢流出来的母液Ⅱ，送去与氨母液Ⅰ换热。

对此晶浆逆向流动的流程，近年来，我国在应用上已取得了良好的效果。它具有以下突出优点。

(1) 由于盐析结晶器中的结晶送至冷析结晶器悬浮层内，固体洗盐在$Na^+$浓度较低的半母液Ⅱ中可以充分溶解。与并料流程相比，总的产品纯度可以提高。但在并料流程的冷析结晶器中可得到颗粒较大、质量较高的精“铵”，而逆料流程则不能制取精“铵”。

(2) 逆料流程对原盐的粒度不像并料流程那样严格，即使粒度较大，大小参差不齐，仍能得到合格产品，可使盐析结晶器在接近饱和NaCl条件下进行操作，相对盐析结晶器的控制也较容易掌握。

(3) 由于盐析结晶器内NaCl接近饱和，因此，可提高$\gamma$值，使母液Ⅱ的结合氨降低，从而提高产率，母液的当量体积减小。

### 3.5.4　联碱法与氨碱法的比较

1. 原料及原料利用率

和氨碱法相比，联碱法原料利用率高，联碱法的钠和氯的利用率可达到93%，而氨碱法的钠利用率只有75%左右，氯利用率为0，几乎全部以氯化钙溶液形式排放，即使利用其加工成氯化钙产品，经济效益也极为有限。

氨碱法因有盐水精制过程，所以对原盐质量要求不高，有条件的地方还可采用卤水作为原料。联碱法必须用质量较高的固体盐为原料，如盐质较差，则需增设洗涤盐过程。

氨碱法由于氨回收及提供$CO_2$，生产每吨碱需消耗石灰石约1.3 t，焦炭(或无烟煤)约100 kg。联碱法利用合成氨副产的$CO_2$作为原料，不需消耗石灰石及焦炭。

2. 废弃物排放

氨碱法每生产1 t纯碱约排出10 $m^3$废液和150～400 kg废渣(与石灰石及盐的质量有关)，污染环境，这一难题也限制该法在内陆碱厂的应用。联碱法在生产过程中，虽然在洗盐过程中产生盐泥，在母液Ⅱ吸氨过程中产生氨Ⅱ泥，但数量较少，每生产1 t纯碱其量只有几千克到几十千克(与盐质量有关)。故其废液、废渣也大大减少，选择厂址自由度较大，对环境的污染也大大减少。

3. 基建投资

联碱法省去了采运石灰石、化灰机、石灰窑、石灰蒸氨塔、预灰桶等大型设备，并由于合成氨厂来的氨气纯度较高，可以利用喷射吸氨器代替庞大的吸氨塔。虽然增添了洗盐、氯化铵结晶、分离、干燥等设备，但制碱部分的总投资仅为氨碱法的56%，而氯化铵部分的投资要比同样氮产量的尿素厂高22%。

4. 能耗及生产成本

可比单位综合能耗，氨碱法每吨纯碱的能耗为12～14 GJ，联碱法每吨纯碱的能耗为7.1～8.2 GJ。联碱法的每吨纯碱生产成本仅为氨碱法的61%～62%。

5. 产品及质量

联碱法所产纯碱的纯度不如氨碱法高，其产品中含NaCl及不溶于水的杂质较高，但仍符合国家一级品的要求，有的联碱厂也可生产出特级的产品。另外，由于联碱法用的$CO_2$浓度高，产品的平均粒度和堆积密度大于氨碱法的产品。

联碱法在生产纯碱时，同时产出等量的氯化铵。氯化铵主要用作农用氮肥，也可进一步加工成为工业用氯化铵。氯化铵作为肥料在水田和石灰质土壤中使用肥效较好，在排灌良好的水稻田效果显著。

但是联碱法也有局限。从原料来源来看，联碱法仅适用于副产$CO_2$的合成氨工业系统。因此一般也是先有合成氨生产系统，再有联碱法生产装置；此外，联碱法设备生产强度比氨碱法低，产品之一氯化铵作为氮肥在国外销售有限，受氯化铵市场影响较大，故国外联碱法应用较少。另外，联碱法生产过程中，设备腐蚀非常严重，不仅会影响产品质量，而且关系着设备使用寿命、钢材消耗、设备维修等各个方面，影响生产、安全和经济效益。

### 3.5.5　电解法制烧碱

工业上烧碱的生产方法有苛化法和电解法。苛化法即纯碱溶液与石灰乳通过苛化反应生成氢氧化钠，过滤后的碱液经过蒸发浓缩后，可得96%～97%的苛化法烧碱。1890年前后诞生的电解法，由于其能耗低、原料利用率高、产品纯度高、杂质少的优势，很快取代苛化法成为最主要的烧碱生产方法。

电解是借助于直流电进行电化学反应的过程。当直流电通过氯化钠水溶液时，产生离子迁移和放电，可以制造烧碱、氢气和氯气。其总反应为

$$2NaCl+2H_2O \xrightarrow{电解} 2NaOH+Cl_2\uparrow+H_2\uparrow$$

电解氯化钠制烧碱时，因工业电解槽所用阴极材料的不同又分为隔膜法和水银法。

1. 隔膜法电解

隔膜法电解的主要设备是隔膜电解槽，其中以铁为阴极，以石墨或某些金属材料为阳极，中间有一层隔膜将阴、阳极隔开。

氯化钠水溶液中主要有四种离子：$Na^+$、$H^+$、$Cl^-$和$OH^-$。当电流通过时，阳离子$Na^+$和$H^+$向阴极移动，阴离子$Cl^-$和$OH^-$向阳极移动。

由于$H^+$的放电电势低于$Na^+$，故$H^+$首先放电并结合成氢气分子，从阴极逸出，则阴极进行的主要电极反应为

$$2H^+ + 2e^- \longrightarrow H_2\uparrow$$

在阳极表面，由于$Cl^-$的放电电势低于$OH^-$，则$Cl^-$首先放电被氧化并结合成氯气分子后逸出，则阳极进行的主要电极反应为

$$2Cl^- - 2e^- \longrightarrow Cl_2\uparrow$$

$OH^-$被留在溶液中，与溶液中的$Na^+$形成NaOH溶液。

$$Na^+ + OH^- \longrightarrow NaOH$$

则电解氯化钠水溶液的总反应为

$$2NaCl+2H_2O \longrightarrow Cl_2\uparrow+H_2\uparrow+2NaOH$$

在电解反应时，由于阳极产物的溶解，以及通电时阴、阳极产物的迁移扩散，同时还会发生一些副反应，消耗电解产品$Cl_2$、$H_2$和NaOH，生成了次氯酸盐、氯酸盐、氧等，不仅降低了产品$Cl_2$和NaOH的纯度，而且增大了电耗。因此，工业上为尽量减少副反应发生，需选用性能良好的隔膜以减少NaOH向阳极迁移，并适当提高操作温度，降低氯气在溶液中的溶解度，从而减少氯气与烧碱的作用。

隔膜电解槽的阳极材料常使用石墨或金属，石墨阳极由碳素加工而成，但易在电解过程中被腐蚀，导致电耗增大；金属阳极耐腐蚀性好，机械强度高、导电性好，如钛基钌-钛金属阳极，使用寿命可达10年以上。阴极材料常使用低碳钢，使用寿命可达40年。而电解槽中隔膜起到将阳极室和阴极室隔开的作用，一般采用直接吸附在阴极上的多孔性物料，一直以来使用石棉，目前也多采用改性石棉、聚合物以及性能更优的选择性透析型的离子交换膜取代石棉。

隔膜电解的工艺流程如图3.32所示。

由盐水精制工段而来的精制盐水进入高位槽，利用恒定液位，使盐水恒速并均匀分配至各电解槽进行电解。生成的电解液由电解槽阴极箱下出口总管，汇集到碱液储槽，再用泵送往蒸发工段进行浓缩。电解产生的氯气从电解槽顶部出口支管送入氯气总管，至氯气处理工段；氢气从阴极箱上部出口支管导入氢气总管，送氢气处理工段。

2. 离子交换膜法电解

离子交换膜法电解氯化钠水溶液的研究始于20世纪50年代，由于所选择的材料耐腐蚀

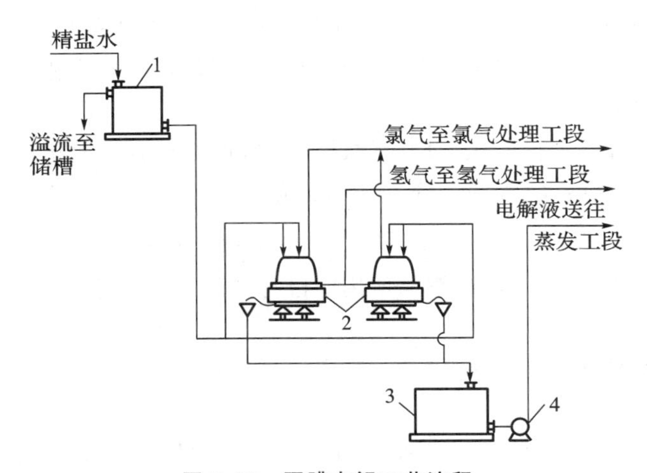


**图 3.32　隔膜电解工艺流程**

1-盐水高位槽;2-电解槽;3-电解液集中槽;4-碱液泵

性能差,一直未能获得实用性的成果,直到 1966 年美国杜邦(Du Pont)公司开发了化学稳定性好、电流效率高和槽电压低的全氟磺酸阳离子交换膜(即 Nafion 膜)后,离子膜法制碱才有了实质性进展。

离子交换膜法制烧碱与传统的隔膜法、水银法相比,有如下特点。

(1) 投资省。离子膜法比水银法投资节省 10%～15%,比隔膜法节省 15%～25%。

(2) 现槽的碱液浓度高。目前出槽的 NaOH 浓度(质量分数,下同)为 25%～40%,预计今后出槽浓度将会达到 40%～50%,而隔膜法只有 10%左右。

(3) 能耗低。目前离子膜法制碱吨碱总能耗同隔膜电解法相比,可节约 25%以上。

(4) 碱液质量好。离子膜法出槽碱液中一般含 20～35 $mg \cdot L^{-1}$ 的 NaCl,杂质含量极少。工业生产上可以把离子膜法制得的烧碱看成纯净的烧碱溶液,可用于合成纤维、医药、水处理及石油化工等方面。

(5) 氯气及氢气纯度高。离子膜法电解所得氯气纯度高达 98.5%～99%,含氧 0.8%～15%,含氢 0.1%以下,能够满足氧氯化法生产聚氯乙烯的需要,也有利于液氯的生产;氢气纯度高达 99.99%,对盐酸合成和 PVC 生产提高氯化氢纯度极为有利。

(6) 无污染。离子膜法电解可以避免水银和石棉对环境的污染,且离子膜具有较稳定的化学性能,几乎无污染和毒害。

离子膜法制碱与隔膜法制碱的根本区别在于离子膜法电解槽的阴极室和阳极室是用离子交换膜隔开的。

离子膜法电解制碱原理如图 3.33 所示。饱和精盐水进入阳极室,去离子纯水进入阴极室。由于离子膜的选择渗透性仅允许阳离子 $Na^+$ 透过膜进入阴极室,而阴离子 $Cl^-$ 却不能透过。所以,通电时,$H_2O$ 在阴极表面放电生成氢气,$Na^+$ 与 $H_2O$ 放电生成的 $OH^-$ 生成 NaOH;$Cl^-$ 则在阳极表面放电生成氯气逸出。电解时由于 NaCl 被消耗,氯化钠溶液浓度降低变为淡盐水排出,NaOH 的浓度可通过调节进入电解槽的去离子纯水量来控制。

离子膜法电解的工艺流程如图 3.34 所示。

以 NaCl 为原料,从离子膜电解槽流出的淡盐水经过脱氯塔脱去氯气,进入盐水饱和槽,用固体原盐制成饱和盐水,而后再加入氢氧化钠、碳酸钠等物质,进入澄清槽澄清。但是从澄

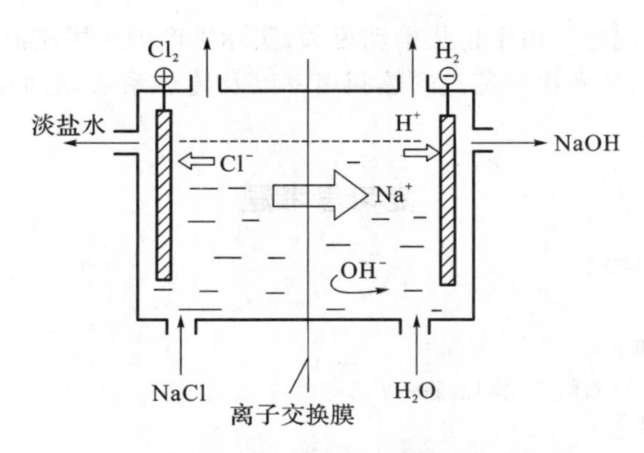


**图 3.33 离子膜法电解制碱原理示意图**

清槽出来的一次精制盐水还有钙、镁离子和一些悬浮物，因此盐水还需要经过盐水过滤器过滤和螯合树脂塔吸附处理。盐水再经过二次精制，$Ca^{2+}$、$Mg^{2+}$ 等离子含量小于 $5\times10^{-8}\ g\cdot L^{-1}$，悬浮物含量小于 $1\times10^{-6}\ g\cdot L^{-1}$，就可以加到离子膜电解槽的阳极室；与此同时，纯水和碱液一同进到阴极室。通入直流电后，在阳极室产生的氯气和流出的淡盐水经分离器分离，氯气输送到氯气总管，淡盐水一般含 NaCl 200～220 $g\cdot L^{-1}$，经脱氯去饱和槽。在电解槽的阴极室产生氢气和含 32%～35%NaOH 的阴极液，氢气经过分离器被输送到氢氧总管。碱液可作为液碱商品出售，也可以送到烧碱蒸发装置浓缩为 50%的碱液。

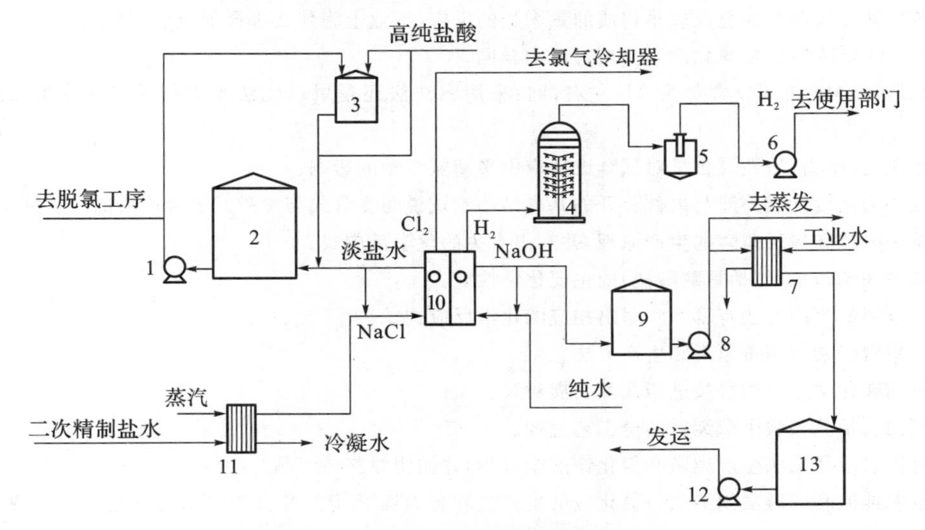


**图 3.34 离子膜法电解工艺流程示意图**

1-淡盐水泵；2-淡盐水储槽；3-分解槽；4-氯气洗涤塔；5-水雾分离器；6-氯气鼓风机；7-碱液冷却器；8-碱液泵；9-碱液受槽；10-离子膜电解槽；11-盐水预热器；12-碱液泵；13-碱液储槽

由于采用离子膜法制得的烧碱纯度高，杂质极少，故在整个蒸发过程中没有盐析出，也就是蒸发浓缩过程中不必除盐，这极大地简化了工艺流程，而且也不会发生管道堵塞等问题。目前国内离子膜法烧碱蒸发流程采用较多的是双效蒸发流程，能有效地利用二次蒸汽，节约能源，投资不大，同时工艺流程相对较短。蒸发器往往使用升膜或降膜蒸发器，一是它们具有较大的传热系数，使传热效率较高；二是设备的加工和维修也比较容易，其中升膜浓缩装置一次性投资费用较低，但蒸汽消耗稍多；而降膜浓缩装置一次性投资较多，但蒸汽消耗相对较少，在操作费用上具有较大的优势。由于传热推动更大，实际生产中采用逆流蒸发流程的企业较多，可以增加各效的温度差，从而提高蒸汽的热利用率以及传热系数，继而减少设备传热面积，降低投资。

## 复习思考题

1. 生产硫酸的主要原料有哪些？
2. 硫铁矿焙烧的原理是什么？
3. 如何除去烟气中的 As 和 F？
4. 在湿法净化过程中，酸雾是如何产生和清除的？
5. $SO_2$气体的转化原理是什么？
6. 两转两吸工艺流程和一转一吸工艺流程的区别在哪里？
7. 合成氨的生产过程一般可分为哪几个步骤？生产中需用煤、重油、天然气等作为原料，其目的是什么？
8. 作为合成氨原料气的半水煤气，其组成有何特点？
9. 工业上以煤为原料间歇法制取半水煤气的工作循环可分为哪几个阶段？各个阶段起什么作用？
10. 试述煤气化炉的基本结构。
11. 试分析煤间歇法制半水煤气与硫铁矿沸腾焙烧制 $SO_2$ 炉气的异同。
12. 原料气脱硫的目的是什么？
13. 甲烷蒸气转化制合成氨原料气为什么一般都采用两段转化？二段炉中加入空气的目的何在？水碳比对转化反应有什么影响？
14. 甲烷蒸气转化法制气的总反应是物质的量增加的反应，工业上为什么选择加压操作？
15. 试比较 CO 变换与 $SO_2$ 氧化两个反应过程的异同。
16. 经脱碳后，原料气中 CO 含量为 3%左右，问：采用铜洗法还是甲烷化法来进行最终净化更为适宜？为什么？
17. 试简述温度、压力、惰性气含量对氨合成反应中平衡氨含量的影响。
18. 氨合成塔为何设计成外筒与内件分开的基本结构？试说明冷管式与冷激式氨合成塔的主要区别。
19. 简述湿法磷酸和热法磷酸的生产原理，并写出有关的化学反应式。
20. 试述磷酸和磷酸盐(包括聚磷酸盐)的主要化学性质。
21. 磷酸二氢钾的生产方法有哪些？写出相应的化学反应式。
22. 简述三聚磷酸钠的制备原理和生产方法。
23. 试论我国磷化学工业的科技进步及其发展对策。
24. 用方框图表示氨碱法生产纯碱的全工艺过程。
25. 用方框图表示联碱法生产纯碱和氯化铵的全过程，并注明原料与产品。
26. 氨碱法制纯碱和联碱法制纯碱与氯化铵的主要过程各有哪几步？各自的突出特点是什么？两者的主要区别是什么？
27. 氨碱法生产纯碱的主要化学反应是什么？
28. 氨碱法吸氨的作用是什么？工艺条件如何选择？
29. 隔膜电解法制烧碱时，阴、阳两电极上主要发生哪些电极反应？
30. 离子交换膜法制烧碱的优势是什么？

## 主要参考文献

[1]　陈五平. 无机化工工艺学[M]. 北京：化学工业出版社，1989.
[2]　贡长生. 现代工业化学概论[M]. 武汉：湖北科学技术出版社，2001.
[3]　汤桂华. 硫酸[M]. 北京：化学工业出版社，1999.

[4] 刘少武.硫酸工作手册[M].南京:东南大学出版社,2001.
[5] 汤桂华,郑冲.硫酸工业[M].北京:化学工业出版社,1966.
[6] 陈五平.无机化工工艺(上册)[M].3版.北京:化学工业出版社,2002.
[7] 姜圣阶.合成氨工学[M].北京:石油化学工业出版社,1977.
[8] 张成芳.合成氨工艺与节能[M].上海:华东化工学院出版社,1988.
[9] 燃料化学工业部化工设计院.氮肥工业[M].北京:燃料化学工业出版社,1972.
[10] 吴志泉.工业化学[M].2版.上海:华东化工学院出版社,2004.
[11] 崔恩选.化学工艺学[M].2版.北京:高等教育出版社,1990.
[12] 陈之川.工业化学与化工计算[M].北京:化学工业出版社,1995.
[13] 于宏奇,单振业.化工工艺及计算[M].北京:中央广播电视大学出版社,1986.
[14] 王光龙.化工生产实习教程[M].郑州:郑州大学出版社,2002.
[15] 《化工百科全书》编辑委员会.化工百科全书[M].北京:化学工业出版社,1996.
[16] 吴佩芝.湿法磷酸[M].北京:化学工业出版社,1987.
[17] 熊家林,刘钊杰,贡长生.磷化工概论[M].北京:化学工业出版社,1994.
[18] 陈家甫,谭光薰.磷酸盐的生产与应用[J].成都:成都科技大学出版社,1989.
[19] 贡长生.我国黄磷深加工发展方向的探讨[J].现代化工,2006,26(5):1-6.
[20] 贡长生.我国精细磷化工的发展和对策[J].现代化工,2005,25(6):6-13.
[21] 钟本和,陈亮,李军,等.溶剂萃取法净化湿法磷酸的新进展[J].化工进展,2005(6):596-602.
[22] 贡长生.聚磷酸盐的化学及其应用[J].自然杂志,1987,10(8):578-582.
[23] 王莹,廖康程.2014年我国磷复肥、硫酸行业生产情况及发展趋势[J].磷肥与复肥,2015,30(7):1-8.
[24] 王莹,廖康程.2015年我国磷复肥、硫酸行业生产运行情况及发展趋势[J].磷肥与复肥,2016,31(6):8-14.
[25] 王莹.2016年我国磷复肥行业生产情况及2017年发展趋势[J].磷肥与复肥,2017,32(6):1-6.
[26] 中国磷复肥工业协会.磷复肥行业“十三五”发展思路[J].磷肥与复肥,2016,31(6):1-7.
[27] 陈五平.无机化工工艺学(下册)[M].3版.北京:化学工业出版社,2002.
[28] 叶铁林.天然碱[M].北京:化学工业出版社,1989.
[29] Rant Z.索尔维法制碱[M].彭承美译.北京:化学工业出版社,1983.
[30] 吴迪胜.化工基础[M].北京:高等教育出版社,1990.
[31] 蒋家俊.化学工艺学(无机部分)[M].北京:高等教育出版社,1988.
[32] 龚绍英.工业化学[M].北京:中国轻工业出版社,1998.
[33] Keim W.工业化学基础[M].金子林译.北京:中国石化出版社,1992.
[34] 陈之川.工业化学与化工计算[M].北京:化学工业出版社,1992.
[35] 陈应祥.工业化学过程及计算[M].成都:成都科技大学出版社,1989.
[36] 贡长生.现代工业化学[M].武汉:湖北科学技术出版社,1999.
[37] 中国氯碱工业协会.氯碱生产分析(上册):烧碱和无机氯新产品[M].北京:化学工业出版社,1995.
[38] 化学工业技术监察司,中国化工安全卫生技术协会.氯碱生产安全操作与事故[M].北京:化学工业出版社,1996.
[39] 方度,蒋兰蒸,吴正德.氯碱工艺学[M].北京:化学工业出版社,1990.
[40] 中昊(大连)化工研究设计院有限公司.纯碱工学[M].北京:化学工业出版社,2004.
[41] Jackson C,Wall K.现代氯碱技术[M].中国氯碱工业协会译.北京:化学工业出版社,1990.

# 第4章　石油炼制与石油化工

## 4.1　概　　述

石油是一种主要由碳氢化合物组成的复杂混合物。目前石油、天然气和煤同为世界经济发展的基础能源。但是，石油不能直接用作汽车、飞机等交通工具的燃料，也不能直接作为润滑油、溶剂油、工艺用油使用，必须经过炼制，才能成为满足不同使用目的和质量要求的各种石油产品。

石油炼制是指将原油经过分离或反应获得可直接使用的燃料（如汽油、航空煤油、柴油、液化燃料气、重质燃料油等）、润滑油、沥青及其他产品（如石蜡、石油焦等）的过程。

石油加工产品不仅是重要的能源，而且是现代工业、农业和现代国防等领域应用极其广泛的基础原料。由石油进一步加工生产的三烯、三苯、乙炔和萘等作为化学工业的原料或中间体直接涉及人们的衣、食、住、行等，是基本有机化工原料。石油加工工业在国民经济中占有极其重要的地位。

石油化工是推动世界经济发展的支柱产业之一，随着世界经济的发展，低级烯烃的需求呈逐年增加的趋势，而乙烯工业作为石油化工工业的龙头具有举足轻重的地位。

### 4.1.1　我国石油工业的发展概况

我国早在3000多年以前的西周时期已经发现石油，是最早发现和使用石油的国家之一。但近代石油工业起步较晚，大量石油产品需进口，至1948年止，全国累计生产石油仅3.08万吨，至1949年，全国仅有玉门、独山子、延长等地有小型炼油厂，加工当地的石油产品。

1949年以后石油工业得到迅速发展。1958年建成第一座年处理量为100万吨的现代化炼油厂；1959年发现大庆油田；1965年结束了对石油的进口依赖，相继发现并建成胜利、大港、长庆等一批油田；1978年原油产量突破1亿吨大关，进入世界主要产油大国行列，并掌握了原油常减压蒸馏、延迟焦化、催化裂化、加氢裂化、催化重整、溶剂精制、脱蜡等炼油技术。自20世纪80年代起原油产量稳定在1亿吨以上，基本依靠自主开发的技术和装备建设了我国的炼油工业。20世纪90年代至今，提出并实施稳定东部、发展西部、开发海洋、开拓国际的战略方针，东部油田实现稳产高产，大庆连续27年原油产量超过5000万吨，西部油田、海上油田、海外石油项目正成为符合中国现实的油气资源战略接替区；成功开发重油催化裂化、加氢裂化、加氢精制，渣油加氢处理、加氢改质等一系列有特色的成套炼油技术，重油催化裂化、渣油加氢处理技术达国际先进水平，近年来我国已经逐步形成了一套石油化工工业体系，包括石油化工、石油天然气开采、化学肥料、有机原料、燃料、农药、橡胶加工以及精细化学品等行业。

### 4.1.2　原油及其化学组成

石油是一种埋藏在地下的天然矿产资源。其中的烃类化合物和非烃类化合物的相对分子质量为几十到几千，沸点为常温到500 ℃以上。未经炼制的石油称为原油。在常温下，原油大都呈流动或半流动状态，颜色多是黑色或深棕色，少数为暗绿、赤褐色或黄色。如我国四川盆地的原油是黄绿色的，玉门原油是黑褐色的，大庆原油是黑色的。许多原油由于含有硫化物而产生浓烈的气味。我国胜利油田原油含硫量较高，而大庆、大港等油田原油含硫量则较低。不同产地的原油其相对密度也不相同，一般小于 1，在 0.8～0.98之间。

原油之所以在外观和物理性质上不同，其根本原因是由于化学组成不完全相同。原油是由多种元素组成的多种化合物的混合物，其性质是所含的各种化合物的综合表现。石油组成虽复杂，但含有的元素并不多，基本是由碳、氢、硫、氮、氧组成。表 4.1 列出了几种原油的元素组成。

**表 4.1　几种原油的元素组成**

| 原油名称 | $w_C$/(%) | $w_H$/(%) | $w_S$/(%) | $w_N$/(%) | $w_O$/(%) | $w_{(C+H)}$/(%) | $n_H : n_C$ |
|---|---|---|---|---|---|---|---|
| 大庆 | 85.87 | 13.73 | 0.10 | 0.16 | — | 99.60 | 1.90 |
| 胜利 | 86.26 | 12.20 | 0.80 | 0.41 | — | 98.46 | 1.68 |
| 大港 | 85.67 | 13.40 | 0.12 | 0.23 | — | 99.07 | 1.86 |
| 孤岛 | 85.12 | 11.61 | 2.09 | 0.43 | — | 96.73 | 1.62 |
| 辽河 | 85.86 | 12.65 | — | — | — | 98.51 | 1.75 |
| 塔里木 | 84.90 | 12.50 | 0.701 | 0.284 | — | 97.40 | — |
| 伊朗(轻质) | 85.14 | 13.13 | — | — | — | 98.27 | 1.84 |
| 美国(堪萨斯) | 84.20 | 13.00 | 1.90 | 0.45 | — | 97.20 | 1.84 |
| 苏联(杜依玛兹) | 83.90 | 12.30 | 2.67 | 0.33 | — | 96.20 | 1.75 |
| 墨西哥 | 84.20 | 11.40 | 3.60 | — | — | — | — |

石油中最主要的元素是碳元素和氢元素。一般碳元素占 83%～87%，氢元素占 11%～14%，其余的元素占 1%～4%。

除碳、氢、硫、氮、氧五种元素外，有的石油中还可能有氯、碘、砷、磷、硅等微量非金属元素和铁、钒、镍、铜、镁、钛、钴、锌等微量金属元素。这些微量元素的存在，对石油加工过程（尤其是催化加工过程）的影响很大。

石油中的各种元素以碳氢化合物的衍生物形态存在。

### 4.1.3　原油的分类及性质

原油中的烃类一般为烷烃、环烷烃、芳烃，一般不含烯烃和炔烃，只是在石油加工过程中会产生一定数量的烯烃。产地、生成原因不同，原油的组成和性质也不同，这对原油的使用价值、经济效益都有影响。为了合理地开采、输送和加工原油，必须对其进行分析评价，以便根据原油的性质、市场对产品的需求、加工技术的先进性和可靠性等因素，制定经济合理的加工方案。

对原油进行评价的第一步就是对其分类。由于原油的组成极其复杂，确切地进行分类十分困难。一般是按一定的指标将原油进行分类，最常用的是化学分类法，其次是工业分类法。

按化学特性分类，原油大体可分为石蜡基、中间基和环烷基三大类。石蜡基原油一般烷烃含量超过 50%，特点是密度小，蜡含量高，凝点高，含硫、胶质和沥青质较少，其生产的直馏汽油的辛烷值较低，柴油的十六烷值较高，大庆原油就是典型的石蜡基原油。环烷基原油的特点是含环烷烃、芳香烃较多，密度大，凝点低，一般含硫、含胶质及沥青质较高，这种原油生产的直馏汽油辛烷值较高，但柴油的十六烷值较低，此类原油的重质渣油可生产高级沥青，孤岛原油就属于这一类。中间基原油的性质介于两者之间，如胜利原油。表 4.2 列出了我国几种主要原油的性质。

**表 4.2 我国几种主要原油的性质**

| 原油名称 | 大庆 | 胜利 | 大港 | 孤岛 | 辽河 | 华北 | 中原 | 塔里木 | 塔河 |
|---|---|---|---|---|---|---|---|---|---|
| 密度(20 ℃)/($g \cdot cm^{-3}$) | 0.8554 | 0.9005 | 0.8697 | 0.9495 | 0.9204 | 0.8837 | 0.8466 | 0.8649 | 0.9269 |
| 运动黏度(50 ℃)/($mm^2 \cdot s^{-1}$) | 20.19 | 83.36 | 10.38 | 333.7 | 109.0 | 57.1 | 10.32 | 8.169 | 629.8 |
| 凝点/(℃) | 30 | 28 | 22 | 2 | 17(倾点) | 36 | 33 | −2 | −17 |
| 蜡含量/(%) | 26.2 | 14.6 | 11.6 | 4.9 | 9.5 | 22.8 | 19.7 | — | 3.4 |
| 庚烷沥青质/(%) | 0 | <1 | 0 | 2.9 | 0 | <0.1 | 0 | — | 8.5 |
| 残炭/(%) | 2.9 | 6.4 | 2.9 | 7.4 | 6.8 | 6.7 | 3.8 | 5.10 | 12.17 |
| 灰分/(%) | 0.0027 | 0.02 | — | 0.096 | 0.01 | 0.0097 | — | 0.03 | 0.041 |
| 硫含量/(%) | 0.10 | 0.80 | 0.13 | 2.09 | 0.24 | 0.31 | 0.52 | 0.701 | 1.94 |
| 氮含量/(%) | 0.16 | 0.41 | 0.24 | 0.43 | 0.40 | 0.38 | 0.17 | 0.284 | 0.28 |
| 镍含量/($\mu g \cdot g^{-1}$) | 3.1 | 26.0 | 7.0 | 21.1 | 32.5 | 15.0 | 3.3 | 2.98 | 27.3 |
| 钒含量/($\mu g \cdot g^{-1}$) | 0.04 | 1.6 | 0.10 | 2.0 | 0.6 | 0.7 | 2.4 | 15.60 | 194.6 |

### 4.1.4 石油产品分类及加工方案

*1. 石油产品分类*

石油加工可得到上千种产品。为了与国际标准相一致，我国参照国际标准化组织 ISO 8681标准，制定了 GB 498—1987 标准体系，将石油产品分为 6 大类，如表4.3所示。

**表 4.3 石油产品总分类**

| GB498—1987 标准 | | | ISO 8681 标准 | |
|---|---|---|---|---|
| 序号 | 类别 | 各类别含义 | Class | Designation |
| 1 | F | 燃料 | F | fuels |
| 2 | S | 溶剂和化工原料 | S | solvents and raw materials for the chemical industry |
| 3 | L | 润滑剂 | L | lubricants ,industrial oil and related products |
| 4 | W | 蜡 | W | waxes |
| 5 | B | 沥青 | B | bitumen |
| 6 | C | 焦 | C | cokes |

(1) 石油燃料占石油产品总量的 90%以上,其中汽油、柴油等发动机燃料又占主要地位。GB/T12692－1990《石油产品燃料(F 类)分类总则》将燃料分为四组,如表 4.4 所示。

**表 4.4　石油燃料的分组**

| 类　别 | 燃料类型 | 含　　义 |
| --- | --- | --- |
| G | 气体燃料 | 主要由甲烷、乙烷或它们混合组成 |
| L | 液化气燃料 | 主要由 $C_3$、$C_4$烷烃、烯烃混合组成,且加压液化 |
| D | 馏分燃料 | 常温、常压下为液态的石油燃料,包括汽油、煤油和柴油,及含少量蒸馏残渣的重质馏分油(锅炉燃料) |
| R | 残渣燃料 | 主要为蒸馏残渣油 |

汽油根据辛烷值的大小而有不同的牌号,以辛烷值(ON)作为评定其抗爆性能的指标;柴油以凝点作为牌号,以十六烷值衡量其燃烧性能。

(2) 润滑油由基础油和添加剂组成。基础油分为矿物油、合成油及半合成油;添加剂有清洁分散剂、抗磨剂、抗氧化剂、防锈剂、增黏剂、防凝剂、抗乳化剂等。常用的性能指标有黏度、黏度指数、闪点、凝点、水分、机械杂质、抗乳化性、腐蚀性、氧化安定性等。

(3) 石油蜡是生产燃料和润滑油的副产品。

(4) 石油化工产品是石油炼制过程中所得到的石油气、芳香烃以及其他副产品,也是有机合成的基本原料或中间体,有的石油化工产品可直接使用。

2. *加工方法*

通常把原油的常减压蒸馏称为一次加工。在一次加工中,将原油用蒸馏方法分离成若干个不同沸点范围的馏分。它包括原油的预处理、常压蒸馏和减压蒸馏,产物为轻汽油、汽油、柴油、润滑油等馏分和渣油。以一次加工产物作为原料再进行催化裂化、催化重整、加氢裂化等过程称为二次加工。将二次加工的气体或轻烃进行再加工称为三次加工,也是生产高辛烷值汽油组分和各种化学品的过程,如烷基化、叠合、异构化等工艺过程。

3. *加工方案*

理论上可以用任何一种原油生产出所需的石油产品,但不同油田、油层的原油在组成、性质上会有较大的差异,选择合适的加工方案,可得到最大的经济效益。人们往往根据原油的综合评价结果、市场对产品的需求、加工技术水平等选择原油加工的方案。

原油加工方案可分为三种类型。

(1) 燃料型。这类炼油厂生产汽油、喷气燃料、柴油、燃料油等用作燃料的石油产品。这类炼油厂的工艺特点是通过一次加工尽量提取原油中的轻质馏分,并利用裂化和焦化等二次加工工艺,将重质馏分转化为汽油、柴油等轻质油品。

(2) 燃料-润滑油型。这类炼油厂除了生产燃料油外,还生产各种润滑油产品。

(3) 燃料-化工型。这类炼油厂除生产各种燃料油外,还通过催化重整、催化裂化、芳烃抽提、气体分离等手段制取芳香烃、烯烃等化工原料和产品。燃料-化工型炼油厂加工流程如图 4.1 所示。

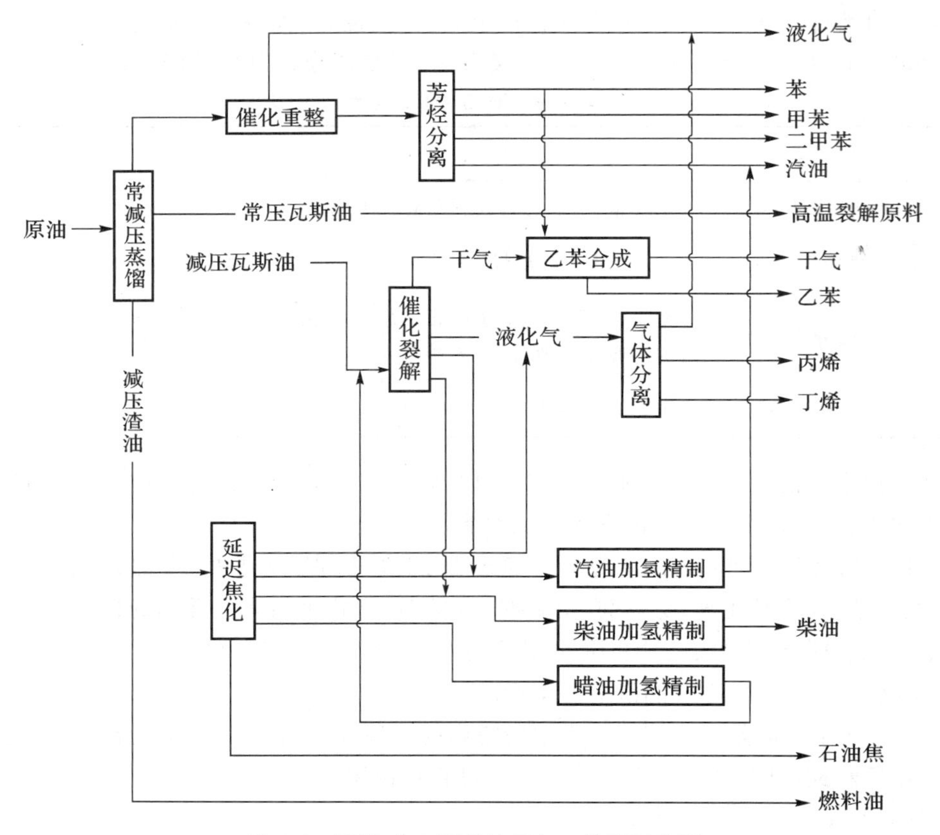


图 4.1　燃料-化工型炼油厂加工流程示意图

# 4.2　常减压蒸馏

## 4.2.1　概述

原油蒸馏是石油加工的第一步,利用蒸馏的方法能将原油中沸点不同的混合物分开,原油的蒸馏装置的处理能力往往被视为一个国家炼油工业发展水平的标志。但是,原油中的重组分的沸点很高,在常压下蒸馏时,需要加热到较高的温度,而当原油被加热到 370 ℃以上时,其中的大分子烃类对热不稳定,易分解,影响产品的质量。因此,在原油蒸馏过程中,为降低蒸馏温度、避免大分子烃的裂解,通常在常减压蒸馏装置中完成原油的蒸馏——依次使用常压、减压蒸馏的方法,将原油按沸点范围切割成汽油、煤油、柴油、润滑油原料、裂化原料和渣油等馏分。所谓减压蒸馏是将蒸馏设备内的气体抽出,提高蒸馏塔内的真空度,使塔内的油品在低于大气压的情况下进行蒸馏,高沸点组分在较低温度汽化的操作。

原油从油田开采出来后,必须先进行初步的脱盐、脱水,以减轻在输送过程中的动力消耗和对管道的腐蚀,但此原油中的盐含量、水含量仍不能满足炼油加工的要求,故一般在进行常减压蒸馏之前,必须对原油进行预处理,脱除其中的盐、水等杂质。

在常压蒸馏塔中,分离出沸点较低的馏分,如拔顶气($C_1 \sim C_4$)、直馏汽油、航空煤油、煤油、轻柴油(250～300 ℃馏分)及重柴油(300～350 ℃馏分)等,而剩余部分从塔底排出进入减压蒸馏塔再蒸馏，以避免温度过高引起烃类裂解或结晶。

减压蒸馏塔一般在真空下(5 kPa)操作。由于操作压力低，避免了油品的裂解和结焦。借助此过程，可生产润滑油馏分、催化裂化原料或催化加氢原料等。

### 4.2.2 常减压蒸馏工艺

1. 原油常减压蒸馏流程

常见的原油常减压蒸馏工艺流程如图 4.2 所示。

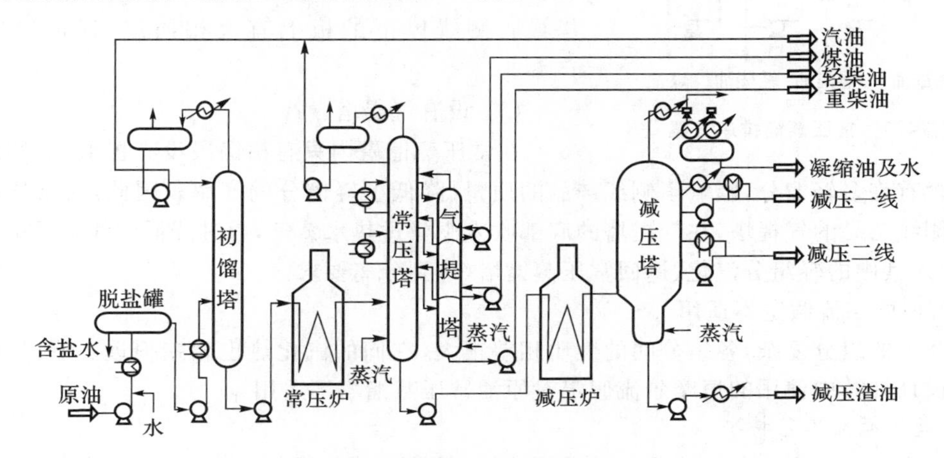


**图 4.2　常减压蒸馏工艺流程示意图**

经严格脱盐脱水后的原油换热到 230～240 ℃进入初馏塔，从初馏塔塔顶分出轻汽油馏分或重整原油，其中一部分返回塔顶做顶回流。初馏塔底油(又称拔头原油)经一系列换热后，由泵送入常压加热炉加热到 360～370 ℃后进入常压蒸馏塔。常压蒸馏塔的塔顶分出汽油馏分，侧线分出煤油、轻柴油、重柴油馏分，这些侧线馏分经气提塔气提出轻组分后，送出装置。常压蒸馏塔底油(称为常压重油)，一般为原油中的高于 350 ℃的馏分，用泵送至减压炉中。

常压蒸馏塔底重油经减压炉加热到 400 ℃左右送入减压蒸馏塔。塔顶分出不凝气和水蒸气。减压蒸馏塔一般有 3～4 个侧线，根据炼油厂的加工类型(燃料型和润滑油型)可生产催化裂化原料或润滑油馏分。加工类型不同，塔的结构及操作控制也不一样。润滑油型减压蒸馏塔设有侧线气提塔以调节出油质量并设有 2～3 个中段回流；而燃料型减压蒸馏塔则无须设气提塔。减压蒸馏塔塔底渣油用泵抽出经换热冷却后出装置，也可根据渣油的组成及性质送至下道工序(如氧化沥青、焦化、丙烷脱沥青等)。

2. 原油蒸馏塔的工艺特征

石油是复杂的混合物，且原油蒸馏产品为石油馏分，因此，原油蒸馏塔有它自身的特点。下面以常压蒸馏塔为例进行讨论。

(1) 复合塔结构。

原油通过常压蒸馏塔蒸馏可得到汽油、煤油、轻柴油、重柴油、重油等产品，按照多元精馏方法，则需 $N-1$ 个精馏塔才能将原油分割成 $N$ 个组分。当要将原油加工成五种产品时需要将四个精馏塔串联操作，如图 4.3 所示。当要求产品的纯度较高时，此方案是必须的。

但在石油的一次加工中，所得产品本身仍是混合物，不需要很纯，故把几个塔合成一个塔，采用侧线采出的方法得到多个产品。这种塔结构称为复合塔。

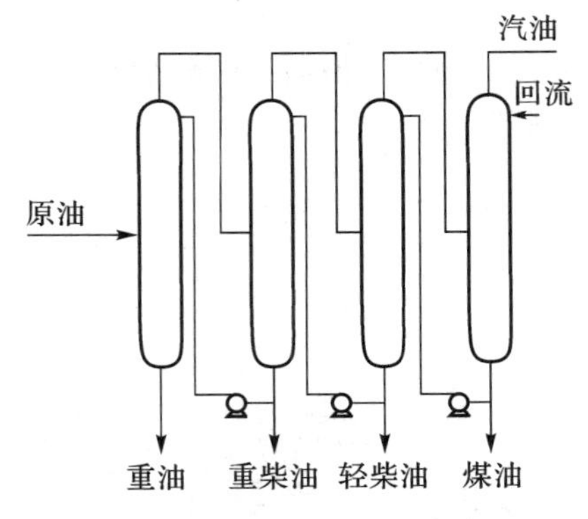

图 4.3 常压蒸馏排序方案

(2) 适当的过汽化率。

由于常压蒸馏塔不用再沸器,热量几乎完全取决于加热炉的进料温度;气提水蒸气也带入一些热量,但水蒸气量不大,在塔内只是放出显热。因此,常压蒸馏塔的回流比由全塔热平衡决定,变化的余地不大。此外,应注意常压蒸馏塔的进料汽化率至少应等于塔顶产品和各侧线产品的产率之和,以过量的汽化分率保证蒸馏塔最底侧线以下的板上有液相回流,保证轻质油的产率。

(3) 设有气提塔。

在常压蒸馏塔内只有精馏段没有提馏段,侧线产品中必然含有许多轻馏分,影响了侧线产品的质量、降低了轻馏分的产率。因此,在常压蒸馏塔外设有侧线产品的气提塔,在气提塔的底部吹入少量过热水蒸气,通过降低侧线产品的油气分压,使混入其中的轻组分汽化、返回常压蒸馏塔,达到分离要求。

(4) 恒摩尔流假定不适用。

石油中的组分复杂,各组分间的性质相差很大,它们的汽化热也相差很远。所以,通常在精馏塔设计计算中使用的恒摩尔流假定对原油常压蒸馏塔不适用。

3. 减压蒸馏工艺特征

原油中 350 ℃以上的高沸点馏分是润滑油、催化裂化的原料,在高温下会发生分解反应,在常压蒸馏塔的条件下不能得到这些馏分。采用减压可降低油料的沸点,在较低温度下得到高沸点的馏分,故通过减压蒸馏得到润滑油、催化裂化的原料馏分。减少压力的办法是采用抽真空设备,使塔内压力降至 10 kPa 以下。根据生产任务不同,减压蒸馏塔可分为两种类型。

(1) 燃料型减压蒸馏塔。该类塔主要生产残炭值低、金属含量低的催化裂化、加氢裂化原料,分离精确度要求不高,要求有尽可能高的提出率。其特点是:可大幅度减少塔板数以降低压力降、减小内回流量以提高真空度;汽化段上方设有洗涤段,洗涤段中设有塔盘和捕沫网以降低馏出油的残炭值和重金属含量。图 4.4 为典型的燃料油型减压蒸馏塔示意图。

(2) 润滑油型减压蒸馏塔。该类塔主要生产黏度合适、残炭值低、色度好、馏程较窄的润滑油馏分,要求拔出率高,且有足够的分离精度。其特点是:塔盘数较一般减压蒸馏塔多(由于塔盘数多会使压力降增大,故采用较大板间距以减低压力降);侧线抽出较一般减压蒸馏塔多,以保证馏分相对较窄。图 4.5 为典型的润滑油型减压蒸馏塔示意图。

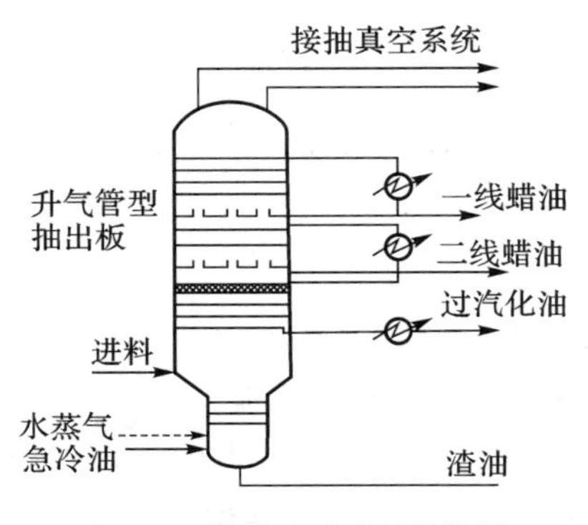

图 4.4 燃料油型减压蒸馏塔

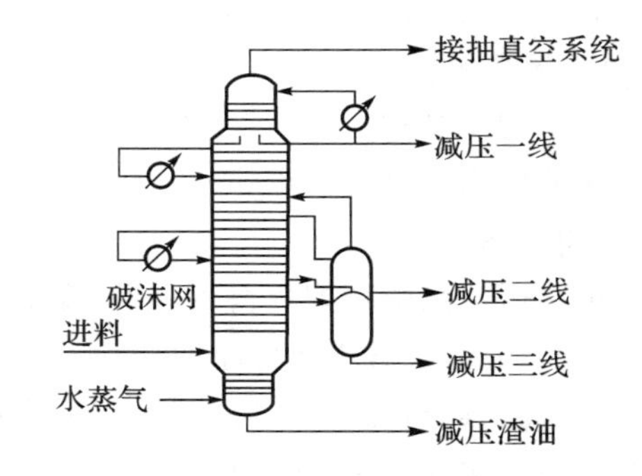

图 4.5 润滑油型减压蒸馏塔

所有减压蒸馏塔的共同特点是高真空度、低压力降、塔径大、塔盘少。在降低塔内压力的同时向塔底注入过热水蒸气，以进一步降低油气分压。塔顶一般不出产品，采用顶循环回流以降低压力降。为避免塔底渣油在底部停留时间过长而结焦或分解，底部采用缩径的办法以减少其停留时间。

## 4.3　催化裂化

### 4.3.1　概述

催化裂化是重质油在酸性催化剂存在下，在 500 ℃左右、$1\times10^5\sim3\times10^5$ Pa 下发生裂解，生成轻质油、气体、焦炭的过程。

1. 催化裂化原料

催化裂化的原料范围广泛，可分为馏分油和渣油两大类。馏分油主要是直馏减压馏分油(VGO)，馏程 350～500 ℃。催化裂化的理想原料是含烷烃较多、含芳香烃较少的中间馏分油，如直馏柴油、减压轻质馏分油或润滑油脱蜡的蜡下油等。这是因为烷烃最容易裂化，轻质油收率高，催化剂使用周期长。而芳香烃不易裂化，且容易生成焦炭，不仅降低轻质油收率，且使催化剂的活性和选择性迅速降低。焦化蜡油、润滑油溶剂、精制抽出油等也可作为催化裂化原料；渣油主要是减压渣油、脱沥青的减压渣油、加氢处理重油等，须加入一定比例减压馏分油进行加工。

2. 催化裂化产品

催化裂化的产品包括气体、汽油、柴油、重质油(可循环做原料)及焦炭。反应条件及催化剂性能不同，各产品的产率和性质也不尽相同。

在一般条件下，气体产率为 10%～20%。其中含 $H_2$、$H_2S$、$C_1\sim C_4$ 等组分。$C_1\sim C_2$ 气体称为“干气”，占气体总量的 10%～20%，干气中含有 10%～20%的乙烯，它不仅可作为燃料，也可作为生产乙苯、制氢等的原料。$C_3\sim C_4$ 气体称为“液化气”，其中烯烃含量为 50%左右。

汽油产率约为 30%～60%，其研究法辛烷值为 80～90，安定性较好。

柴油产率为 0～40%，十六烷值较直馏柴油低，且安定性很差。需经加氢处理，或与质量好的直馏柴油调和后才能符合轻柴油的质量要求。

3. 催化裂化催化剂

催化剂是一种能够改变化学反应速率且反应后仍能保持组成和性质都不改变的物质。近代流化催化裂化所用的催化剂都是合成微球 Si-Al 催化剂，这类催化剂活性和抗毒能力较强，选择性好。按照分子结构不同分为无定形和晶体两种，主要有：无定形硅酸铝催化剂、晶体催化剂(通常称为分子筛催化剂)。

### 4.3.2　烃类的催化裂化反应

烃类的催化裂化反应是一个复杂的物理化学过程，其产品数量和质量与反应物料在反应器中的流动状况、原料中各类烃在催化剂上的吸附、反应等因素有关。

1. 催化裂化的化学反应类型

(1) 分解反应。分解反应为催化裂化的主要反应，基本上各种烃类都能进行。分解反应是烃类分子中 C—C 键发生断裂的过程，分子越大越易断裂。

烷烃分解为小分子的烷烃和烯烃，如

$$\mathrm{CH_3{-}CH_2{-}CH_2{-}CH_2{-}CH_2{-}CH_2{-}CH_3 \longrightarrow CH_3{-}CH_2{-}CH_2{-}CH_3 + CH_2{=}CH{-}CH_3}$$

异构烷烃分解时多发生 $\beta$ 断裂，如

$$\mathrm{CH_3{-}CH_2{-}CH_2{-}CH_2{-}CH_2{-}CH(CH_3){-}CH_3 \xrightarrow{\beta\text{断裂}} CH_3{-}CH_2{-}CH_2{-}CH_3 + CH_2{=}C(CH_3){-}CH_3}$$

烯烃在 $\beta$ 键发生断裂，分解为小分子，如

$$\mathrm{CH_3{-}CH{=}CH{-}CH_2{-}CH_2{-}CH_2{-}CH_2{-}CH_3 \xrightarrow{\beta\text{断裂}} CH_3{-}CH{=}CH{-}CH_3 + CH_2{=}CH{-}CH_2{-}CH_3}$$

环烷烃从环上断裂生成异构烯烃，如

$$\mathrm{c\text{-}C_5H_9{-}CH_2{-}CH_3 \xrightarrow{\beta\text{断裂}} CH_2{=}C(CH_2{-}CH_3){-}CH_2{-}CH_2{-}CH_3}$$

环烷烃的侧链较长时，也可能发生侧链断裂，如

$$\mathrm{c\text{-}C_5H_9{-}CH_2{-}CH_2{-}CH_2{-}CH_2{-}CH_3 \xrightarrow{\beta\text{断裂}} c\text{-}C_5H_9{-}CH_3 + CH_2{=}CH{-}CH_2{-}CH_3}$$

芳香环很稳定不易开裂，但烷基芳烃很易断侧链，如

$$\mathrm{C_6H_5{-}CH_2{-}CH(CH_3){-}CH_3 \longrightarrow C_6H_6 + CH_2{=}C(CH_3){-}CH_3}$$

(2) 异构化反应。相对分子质量不变只是改变分子结构的反应称为异构化反应。催化裂化过程中的异构化反应较多，主要有如下几种。

① 骨架异构：分子的碳链发生重新排列，如直链变为支链、支链位置变化、五环变六环。

$$\mathrm{c\text{-}C_5H_8(CH_3)_2 \longrightarrow c\text{-}C_6H_{11}{-}CH_3}$$

② 双键移位异构：双键位置从一端移向中间。如

$$\mathrm{CH_2{=}CH{-}CH_2{-}CH_2{-}CH_2{-}CH_3 \longrightarrow CH_3{-}CH_2{-}CH{=}CH{-}CH_2{-}CH_3}$$

③ 几何异构：分子空间结构变化。如

$$\mathrm{\mathit{cis}\text{-}H(CH_3)C{=}C(CH_3)H \longrightarrow \mathit{trans}\text{-}H(CH_3)C{-}C(CH_3)H}$$

(3) 氢转移反应。某些烃类分子的氢脱下加到另一烯烃分子上使之饱和，在氢转移过程中，活泼氢原子快速转移，烷烃提供氢变为烯烃，环烷烃提供氢变成环烯烃，进一步成为芳烃。如

$$\mathrm{c\text{-}C_6H_{11}{-}CH_3 + CH_3{-}CH{=}CH{-}CH_3 \longrightarrow c\text{-}C_6H_9{-}CH_3 + CH_3{-}CH_2{-}CH_2{-}CH_3}$$

① 芳构化反应:烯烃环化并脱氢生成芳烃。如:

$$CH_3—CH═CH—CH_2—CH_2—CH_2—CH_3 \longrightarrow \text{(甲基环己烷)} \longrightarrow \text{(甲苯)} + 3H_2$$

② 叠合反应:烯烃与烯烃结合成较大分子的烯烃,深度叠合有可能生成焦炭。此反应在催化裂化中不占主要地位。如

$$CH_3—CH═CH_2 + CH_3—C(CH_3)═CH_2 \longrightarrow CH_3—CH_2—CH═CH—CH(CH_3)—CH_3$$

③ 烷基化反应:烯烃和芳香烃的加成反应为烷基化反应。在催化裂化中烯烃主要加到双环或稠环芳烃上,又进一步脱氢环化,生成焦炭,但这一反应所占比例不大。如

$$\text{(2-甲基萘)} + CH_2═CH—CH_2—CH_3 \longrightarrow \text{(萘环)}(CH_3)—CH(CH_3)—CH_2—CH_3$$

2. 烃类催化裂化反应的特点

石油馏分由各类单体烃组成,它们的性质决定了烃类催化裂化反应的规律。石油馏分的催化裂化反应有两方面的特点。

(1) 复杂的平行-连串反应。石油烃类催化裂化反应是一个复杂的平行-连串反应过程,如图4.6所示。烃类在催化裂化时可以同时进行几个方向的反应——平行反应;同时随着反应深度增加,初始的反应产物又会继续反应——连串反应。

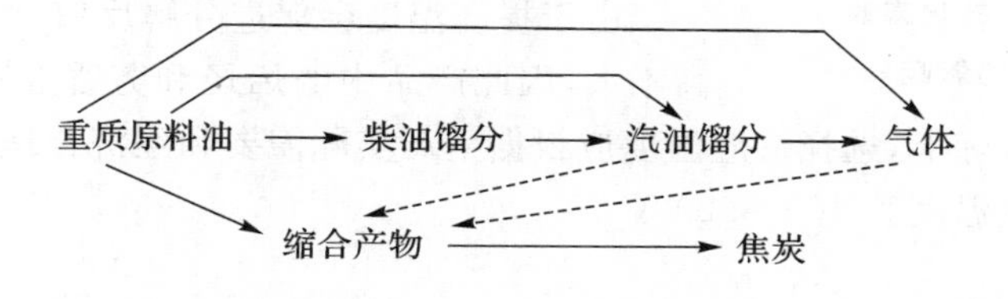


图4.6 石油催化裂化过程示意图

(2) 各烃类之间的竞争吸附和对反应的阻滞作用。原料进入反应器后,首先汽化变为气体,气体分子在催化剂活性表面吸附后进行反应。各类烃的吸附能力由强到弱依次是:稠环芳烃>稠环环烷烃>烯烃>单烷基侧链的单环芳烃>单环环烷烃>烷烃。同类型的烃类相对分子质量越大越易吸附。

各类烃的化学反应速率由快到慢依次是:烯烃>大分子单烷基侧链的单环芳烃>异构烷烃与烷基环烷烃>小分子单烷基侧链的单环芳烃>正构烷烃>稠环芳烃。

可见,稠环芳烃最容易被吸附而反应速率最慢。它们吸附后便牢牢占据在活性表面,阻止其他烃类的吸附和反应,并由于长时期停留在催化剂表面上,会发生缩合反应而形成焦炭。因此,催化裂化原料中如果稠环芳烃较多,会使催化剂很快失活。环烷烃有一定的反应能力和吸附能力,是催化裂化的理想原料。

### 4.3.3 影响催化裂化的主要因素

烃类催化裂化反应是一个气-固多相催化反应,其反应包括如下七个步骤:

① 反应物由主气流扩散到催化剂外表面;

② 反应物沿着催化剂微孔由外表面向内表面扩散;

③ 反应物在催化剂表面上吸附；

④ 被吸附的反应物在催化剂表面发生反应；

⑤ 产物从催化剂内表面上脱附；

⑥ 产物沿着催化剂微孔由内表面向外表面扩散；

⑦ 产物从催化剂外表面向主气流扩散。

整个催化反应速率取决于各步的速率，速率最慢的一步则为整个反应的控制步骤。一般，催化裂化反应为表面反应控制。影响催化裂化的主要因素如下。

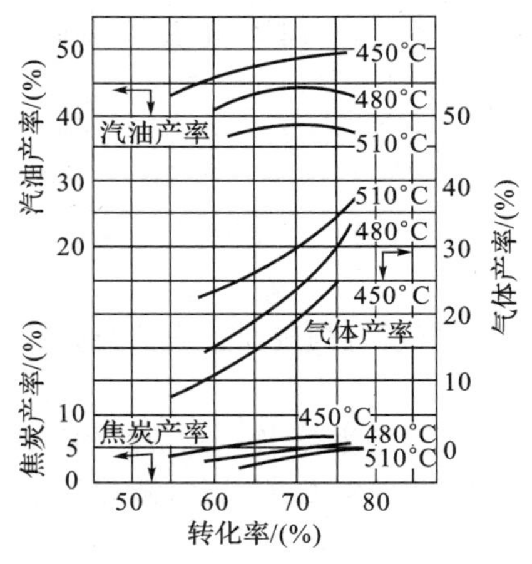

**图 4.7　反应温度、转化率对产品分布的影响**

(1) 催化剂。

提高催化剂的活性有利于提高化学反应速率，在其他条件相同时，可以得到较高的转化率。提高催化剂的活性也利于促进氢转移和异构化反应。

(2) 反应温度。

反应温度对反应速率、产品分布和产品质量都有极大的影响。温度提高则反应速率加快，转化率增大。由于催化裂化为平行-连串反应，而反应温度对各类反应的速率影响程度不一样，其结果是使产品分布和质量发生变化。如图 4.7 所示，在转化率相同时，反应温度升高，汽油和焦炭产率迅速增加。

由于提高温度会促进分解反应，而氢转移反应速率提高不大，因此产品中的烯烃和芳香烃有所增加，汽油的辛烷值会有所提高。实际上，选择反应温度应根据生产实际需要和经济合理性来确定，一般工业生产装置采用的反应温度为 460～520 ℃。

(3) 反应压力。

反应压力对催化裂化过程的影响主要是通过油气分压来体现的。表 4.5 所列出的实验数据表明，当其他条件不变时，提高油气分压，可提高转化率，但同时也增加了原料中重组分和产物在催化剂上的吸附量，焦炭产率上升，汽油产率下降，液化气中的丁烯产率也相对减少。在实际生产中，压力一般固定不变，不作为调节指标。目前采用的反应压力为 0.1～0.4 MPa(表压)。

**表 4.5　油气分压对转化率及产品产率的影响**

| 项目 | 油气分压/kPa | | | 备注 |
|---|---|---|---|---|
| | 69 | 176 | 265 | |
| 转化率/(%) | 69.3 | 70.7 | 75.7 | 原料及其他操作条件不变。只改变油气分压 |
| 丁烯相对产率 | 1.0 | 0.86 | 0.72 | |
| 汽油产率/(%) | 53.1 | 52.6 | 51.2 | |
| 焦炭产率/(%) | 7.4 | 9.6 | 12.4 | |

(4) 反应时间。

在床层反应中，一般用空间速度(简称空速)来表明原料与催化剂接触时间的长短。

$$空速=\frac{总进料量}{反应器分布板上催化剂量}\quad (h^{-1})$$

空速越大，则原料与催化剂接触时间越短，反应时间也越短。由于提升管催化裂化采用了高活性分子筛催化剂，一般反应时间为 1～4 s 即可使进料中非芳烃全部转化。反应时间过长会引起汽油、柴油的再次分解，因此为了避免二次分解，通常在提升管出口处设有快速分离装置。

（5）剂油比。

催化剂循环量与总进料量之比称为剂油比，用“C/O”表示。剂油比增加，可以提高转化率，但会使焦炭产率提高。这主要是催化剂循环量增大，使气提段负荷增加，气提效率下降所致。因此生产上常采用剂油比调节焦炭产率，一般工业上所用剂油比为 5～10。

### 4.3.4　催化裂化工艺流程

催化裂化装置一般由反应-再生系统、分馏系统和吸收-稳定系统三部分组成，在处理量较大、反应压力较高的装置中常常还有再生烟气能量回收系统。

（1）反应-再生系统。

工业生产中的反应-再生系统在流程、设备、操作方式等方面多种多样。图 4.8 为催化裂化工艺流程示意图。

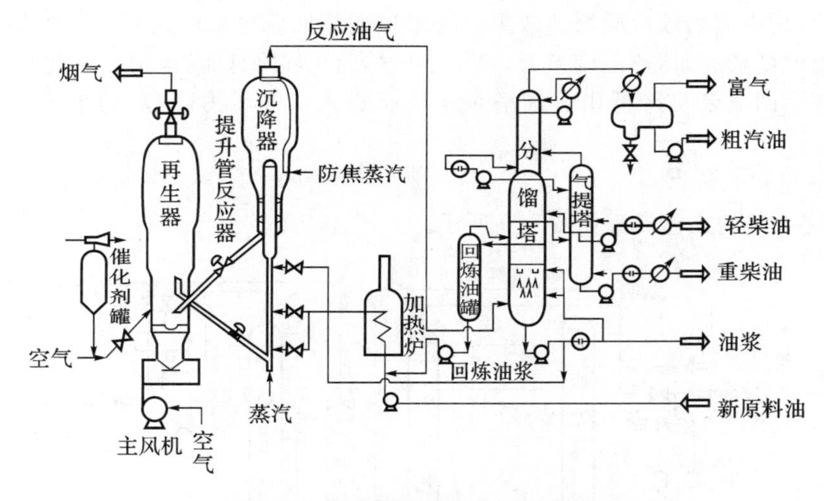


**图 4.8　催化裂化工艺流程示意图**

新鲜原料经换热后与回炼油混合经加热炉预热至 200～400 ℃后，由喷嘴喷入提升管反应器底部与高温再生催化剂（600～750 ℃）接触，随即汽化并反应。油气与雾化蒸汽及预提升蒸汽一起以 4～7 $m \cdot s^{-1}$ 的高线速通过提升管出口，经过快速分离器进入沉降器，携带少量催化剂的油气与蒸汽的混合气体经两级旋风分离器，分离出催化剂后进入集气室，从沉降器顶部出口去分馏系统。

经快速分离器分出的积有焦炭的催化剂（称为待生催化剂）由沉降器下部落入气提段，底部吹入过热水蒸气置换出待生催化剂上吸附的少量油气，再经过待生斜管以切线方式进入再生器。再生用的空气由主风机供给，再生器维持 0.137～0.177 MPa（表压）的顶部压力，床层线速为 0.8～1.2 $m \cdot s^{-1}$。烧焦后含 C 量降至 0.2% 以下的再生催化剂经溢流管和再生斜管进入提升管反应器，构成催化剂循环。

反应再生系统中除了有与炼油装置类似的温度、压力、流量等自由控制系统外，还有一套维持催化剂循环的较复杂的自动控制和发生事故时的自动保护系统。

(2) 分馏系统。

典型的催化剂分馏系统见图 4.8,由沉降器(反应器)顶部出来的 460～510 ℃的产物从分馏塔下部进入,经装有挡板的脱过热段后自下而上进入分馏段,分割成几个中间产品:塔顶为汽油和催化富气,侧线有轻柴油、重柴油(也可以不出重柴油)和回炼油,塔底产品是油浆。轻柴油和重柴油分别经气提、换热后出装置。塔底油浆可循环回反应器进行回炼,也可以直接出装置。为了取走分馏塔的过剩热量,设有塔顶循环回流和中段回流及塔底油浆循环回流。

与一般分馏塔相比,催化裂化分馏塔有如下特点。

进料是携带有催化剂粉末的 450 ℃以上的过热油气,必须先把它冷却到饱和状态并洗去夹带的催化剂,为此在塔的下部设有脱过热段,其中装有"人"字形挡板。塔底循环的冷油浆从挡板上方返回,与从塔底上来的油气逆向接触,达到洗涤粉尘和脱过热的作用。

由于产品的分离精度不很高,容易满足,而且全塔剩余热量大,因此设有四个循环回流取热。又由于中段循环回流和循环油浆的取热比较大,使塔的下部负荷比上部负荷大,所以塔的上部采用缩径。

塔顶部采用循环回流而不用冷回流,主要由于进入分馏塔的油气中有相当数量的惰性气体和不凝气体,会影响塔顶冷凝器的效果。采用顶循环回流可减轻这些气体的影响。又由于循环回流抽出温度较高,传热温度差大,可减小传热面积和降低水、电消耗。此外,采用塔顶循环回流以代替冷回流还可降低由分馏塔顶至气压机入口的压力降,从而提高气压机的入口压力。

(3) 吸收-稳定系统。

吸收-稳定系统的工艺流程如图 4.9 所示。

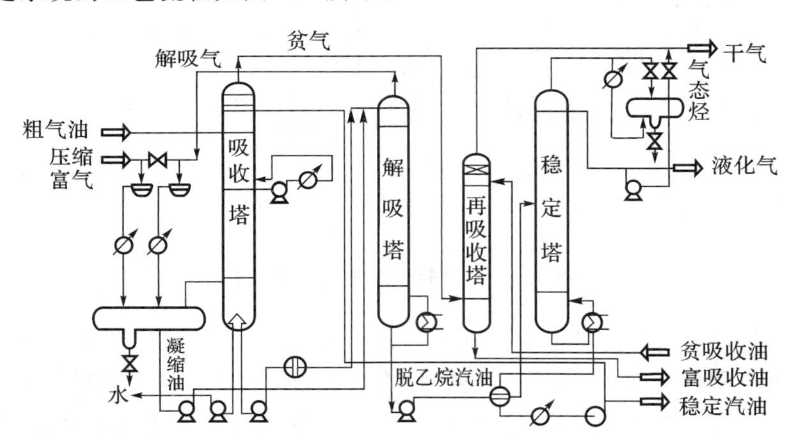


图 4.9 吸收-稳定系统的工艺流程示意图

从分馏塔顶油气分离器出来的富气中带有汽油组分,而粗汽油中则溶有 $C_3$、$C_4$。吸收稳定系统是用吸收和精馏的方法,将富气和粗汽油分离成干气、液化气($C_3$、$C_4$)和蒸汽压合格的稳定汽油。

从汽油分离器出来的富气经气压机压缩,经冷却分离出凝缩油后从塔底进入吸收塔。稳定汽油和粗汽油作为吸收油从塔顶进入,吸收 $C_3$、$C_4$ 的富吸收油从塔底抽出送入解吸塔。吸收塔顶出来的贫气(夹带少量汽油),经再吸收塔用轻柴油吸收其中的汽油成分,塔顶干气送至瓦斯管网。

含有少量 $C_2$ 组分的富吸收油和凝缩油在解吸塔中解吸出 $C_2$ 组分后，得到脱乙烷油。塔底设有再沸器以提供热量，塔顶出来 $C_2$ 组分经冷却与压缩富气混合返回压缩富气中间罐，重新平衡后进入吸收塔。脱乙烷油中的 $C_2$ 含量应严格控制，否则进入稳定塔后会恶化塔顶冷凝器的效果及由于排出不凝气而损失 $C_3$、$C_4$。

稳定塔实际是精馏塔，脱乙烷油进入其中后，塔顶产品是液化气，塔底是蒸气压合格的汽油（即稳定汽油）。有时为了控制稳定塔的操作压力，要排出部分不凝气体。

各种反应器形式的催化裂化装置的分馏系统和吸收稳定系统几乎是相同的，只是在反应再生系统中有些区别。

## 4.4　催化重整

### 4.4.1　概述

催化重整是石油加工工业主要的工艺过程之一。它是以石脑油为原料生产高辛烷值汽油及轻芳烃（苯、甲苯、二甲苯，简称 BTX）的重要过程，同时，也副产相当数量的氢气。催化重整汽油是无铅高辛烷值汽油的重要组分。催化重整装置能为化纤、橡胶、塑料和精细化工行业提供原料（如苯、二甲苯、甲苯）；为交通运输行业提供高辛烷值汽油；为化工提供重要的溶剂油以及大量廉价的副产纯氢（75%～95%）。因此重整装置在石油化工联合企业生成过程中占有十分重要的地位。

### 4.4.2　催化重整化学反应

催化重整是在催化剂存在下，烃类分子结构发生重新排列、转变为相同 C 原子数的芳烃，成为新的分子化合物的工艺过程。催化重整的主要目的是生产芳烃或高辛烷值的汽油，同时副产高纯氢。

1. 芳构化反应

（1）六元环烷烃脱氢生成芳烃。

$$\text{(环己烷)} \rightleftharpoons \text{(苯)} + 3H_2$$

$$H_3C-\text{(环己烷)} \rightleftharpoons \text{(苯)}-CH_3 + 3H_2$$

$$H_3C-\text{(环己烷)}-CH_3 \rightleftharpoons H_3C-\text{(苯)}-CH_3 + 3H_2$$

（2）五元环烷烃脱氢异构。

$$\text{(环戊烷)}-CH_3 \rightleftharpoons \text{(环己烷)} \rightleftharpoons \text{(苯)} + 3H_2$$

（3）烷烃脱氢环化生成芳烃。

$$n\text{-}C_6H_{14} \xrightleftharpoons{-H_2} \text{(环己烷)} \xrightleftharpoons{-3H_2} \text{(苯)}$$

$$n\text{-}C_7H_{16} \xrightleftharpoons{-H_2} \text{(环己烷)}-CH_3 \xrightleftharpoons{-3H_2} \text{(苯)}-CH_3$$

该反应也有吸热并体积增大的特点。烷烃脱氢环化反应比环烷烃芳构化更难进行，达到热力学可能收率所需温度比环烷烃高得多，平衡常数增大。但由于该反应是使较低辛烷值的烷烃变为高辛烷值的芳烃，所以是提高油品质量和增加芳烃收率的最常用的反应。

2. 异构化反应

$$n\text{-}C_7H_{16} \rightleftharpoons i\text{-}C_7H_{16}$$

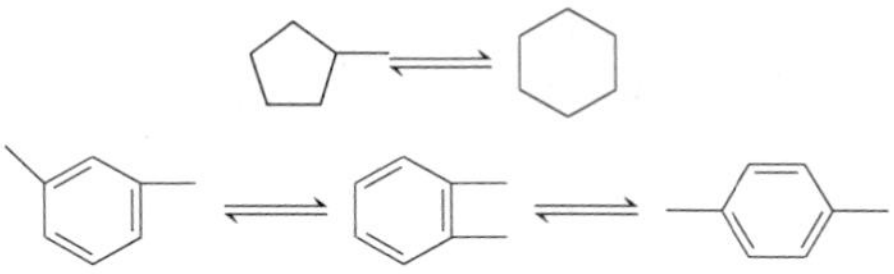

3. 加氢裂化反应

$$n\text{-}C_7H_{16} + H_2 \longrightarrow n\text{-}C_3H_8 + i\text{-}C_4H_{10}$$

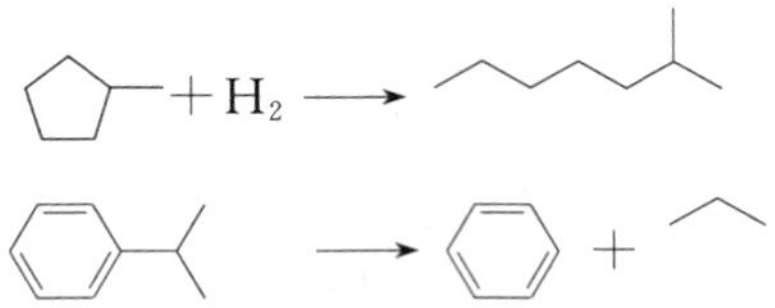

由于氢气的存在，在催化重整条件下，烃类都能发生加氢裂化反应，从而可以认为加氢、裂化和异构化三者是并行反应。

这类反应为不可逆放热反应，反应产物中会有许多较小分子和异构烃，因而既有利于提高辛烷值，又会产生气态烃，因此应该适当抑制此类反应。在工业催化重整的条件下这类反应的速率最慢，只有在高温、高压和低空速时反应才显著加速。

除了以上各种主要反应外，还可以发生叠合缩合反应，也会生成焦炭使催化剂活性降低。但在较高氢压下，可使烯烃饱和而控制焦炭生成，从而较好地保持催化剂的活性。

重整催化剂是一种双功能催化剂，其中铂构成脱氢活性中心，促进脱氢或加氢反应，而酸性载体提供酸性中心，促进裂化或异构化反应。重整催化剂的这两种功能在反应过程中有机地配合，并应保持一定的平衡，否则就会影响到催化剂的活性或选择性。

### 4.4.3　催化重整原料

重整催化剂比较昂贵，且容易被砷、铅、氮、硫等杂质污染而中毒并失去活性，为了保证重整装置长期运行以达到高的生产效率，必须选择适当的原料并进行预处理。

1. 重整原料的选择

重整原料的选择主要有三个方面的要求，即馏分组成、族组成、毒物及杂质含量。

(1) 馏分组成。

重整原料的馏分组成要根据生产目的来确定，表 4.6 列出了各目的产物所需要的馏分组成。

**表 4.6　重整原料的适宜馏程**

| 目的产物 | 适宜馏程/℃ | 目的产物 | 适宜馏程/℃ |
|---|---|---|---|
| 苯 | 60～85 | 苯-甲苯-二甲苯 | 60～145 |
| 甲苯 | 85～110 | 高辛烷值汽油 | 90～180 |
| 二甲苯 | 110～145 | 轻芳烃-汽油 | 60～180 |

不同的目的产物需要不同沸点范围的馏分，这是重整的化学反应所决定的。重整反应中最主要的芳构化反应一般在 $C_6$、$C_7$、$C_8$ 的环烷烃和烷烃中进行，少于 6 个 C 的烃类则不能进行芳构化反应。从表 4.7 不同烃类的沸点可知，生产芳烃应选择 60～145 ℃馏分。而少于 5 个 C 的烃类的沸点低于 60 ℃。若少于 5 个 C 的烃类作为重整原料并不能生成芳烃，只能降低装置的有效处理能力。

**表 4.7　烷烃、环烷烃和芳烃常压下的沸点**

| 烃分子 | | 沸点 | 烃分子 | | 沸点 |
|---|---|---|---|---|---|
| $C_5$ | $i$-$C_5H_{12}$ | 27.85 | $C_8$ | $i$-$C_8H_{18}$ | 99.24 |
| | $n$-$C_5H_{12}$ | 36.07 | | $n$-$C_8H_{18}$ | 125.67 |
| |  (环戊烷) | 49.26 | | 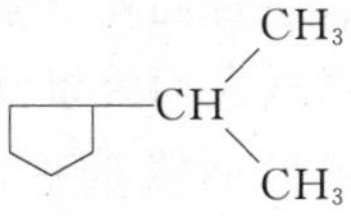 —CH(CH$_3$)$_2$ | 126.8 |
| $C_6$ | $i$-$C_6H_{14}$ | 60.27 | | 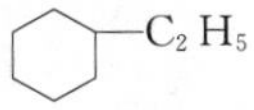 —$C_2H_5$ | 131.78 |
| | $n$-$C_6H_{14}$ | 68.74 | | 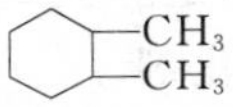 —$CH_3$, —$CH_3$ | 130.04 |
| | 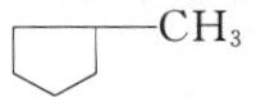 —$CH_3$ | 71.81 | | 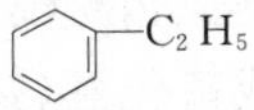 —$C_2H_5$ | 136.9 |
| |  (环己烷) | 80.74 | | 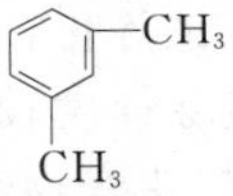 $CH_3$, $CH_3$ | 139.10 |
| |  (苯) | 80.10 | | 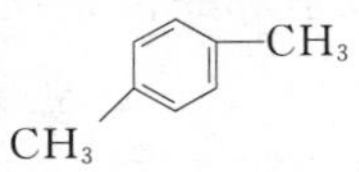 $CH_3$, $CH_3$ | 138.35 |
| $C_7$ | $i$-$C_7H_{16}$ | 90.05 | | 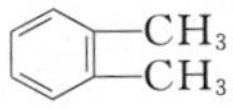 —$CH_3$, —$CH_3$ | 144.42 |
| | $n$-$C_7H_{16}$ | 98.43 | | | |
| | 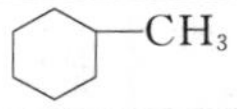 —$CH_3$ | 100.93 | | | |
| | 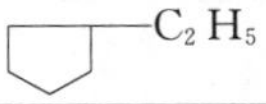 —$C_2H_5$ | 103.47 | | | |
| | 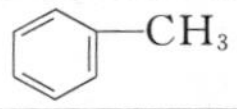 —$CH_3$ | 110.63 | | | |

对于生产高辛烷值汽油来说，$C_6$ 环烷烃转化为苯后其辛烷值反而下降，因此重整原料应选择大于 $C_6$ 沸点的馏分（即初馏分点选择 90 ℃）。又因为烷烃和环烷烃转化为芳烃后其沸点会有所升高，一般升高 6～14 ℃，所以按汽油馏程的终馏点取 180 ℃为宜。若终馏点过高，会使焦炭和气体的产率增加，减少液体收率，运转周期变短。

（2）族组成。

含较多环烷烃的馏分是催化重整的理想原料，生产中一般把原料中的 $C_4$～$C_6$ 的环烷烃及芳烃含量称为生产中所能转化芳烃的潜含量。而重整反应所生成油中的实际芳烃含量与原料中芳烃潜含量之比称为芳烃转化率。较理想的重整原料是环烷烃含量高的馏分，这种原料不仅在重整时可以得到较高的芳烃产率，在操作中可采用较大的空速，而且催化剂积炭减少，运转周期延长。

（3）毒物及杂质含量。

重整原料中的少量杂质，如砷、铅、铜、硫、氮等，会使催化剂丧失活性，这种现象称为催化剂“中毒”，这些杂质称为“毒物”。原料中的水和氯含量不适当也会使催化剂失活。因此，必须严格控制重整原料中的杂质含量，保证重整催化剂能长期维持高活性。

2. 重整原料的预处理

重整原料的预处理主要包括两部分，即预分馏、预加氢，如果原料中砷过高则还需要预脱砷，有时也需进行脱水处理。

(1) 预分馏。

预分馏的作用是根据重整产物的要求将原料切割为一定沸点范围的馏分。在预分馏过程中也同时会脱除原料中的部分水分。

根据原油馏程的不同，预分馏的切割方式分为以下三种。

① 原油的终馏点适宜而初馏点过低，取预分馏塔的塔底油作重整原料。

② 原油的初馏点适宜而终馏点过高，取预分馏塔的塔顶油作重整原料。

③ 原油初馏点过低而终馏点过高，均不符合要求，则取预分馏塔的侧线产品作为重整原料。

(2) 预加氢。

预加氢的主要目的是除去重整原料中的含硫、含氮、含氧化合物和其他毒物，如砷、铅、铜、汞、钠等以保护重整催化剂。

预加氢是在钼酸钴或钼酸镍等催化剂和氢压条件下，使原油中的含硫、含氮、含氧化合物进行加氢反应而分解成硫化氢、氨和水，然后在气提塔中除去。原料中的烯烃生成饱和烃，原料中的含砷、铅、铜、汞、钠等化合物在加氢条件下分解，砷和金属吸附在加氢催化剂上。

氮原子化合物的脱除速度较脱硫、脱氧慢。加氢进行的深度是以进料中含氮化合物脱除的程度为基准的，若含氮化合物脱除完全则其他对铂有毒的物质可完全除尽。此外预加氢中还会发生烯烃饱和反应和脱卤素反应。表 4.8 为大庆直馏汽油预加氢结果。

**表 4.8　大庆直馏汽油预加氢结果**

| 项　目 | 预加氢原油 | 预加氢生成油 |
|---|---|---|
| 相对密度($d_4^{20}$) | 0.7152 | 0.7142 |
| 折光率($n_D^{20}$) | 1.3998 | 1.3990 |
| 恩氏蒸馏 | | |
| 初馏点/℃ | 78 | 70 |
| 终馏点/℃ | 132 | 132 |
| 碘价/(%) | 2.25 | 0.14 |
| 砷/$10^{-9}$ | 110 | <2 |
| 水/$10^{-6}$ | 313 | 16 |
| 硫/$10^{-6}$ | 257 | <10 |
| 氮/$10^{-6}$ | <1 | <1 |
| 铜/$10^{-9}$ | 3 | <2 |
| 铅/$10^{-6}$ | 4 | <2 |

(3) 预脱砷。

砷是重整原料的严重毒物,重整原料的含砷量要求低于 $1\sim2\times10^{-9}$,当原料中的含砷量小于 $100\times10^{-9}$ 时,可以不经过预脱砷,只需要经过预加氢即可达到允许的含砷量。例如,我国的大庆原油的重整馏分含砷量高,需预脱砷;而大港原油和胜利原油的重整馏分则不需经过此步骤。

目前工业上使用的预脱砷的方法有吸附脱砷、氧化脱砷和加氢脱砷三种。

(4) 脱水。

铂铼重整催化剂要求原料中水的含量小于 $6\times10^{-6}$,而上述方法处理过的原料还不能满足要求。为了制备超干的铂铼重整原料,需采用蒸馏脱水。预加氢生成油换热至 170 ℃进入脱水塔,塔底有再沸炉将塔底油中的一部分加热汽化再返回塔内以提高塔底温度,塔顶中吹入少量循环氢气以提高脱水效果。蒸馏脱水塔的下部液相负荷一般较大,所以设计时应考虑下部扩径。采用蒸馏脱水的同时还应在此步骤后设分子筛吸附干燥以保证进料中水含量小于 $5\times10^{-6}$。

### 4.4.4 催化重整工艺流程

催化重整过程除原料预处理外,还包括重整、芳烃抽提、芳烃精馏等三个主要部分。

1. 重整

图 4.10 为铂重整流程示意图。

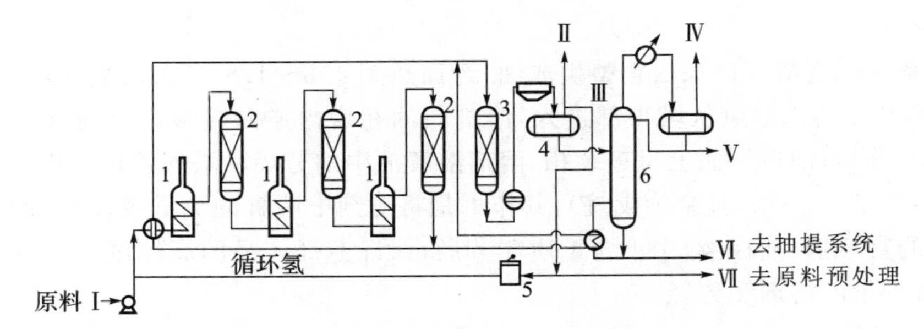


**图 4.10 铂重整流程示意图**

1-加热炉;2-重整反应器;3-后加氢反应器;4-高压分离器;5-循环氢压缩机;6-稳定塔

Ⅰ-原油;Ⅱ-剩余氢;Ⅲ-循环氢;Ⅳ-燃料气;Ⅴ-液态烃;Ⅵ-重整生成油;Ⅶ-预加氢气

经预处理的原油与循环氢混合,再经过换热后进入加热炉,加热到一定程度进入重整反应器。重整反应器为固定床反应器,由于芳构化等反应为强吸热反应,为了保证反应所需温度,在反应过程中需不断补充热量。因此重整反应器由 3~4 个固定床反应器串联组成,反应器之间设有加热炉加热。

重整过程中若存在裂解反应会生成少量烯烃,如不采取适当措施则会混入芳烃影响产品纯度,因此工艺设置了后加氢反应器,用来饱和产品中的烯烃,使之易于同芳烃分离。后加氢催化剂多用钼酸钴或钼酸铁,选择性地加氢使烯烃饱和而维持较高的芳烃收率。从后加氢反应器出来的产物经换热、冷却后进入高压分离器分离出气体中 85%~95%(体积分数)的氢气。大部分氢气经压缩机升压后作循环氢使用,少部分不经压缩机直接作为原料的预加氢气。分离出的重整产物进入稳定塔,分离出的少于 5 个 C 的轻组分经冷凝器进入液气分离罐,分出燃料气和液态烃。稳定塔的重整产物进入芳烃抽提系统。如果使用以生产高辛烷值汽油为目的产物的重整装置,则无须设置后加氢装置和芳烃抽提。

2. 芳烃抽提

芳烃抽提系统一般包括抽提、溶剂回收和溶剂再生三个主要部分,如图 4.11 所示。

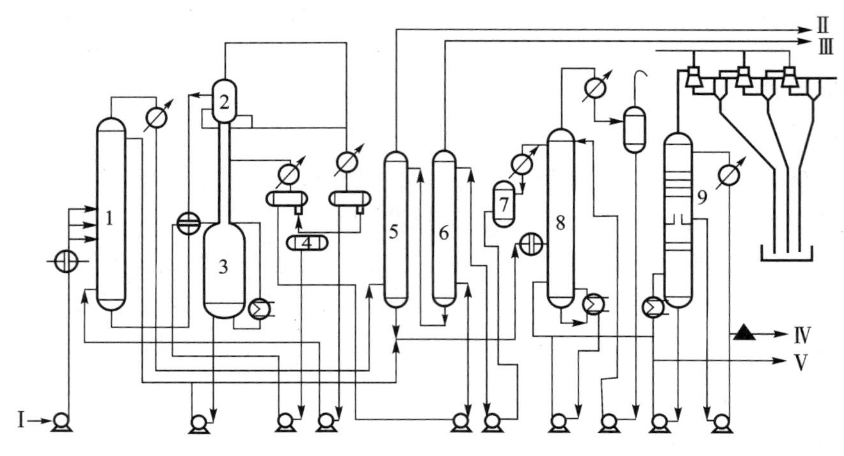


**图 4.11 芳烃抽提流程示意图**

1-抽提塔;2-闪蒸塔;3-气提塔;4-气提水罐;5-非芳烃水洗塔;6-芳烃水洗塔;
7-水洗水罐;8-水分馏塔;9-减压蒸馏塔
Ⅰ-抽提进料;Ⅱ-非芳烃;Ⅲ-芳烃;Ⅳ-再生溶剂;Ⅴ-废溶剂

(1) 抽提。

自重整系统稳定塔底出来的重整生成油,经加热到 118～128 ℃进入抽提塔的中部,含水约 8%的贫溶剂二乙二醇醚从塔顶部进入,溶剂与油在塔内逆向接触。溶剂自上而下通过筛板小孔形成分散相;油自下而上呈连续相,溶剂溶解油中的芳烃从塔底流出。塔下段打入回流芳烃(含芳烃 70%～80%,其余为戊烷),其作用是将溶剂中溶解的少量重质非芳烃置换出来,使塔底流出的富溶剂(抽提液)中不含重质非芳烃,保证芳烃产品的高纯度。非芳烃从塔顶流出,其中含有少量的溶剂和芳烃。

(2) 溶剂回收。

从抽提塔底出来的抽提液进入气提塔顶部的闪蒸段,蒸发出部分芳烃、非芳烃和水,经冷凝分出水后作为回流芳烃打入抽提塔下段。闪蒸段底部的液体自流进入气提塔上部,气提塔内装有塔盘,溶剂和芳烃在常压下沸点相差很大,易进行分离。为了防止二乙二醇醚分解,在气提塔下部通入水蒸气气提以降低芳烃的分压,使之在较低的温度下蒸发出来。气提塔顶部蒸出的物料经冷凝冷却分出水后与闪蒸段顶部物流一起作为抽提塔下段回流芳烃。

芳烃产品自气提塔侧线引出,经冷凝冷却脱水后去芳烃水洗塔。在水洗塔中用水溶解芳烃和非芳烃中的二乙二醇醚以减少溶剂的损失。芳烃水洗塔的用水量一般为芳烃量的 30%,水温 40 ℃左右,压力为 0.5 MPa 左右,洗后的水进入非芳烃水洗塔继续使用。从非芳烃水洗塔出来的水送到水分馏塔。水分馏塔在常压下操作,塔顶蒸出的水采用全回流以便使夹带的清油排出。大部分不含油的水从塔的侧线抽出,冷却后作为水循环使用。其循环路线是:水分馏塔→芳烃水洗塔→非芳烃水洗塔→水分馏塔。

(3) 溶剂再生。

二乙二醇醚在使用过程中因高温以及氧化会生成大分子的叠合物或有机酸,这些物质是黏稠的悬浮物,易堵塞和腐蚀设备,同时也会降低溶剂的使用效能。为了保证溶剂的质量:一方面要常加入单乙醇胺，中和生成的有机酸，使溶液的 pH 值维持在 7.5～8.0 之间；另一方面从气提塔底部抽出的贫溶剂中引出一部分再生。再生塔是在减压（约 2.7 MPa）下将溶剂蒸馏一次，使之与生成的大分子叠合物分离。减压蒸馏的目的是避免在高于溶剂的分解温度下操作。

3. 芳烃精馏

芳烃精馏流程如图 4.12 所示。

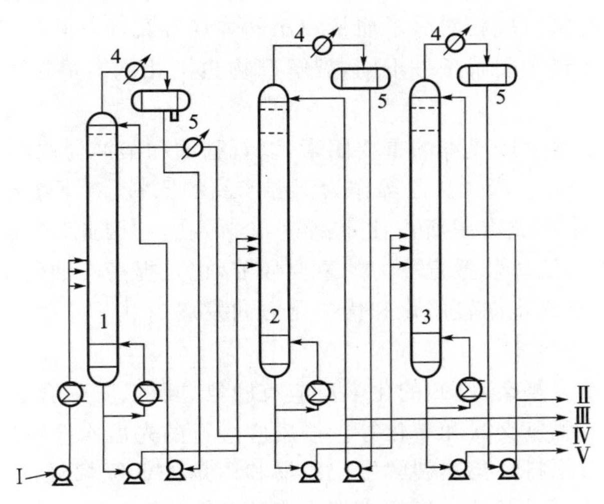


**图 4.12　芳烃精馏流程示意图**

1-苯蒸馏塔；2-甲苯蒸馏塔；3-二甲苯蒸馏塔；4-冷凝冷却器；5-回流罐

Ⅰ-抽提芳烃；Ⅱ-二甲苯；Ⅲ-甲苯；Ⅳ-苯；Ⅴ-重芳烃

芳烃混合物被加热到 90 ℃左右后，进入苯蒸馏塔的中部，塔底重沸器用热载体加热到 130～135 ℃。塔顶产物经冷凝冷却至 40 ℃左右进入回流罐，沉降脱水后打入苯蒸馏塔塔顶作回流。产品苯从侧线抽出，经换热冷却后进入成品罐。

苯蒸馏塔塔底芳烃用泵抽出打至甲苯蒸馏塔中部，塔底再沸器用热载体加热到 155 ℃左右，甲苯蒸馏塔塔顶馏出的甲苯经冷凝冷却后进入回流罐，一部分作甲苯蒸馏塔塔顶回流，另一部分去甲苯成品罐。甲苯蒸馏塔塔底芳烃用泵抽出打入二甲苯蒸馏塔的中部，塔底芳烃经再沸器用热载体加热，控制塔第 8 层温度为160 ℃左右，塔顶馏出的二甲苯经冷凝冷却后进入二甲苯回流罐，一部分作二甲苯蒸馏塔塔顶回流，另一部分去二甲苯成品罐。二甲苯蒸馏塔所蒸馏得到的产物是间位、对位邻位二甲苯及乙苯的混合物，它们之间的沸点差很小，分离比较困难，必须借助多层塔板和大回流比精馏塔将乙苯与邻二甲苯分开，然后再采用其他方法如冷冻分离、吸附分离等将间位、对位二甲苯分开。

## 4.5　石 油 化 工

### 4.5.1　烯烃的生产

石油化工是推动世界经济发展的支柱产业之一。低碳烯烃中的乙烯、丙烯及丁烯等因为结构中存在双键，能够聚合或与其他物质发生氧化、聚合反应而生成一系列重要的产物，是“三大合成”(即合成树脂、合成纤维及合成橡胶等)的基本有机化工原料,从而在石油化工中有着重要的地位。随着炼油和石油化工行业的不断发展,高品质汽油和低碳烯烃的需求不断增加。随着石油化工行业竞争的加剧,各乙烯厂商在技术创新上加强了力度,改进现有乙烯生产技术,提高选择性、降低投资、节能降耗是乙烯生产技术发展的总趋势。

1. 烯烃生产原料

烯烃生产一般可用天然气、炼厂气、直馏汽油、柴油甚至原油作为原料。在高温下,烃类分子的碳链发生断裂并脱氢生成相对分子质量较小的烯烃和烷烃,同时还有苯、甲苯等芳烃以及少量炔烃生成。裂解原料和裂解条件不同,裂解产物也不相同。烯烃生产多使用汽油和柴油馏分。

乙烯原料是影响乙烯生产成本的重要因素,以石脑油和柴油为原料的乙烯装置,原料在总成本中所占比例高达70%～75%。乙烯作为下游产品的原料,对下游产品生产成本的影响同样显著,例如在聚乙烯生产成本中所占比重高达80%左右。因此,乙烯原料的选择和优化是降低乙烯生产成本、提高乙烯装置竞争力的重要环节,也是提高石油化工产品市场竞争力的关键。目前,乙烯生产原料逐步向轻质化和优质化方向发展。

2. 烃类热裂解反应原理

烃类热裂解反应十分复杂,已知的化学反应有脱氢、断链、二烯合成、异构化、脱氢环化、脱烷基、叠合、歧化、聚合、脱氢交联和焦化等。按反应进行的先后次序可以划分为一次反应和二次反应。一次反应即由原料烃类热裂解生成乙烯和丙烯的低级烯烃的反应;二次反应主要是指由一次反应生成的低级烯烃进一步反应生成多种产物,直至最后生成焦和碳的反应。

各种烃类热裂解反应的规律是:直链烃热裂解易得到相对分子质量较小的低级烯烃,烯烃收率高;异构烃比同碳原子直链烃的烯烃收率低;环烷烃热裂解主要生成芳烃;芳烃不易裂解为烯烃,易发生缩合反应;烯烃裂解易得低级烯烃和少量二烯烃。

3. 裂解工艺

裂解反应是体积增大、反应后分子数增多的反应,减压对反应有利。裂解反应也是吸热反应,需要供给大量热量。为了抑制二次反应,使裂解反应停留在适宜的裂解深度上,必须控制适宜的停留时间,温度越高,停留时间越短。

目前,工业上一般采用的裂解设备是管式裂解炉,其实质是外部加热的盘管反应器,炉内装有双面辐射加热的单排管炉,这样可以提高炉管受热的均匀性,并可以提高热强度。为了增加炉管数量通常可采用多组炉管的双室炉,每组炉管由若干炉管(412 根)组成,彼此用U形管连接。现代裂解炉侧壁上装有无焰火嘴或炉底装有焰火嘴,原料通过炉管外部明火加热可达800～1000 ℃左右,使原料发生裂解,得到烯烃。一般裂解炉管长为6～16 m,直径为76～150 mm,材料为$Cr_{25}Ni_{20}$、$Cr_{25}Ni_{35}$。裂解炉是乙烯生产的关键设备。

图4.13是汽油裂解的流程图。

汽油进入泵1入口,经热交换器2被循环重质油加热到80～100 ℃,然后进入裂解炉3的对流室。原料在对流室直接汽化后与稀释水蒸气混合后被加热到600～650 ℃,进入裂解炉辐射室。汽油在辐射管中裂解,炉出口温度为844～870 ℃,裂解炉出来的产物进到急冷-蒸发器4,以降低温度和终止反应。冷却在急冷-蒸发器管内进行,管间是经过化学净化处理的循环水。传递出的热量用于产生高压蒸汽,故急冷-蒸发器顶上直接连接气包5。

裂解产物在急冷-蒸发器中冷却到350～400 ℃,并进到油喷淋器6,在这里与循环的重质油混合冷却至200 ℃左右后进入有轻质焦油回流的初馏塔7。在该塔中分离的裂解重油从塔

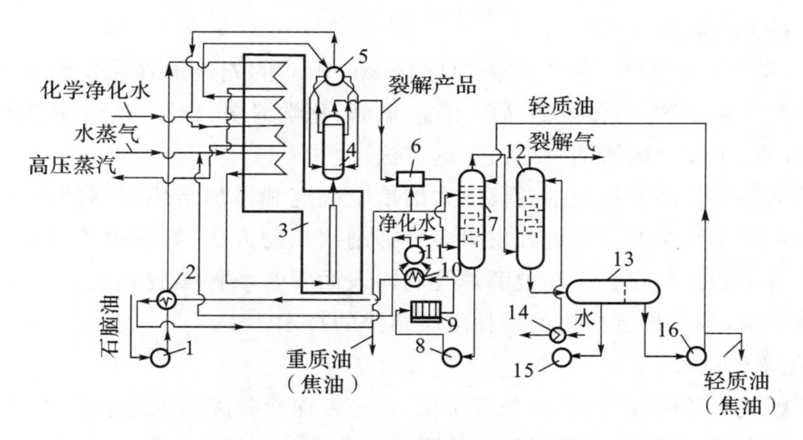


**图 4.13　汽油裂解流程示意图**

1、8、15、16-泵；2-换热器；3-裂解炉；4-急冷蒸发器；5、11-气包；6-油喷淋器；
7-初馏塔；9-过滤器；10-废热锅炉；12-水洗塔；13-油水分离器；14-冷却器

下部用泵 8 抽出，经过滤器 9 到废热锅炉 10（发生蒸汽稀释），本身冷却后作为急冷油。

从初馏塔出来的气体进入水洗塔 12，焦油和大部分水蒸气在此冷凝，裂解气（产品）从塔顶出来去压缩分离。轻质油和水从塔 12 底部出来去油水分离器 13，分离出的油部分返回塔上部作回流，分离出的水供水洗塔 12 作回流。

4. 裂解炉技术

裂解炉技术是影响乙烯生产能耗和物耗的关键技术之一。

（1）混合元件辐射炉管技术。

高性能炉管乙烯裂解炉要求具有良好的热效率并且抗结焦。已经开发出许多抗结焦技术，包括改进内表面或者向进料中添加抗结焦化合物。混合元件辐射炉管技术（MERT）则是采用整体焊接在炉管内的螺旋元件，通过改进炉管的几何形状，导入螺旋流，改变内部流动状况来改善炉管热效率和抗结焦性能。

（2）SL 大型乙烯裂解炉技术。

目前，乙烯裂解炉的规模继续向大型化方向发展。应用大型裂解炉，可以减少设备台数，缩小占地面积，从而降低整个装置的投资。同时，也可减少操作人员、降低维修费用和操作费用，更有利于装置优化控制和管理，降低生产成本。由中国石化集团和 Lummus 公司合作开发的年生产能力为 0.1 Mt 的大型乙烯裂解炉现已被正式命名为 SL 型裂解炉，这是目前我国单炉生产能力最大的乙烯裂解炉。

（3）SRT-X 型新型裂解护。

迄今为止，乙烯工业已设计出采用双炉膛原理的年生产能力为 0.2～0.24 Mt 的裂解炉。双炉膛方法虽然能提供较高的生产能力，但不能大幅度压缩投资。Lummus 公司依据新的裂解炉设计概念开发了一种 SRT-X 型新型裂解炉。该裂解炉结构发生根本变化，单台裂解炉的年生产能力超过 0.3 Mt（单炉膛），高能力的裂解炉减少了投资和操作费用，裂解区投资额可减少 10%，该区域的投资约占装置界区内投资额的 30%，裂解区长度也缩短了 35%。

（4）减轻裂解炉管结焦技术。

乙烯裂解炉结焦会严重降低产品收率，缩短运转周期，增加能耗。在裂解炉中，焦沉积在炉管壁上并降低从裂解炉到反应气体的传热效率，必须定期清焦，通常采用蒸气-空气混合控制燃烧法和机械方式除焦。

AIMM技术公司开发出一种被称为“Hydrokinetics”的先进的管道清洁专有技术。这项技术运用了声波共振原理，与传统的高压水洗、烘烤、化学清洗、打钻、擦洗等清洁方法相比，是一种高效、低成本、更安全的清洁管道污垢的方法。

现有几种减轻结焦的方法包括耗资巨大的冶金改进和添加结焦抑制剂的方法，后者有可能对下游设备产生不利影响。最近开发出多种抑制结焦的方法，如在炉管被安装到裂解炉之前涂在辐射盘管上的涂层材料。在裂解炉管的内表面安装一种螺旋式混合元件，改善气体流动行为和热量传递，也是最近提出的一种减缓结焦的技术。

5. 裂解气净化分离

为脱除裂解气中的酸性气体、水分等杂质，在进入深冷分离系统之前需进行净化处理。常采用的分离流程有顺序分离、前脱丙烷和前脱乙烷流程。根据加氢脱炔反应，在脱甲烷塔前或后，又可分为前加氢和后加氢流程。

裂解产物经过急冷温度下降，裂解反应终止。裂解产物呈液态和气态两种形式，液态产物称为焦油，主要含有芳烃和含C原子数不少于5个的烃类；气态产物主要为氢气、甲烷、乙烯、丙烯、丁烯和相应的小分子烷烃。由于裂解气成分复杂，其中大多数为有用的组分，但也有如$H_2S$、$N_2$、$CO_2$等有害成分以及微量炔烃和一定量水分，如果不进行分离，很难加以直接利用。尤其是在合成高分子聚合物时，烯烃的纯度要求在99.5%以上，因此必须进行分离。

首先裂解气经过压缩，压力达1 MPa后送入碱洗塔，脱去$H_2S$、$CO_2$等酸性气体并干燥，然后进行各组分分离。分离方法通常有两种。

(1) 深冷分离法。

有机化工把冷冻温度低于－100 ℃的冷冻称为深度冷冻，简称“深冷”。在裂解气分离中就是采用－100 ℃以下的深冷系统，工业上称为深冷分离法。此法分离原理是利用裂解气中各种烃类相对挥发度不同，在低温和高压下除了氢气和甲烷外其余都能冷冻为液体，然后在精馏塔中进行多组分精馏，将各个组分逐个分离，其实质是冷凝精馏过程。其步骤是先把裂解气压缩3～4 MPa并脱去重组分$C_5$后，冷冻到－100 ℃左右，送入甲烷塔，将甲烷和氢气以外的烃类冷凝液从塔底抽出后再顺序进入$C_2$、$C_3$等精馏塔，各塔底部均有加热，顶部均有冷冻，通过这样的办法将乙烯、乙烷、丁烯、丁烷及少量$C_5$分离出来。

(2) 吸收精馏法。

由于深冷分离法耗冷量大，而且需要耐低温钢材，成本高。为了节省冷量，少用合金钢材，把分离温度提高到－70 ℃，可采用吸收精馏法。

吸收精馏法用$C_3$、$C_4$作吸收剂，故又称为油吸收分离法。在吸收过程中，比乙烯重的组分均能被吸收，而甲烷、氢气几乎不能被吸收。吸收下来的$C_3$、$C_4$等烃类再采用精馏法将其逐一分离。所以吸收精馏法实质是中冷吸收代替深冷脱甲烷和氢气的过程，冷冻温度从－100 ℃提高到－70 ℃，节约了成本，是吸收与精馏相结合的方法，也称为中冷油吸收法。

吸收精馏法与深冷分离法相比，吸收精馏法流程简单、设备少，所用冷量少，需要耐低温钢材少，投资少、见效快，适合组成不稳定的裂解气和小规模生产。缺点是吸收精馏法动力消耗大，产品质量和收率较深冷分离法要低。

### 4.5.2　烯烃的利用

1. 乙烯系列

(1) 乙烯的主要用途。

乙烯的主要用途见图 4.14。

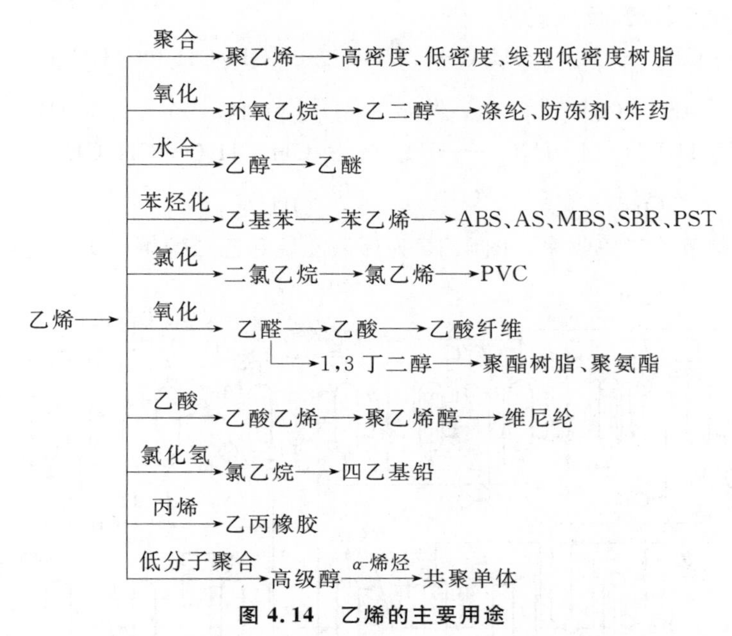


**图 4.14　乙烯的主要用途**

从图 4.14 可以看出乙烯具有非常广泛的用途，它在国民经济中占有重要地位，下面简要介绍以乙烯为原料生产有机化工产品的流程。

(2) 环氧乙烷和乙二醇的生产。

环氧乙烷是石油化工领域需要量最多的中间产品之一，其主要用途是制乙二醇和涤纶、树脂的原料。乙二醇主要用于生产汽车防冻剂、炸药，还可用来生产聚酯树脂、纤维和薄膜等。用环氧乙烷还可以生产表面活性物质、乙醇胺以及某些类型的橡胶。

环氧乙烷的主要制法有氯醇法和乙烯直接氧化法。氯醇法是使乙烯与氯和水发生反应生成氯乙醇，然后以碱液处理得到环氧乙烷的方法，其主要反应式为

$$CH_2{=}CH_2 \xrightarrow[-HCl]{H_2O+Cl_2} \underset{OH\quad\ \ Cl}{CH_2{-}CH_2} \xrightarrow{-HCl} \underset{\diagdown O \diagup}{CH_2{-}CH_2}$$

此法的优点是可用石油裂解气为原料，得到环氧乙烷的同时可得到环氧丙烷，缺点是耗氯量与耗碱量大，设备腐蚀严重。

乙烯直接氧化法是用乙烯(纯度大于 95%)与空气混合，在温度 200～300 ℃，1～1.2 MPa 下通过银催化剂氧化得到环氧乙烷，主要副产物是二氧化碳和水，并有少量甲醛和乙醛生成，该反应为强放热反应，反应式为

$$CH_2{=}CH_2 \xrightarrow{\frac{1}{2}O_2} \underset{\diagdown O \diagup}{H_2C{-}CH_2} \qquad \Delta H = +117\ kJ \cdot mol^{-1}$$

$$CH_2{=}CH_2 \xrightarrow{3O_2} 2CO_2 + 2H_2O \quad \Delta H = +1410\ kJ \cdot mol^{-1}$$

乙二醇在 180～200 ℃,2～2.4 MPa 下,由环氧乙烷水合得到,反应式为

$$\underset{\diagdown O \diagup}{H_2C{-}CH_2} + H_2O \longrightarrow \underset{OH\quad OH}{CH_2{-}CH_2}$$

同时生成二甘醇和三甘醇,反应式为

$$\underset{OH\quad OH}{CH_2{-}CH_2} + \underset{\diagdown O \diagup}{H_2C{-}CH_2} \longrightarrow \underset{OH\qquad\qquad OH}{CH_2CH_2OCH_2CH_2}$$

$$\underset{OH\qquad\qquad OH}{CH_2CH_2OCH_2CH_2} + \underset{\diagdown O \diagup}{H_2C{-}CH_2} \longrightarrow \underset{OH\qquad\qquad\qquad\qquad OH}{CH_2CH_2O{-}CH_2CH_2{-}OCH_2CH_2}$$

改变水合条件可调节乙二醇收率。图 4.15 为环氧乙烷和乙二醇生产工艺流程图。

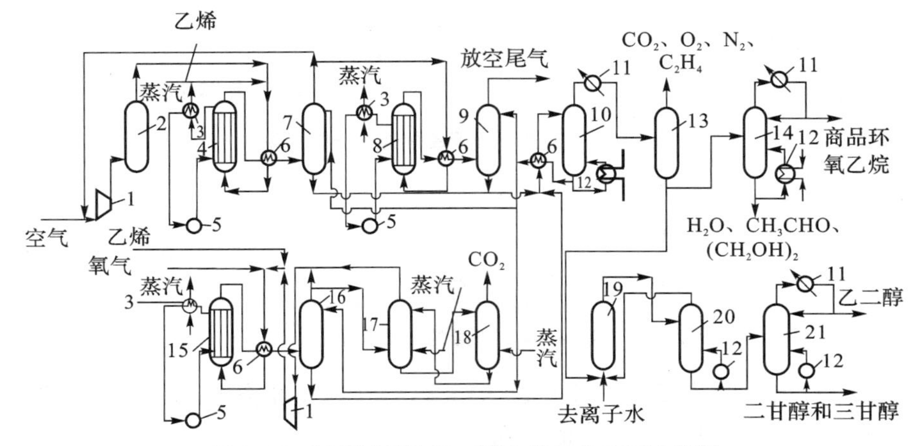


**图 4.15　环氧乙烷和乙二醇生产工艺流程示意图**

1-压缩机;2-空气净化器;3-废热锅炉;4-主反应器;5-泵;6-热交换器;7-主反应区吸收塔;8-第二反应器;9-第二反应区吸收塔;10、13、20-蒸馏塔;11-冷却器;12-再沸器;14、21-精馏塔;15-氧化反应器;16、17-吸收塔;18-解吸塔;19-乙二醇水合反应器

空气和从吸收塔 7 来的循环气进入压缩机 1,两者的混合物经空气净化器 2 与乙烯混合,在热交换器 6 加热后进入主反应器 4,在银催化剂存在下进行氧化反应,生成环氧乙烷和水。反应器壳程内为高沸点热载体,倒出的热量可用来产生废热锅炉 3 的水蒸气,反应后气体经热交换器 6 冷却并进入第一级吸收塔 7,用水或乙二醇作吸收剂,未被吸收的气体自吸收塔 7 出来后分为两股,一股循环回压缩机 1,气量较小的另一股送至第二反应器 8,以充分利用未反应的乙烯,然后反应物进入吸收塔 9,未被吸收的气体放空以排除系统中的 $CO_2$、$N_2$等惰性杂质。

饱和吸收液自吸收塔 7 和 9 出来经热交换器 6 进入蒸馏塔 10 蒸出环氧乙烷和轻组分,吸收剂被再生。再生后吸收剂经热交换器 6 返回吸收塔。塔 10 的顶部产品进入蒸馏塔 13 蒸出气体成分。塔底液一部分去精馏塔 14 除去水分和重组分,塔顶得到商品环氧乙烷,另一部分到水合反应器 19 生产乙二醇。水合反应器出来的产物进入蒸馏塔 20 脱除乙二醇中的水分,塔底产物进入精馏塔 21 分离成为乙二醇、二甘醇和三甘醇混合物。

2. 丙烯系列

(1) 丙烯。

丙烯是乙烯生产过程中的副产品,其主要用途见图 4.16。

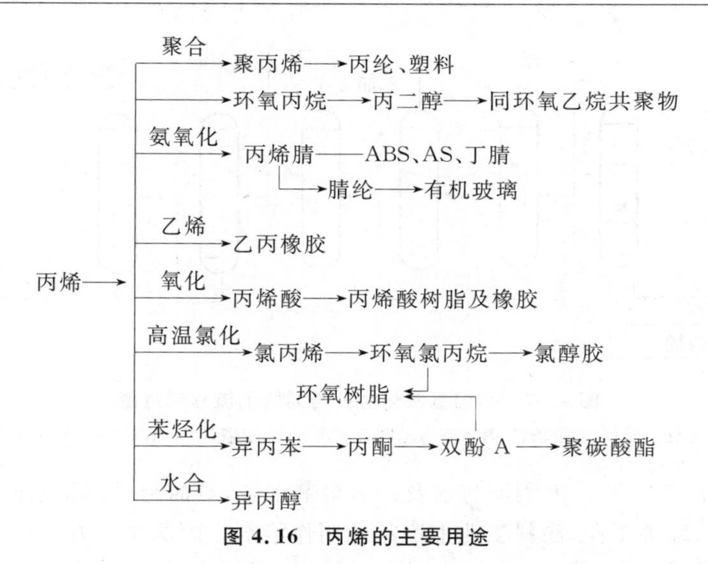


**图 4.16　丙烯的主要用途**

从图 4.16 中可看出，丙烯同样能作为中间体生产许多石油化工产品，是仅次于乙烯的重要有机化工原料。

(2) 丙烯腈。

丙烯腈是一种无色、可燃、流动性的毒性液体，化学性质活泼，是生产合成纤维、橡胶和塑料最重要的单体。其主要用途如下。

① 均相聚合生成聚丙烯腈(PAN 合成纤维)。

② 与丁二烯、苯乙烯等共聚生成 ABS 树脂、丁腈橡胶等。

共聚生成——
- 苯乙烯＋丙烯腈→(SAN)聚合物
- 丙烯腈＋丁二烯＋苯乙烯→(ABS)聚合物
- 丁二烯＋丙烯腈→(NBR)聚合物

③ 电解加氢二聚生成 $NC(CH_2)_4CN$(己二腈)。

目前世界上绝大部分丙烯腈是由丙烯氨氧化得到，如

$$CH_2=CH-CH_3+NH_3+\frac{3}{2}O_2 \longrightarrow CH_2=CH-CN+3H_2O$$

生成的副产物主要有氢氰酸、乙腈、甲烷、二氧化碳、丙烯酸和少量的聚合物、乙醛。

原料除丙烯外，还需要氨和空气或工业氧气。此外，为了稀释混合物，需要加入水蒸气。反应催化剂是载于硅胶、硅藻土、偏硅酸等上面的钼、铋、钴、钒、锡、锑等的氧化物，如 $Bi_2Mo_2O_{12}$。由于是放热反应，需要及时移走热量，工业上现采用流化床反应器以克服固定床反应器传热差、催化剂床层温度不均匀以及需要定期更换催化剂的缺点。用流化床反应器进行丙烯氢氧化生产丙烯腈的流程见图4.17。

丙烯、空气(或氧气)和氨进入流化床反应器 1，反应器中温度约 510 ℃，压力约为 0.3 MPa。借助冷却蛇管导出反应热，蛇管内是加压循环水，水可汽化。反应气体进入吸收塔 2，吸收未反应的有机物，塔顶排出剩余的丙烯与甲烷。吸收液体去蒸馏塔 3 将丙烯腈与乙腈分离，塔底产物到乙腈塔将乙腈与水等重组分分离，塔 3 顶部粗丙烯腈在塔 5 脱除氢氨酸后去塔 6，脱除重组分得到商品丙烯腈。

(3) 丙酮和甲乙酮。

丙酮是一种无色透明、易挥发、易燃的液体，带有芳香味，相对密度为 0.79，熔点为

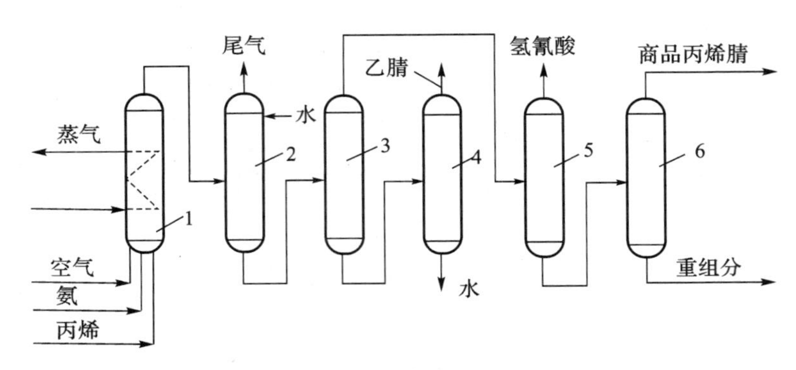


**图 4.17　丙烯氢氧化生产丙烯腈的流程示意图**

1-流化床反应器；2-吸收塔；3-丙烯腈与乙腈分离塔；4-乙腈塔；5-氢氰酸塔；6-商品丙烯腈塔

−94.6 ℃，沸点为 56.1 ℃。丙酮能与水及许多溶剂混合，对油脂、树脂、乙酸纤维素溶解能力很强，在化学工业、纤维工业、涂料工业上广泛地用作溶剂。丙酮生产方法较多，主要有异丙醇法、异丙苯法、丙烯氧化法。

有机玻璃、炔酮法合成橡胶、聚碳酸酯、乙酸纤维素等的生产原料都离不开丙酮。此外，在清漆涂料、喷漆的调和及无烟火药制造时，丙酮也是不可缺少的。

甲乙酮为甲基乙基酮的简称，又称为 2-丁酮。甲乙酮沸点适中，溶解性能好，挥发速度快，无毒，在工业上有广泛用途。可用作硝基纤维、乙烯基树脂、丙烯酸树脂、醇酸树脂、环氧树脂及其他合成树脂的溶剂，又可用于黏合剂，如作为聚氨甲酸酯、丁腈橡胶、氯丁橡胶等为原料的黏合剂。还可用于洗涤剂、润滑油脱蜡剂、硫化促进剂和反应中间体等。

3. 丁烯系列

丁烯为 $C_4$ 烯烃，是分子式为 $C_4H_8$ 的单体烯烃异构体及丁二烯的统称。丁烯没有天然来源，主要来自催化裂化及乙烯生产时的裂解气，可进行加成、聚合、取代等多种化学反应，是现代石油化工重要的基础原料。

丁烯在石油化工中具有的广泛用途，如图 4.18 所示。

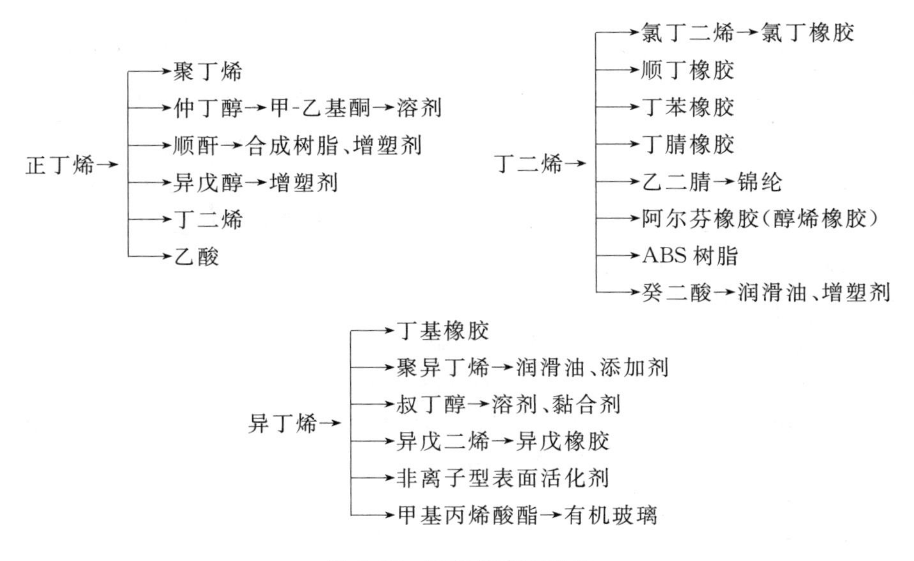


**图 4.18　丁烯的主要用途**

### 4.5.3　芳烃的利用

工业上芳烃主要来源于煤加工中的煤焦油和石油加工工业中的催化重整石油和裂解汽油，随着石油炼制和石油化工的迅速发展，石油芳烃已占据主导地位。

芳烃是石油化工的重要基础原料，在总数约 800 万种的已知有机化合物中，芳烃化合物约占 30%，其中 BTX 芳烃，即苯、甲苯。二甲苯被称为一级基本有机原料。

1. 苯系列

苯为无色液体，有特殊气味，比水轻，不溶于水，沸点为 80.1 ℃，熔点为5.5 ℃。由于苯的特殊结构，使苯易发生取代反应，在一般条件下不易发生加成反应和氧化反应，苯的这些特性常称为“芳香性”。

(1) 乙苯。

乙苯是重要的有机化工原料中间体，绝大部分用来生产苯乙烯，而苯乙烯是生产聚苯乙烯的原料。乙苯是无色透明的液体，沸点为136.1 ℃，其挥发气体易燃易爆。

乙苯的工业化生产始于 20 世纪 30 年代，二次大战期间，对合成橡胶的需求急剧增长，促进了乙苯和苯乙烯生产的高速发展。此后，塑料工业对聚氯乙烯的需求日益增长，又进一步促进乙苯及苯乙烯生产向大型化转化。目前世界上约有 32 个国家和地区生产乙苯，有近 100 套生产装置。我国有万吨级生产能力的乙苯装置 13 套，最大的是扬子-巴斯夫(合资)公司的年生产能力 13 万吨的乙苯装置。

乙苯的生产方法有苯、乙烯烷基化合成法和 $C_8$ 馏分精密分馏法两种。

由苯、乙烯烷基化合成乙苯的生产工艺有三氯化铝法、气相分子筛法和液相分子筛法。

(2) 环己烷。

环己烷为无色易挥发液体，相对分子质量为 84.157，沸点为 80.8 ℃，相对密度为 0.779，易燃，不溶于水，易溶于有机溶剂。

环己烷是重要的石油化工中间产品之一，主要用来制造己二酸、己内酰胺及己二胺，它们是生产尼龙纤维和树脂的原料，全世界生产的环己烷约 90%用来生产尼龙 6 和尼龙 66。同时，环己烷还可制造环己胺，并能用作纤维素醚类、脂肪类、油类、蜡、沥青和树脂的溶剂，涂料和清漆的去除剂等。

目前世界上环己烷生产方法有两种。一是蒸馏法，从石油馏分中蒸馏分离出环己烷。因为环己烷在石油中含量 0.5%～1.0%，尤其在环烷基原油中含量较多。二是苯加氢法，目前世界上大部分环己烷是通过苯加氢制得的。苯加氢制环己烷生产工艺简单、成本低廉，而且产品纯度高，非常适合于合成纤维生产厂的原料生产。

2. 甲苯系列

甲苯为无色易挥发液体，具有芳香气味，沸点为 110.6 ℃，熔点为−95 ℃，不溶于水，溶于有机溶剂。

(1) 苯甲酸和苯甲醛。

苯甲酸和苯甲醛是甲苯重要的衍生物。苯甲酸又名安息香酸，以游离态或以盐、酯的形式广泛存在于自然界。苯甲酸为无色片状结晶，微溶于水，溶于乙醇、乙醚、氯仿、苯、二硫化碳和四氯化碳，沸点为 249.2 ℃，但在 100 ℃时能迅速升华。

苯甲酸和它的钠盐是重要的食品防腐剂，苯甲酸还广泛用作医药、染料和香料的中间体，合成树脂的改性剂，增塑剂以及钢制品重要防锈剂等，值得一提的是由苯甲酸合成苯酚、己内酰胺、二甲酸等产品的工艺流程已日益受到人们的重视,其技术问题已基本解决,但生产成本和技术经济指标有待进一步改进。

目前世界上生产苯甲酸的方法有甲苯氯化法、邻苯二甲酸酐脱羧法、甲苯氧化法。

苯甲醛纯品是无色、挥发性油状液体,沸点为 179 ℃,有苦杏仁味,可燃,燃烧后具有芳香气味。苯甲醛微溶于水,能与乙醇、乙醚、苯和氯仿互溶,在 25℃时还能和浓硫酸、液体二氧化碳、液氨、甲胺和二乙胺混合。苯甲醛的主要用途是用作医药、染料和香料的中间体,是生产晶绿(孔雀绿)、月桂酸和月桂醛的重要原料。

目前世界上苯甲醛生产主要采用甲苯氯化水解法和甲苯直接催化氧化法。

(2) 硝基甲苯。

硝基甲苯的分子式为 $C_7H_7NO_2$,相对分子质量为 137.14。硝基甲苯的几种异构体分别为邻硝基甲苯、间硝基甲苯和对硝基甲苯。它们相应结构式分别为

$CH_3$ / $NO_2$ 邻硝基甲苯　　$CH_3$ / $NO_2$ 间硝基甲苯　　$CH_3—C_6H_4—NO_2$ 对硝基甲苯

邻硝基甲苯为黄色透明油状液体,具有苦杏仁味。纯品凝固时生成两种不同形态的结晶:$\alpha$-晶型(不稳定),为透明针状晶体;$\beta$-晶型(稳定),为不透明晶体,能溶于多数有机溶剂如乙醇、乙醚、氯仿和苯等,微溶于水。

间硝基甲苯低温下为晶体,常温下为黄色透明油状液体,易溶于乙醇、乙醚和苯,微溶于水。

对硝基甲苯为黄色正交型晶体,微溶于水,能溶于大多数有机溶剂如乙醇、乙醚、氯仿、苯、四氯化碳等。

硝基甲苯主要用途是作为合成染料、医药、化学助剂等的中间体,邻、对硝基甲苯用得最多的是生产甲苯二异氰酸酯。

邻硝基甲苯还大量用于制造邻甲苯胺,是生产还原桃红 R 和硫化蓝 BRN 的中间体。邻甲苯胺再次硝化生成大红色基 G。邻甲苯胺经氯化和还原反应,可制成水果红色基 KB。邻甲苯胺又可作为制农药的原料。

对硝基甲苯经还原得对甲苯胺,是合成酸性媒介艳绿 GS 和黄色硫化染料的原料。对硝基甲苯还可用于生产消毒防腐药雷佛奴耳等。

间硝基甲苯经还原得间甲苯胺,是生产 X 型活性黄和直接耐晒黄 RS 等染料中间体,也是彩色胶片显影剂 CD-2、CD-3 的主要原料。

生产硝基甲苯的主要原料有甲苯、硫酸和氢氧化钠。工业上生产硝基甲苯均以甲苯为原料,用硝化剂经硝化反应而得邻、间、对三种异构体的硝基甲苯。产物中邻、间、对三种异构体比例为 60∶4∶36。

硝化是指有机化合物分子中的氢原子或基团被硝基取代的反应。主要硝化方法有直接硝化法和间接硝化法两种。

3. 二甲苯系列

二甲苯为无色透明、易挥发液体,有芳香气味,有毒,不溶于水,溶于有机溶剂。二甲苯在性质上与苯相似,可被 $KMnO_4$ 溶液氧化。

(1) 邻苯二甲酸酐。

邻苯二甲酸酐俗称苯酐，常温下为无色针状或小片状斜方或单斜晶体，易燃。工业品为白色片状或熔融状态，闪点（开杯）为 151.7 ℃，燃点为 584 ℃，沸点为 284.5 ℃。有升华性和特殊轻微的刺激性气味。

邻苯二甲酸酐是重要的有机化工产品和二次加工的原料，有 60%以上用于制造聚氯乙烯增塑剂，30%用于制造不饱和聚酯树脂和醇酸树脂，从中可制得涤纶纤维和薄膜。其余 10%则用于油漆、染料、医药和农药生产。

目前世界邻苯二甲酸酐工业生产流程有固定床气相氧化法、流化床气相氧化法及液相氧化法。而过去采用的萘等为原料的液相氧化法、流化床气相氧化法和萘固定床气相氧化法绝大部分已经被淘汰，取而代之的是以邻二甲苯为原料的固定床气相氧化法，约占世界总生产能力的 85%以上。

(2) 对苯二甲酸。

对苯二甲酸是白色针状或无定形的固体，不溶于水和普通有机溶剂，受热不熔化，在 300 ℃以上升华。

对苯二甲酸（PTA）主要用作聚酯原料。聚酯用来生产纤维、薄膜和热塑性塑料。聚酯薄膜（25～400 μm）用于录音、录像的磁带，电影胶片、电气绝缘和包装用品的制造。少量对苯二甲酸用作除草剂、黏合剂、印刷油墨、涂料和油漆的中间体，也被用作动物饲料的添加剂。

对苯二甲酸又是聚对苯二甲酸对苯二胺纤维（芳纶 Ⅱ）的原料，而芳纶 Ⅱ 是一种高模量高强度纤维，在宇航工业中具有重要用途。

## 复习思考题

1. 简述石油在国民经济中的地位和作用。
2. 简述石油产品的分类，产品的沸点范围及其用途。
3. 为什么原油要进行一次加工、二次加工和三次加工？简要叙述常减压蒸馏工艺流程。
4. 简述减压蒸馏的目的和意义？
5. 催化裂化主要有哪几类反应？哪些反应是不利的？
6. 催化裂化装置由哪三大系统组成？叙述各系统的主要作用。
7. 简述催化重整的原料和产品。
8. 简述催化重整预处理的步骤和目的。
9. 简述催化重整中的反应类型及重整工艺流程。
10. 催化裂化和催化重整各采用何种类型的催化剂？简述催化剂的组成和作用。
11. 通常所指的石油化工包括哪些部分？
12. 烯烃生产的原料有哪些？
13. 裂解气净化分离采取哪些方法？各利用什么原理？
14. 乙烯、丙烯、丁烯各有哪些主要用途？

## 主要参考文献

[1]　沈本贤. 石油炼制工艺学[M]. 北京：石油工业出版社，2009.

[2]　徐春明，杨朝合. 石油炼制工程[M]. 4 版. 北京：石油工业出版社，2009.

[3]　程丽华. 石油炼制工艺学[M]. 北京：中国石化出版社，2005.

[4]　林世雄. 石油炼制工程[M]. 2 版. 北京：石油工业出版社，1988.

[5]　刘家明，王玉翠，蒋荣兴. 石油炼制工程师手册 第 2 卷[M]. 北京：中国石化出版社，2017.

[6]　李淑培. 石油加工工艺学（上、中册）[M]. 北京：中国石化出版社，1991.

# 第5章　高分子化工

## 5.1 概　　述

### 5.1.1 高分子化工

高分子化工是高分子化学工业(polymer chemical industry)和高分子化学工程学(polymer chemical engineering)的简称,主要研究高分子化合物合成和高分子材料加工技术及其应用。

高分子材料已在人类生活的各个方面发挥着重要的作用。在第二次世界大战前,只有几种材料用于商品制造。例如,用棉花、羊毛、麻和一些农产品制造编织品以满足各方面的需要。随着高分子化学和化工技术的发展,出现了各种合成纤维、塑料、橡胶、黏合剂和树脂,它们深入到人类生活的各个领域,从而使高分子材料发展迅猛,远远超过了其他各类材料。高分子化学工业已成为现代化学工业的一个重要组成部分。

高分子化工包括合成树脂与塑料、合成橡胶、合成纤维、涂料、黏合剂和其他精细、功能性高分子工业等。高分子化工产品(聚合物)已在建筑、包装、纺织、汽车、农业、仪器仪表、日用品等领域广泛应用。高分子化工还为航天航空、电子信息、医疗卫生和军事领域提供各类高功能、高性能的材料,是现代高科技产业的基础。

高分子化学工程学则是以高分子化学工业为背景,研究各类高分子从实验室研制到百吨乃至百万吨规模的工业化生产所经历的工艺路线,过程设计、放大,过程技术经济评价,过程与设备参数确定等工程和化学问题;研究如何通过化学反应装置的优化,高质高效地生产各类聚合物。高分子化工还涉及高分子的成型加工、一次改性(化学改性)和二次改性(共混、填充、增强等物理改性)等问题,并研究高分子的结构与性能。高分子化工是现代化学工程学的一个重要分支,是化学工程学与高分子科学交叉形成的一门工程科学。

虽然人类应用天然高分子材料的历史久远,但高分子工业的发展不超过两百年。其中塑料、橡胶和纤维工业近一百年才得到较快发展。中国的高分子工业在20世纪50年代初开始起步,80年代以后迅速发展,短短几十年已经成为世界高分子合成材料生产大国。截至2017年,以各类基础聚合物计,三大合成材料(合成树脂、合成橡胶、合成纤维)生产总规模以及合成材料的成型加工总能力已位居世界首位。涂料、黏合剂和复合材料的产量也位居世界前列。

### 5.1.2 高分子的基本概念

(1) 单体。通过反应能制备高分子化合物的物质称为单体。例如乙烯是单体,能聚合生成聚乙烯。

$$nCH_2=CH_2 \longrightarrow \sim CH_2-CH_2-CH_2-CH_2-CH_2-CH_2 \sim\sim$$

某一种氨基酸,若能相互反应,失去水分子,聚合生成聚氨基酸,这种氨基酸也称为单体,是制备聚合物的原料。

$$nH_2N-\underset{H}{\overset{R}{C}}-\overset{O}{\overset{\|}{C}}-OH \xrightarrow{-nH_2O} \left[ \overset{H}{N}-\underset{H}{\overset{R}{C}}-\overset{O}{\overset{\|}{C}} \right]_n$$

(2) 二聚体、三聚体及低聚体。单体的聚合反应常有连续性，两个单体分子首先反应形成二聚体，再与第三个单体结合生成三聚体，反应机理以此类推。二聚体通常是线型分子，但三聚体、四聚体、五聚体等可以是线型或环状化合物。下列反应表示三种系统内单体、二聚体及三聚体之间的关系。低分子聚合产物如二聚体、三聚体、四聚体、五聚体等无论环状或者线型，均称为低聚物。低聚物与聚合物具有完全不同的性质。

$$2HO-CH_2-\overset{O}{\overset{\|}{C}}-OH \xrightarrow{-H_2O} \underset{\text{二聚体}}{HO-CH_2-\overset{O}{\overset{\|}{C}}-O-CH_2-\overset{O}{\overset{\|}{C}}-OH} \xrightarrow[\text{单体}]{-H_2O} \underset{\text{三聚体}}{HO\left[CH_2-\overset{O}{\overset{\|}{C}}-O\right]_3H}$$

$$\underset{\text{单体}}{HC\equiv CH} \rightarrow \text{乙炔三聚体(苯)}\ C_6H_6$$

$$\underset{\text{单体}}{HC\equiv CH} \rightarrow \left[CH=CH\right]_n \quad \text{聚乙炔}$$

$$\underset{\text{单体}}{H_2C=O} \rightarrow \text{三氧六环(三聚甲醛)}$$

$$\underset{\text{单体}}{H_2C=O} \rightarrow \left[CH_2-O\right]_n \quad \text{聚甲醛}$$

(3) 聚合物。聚合物是指高相对分子质量的聚合产物，又称为高聚物、高分子、大分子，具有高的相对分子质量，常用的聚合物的相对分子质量高达 $10^4 \sim 10^6$，甚至更高。一个大分子往往由许多相同、简单的结构单元通过共价键重复连接而成，这些重复单元实际上或从概念上由

相应的小分子衍生而来。例如聚氯乙烯分子由许多氯乙烯结构单元重复连接而成。可表示为

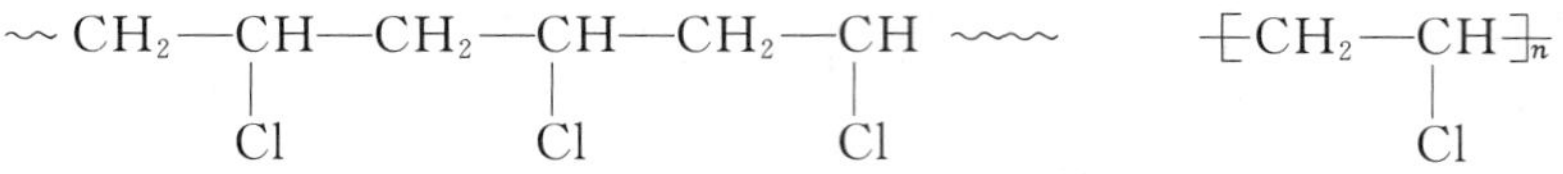

$$\sim CH_2-\underset{Cl}{\underset{|}{CH}}-CH_2-\underset{Cl}{\underset{|}{CH}}-CH_2-\underset{Cl}{\underset{|}{CH}}\sim\sim \qquad \left[CH_2-\underset{Cl}{\underset{|}{CH}}\right]_n$$

$n$ 为重复单元数或链节数。括号内是聚氯乙烯的结构单元,又称为重复单元,是由氯乙烯单体反应得到的结构单元,其元素组成和排列都与单体相同,仅电子结构发生变化,故又称为单体单元。线型大分子类似一个链子,则重复单元又可称为链节。因此聚氯乙烯这一类聚合物中由单体反应后生成的结构,可称为单体单元、重复单元、结构单元和链节。而方括号外的 $n$ 代表重复连接的次数,又称为聚合度,定义为重复单元数目。聚合度是表征高分子大小的一个重要参数。

高分子化合物的相对分子质量就是重复单元的相对分子质量 $M_0$ 与聚合度 DP 或重复单元数 $n$ 的乘积,可表示为

$$M=(\mathrm{DP})M_0=nM_0$$

例如,常用聚氯乙烯的聚合度为 600～1600,其重复单元相对分子质量为62.5,因此相对分子质量为$(4\sim10)\times10^4$。

聚乙烯的分子式习惯写成$\left[CH_2CH_2\right]_n$,以便容易看出其单体单元,而不写成$\left[CH_2\right]_n$。还有一类聚合物与聚氯乙烯不同,是由两种单体聚合生成高分子,例如由己二胺和己二酸缩聚生成商品名称为尼龙 66 的高分子,其中重复单元由以下两种结构单元组成:

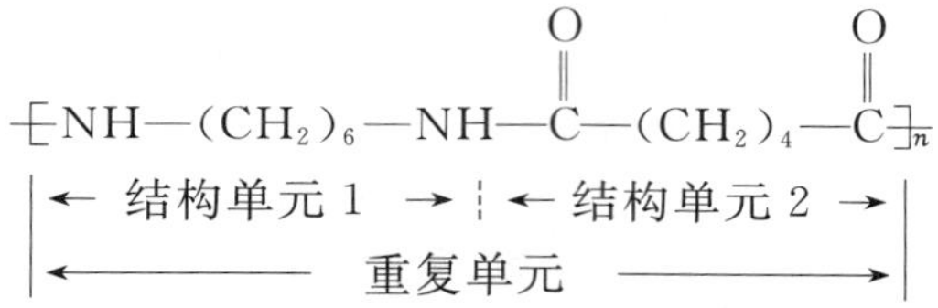

$$\left[NH-(CH_2)_6-NH-\overset{O}{\overset{\|}{C}}-(CH_2)_4-\overset{O}{\overset{\|}{C}}\right]_n$$

|← 结构单元 1 →|← 结构单元 2 →|
|←　　　重复单元　　　→|

这两种结构单元分别来源于单体己二胺 $NH_2[(CH_2)_6]NH_2$ 和单体己二酸 $HOOC(CH_2)_4COOH$,但聚合过程中消除小分子水而失去了一些原子,这些结构单元不宜再称为单体单元。

这种情况,结构单元总数 $X_n$ 将是重复单元数 $n$ 的 2 倍,即在聚酰胺类聚合物中,聚合度与结构单元总数的关系为

$$X_n=2n=2\mathrm{DP}$$

$$M=n(M_{10}+M_{20})=\mathrm{DP}\ (M_{10}+M_{20})=X_n\times\frac{1}{2}(M_{10}+M_{20})$$

(4) 均聚物与共聚物。由一种单体聚合而成的聚合物称为均聚物,例如聚氯乙烯。由两种或两种以上单体聚合而成的聚合物称为共聚物。很多商品化的合成聚合物都是共聚物。根据所含单体单元种类的多少可分为二元共聚物、三元共聚物等,以此类推。

$$n\ \underset{CH=CH_2}{\underset{|}{C_6H_5}} + n\ \underset{CH=CH_2}{\underset{|}{C\equiv N}} \longrightarrow \left[\underset{C_6H_5}{\overset{}{CH}}-CH_2-\underset{C\equiv N}{CH}-CH_2\right]_n$$

二元共聚物根据单体单元在分子链上的排列方式可分为四类。

① 无序(规)共聚物(random copolymer)。

两种单体单元的排列没有一定顺序,A 单体单元相邻的单体单元是随机的,可以是 A 单体单元,也可以是 B 单体单元。如

AAABAABAABBABABAAB

② 交替共聚物(alternating copolymer)。

两单体单元在分子链上有规律地交替排列，A 单体单元相邻的肯定是 B 单体单元。如

ABABABABABABABABABABABAB

③ 嵌段共聚物(block copolymer)。

两单体单元在分子链上成段排列。如

AAAAAAAAAAAAAABBBBBBBBBBBB

④ 接枝共聚物(graft copolymer)。

以其中一单体组成的长链为主链，另一单体组成的链为侧链(支链)与之相连。如

```
~~ AAAAAAAAAAAAAAAAAAAAAAAAA ~~
     |            |        |
   BBBBBB       BBBBB    BBBBBB
        ~            ~        ~
```

(5) 线型高分子。线型高分子(如图 5.1 所示)是由长的骨架原子组成的，例如聚乙烯，也可以有取代侧基，例如聚氯乙烯、聚甲基丙烯酸甲酯、聚丙烯腈、尼龙 66、聚对苯二甲酸乙二醇酯等。线型高分子通常可溶解在溶剂中，固态时可以是玻璃态的热塑性塑料，有的聚合物常温下为柔顺性材料，也有的是弹性体。

(6) 支化高分子。支化高分子是带有支链的线型高分子，其分支具有与主链相同的基本结构，如图 5.1 所示。支化高分子也是可溶的，很多性质和线型高分子类似。但与线型高分子不同的是结晶倾向降低，溶液的黏度不同。

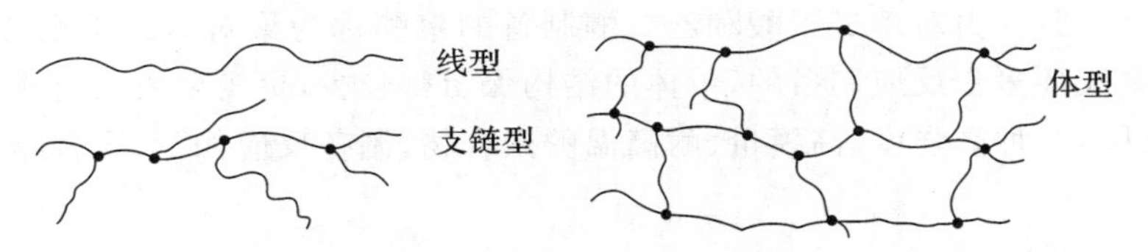


**图 5.1　不同高分子的结构示意图**

(7) 交联高分子。高分子链间以化学键结合可生成交联或体型(网状)高分子，如图 5.1 所示。这类高分子一般能被溶剂溶胀而不能溶解，也不能熔融。交联高分子能溶胀的量取决于交联密度，交联键越多，溶胀的量越少，但当高度交联时，溶胀也不能发生。一些热固性树脂就是高度交联的。而橡胶作为弹性材料则具有轻度的交联结构。

(8) 高分子共混物。两种或更多种聚合物机械混合在一起称为高分子共混物。它能将两种或多种聚合物的性质综合在一起。根据组成、共混结构的不同可以得到各种改性的高分子材料以满足技术上的需要。

### 5.1.3　聚合物的分类和命名

1. 聚合物的分类

可以从单体来源、合成方法、用途、成型热行为、结构等不同角度对聚合物进行分类。

按照来源，聚合物可分为天然高分子(自然界天然存在的高分子)、半天然高分子(经化学改性后的天然高分子)、合成高分子(由单体聚合人工合成的高分子)。

按照主链结构，聚合物可分为以下几种。

① 碳链聚合物。主链全部由碳原子组成，如聚氯乙烯、聚乙烯。

② 杂链聚合物。构成主链的元素除碳外,还有氧、氮、硫、磷等一些元素,如聚醚、聚酯、聚酰胺、聚氨酯等。

③ 元素有机聚合物。主链中不含碳原子,只有硅、氧、铝、钛、硼等若干种元素,但侧链多半是有机基团,如甲基、乙基、乙烯基等。聚硅氧烷(有机硅橡胶)是典型的例子。

按照用途,聚合物可分为塑料、合成橡胶、合成纤维、黏合剂、涂料、复合材料等,其中塑料、合成橡胶和合成纤维产量最大,品种最多,统称为三大合成材料。

按照聚合物的合成反应类型,聚合物可分为缩合聚合物、加成聚合物和开环聚合物。

按加热时所表现的性质不同,聚合物可分为热塑性聚合物和热固性聚合物。

按照分子构造,聚合物可分为线型聚合物、支链型聚合物和体型聚合物。

2. 聚合物的命名

(1) 根据来源或制法命名。很多聚合物的名称是由单体或假想单体名称前加一个“聚”字而来,例如聚乙烯、聚丙烯、聚氯乙烯、聚甲基丙烯酸甲酯等。聚乙烯醇的名称是由假想的乙烯醇单体而来,由于乙烯醇不稳定,它以乙醛的形式存在,所以实际上聚乙烯醇是由聚乙酸乙烯酯经醇解而得到的。这种命名法使用方便,又能把单体原料来源标明,所以已广泛应用。然而,有时也会产生混淆和无法命名的情况,如聚 ε-己内酰胺和聚 6-氨基己酸是同一种聚合物,因有两种原料单体,故出现两个名字。

(2) 根据聚合物的结构特征命名。很多缩合聚合物是两种单体通过官能团间缩聚反应制备的,在结构上与单体有差别。因此可根据结构单元的结构来命名,前面冠以“聚”字。如聚酰胺、聚酯、聚碳酸酯等。这些名称都代表一类聚合物,如由己二胺和己二酸反应制备的聚酰胺称为聚己二酰己二胺。由对苯二甲酸和乙二醇制备的聚酯称为聚对苯二甲酸乙二酯,有一些聚合物是经缩聚关环多步反应制备的,单体的结构保留得较少,更需要由聚合物的结构特征命名,例如聚酰亚胺,一种高强度、高模量、耐高温的聚合物,制备反应如下,聚合物结构中已看不出单体来源了。

$n$ 均苯四甲酸酐 + $n\mathrm{H_2N}$—C₆H₄—$\mathrm{NH_2}$ (对苯二胺) ⟶ 中间体 $\xrightarrow{-2n\mathrm{H_2O}}$ 聚酰亚胺

均苯四甲酸酐　　对苯二胺

中间体　　聚酰亚胺

(3) 根据商品命名。有机化合物的命名很复杂,对于聚合物就更复杂了。在商业生产和流通中,人们习惯用简单明了的称呼,并能与应用联系在一起。例如聚甲基丙烯酸甲酯类聚合物称为有机玻璃。塑料类聚合物常加后缀“树脂”,例如酚醛树脂,脲醛树脂,醇酸树脂分别由苯酚和甲醛,尿素和甲醛,甘油和邻苯二甲酸制备的聚合物,有时也将聚氯乙烯称为氯乙烯树脂。将应用为橡胶类的聚合物加上后缀“橡胶”,例如丁二烯和苯乙烯共聚物称为丁苯橡胶,丁二烯和丙烯腈共聚得丁腈橡胶,乙烯和丙烯共聚得乙丙橡胶等。将用作为纤维类的聚合物,以

"纶"作为后缀,如涤纶(由对苯二甲酸和乙二醇制备的聚合物称为聚对苯二甲酸乙二酯)、锦纶(尼龙6)、维尼纶(聚乙烯醇缩醛)、腈纶(聚丙烯腈)、氯纶(聚氯乙烯)、丙纶(聚丙烯)等。此外也有直接引用国外商品名称音译的,如聚酰胺又称尼龙,聚己二酰己二胺称尼龙66,聚癸二酰癸二胺称尼龙1010,尼龙66中,第一个数表示二元胺的碳原子数目,第二个数为二元酸的碳原子数目,因此尼龙610是己二胺和癸二酸的缩聚产物。尼龙只附一个数字则代表氨基酸或内酰胺的聚合物,数字也代表碳原子数。例如尼龙6是己内酰胺的聚合物。

(4) IUPAC系统命名法。为了避免聚合物命名中的多名称或不确切而带来的混乱,国际纯化学和应用化学联合会(International Union of Pure and Applied Chemistry)提出了以结构为基础的系统命名法,其主要原则是:确定重复单元结构,排好重复单元中次级单元的次序,给重复单元命名,最后冠以"聚"字,就成为聚合物的名称。现举例如下:

$$\left[\!-CH_2-CH_2-O-\!\right]_n \qquad \left[\!-\underset{\displaystyle Cl}{\underset{|}{CH}}-CH_2-\!\right]_n \qquad \left[\!-CH=CHCH_2CH_2-\!\right]_n$$

聚氧化乙烯　　　　聚氯乙烯　　　　聚丁烯

按IUPAC命名比较严谨,但太烦琐。往往沿用习惯名称。

### 5.1.4 高分子化合物的合成方法

由小分子化合物单体制备聚合物主要通过加聚反应、缩聚反应、开环聚合反应、高分子转化反应实现。

1. 加聚反应

一些烯类、炔类、醛类等化合物具有不饱和键的单体,能进行加聚反应生成聚合物。可以用下面的反应通式来说明,侧基X可以表示不同的取代基,得到的聚合物有不同的性质。当X为H、Cl、$C_6H_5$、$CH_3$、$CH_3O-CO-$、CN……时,则制得非常有用的大品种聚合物——聚乙烯、聚氯乙烯、聚苯乙烯、聚丙烯、聚丙烯酸甲酯、聚丙烯腈等。

$$n\underset{\displaystyle X}{\underset{|}{CH}}=CH_2 \longrightarrow \left[\!-\underset{\displaystyle X}{\underset{|}{CH}}-CH_2-\!\right]_n$$

双烯类单体也能经加聚反应生成聚合物,如

$$nCH_2=\underset{\displaystyle X}{\underset{|}{C}}-CH=CH_2 \longrightarrow \left[\!-CH_2-\underset{\displaystyle X}{\underset{|}{C}}=CH-CH_2-\!\right]_n$$

当取代基分别为H、$CH_3$、Cl时可得聚丁二烯、聚异戊二烯和聚氯丁烯。

四氟乙烯、甲醛等一些不饱和单体也能聚合生成非常有用的聚四氟乙烯、聚甲醛等高分子材料。

$$nCF_2=CF_2 \longrightarrow \left[\!-CF_2-CF_2-\!\right]_n$$

$$nCH_2=O \longrightarrow \left[\!-CH_2-O-\!\right]_n$$

2. 缩聚反应

两个或两个以上的分子相互作用失去水、氨或其他小分子(如甲醇)的反应称为缩聚反应(逐步聚合反应)。这类反应是合成许多重要聚合物如尼龙、聚酯、苯酚-甲醛及脲-甲醛树脂的基础。

一个分子中能参加反应的官能团数称为官能度。例如乙酸和乙醇各具有一个官能团,其官能度为1,两者组成的反应系统称为1-1系统。乙酸与乙醇生成的产物乙酸乙酯不再具有能进一步聚合的官能团,是最终产物。显然,对于1-1官能度系统以及1-2、1-3官能度系统,其缩聚反应结果,都只能得到具有低相对分子质量的化合物。

单体分子中所含有的反应性官能团数目等于或大于2时,方可能经缩聚反应生成聚合物。发生缩聚反应的单体所含反应性官能团的数目全部为2时,经缩聚反应生成的最终产物为线型高相对分子质量聚合物。为了与加聚反应所得线型高相对分子质量聚合物有所区别,可简称为线型缩聚物。

尼龙就是典型的线型缩聚物。例如尼龙66是己二胺和己二酸的缩聚产物。

$$nH_2N-(CH_2)_6-NH_2+nHO\overset{\overset{\displaystyle O}{\|}}{C}-(CH_2)_4-\overset{\overset{\displaystyle O}{\|}}{C}OH\xrightarrow{-(2n-1)H_2O}$$

$$H\!\left[NH-(CH_2)_6-NH-\overset{\overset{\displaystyle O}{\|}}{C}-(CH_2)_4-\overset{\overset{\displaystyle O}{\|}}{C}\right]_nOH$$

聚酯是二元酸和二元醇的缩聚物。其中对苯二甲酸与乙二醇缩聚生成的是涤纶。

$$nHO-\overset{\overset{\displaystyle O}{\|}}{C}-R-\overset{\overset{\displaystyle O}{\|}}{C}-OH+nHO-R'-OH\xrightarrow{-(2n-1)H_2O}HO\!\left[\overset{\overset{\displaystyle O}{\|}}{C}-R-\overset{\overset{\displaystyle O}{\|}}{C}-O-R'-O\right]_nH$$

如果一部分单体含有的反应性官能团数目大于2,反应时分子向两个以上的方向增长,结果形成支链或体型交联结构缩聚物。形成体型交联结构缩聚物的反应称为体型缩聚反应。苯酚和甲醛缩聚生成的酚醛树脂,尿素和甲醛缩聚生成的脲醛树脂,都是体型缩聚反应。

无机缩聚物如聚硅酸盐及聚磷酸酯,由相应的二羟基、三羟基或四羟基单体脱水而得。有一些无机聚合物是通过缩聚反应制备的,例如聚硅酸盐、聚磷酸盐是由相应的硅酸盐和磷酸盐经脱水缩聚而成的,若以“M”代表碱金属,反应方程式为

$$\frac{1}{2}nHO-\overset{MO\quad OM}{Si}-OH+\frac{1}{2}nHO-\overset{MO\quad OM}{Si}-OH\xrightarrow{-(n-1)H_2O}H\left[O-\overset{MO\quad OM}{Si}\right]_nOH$$

生物高分子则是在酶催化下经缩聚反应生成。例如蛋白质是在酶催化下,在一定的生化环境中,按一定顺序把20余种α-氨基酸缩聚生成超高相对分子质量聚合物,葡萄糖则是在特定的生化环境和酶催化下能生成淀粉、纤维素或糖原。核酸则缩聚成DNA或RNA。

3. 开环聚合反应

某些环状化合物在催化剂存在下,开环聚合生成高相对分子质量的线型聚合物。例如,聚环氧乙烷是通过环氧乙烷单体开环聚合制备的,己内酰胺聚合生成尼龙6等。

$$nH_2\overset{\diagup\overset{O}{}\diagdown}{C\text{——}CH_2}\xrightarrow{\text{叔胺}}\left[O-CH_2-CH_2\right]_n$$

$$O{=}\overset{\diagup\overset{(CH_2)_5}{}\diagdown}{C\text{——}NH}+H_2O\rightleftharpoons HOOC(CH_2)_5NH_2$$

很多无机环状化合物也能开环聚合,例如下列一些反应能生成长链高分子,八硫环生成聚硫橡胶,八甲基环四硅氧烷开环聚合成聚甲基硅橡胶,六氯环三磷腈(三聚氯化磷腈)生成聚二氯化磷腈,它们均是无机橡胶材料。

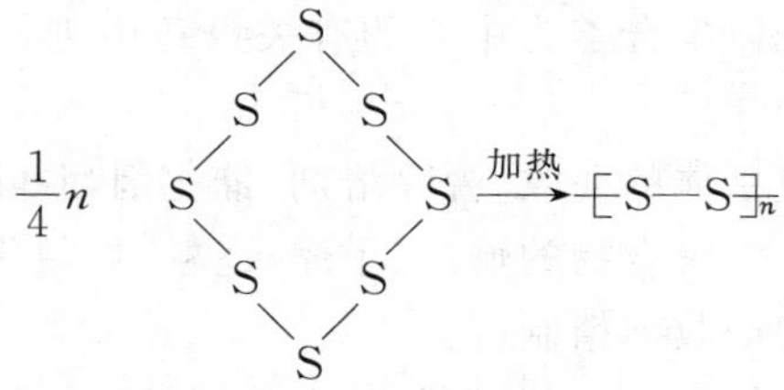

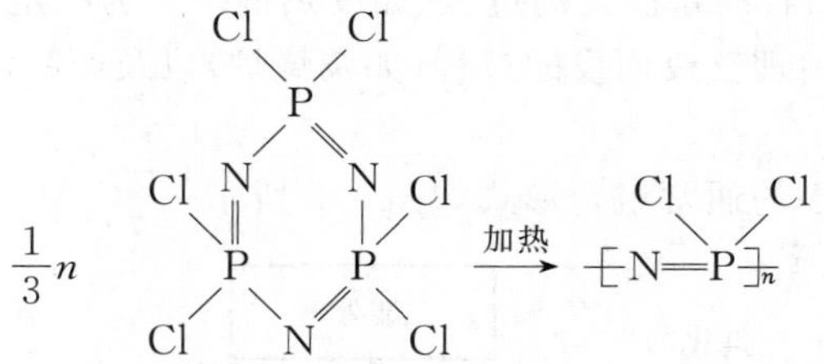

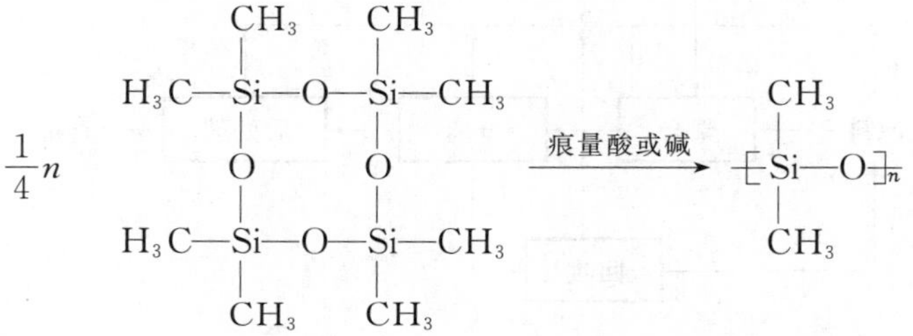

$$\frac{1}{4}n\ S_8\ (\text{环状 }S_8) \xrightarrow{\text{加热}} \left[ S-S \right]_n$$

$$\frac{1}{3}n\ (NPCl_2)_3\ (\text{环状}) \xrightarrow{\text{加热}} \left[ N{=}PCl_2 \right]_n$$

$$\frac{1}{4}n\ [(CH_3)_2SiO]_4\ (\text{环状}) \xrightarrow{\text{痕量酸或碱}} \left[ Si(CH_3)_2-O \right]_n$$

4. 高分子转化反应

通过高分子的转化反应也能使一种高分子变成性质各异的另一种高分子，这在利用和改性天然高分子中有很多实例。在合成高分子中最为典型的例子则是维尼纶的工业制备。它是由乙酸乙烯酯单体经过加聚反应生成聚乙酸乙烯酯，再经醇解转化成聚乙烯醇，然后纺丝成纤维。为了增加抗水溶性，再经甲醛处理，使具有水溶性的羟基甲醛化。其中聚乙烯醇只能通过高分子转化反应生成，并不存在相应的乙烯醇单体。相关反应式如下。

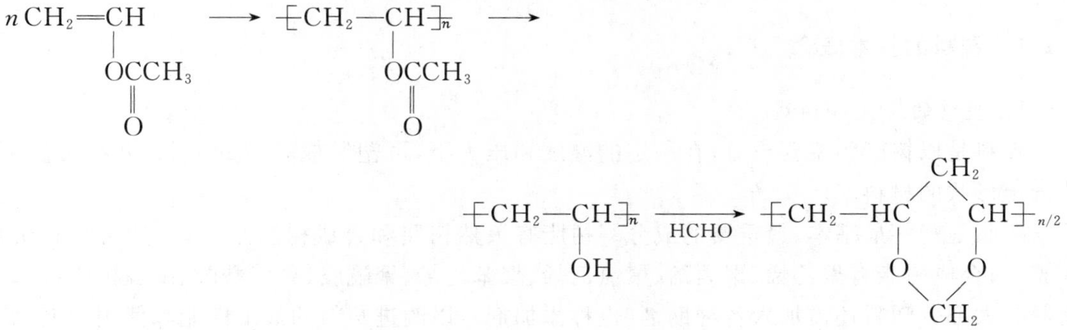

$$n\,CH_2{=}CH(OCOCH_3) \longrightarrow \left[ CH_2-CH(OCOCH_3) \right]_n \longrightarrow$$

$$\left[ CH_2-CH(OH) \right]_n \xrightarrow{HCHO} \left[ CH_2-HC(O-CH_2-O)CH-CH_2 \right]_{n/2}\ (\text{环状缩醛})$$

## 5.1.5 高分子化合物的生产过程

聚合物的合成是一个将小分子聚合成大分子的过程。高分子合成生产，主要包括以下生产过程。

(1) 原料准备与精制过程——单体、溶剂、去离子水等原料的储存、洗涤、精制、干燥、调整浓度等。

(2) 催化剂(引发剂)配制过程——聚合用催化剂、引发剂和助剂的制造、溶解、储存、调整浓度等。

(3) 聚合反应过程——在以聚合釜为中心的有关设备中进行的反应物料输送、操作条件控制、单体的聚合反应等。

(4) 分离过程——未反应单体的回收、脱除溶剂、催化剂,脱除低聚物等。

(5) 聚合物后处理过程——聚合物的输送、干燥、造粒、均匀化、储存、包装等。

(6) 回收过程——溶剂的回收与精制等。

(7) 辅助过程——为回收能量而设的过程(如废热锅炉)、为稳定生产而设的过程(如缓冲罐、稳压罐、中间储槽)、为治理三废而设的过程(如焚烧炉)以及产品储运过程(如传送装置、储槽、仓库)等。

聚合工艺流程中各工序的通常组合形式如图 5.2 所示。

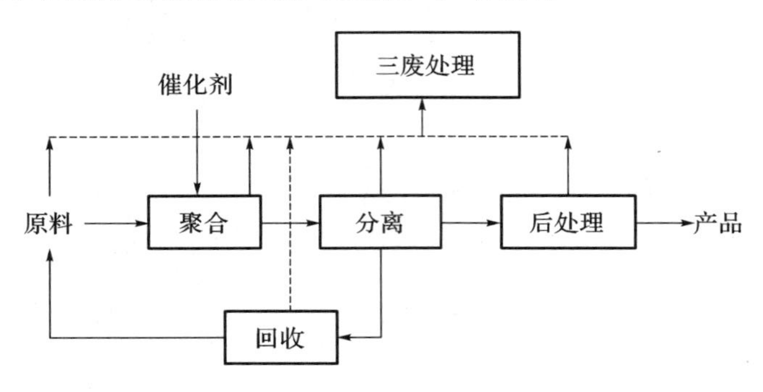


图 5.2　聚合工艺流程中各工序的通常组合形式

对于某一品种高聚物的生产而言,由于生产工艺条件的不同,可能不需要通过上述全部生产过程,各过程所占的比重也因品种不同和生产方法的不同而有所不同。

## 5.2　合成塑料

### 5.2.1　塑料的基本概念

1. 塑料的定义和组成

塑料是以树脂为主要成分,在一定的温度和压力下,可塑制成一定的形状,并在常温下保持既定形状的材料。

树脂是塑料最基本、最重要的成分。树脂有天然树脂和合成树脂之分,天然树脂有松香、虫胶等;合成树脂有聚乙烯、聚丙烯、聚氯乙烯、聚苯乙烯、聚酰胺、聚碳酸酯、酚醛树脂、环氧树脂等。大部分塑料还需加入各种助剂(也称添加剂),以改进塑料的加工性能和使用性能,助剂有增塑剂、稳定剂、润滑剂、填充剂、阻燃剂、发泡剂、着色剂等。助剂在一定程度上对塑料的力学性能、物理性能和加工性能起重要作用。有些塑料不加入任何助剂,如聚四氟乙烯塑料,这样的塑料称为单组分塑料,否则为多组分塑料。

2. 塑料的分类

塑料种类很多,根据塑料的性能可分为热塑性塑料和热固性塑料。

(1) 热塑性塑料。热塑性塑料是指在一定温度范围内可以软化乃至熔融流动,冷却后又能固化成一定形状的塑料。此过程可反复进行多次,其典型品种有聚乙烯、聚丙烯、聚氯乙烯、聚苯乙烯等。这类塑料的优点是有较好的物理力学性能,易成型加工。缺点是除少数品种外,一般耐热和刚性较差。有一些热塑性塑料(例如聚酰亚胺、聚苯并咪唑等)具有耐腐蚀、耐高温、高绝缘性、低摩擦系数等优异性能。

(2) 热固性塑料。热固性塑料是指在加热过程中发生化学反应,由线型高分子变成体型高分子结构,此后遇热不再熔融,也不溶于有机溶剂的塑料。如果加热温度过高,热固性塑料则会炭化。典型品种有酚醛塑料、脲醛塑料、环氧树脂、不饱和聚酯、氨基塑料、呋喃塑料等。这类塑料的优点是耐热性高,尺寸稳定性好,价廉。但本身的力学性能较差,需进行增强改性。如玻璃纤维增强后制成的增强塑料,俗称“玻璃钢”,其强度可与金属媲美。

根据塑料的用途可把塑料分为通用塑料和工程塑料两大类,前者有聚氯乙烯、聚乙烯、聚丙烯、聚苯乙烯、酚醛树脂、脲醛树脂等塑料,后者有聚酰胺、ABS、聚碳酸酯、聚甲醛等塑料。

3. 塑料的基本性能

(1) 质轻、比强度高。塑料质轻,一般密度在0.9～2.3 $g \cdot cm^{-3}$之间,只有钢铁的1/8～1/4,铝的1/2左右,而各种泡沫塑料的密度更低,约在0.01～0.5 $g \cdot cm^{-3}$之间。比强度是按单位质量计算的强度,有些增强塑料的比强度接近甚至超过钢材。例如合金钢材,其单位质量的拉伸强度为160 MPa,而用玻璃纤维增强的塑料可达到170～400 MPa。

(2) 电绝缘性能优异。几乎所有的塑料都具有优异的电绝缘性能,极小的介电损耗和优良的耐电弧特性,这些性能可与陶瓷媲美。

(3) 优良的化学稳定性能。一般塑料对酸、碱等化学药品均有良好的耐腐蚀能力,特别是聚四氟乙烯的耐化学腐蚀性能比黄金还要高,甚至能耐“王水”等强腐蚀性电解质的腐蚀,被称为“塑料王”。

(4) 减磨、耐磨性能好。大多数塑料具有优良的减磨、耐磨和自润滑特性。许多耐摩擦零件都是利用工程塑料的这些特性制造的。在耐磨塑料中加入某些固体润滑剂或填料时,可降低其摩擦系数或进一步提高其耐磨性能。

(5) 透光及防护性能。多数塑料都可以作为透明或半透明制品,其中聚苯乙烯和丙烯酸酯类塑料像玻璃一样透明。聚甲基丙烯酸甲酯俗称有机玻璃,可用作航空玻璃材料。聚氯乙烯、聚乙烯、聚丙烯等塑料薄膜具有良好的透光和保暖性能,大量用作农用薄膜。塑料具有多种防护性能,因此常用作防护包装用品,如塑料薄膜、箱、桶、瓶等。

(6) 减震、消音性能优良。某些塑料柔韧而富于弹性,当它受到外界频繁的机械冲击和振动时,内部产生黏性内耗,将机械能转变成热能,因此工程上可用作减震消音材料。例如,用工程塑料制作的轴承和齿轮可减少噪音,各种泡沫塑料也是广泛使用的优良减震消音材料。

塑料的优良性能使它在工农业生产和人们的日常生活中具有广泛用途。塑料已从过去作为金属、玻璃、陶瓷、木材和纤维等材料的代用品,一跃成为现代生活和尖端工业不可缺少的材料。但塑料也有一些缺陷,例如,耐热性比金属等材料差,一般塑料仅能在100 ℃以下温度使用,少数可在200 ℃左右使用;塑料的热膨胀系数比金属大3～10倍,其尺寸的稳定性容易受温度变化的影响;在载荷作用下,塑料会缓慢地产生黏性流动或变形,即蠕变现象;此外,塑料在大气、阳光、长期的压力或某些介质作用下会发生老化,使性能变坏等。塑料的这些缺点或多或少地限制了它的应用。

### 5.2.2 塑料助剂及其作用

树脂是塑料最基本的,也是最重要的成分,它是决定塑料制品特性最重要的因素。但大部分塑料还需加入各种助剂(也称添加剂),以改进塑料的加工性能和使用性能。助剂在一定程度上对塑料的力学性能、物理性能和加工性能起重要作用。常用的塑料助剂主要有以下几种。

（1）填料及增强剂。为提高塑料制品的强度和刚性，常加入一些无机粉末填料。填料的主要功能是降低成本和收缩率，在一定程度上也有改善塑料某些性能的作用，如增加模量和硬度，降低蠕变等。主要的填料种类有：硅石（石英砂）、硅酸盐（云母、滑石、陶土、石棉）、碳酸钙、金属氧化物、炭黑、玻璃珠、木粉等。也可加入各种纤维材料作增强剂，如玻璃纤维、石棉纤维、碳纤维、石墨纤维和硼纤维。增强剂和填料的用量一般为原料量的20%～50%。增强剂和填料的增强效果取决于它们和聚合物界面分子相互作用的状况。采用偶联剂处理填料及增强剂，可增加其与聚合物之间的作用力，通过化学键偶联起来，更好地发挥其增强效果。

（2）增塑剂。对一些玻璃化温度较高的聚合物，为制得室温下的软质制品和改善加工时熔体的流动性能，需要加入一定量的增塑剂。增塑剂一般为沸点较高、不易挥发、与聚合物有良好相容性的低分子油状物。增塑剂分布在大分子链之间，降低分子间作用力，具有降低聚合物玻璃化温度及成型温度的作用。通常玻璃化温度的降低值与增塑剂的体积分数成正比。同时增塑剂也使制品的模量降低、刚性和脆性减少。

（3）稳定剂。稳定剂的作用主要是防止成型过程中高聚物受热分解或长期使用过程中防止高聚物受光和氧的作用而老化降解，有热稳定剂、光稳定剂、抗氧化剂等。

此外还有润滑剂、抗静电剂、阻燃剂、着色剂、发泡剂、偶联剂、固化剂、防霉剂等。

### 5.2.3　塑料树脂的合成

1. 聚乙烯

聚乙烯是生产最早、应用广泛、产量最大的聚合物产品。聚乙烯具有优良的耐低温性能，化学稳定性好，耐大多数酸、碱，电绝缘性能好，主要用于制造薄膜、容器、管材、板材、电线电缆、日用品等。

聚乙烯的单体为乙烯，根据生产方式不同，得到两种不同的聚乙烯，即高压法得到低密度聚乙烯，低压法得到高密度聚乙烯。低密度聚乙烯是部分支化的产品，分子中有长侧链，分子间排列不紧密，密度为0.91～0.935 g·cm$^{-3}$，产品透明性及柔性较好；高密度聚乙烯基本上是线型产品，很少支化，密度为0.94～0.966 g·cm$^{-3}$，产品机械强度高。高压法工艺流程短，成本低，应用面广，但设备要求高。低压法易于投产，但需除去催化剂和回收溶剂，制造成本高。

（1）高压法。乙烯在高压下，由自由基聚合而制得低密度聚乙烯。

$$n\mathrm{CH_2{=}CH_2} \longrightarrow \mathrm{\left[CH_2{-}CH_2\right]_{\mathit{n}}}$$

图5.3为乙烯高压本体聚合生产流程。一般管式反应器要求最高压力为300 MPa，釜式反应器最高压力为250 MPa。达到压力的乙烯经冷却后进入聚合反应器，引发剂用高压泵送入乙烯进料口或直接注入聚合设备。聚合后的物料经适当冷却后进入高压分离器，减压至25 MPa，未反应的乙烯与聚乙烯分离，经冷却脱去低聚合物后，返回压缩机循环使用。聚乙烯则进入低压分离器，减压至0.1 MPa以下，使残存的乙烯进一步分离、循环使用。聚乙烯经处理后（如挤出切粒、干燥、密炼、混合、造粒等），制成粒状。

典型的聚合条件是：压力为100～300 MPa，温度为80～300 ℃，采用氧或有机过氧化物为引发剂。一般用氧（$O_2$）引发时，温度为230 ℃；用有机过氧化物引发时，温度为150 ℃。由于所采用的反应温度高于乙烯的临界温度，聚合时单体处于气相，这是少有的。为了有利于链的增长反应（与乙烯的浓度有关），并使它超过终止反应（不受乙烯浓度影响），所以须在高压下进

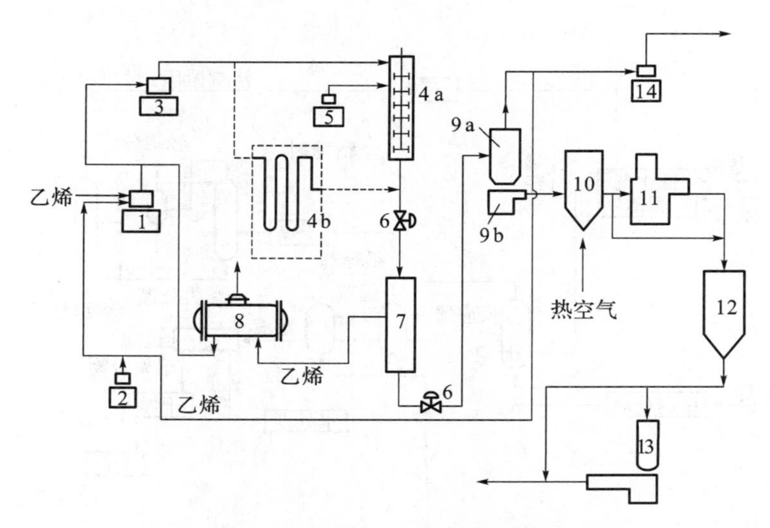


**图 5.3　乙烯高压本体聚合生产流程示意图**

1-一次压缩机；2-相对分子质量调节剂泵；3-二次高压压缩机；4a-釜式聚合反应器；4b-管式聚合反应器；5-催化剂泵；6-减压阀；7-高压分离器；8-废热锅炉；9a-低压分离器；9b-挤出切粒机；10-干燥器；11-密炼机；12-混合机；13-混合物造粒机；14-压缩机

行。乙烯的转化率一般为15%～25%，最高可达35%，未转化的乙烯可循环使用。

高压聚乙烯所用的原材料及催化剂如下。

① 乙烯。一般纯度应大于99.9%，在循环乙烯中，为了控制惰性杂质的含量，可采用排放一部分气体或重新精制的方法。

② 共聚单体。在生产乙烯共聚物时，采用乙酸乙烯为共聚单体。

③ 相对分子质量调节剂。丙烯、丙烷等，一般用量相当于乙烯体积的1%～6%。

④ 助剂。应用于聚乙烯树脂成型中的助剂有以下四种。

抗氧化剂：4-甲基-2，6二叔丁基苯酚。

润滑剂：硬脂酸铵、油酸铵、亚麻仁油酸铵的混合物。

开口剂：高分散性的硅胶、铝胶。

抗静电剂：环氧乙烷与长链脂肪族胺或脂肪醇的聚合物。

⑤ 引发剂。过氧化物。过氧化物引发剂有过氧化二苯甲酰，过氧化二叔丁基，过氧化十二烷酰，过氧化苯甲酸叔丁酯等。通常有机过氧化物溶解在液体石蜡（白油）中配制成溶液使用。

由于在高温高压下乙烯不稳定，易裂解成碳、甲烷或氢气，并放出热量，直至发生爆炸，为此应防止引发剂局部过浓，注意引发剂添加的方式及位置。

（2）低压法。乙烯在烷烃溶液中，以烷基铝和四氯化钛组成的配合物为催化剂，可在常压和较低温度下聚合成为聚乙烯。其原理是阴离子配位聚合，因烷基铝易水解，所以高密度聚乙烯是用溶液淤浆法聚合的。低压聚乙烯的工艺过程包括：配合催化剂的配制，乙烯的聚合，聚乙烯的分离、净化和干燥，溶剂的回收，如图5.4所示。以乙烯为原料，丙烯或丁烯为共聚单体，$C_6$～$C_8$的烷烃（如己烷）为溶剂，氢为相对分子质量调节剂，在齐格勒高效催化剂作用下，在聚合反应釜中进行聚合，聚合反应的压力为0.1～3 MPa，温度为60～85 ℃，浆液浓度为25%～40%，平均停留时间为2～4 h。反应后经脱单体、脱溶剂、聚合物分离、干燥、造粒等工序,成为产品。

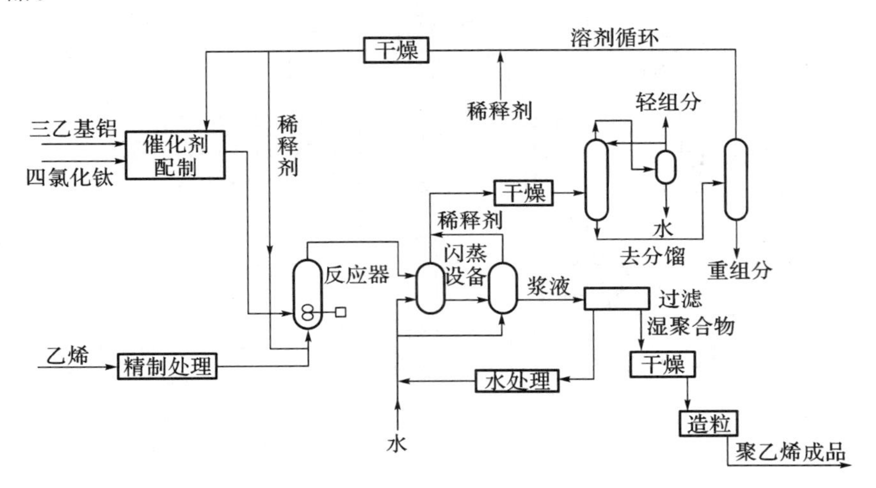


图 5.4 乙烯低压聚合工艺流程

乙烯聚合所用的齐格勒催化剂是以三乙基铝或一氯二乙基铝和四氯化钛为主体的物质。催化剂在反应介质中的浓度一般为 0.5～1 $g \cdot L^{-1}$,调节铝与钛的质量比值、温度及共聚单体的加入量,可制取各种相对分子质量的聚乙烯产品。

2. 聚丙烯

$$n\mathrm{CH_2{=}\underset{\displaystyle CH_3}{\underset{|}{CH}}} \xrightarrow{\mathrm{AlCl_3\text{-}TiCl_4}} \mathrm{\left[ CH_2{-}\underset{\displaystyle CH_3}{\underset{|}{CH}} \right]_n}$$

聚丙烯是重要的热塑性树脂。聚丙烯有三种立构结构。

(1) 等规立构结构,在此结构中甲基与连着的碳链处在同一平面上,如图 5.5(a)所示。

(2) 间规立构结构,在此结构中甲基交错分布在同一平面上,如图 5.5(b)所示。

(3) 无规立构结构,在此结构中甲基随意分布,无一定规律可循,如图 5.5(c)所示。

为了获得性能较好的聚丙烯,关键在于研制以等规立构结构聚合物为主要产物的齐格勒催化剂。催化剂一般是由氯化钛烷基铝加入其他化合物(第三组分)所组成的,最常用的是 $TiCl_3$-$(C_2H_5)_2AlCl$ 配合催化剂,所得聚丙烯的等规立构含量高达 80%～90%。聚丙烯的密度是所有热塑性塑料中最低的,为 0.90～0.915 $g \cdot cm^{-3}$。

聚丙烯的工业化生产是在齐格勒-纳塔型催化剂存在下进行聚合的,所采用的过程与低压法聚乙烯生产过程相似。在某些情况下,同一装置可以随意生产两者之中任一种聚合物。

聚丙烯的生产有溶液聚合法和本体聚合法等。目前本体聚合应用较为普遍。本体聚合又分为液相本体(小本体)和气相本体聚合两种。

3. 聚氯乙烯

聚氯乙烯是仅次于聚乙烯的第二大热塑性树脂品种,大量应用于硬管、硬板、高压电绝缘层等。目前工业上采用的氯乙烯聚合方法有悬浮聚合、乳液聚合、本体聚合等,其中悬浮聚合是目前各国生产聚氯乙烯的最主要的方法。

以下以悬浮聚合为例,说明聚氯乙烯的生产过程。

氯乙烯在引发剂和悬浮剂存在下,其聚合反应为

$$n\mathrm{\underset{\displaystyle Cl}{\underset{|}{CH}}{=}CH_2} \longrightarrow \mathrm{\left[ \underset{\displaystyle Cl}{\underset{|}{CH}}{-}CH_2 \right]_n}$$

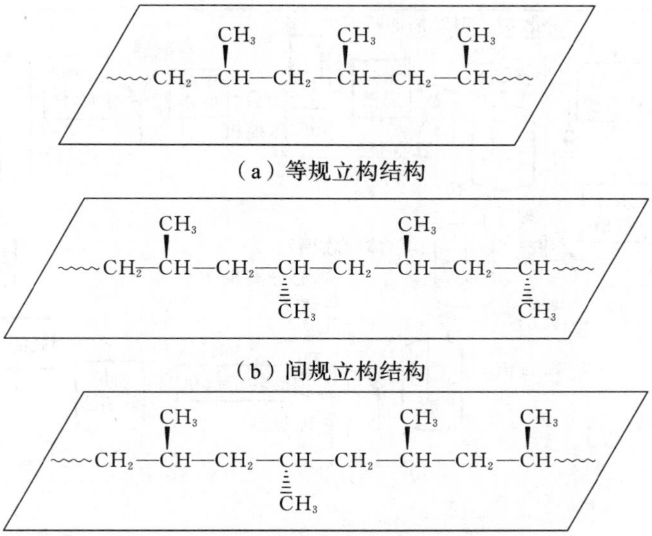

$$\sim CH_2—\overset{CH_3}{CH}—CH_2—\overset{CH_3}{CH}—CH_2—\overset{CH_3}{CH}\sim$$

（a）等规立构结构

$$\sim CH_2—\overset{CH_3}{CH}—CH_2—\underset{CH_3}{CH}—CH_2—\overset{CH_3}{CH}—CH_2—\underset{CH_3}{CH}\sim$$

（b）间规立构结构

$$\sim CH_2—\overset{CH_3}{CH}—CH_2—\underset{CH_3}{CH}—CH_2—\overset{CH_3}{CH}—CH_2—\overset{CH_3}{CH}\sim$$

（c）无规立构结构

**图 5.5　聚丙烯的立构结构**

氯乙烯悬浮聚合的配方随引发剂、分散剂及其他助剂、操作条件的不同而有变化。聚氯乙烯相对分子质量主要依赖反应温度，故各种型号的树脂聚合温度也不相同，相应的反应压力和出料温度也随之变化。为了使氯乙烯保持液态，聚合温度一般在 40～70 ℃之间，与此温度相应的氯乙烯饱和蒸气压力为 0.6～1.2 MPa，因此，聚合时的操作压力为 1.5 MPa 左右，反应转化率约为 88%。

聚合用的氯乙烯纯度要求不低于 99.9%，引发剂为有机过氧化物或偶氮化合物，可单独使用，也可混合使用。为了使单体保持分散状态，尚需加入一定量的悬浮剂，如明胶、聚乙烯醇。悬浮聚合常用的介质是水，水与单体的质量之比称为水油比。采用较高的水油比，比较容易控制聚合反应的温度，也易保持单体的分散状态；采用较低的水油比，则可提高设备的生产能力，但不利于传热。

聚氯乙烯悬浮聚合的生产流程如图 5.6 所示。

首先各助剂分别按规定浓度配制。经过计量的软水自软水计量槽放入釜中，开始搅拌，随后加入分散剂、引发剂及助剂，继续搅拌 5～10 min 使这些组分溶解或分散均一，然后停止搅拌。用 $N_2$ 转换釜内空气或交替使用充 $N_2$ 和抽空 1～2 次进行脱氧操作。之后将新鲜氯乙烯与回收氯乙烯按一定比例自单体计量槽放中釜中，投料即告结束。为了缩短脱氧操作时间，有时可在聚合 1～2 h 后，利用釜内压力将釜内液面上部的凝缩气体排入气柜 1～2 次，既进行了脱氧操作，也缩短了生产周期。由于原料种类和操作方法不同，加料顺序和投料方法也有变化。

加料结束后，开启搅拌，以热水或蒸汽通入夹套，升温至釜内物料达到预定温度。根据聚氯乙烯树脂型号不同，按要求改变工艺条件进行操作。聚合反应开始后，可向釜夹套通冷冻水移出反应热，同时可用釜顶上部冷凝器回流冷凝排除部分聚合反应热。釜内温度可由电脑通过仪表系统控制。反应 12～14 h 后，当转化率达 85%～90%时，压力下降至 0.46～0.56 MPa，则可准备出料。

聚合结束后利用聚合釜内余压将聚合物悬浮液压入沉析槽中，让未反应单体返回气柜。

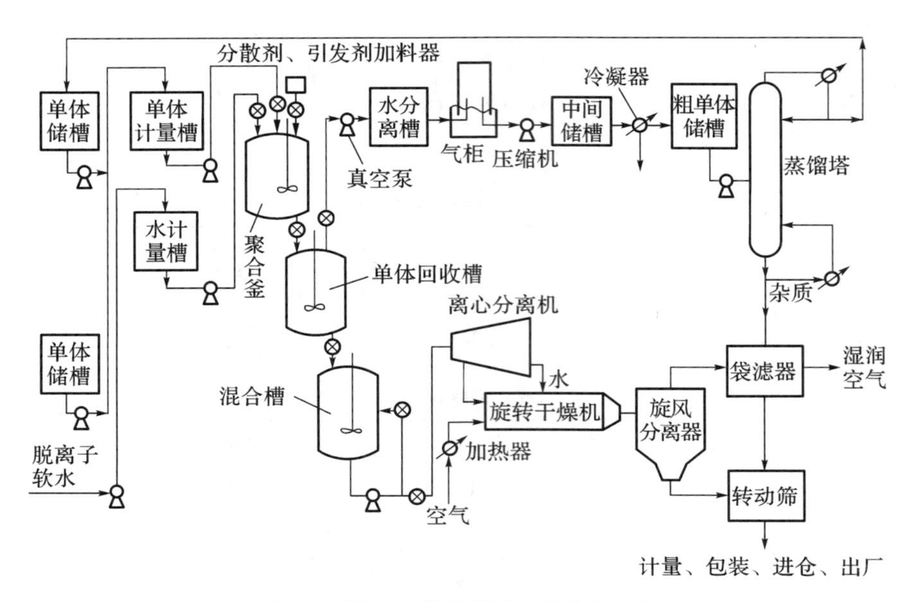


**图 5.6　聚氯乙烯悬浮聚合的生产流程**

聚氯乙烯则在沉析槽中进行碱处理，以破坏低分子聚合物(和明胶)，中和其中的酸性物质，并水解其中的引发剂等。之后进行脱水洗涤和干燥，可得聚氯乙烯合格产品。

4. 聚苯乙烯

聚苯乙烯是产量居第三位的热塑性树脂。由于聚苯乙烯均聚物质脆而硬，性能较差，为此采用与其他单体共聚的方法进行改进。如苯乙烯与丙烯腈共聚，制取 AS 树脂；苯乙烯、丙烯腈和丁二烯共聚，制取 ABS 树脂；以及苯乙烯与丁二烯共聚制得丁苯橡胶。

苯乙烯聚合可用自由基引发，也可用离子配位聚合催化剂进行聚合，反应式为

$$n\mathrm{CH_2{=}CH(C_6H_5)} \longrightarrow \mathrm{[\!-CH_2{-}CH(C_6H_5)-\!]_{\mathit{n}}}$$

无规立构聚合物是用本体聚合、悬浮聚合和乳液聚合技术与自由基引发剂相结合的方法进行聚合得来的。间规立构聚合物采用齐格勒催化剂制得。

在典型的间歇式悬浮聚合过程中，苯乙烯单体用悬浮稳定剂和搅拌的办法悬浮在水中。当用聚丁二烯作共聚物时，在悬浮聚合之前先将其溶在苯乙烯单体中，接着再加入引发剂和链转移剂。聚合反应完成后，将聚合物送至搅拌槽，然后离心脱水、干燥、与助剂混合、挤压、造粒成为产品。此法制得的聚苯乙烯综合性能良好。

5. ABS 树脂

含有丙烯腈(A)、丁二烯(B)、苯乙烯(S)三种单体组分的一类树脂为 ABS 树脂，其结构复杂。它兼有聚苯乙烯良好的模塑性(易加工)，聚丁二烯的韧性，聚丙烯腈的化学稳定性和表面硬度。只是耐光和耐热性仍然不够好，这是由于大分子结构中含有丁二烯组分所致，所以，其工作温度通常在 70 ℃以下。ABS 有较优良的综合性能，价格适中，可用各种方法成形，是最受欢迎的工程塑料之一。其主要用途是代替金属制造各种齿轮，电视机、汽车和仪表等外壳，代替木材制作家具等。

ABS 树脂生产方法常用共混和接枝共聚两类，化学结构随生产方法不同有所差异。

# 5.3 合成纤维

## 5.3.1 概述

纤维是一种细长而柔软的物质。供纺织应用的纤维，长度与直径比一般大于1000∶1。典型的纺织纤维的直径为几微米至几十微米，而长度超过25 mm。

纤维可分为两大类：一类是天然纤维，如棉花、羊毛、蚕丝和麻等；另一类是化学纤维，即用天然或合成高分子化合物经化学加工而制得的纤维。根据高分子的结构，又分为杂链纤维和碳链纤维。图5.7列出了纤维的分类及品种。

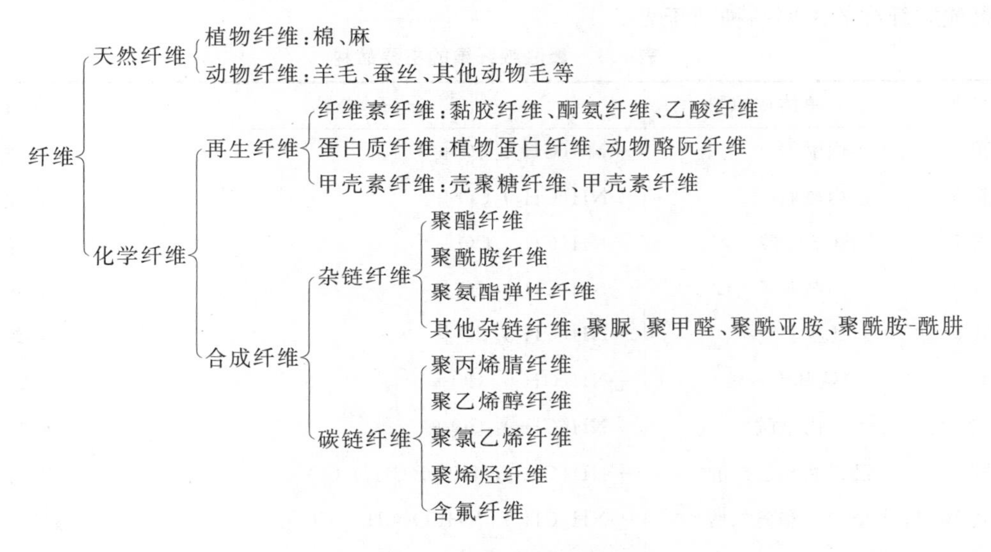


**图5.7 纤维的分类及品种**

人造纤维是以天然高聚物为原料，经过化学处理与机械加工而制得的纤维。其中以含有纤维素的物质如棉短绒、木材等为原料的，称为纤维素纤维。以蛋白质为原料的，称为再生蛋白质纤维。

合成纤维是由合成的高分子化合物加工制成的纤维。合成纤维品种繁多，其中最主要的是聚酯纤维（涤纶）、聚酰胺纤维（锦纶）和聚丙烯腈纤维（腈纶）三大类，这三类纤维的总产量占合成纤维总产量的90%以上。

## 5.3.2 合成纤维

合成纤维工业是20世纪40年代才发展起来的，由于合成纤维性能优异、用途广泛、原料来源丰富，其生产不受自然条件限制，因此合成纤维工业发展十分迅速。

合成纤维具有优良的物理、机械和化学性能，如强度高、密度小、弹性高、耐磨性好、吸水性差、保暖性好、耐酸（碱）性好、不会发霉或虫蛀等。某些特种合成纤维还具有耐高温、耐辐射、高强度、高模量等特殊性能。合成纤维应用广泛，已远远超出了纺织工业的传统概念的范围，已深入国防工业、交通运输、医疗卫生、海洋水产、通信联络等重要领域，成为不可缺少的重要材料。

1. 聚酰胺(PA)纤维

聚酰胺纤维是世界上最早投入工业化生产的合成纤维,是合成纤维中的主要品种。聚酰胺纤维是指分子主链含有酰胺键(—CO—NH—)的一类合成纤维。在我国商品名为"锦纶",国外商品名有"尼龙""耐纶""卡普隆"等。聚酰胺品种多,我国主要生产聚酰胺 6,聚酰胺 66 和聚酰胺 1010 等。后者以蓖麻油为原料,是我国特有的品种。

纤维和工程塑料用的聚酰胺品种多,一般分为两大类,一类是由二元胺和二元酸缩聚而得,例如聚酰胺 66 和聚酰胺 1010 等。通式为

$$\mathrm{\left[NH(CH_2)_xNHCO(CH_2)_yCO\right]_n}$$

另一类是由 ω-氨基酸缩聚或由内酰胺开环聚合而得。例如聚酰胺 6。通式为

$$\mathrm{H\left[NH(CH_2)_xCO\right]_nOH}$$

聚酰胺纤维的主要品种列于表 5.1。

**表 5.1　聚酰胺纤维的主要品种**

| 纤维名称 | 单体或原料 | 分子结构 | 商品名 |
|---|---|---|---|
| 聚酰胺 4 | 丁内酰胺 | $\mathrm{\left[NH(CH_2)_3CO\right]_n}$ | 锦纶 4 |
| 聚酰胺 6 | 己内酰胺 | $\mathrm{\left[NH(CH_2)_5CO\right]_n}$ | 锦纶 6 |
| 聚酰胺 7 | 7-氨基庚酸 | $\mathrm{\left[NH(CH_2)_6CO\right]_n}$ | 锦纶 7 |
| 聚酰胺 8 | 辛内酰胺 | $\mathrm{\left[NH(CH_2)_7CO\right]_n}$ | 锦纶 8 |
| 聚酰胺 9 | 9-氨基壬酸 | $\mathrm{\left[NH(CH_2)_8CO\right]_n}$ | 锦纶 9 |
| 聚酰胺 11 | 11-氨基十一酸 | $\mathrm{\left[NH(CH_2)_{10}CO\right]_n}$ | 锦纶 11 |
| 聚酰胺 12 | 十二内酰胺 | $\mathrm{\left[NH(CH_2)_{11}CO\right]_n}$ | 锦纶 12 |
| 聚酰胺 66 | 己二胺和己二酸 | $\mathrm{\left[NH(CH_2)_6NHCO(CH_2)_4CO\right]_n}$ | 锦纶 66 |
| 聚酰胺 1010 | 癸二胺和癸二酸 | $\mathrm{\left[NH(CH_2)_{10}NHCO(CH_2)_8CO\right]_n}$ | 锦纶 1010 |
| 聚酰胺 612 | 己二胺和十二二酸 | $\mathrm{\left[NH(CH_2)_6NHCO(CH_2)_{10}CO\right]_n}$ | 锦纶 612 |
| 聚酰胺 6T | 己二胺和对苯二酸 | $\mathrm{\left[NH(CH_2)_6NHCO{-}C_6H_4{-}CO\right]_n}$ | 锦纶 6T |
| MXD-6 | 间苯二甲胺和己二酸 | $\mathrm{\left[NHCH_2{-}C_6H_4{-}CH_2NHCO(CH_2)_4CO\right]_n}$ | 锦纶 MXD6 |
| 脂环族聚酰胺纤维 | 二(4-氨基环己基)甲烷和十二二酸 | $\mathrm{\left[NH{-}C_6H_{10}{-}CH_2{-}C_6H_{10}{-}NHCO(CH_2)_{10}CO\right]_n}$ | 奎阿纳 |

因己内酰胺比 ω-氨基酸单体容易制得,故聚酰胺 6 一般由己内酰胺开环聚合制取。

己内酰胺可以由苯、苯酚、甲苯等原料,采用环己烷氧化法、苯酚法、环己烷光亚硝化法及甲苯法生产。环己烷氧化法是目前工业上应用最多的方法,它以苯为原料,经苯加氢、环己烷氧化,环己醇与己酮分离、环己醇脱氢、环己酮肟化、环己酮肟转位中和制得己内酰胺。其反应式为

$$\mathrm{C_6H_6 \xrightarrow[Ni]{H_2} C_6H_{12} \xrightarrow[硬脂酸钴]{O_2} C_6H_{11}OH \xrightarrow[Zn]{380\sim450\ ℃} C_6H_{10}O}$$

$$\xrightarrow[NH_3]{NH_2OH \cdot 1/2H_2SO_4} \text{(环己酮肟, =NOH)} \xrightarrow{H_2SO_4} \underbrace{NH(CH_2)_5\overset{O}{\overset{\|}{C}}}$$

己内酰胺在高温及有水、醇、胺、有机酸或碱金属存在下开环聚合。其聚合过程如下。

(1) 高温水解,开环。

$$O{=}\overset{(CH_2)_5}{C\text{——}NH} + H_2O \rightleftharpoons HOOC(CH_2)_5NH_2$$

(2) 缩聚反应和加聚反应同时进行。

$$nHOOC(CH_2)_5NH_2 + n\,O{=}\overset{(CH_2)_5}{C\text{——}NH} \rightleftharpoons H\!\left[NH(CH_2)_5CO\right]_{2n}OH$$

己内酰胺的聚合反应是一个可逆反应,聚合转化率一般为85%～90%,未聚合的单体混在高聚物中,在高聚物成粒后可用水萃取除去,也可以在熔点以下的温度放置一段时间,进行固相聚合,使之完全转化成高聚物。

工业上生产聚酰胺6通常用水作催化剂进行连续聚合。根据产品要求,可采用常压法、高压法、常减压并用及固相聚合。聚合中,引发剂用量为己内酰胺的0.5%～5%。为了控制产品相对分子质量,加入相对分子质量调节剂己酸(0.1%～0.14%)或己二酸(0.2%～0.3%),使相对分子质量控制在15000～23000范围内。

图5.8为常压连续生产聚酰胺6的工艺流程图。

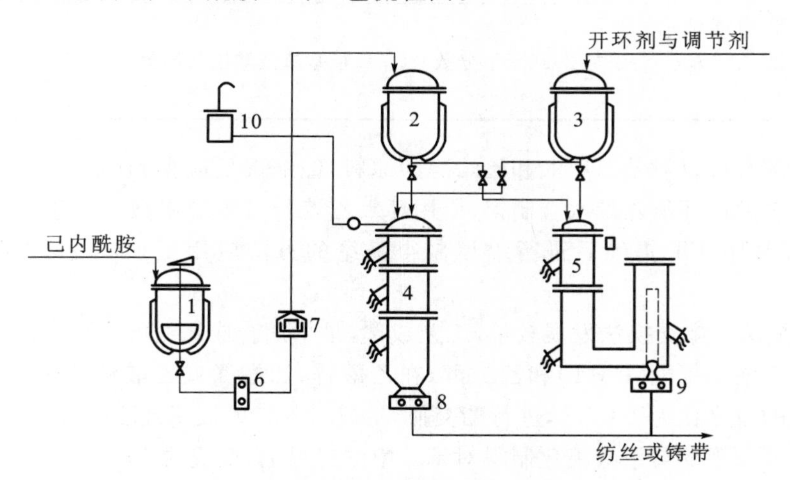


**图5.8 常压连续生产聚酰胺6的工艺流程图**

1-己内酰胺釜;2-己内酰胺熔体储罐;3-助剂计量槽;4-直形VK管;
5-U形VK管;6,8,9-齿轮泵;7-烛筒形过滤器;10-水封管

直形连续聚合管(称VK管)高约9 m,用联苯-联苯醚为热载体分别加热。第一段加热至230～240 ℃,第二段为(265±2) ℃,第三段为(240±2) ℃。投料前先用氮气排除聚合管内的空气,再将熔融(90～100 ℃)的己内酰胺过滤后,用计量泵送入直形管反应器顶端,同时加入引发剂和相对分子质量调节剂,物料由上而下在管内多孔挡板间曲折流下。在第一段,己内酰胺引发开环并初步聚合,经过第二段和第三段时,完成聚合反应。反应过程中的水分不断从反应器的顶部排出,物料在管内平均停留时间20～24 h,熔融高聚物可直接纺丝。

2. 聚酯纤维

聚酯纤维是由聚酯树脂经熔融纺丝和后加工处理制成的一种合成纤维。聚酯树脂是由二元酸和二元醇经缩聚而制得的。在我国,聚酯纤维的商品名称为“涤纶”。

表5.2列出了已工业化生产的几种聚酯纤维。

**表5.2 已工业化生产的几种聚酯纤维**

| 名称 | 生产方法 | 性能特点 |
| --- | --- | --- |
| 聚对苯二甲酸1,4-环己烷二甲酯纤维 | 1,4-环己烷二甲醇($HOH_2C$—⬡—$CH_2OH$)与对苯二甲酸(HOOC—⌬—COOH)缩聚 | 耐热性高,熔点为290～295 ℃ |
| 聚对、间-苯二甲酸乙二酯纤维 | 对苯二甲酸、间苯二甲酸与乙二醇共缩聚 | 易染色 |
| 低聚合度聚对苯二甲酸乙二酯纤维 | 降低聚合度 | 抗起球 |
| 聚醚酯纤维 | 添加5%～10%对羟乙基苯甲酸($HOCH_2CH_2$—⌬—COOH)共缩聚 | 易染色 |
|  | 添加5%～10%(摩尔分数)对羟基苯甲酸共缩聚 | 易染色 |
| 含有二羧基苯磺酸钠的聚对苯二甲酸乙二酯纤维 | 添加2%(摩尔分数)3,5-二羟基苯磺酸钠共缩聚 | 易染色,抗起球 |

涤纶树脂的合成以对苯二甲酸和乙二醇为原料,经缩聚反应得到(常称直缩法)。由于涤纶树脂中的乙二醇由环氧乙烷水合制得,应用环氧乙烷与对苯二甲酸反应生成对苯二甲酸双羟乙酯(BHET),BHET提纯后进行缩聚制得涤纶的方法应用更加广泛,主要有以下几种方法。

(1) 酯交换法。酯交换法发展较早,工艺成熟,是早期合成涤纶的主要方法。酯交换法的单体为对苯二甲酸二甲酯(DMT)和乙二醇,在乙酸锌、乙酸锰或乙酸钴催化剂作用下,DMT与乙二醇物质的量之比为1∶2.5,进行酯交换,生成对苯二甲酸双羟乙酯,反应过程如下。

首先由对苯二甲酸与甲酸酯化制得对苯二甲酸二甲酯,反应式为

$$\text{HOOC—C}_6\text{H}_4\text{—COOH} + 2\text{CH}_3\text{OH} \xrightleftharpoons[\text{二丁基氧化锡}]{230\sim270\ ℃} \text{CH}_3\text{OOC—C}_6\text{H}_4\text{—COOCH}_3 + 2\text{H}_2\text{O}$$

再将DMT与乙二醇进行酯交换,得BHET,反应式为

$$\text{CH}_3\text{OOC—C}_6\text{H}_4\text{—COOCH}_3 + 2\text{HOCH}_2\text{CH}_2\text{OH} \rightleftharpoons \text{HOCH}_2\text{CH}_2\text{OOC—C}_6\text{H}_4\text{—COOCH}_2\text{CH}_2\text{OH} + 2\text{CH}_3\text{OH}$$

最后将BHET进行缩聚,反应式为

$$n\text{HOCH}_2\text{CH}_2\text{OOC—C}_6\text{H}_4\text{—COOCH}_2\text{CH}_2\text{OH} \rightleftharpoons \text{H}\!\left[\text{OCH}_2\text{CH}_2\text{OOC—C}_6\text{H}_4\text{—CO}\right]_n\text{OCH}_2\text{CH}_2\text{OH} + (n-1)\text{HOCH}_2\text{CH}_2\text{OH}$$

缩聚反应是可逆的，为了使缩聚反应完全，应移去反应生成的乙二醇。因此，缩聚反应是在真空及强烈搅拌下进行的，缩聚釜内的余压不大于 267 Pa，才能制成高相对分子质量聚酯，用于制造纤维、薄膜的相对分子质量约为 25000。

（2）乙二醇直缩法。将对苯二甲酸和乙二醇缩聚生成对苯二甲酸双羟乙酯，再进一步缩聚即得线型聚酯，反应式为

$$HOOC-C_6H_4-COOH + 2HOCH_2CH_2OH \rightleftharpoons HOCH_2CH_2OOC-C_6H_4-COOCH_2CH_2OH + 2H_2O$$

此法对原料对苯二甲酸和乙二醇的纯度要求较高，因其反应副产物不是甲醇而是水，省掉了蒸馏工序，而且操作安全，无爆炸危险。

（3）环氧乙烷直接法。环氧乙烷与对苯二甲酸直接反应，生成 BHET，反应式为

$$HOOC-C_6H_4-COOH + 2H_2C\overset{O}{—}CH_2 \longrightarrow HOCH_2CH_2OOC-C_6H_4-COOCH_2CH_2OH$$

此法省掉了乙二醇合成工序，成本低，设备利用率高。

3. 丙烯腈

聚丙烯纤维是以丙烯腈（$CH_2=CH-CN$）为原料聚合成聚丙烯腈，再纺制成的合成纤维。在我国商品名称为“腈纶”，国外商品名称有“奥纶”“开司米纶”等。

聚丙烯腈纤维可由 85% 以上的丙烯腈和少量其他单体的共聚物纺制而成。由于大分子链上的腈基极性大，大分子间作用力强，分子排列紧密，丙烯腈均聚物纺制的纤维硬脆，难于染色。为了改善纤维硬脆的缺点，常加入 5%～10% 的丙烯酸甲酯、乙酸乙烯等“第二单体”进行共聚。改善染色性常加入 1%～2% 的甲叉丁二酸、丙烯磺酸钠等“第三单体”共聚。

丙烯腈主要采用丙烯氨氧化法生产。丙烯腈聚合一般采用自由基聚合方法。

$$nCH_2=\underset{CN}{\underset{|}{CH}} \longrightarrow [CH_2=\underset{CN}{\underset{|}{CH}}]_n$$

聚丙烯腈的工业生产方法有溶液聚合法（又称一步法）和水相沉淀聚合法（又称二步法）。

溶液聚合法是单体溶于某一溶剂中进行聚合，而生成的聚合物也溶于该溶剂中的聚合方法。该法反应温度易于控制，均相进行连续聚合。水相沉淀法是用水作为介质，采用水溶性引发剂引发聚合，所得聚合物不溶于水相而沉淀出来。由于在纺丝前还要进行聚合物的溶解工序，所以称为二步法。

## 5.4　橡　　胶

### 5.4.1　概述

橡胶是具有高弹性的高分子化合物的总称。一般橡胶材料的主要特点是：能在很宽的温度范围（−50～150 ℃）内保持优异的弹性，伸长率高（可高达 1000%）而弹性模量小。所以又称为高弹体。

橡胶除了具有独特的高弹性，还具有良好的疲劳强度、较好的气密性、防水性、电绝缘性、

耐化学腐蚀性及耐磨性等,这些性能使它成为国民经济中不可缺少或难以替代的重要材料。例如各类轮胎,机械设备中使用的传动带、三角带、矿山用输送带,化工厂使用的各种耐酸、碱、耐化学腐蚀的设备衬里,电器工业用的绝缘橡胶制品等都是用橡胶制造的。高科技领域如导弹、人造卫星、宇宙飞船、航天飞机以及核潜艇上都需要耐热、密封性好的橡胶配件。

### 5.4.2 橡胶的分类

橡胶按其来源,可分为天然橡胶和合成橡胶两大类。天然橡胶是从自然界含胶植物中制取的一种高弹性物质。合成橡胶是用人工合成的方法制得的高分子弹性材料。

合成橡胶品种很多,按其性能和用途可分为通用合成橡胶和特种合成橡胶。凡性能与天然橡胶相同或相近,广泛用于制造轮胎及其他大量橡胶制品的,称为通用合成橡胶,如丁苯橡胶、顺丁橡胶、氯丁橡胶、丁基橡胶等。凡具有耐寒、耐热、耐油、耐臭氧等特殊性能,用于制造特定条件下使用的橡胶制品,称为特种橡胶。如丁腈橡胶、硅橡胶、氟橡胶、聚氨酯橡胶等。特种橡胶随着综合性能的改进、成本的降低以及推广应用的扩大,也可以作为通用合成橡胶使用。例如乙丙橡胶、丁基橡胶等。

合成橡胶还可按大分子主链的化学组成分为碳链弹性体和杂链弹性体两类。碳链弹性体又可分为二烯类橡胶和烯烃类橡胶等。

### 5.4.3 合成橡胶

天然橡胶(顺1,4聚异戊二烯)自19世纪初期就大量应用于商业,并逐步完善加工技术。由于资源限制,1931年研究成功了第一种合成橡胶——聚氯丁二烯,其后研制并生产了最重要的通用橡胶——丁苯橡胶,至今已能生产多种合成橡胶,如丁腈橡胶、丁基橡胶、顺丁橡胶、乙丙橡胶等。其中应用较广的通用橡胶为丁苯橡胶和顺丁橡胶。

1. 丁苯橡胶

苯乙烯-丁二烯共聚物通常称为丁苯橡胶(SBR),它是第一种主要作为通用弹性体使用的合成橡胶,是产量最大的合成橡胶。丁苯橡胶可制成耐寒的或气密性较好的特种橡胶,主要用于汽车轮胎及各种工业橡胶制品。

通用型丁苯橡胶的苯乙烯含量为23%~25%,工业生产要求为(23.5±1)%。聚合方法有溶液聚合和乳液聚合。国内都是采用乳液聚合法进行生产的,主要有丁苯块胶、丁苯充油块胶和丁苯胶乳三种类型。丁苯橡胶聚合反应为

$$xCH_2=CH-CH=CH_2+yCH_2=\underset{\displaystyle C_6H_5}{CH}\longrightarrow$$

$$-\!\!\!\!\left[CH_2-CH=CH-CH_2\right]_x\!\left[CH_2-\underset{\displaystyle C_6H_5}{CH}\right]_y$$

根据聚合温度、配方及其制备条件的不同,丁苯橡胶主要有两种类型,如表5.3所示。

最初的产品是用过硫酸钾作为引发剂,在大约50 ℃下聚合而成的,称为热丁苯橡胶;在20世纪40年代末期,发展了新的引发剂系统,该系统能在低温下产生自由基,因而聚合可以在5 ℃下进行,得到冷丁苯橡胶。由于冷丁苯橡胶性能优良,目前国内丁苯橡胶全部采用冷法生产。

聚合中所用的主要原材料如下。

(1) 单体。丁苯橡胶的单体为丁二烯和苯乙烯，纯度均大于 99%。聚合时以液体状态使用，为防止储存中丁二烯的自聚，加入阻聚剂叔丁基邻苯二酚(TBC)，并防止与空气接触。

**表 5.3　丁苯橡胶的聚合配方与聚合条件**

<table>
<tr><th colspan="4">项　目</th><th>名　称</th><th>热丁苯橡胶</th><th>冷丁苯橡胶</th></tr>
<tr><td rowspan="8">质量配比</td><td colspan="3">单体</td><td>丁二烯<br>苯乙烯</td><td>75<br>25</td><td>70<br>30</td></tr>
<tr><td colspan="3">介质</td><td>水</td><td>180</td><td>200</td></tr>
<tr><td colspan="3">乳化剂</td><td>脂肪酸钠<br>歧化松香酸钠<br>烷基(芳基)磺酸钠</td><td>5.5</td><td>4.5<br>0.15</td></tr>
<tr><td rowspan="3">引发系统</td><td colspan="2">引发剂</td><td>过硫酸钾($K_2S_2O_8$)<br>过氧化氢对孟烷</td><td>0.3</td><td>0.08</td></tr>
<tr><td rowspan="2">活化剂</td><td>还原剂</td><td>硫酸亚铁($FeSO_4 \cdot 7H_2O$)<br>雕白粉(甲醛次硫酸钠)</td><td>—</td><td>0.05<br>0.15</td></tr>
<tr><td>螯合剂</td><td>乙二胺四乙酸二钠盐</td><td>—</td><td>0.035</td></tr>
<tr><td colspan="3">相对分子质量调节剂</td><td>十二碳硫醇<br>叔十二碳硫醇</td><td>0.5</td><td>0.2</td></tr>
<tr><td colspan="3">缓冲剂</td><td>磷酸钠($Na_3PO_4 \cdot 12H_2O$)</td><td>—</td><td>0.08</td></tr>
<tr><td colspan="4">聚合条件</td><td>聚合温度/℃<br>转化率/(%)<br>聚合时间/h</td><td>50<br>75<br>12～14</td><td>5<br>60<br>7～12</td></tr>
</table>

(2) 反应介质。为防止水中钙、镁离子与乳化剂作用生成不溶性的盐，一般用去离子水。

(3) 引发系统。丁苯橡胶聚合采用氧化还原引发系统，进行自由基聚合。氧化剂为过氧化物，还原剂 $Fe^{2+}$ 采用配合物的形式，控制游离 $Fe^{2+}$ 的浓度，达到控制反应的目的。

(4) 终止剂。包括二甲基二硫化氨基甲酸钠、$NaNO_2$、$Na_2S_x$、多乙烯多胺。

丁苯橡胶生产工艺流程如图 5.9 所示。由图可见，冷丁苯橡胶工艺过程包括：油相及水相的配制；助剂(引发剂、活化剂、调节剂、终止剂、防老剂溶液)的配制；共聚合；脱气(回收单体)；胶乳的凝聚及后处理。

精制后的苯乙烯与丁二烯(用浓度为 10%～15%的 NaOH 溶液进行淋洗，以除去所含的阻聚剂)分别按比例在油相混合槽中均匀混合。乳化剂混合液(水相)是按规定量将软水、乳化剂、电解质(磷酸钠)、脱氧剂(保险粉)混合而成。将油相、水相过滤并用盐水冷却，再在乳化槽充分混合均匀进行乳化后，送入第一聚合釜中。在送入管线中加入引发剂溶液(5%～10%引发剂的歧化松香皂液)，同时在第一聚合釜中加入活化剂溶液(还原剂、螯合剂、NaOH 和调节剂)。聚合装置一般由 8～12 个不锈钢聚合釜串联而成，用盐水或液氢蒸发冷却，每釜停留 1 h。反应物料聚合达到规定转化率后，加入终止剂使聚合反应停止进行。通常在聚合釜后串联数个小型终止釜，根据测定的转化率数值在不同位置添加终止剂溶液。

从终止釜流出的胶乳被送入胶乳缓冲罐，经过两个不同真空度的闪蒸器回收未反应的丁

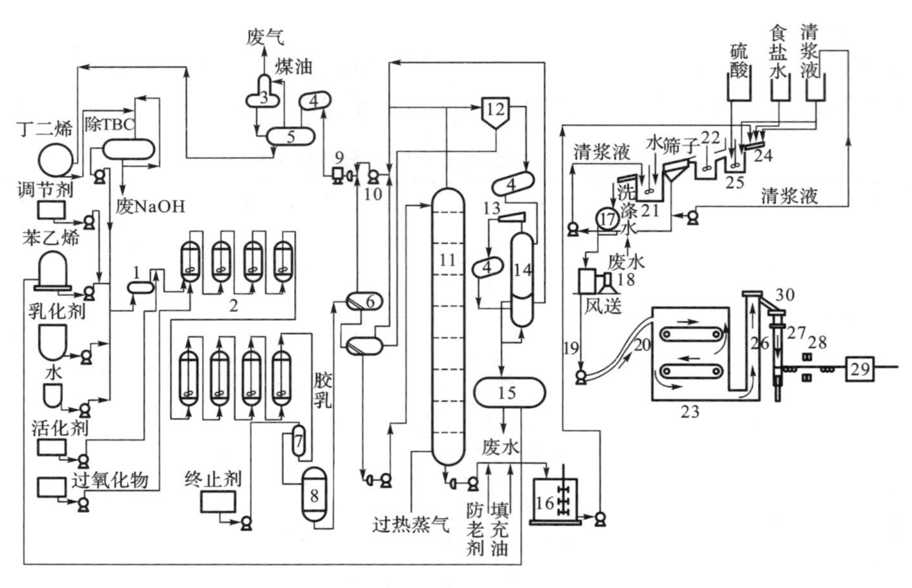


**图 5.9　乳液聚合丁苯橡胶生产工艺流程**

1-冷却器;2-连续聚合釜;3-洗气罐;4-冷凝器;5-丁二烯储罐;6-闪蒸器;7-终止釜;8-缓冲罐;9-压缩机;10-真空泵;11-苯乙烯气提塔;12-气体分离器;13-喷射泵;14-升压器;15-苯乙烯罐;16-混合槽;17-真空回转过滤器;18-粉碎机;19-鼓风机;20-空气输送带;21-再胶浆化槽;22-转化槽;23-干燥机;24-凝聚槽;25-胶粒皂化槽;26-输送器;27-成型机;28-金属检测器;29-包装机;30-自动计量器

二烯。回收的丁二烯压缩液化,再经冷凝除去惰性气体后循环使用。脱除丁二烯的胶乳进入脱苯乙烯的气提塔,再进入混合槽与防老剂溶液(也可在脱气前加入)及其他助剂搅拌混合均匀,达到要求浓度后送往后处理工序。

混合均匀的胶乳,送到凝聚槽加入 24%～26%食盐水和 0.5%稀硫酸进行凝聚,使橡胶完全凝聚成小胶粒,再经胶粒皂化槽、洗涤槽、振动筛、真空过滤器,经粉碎、干燥、压块后包装成成品。

2. 顺丁橡胶

顺-1,4-聚丁二烯橡胶,又称为顺丁橡胶。其特点是耐寒性优良,最低使用温度可达 −100 ℃,耐磨性及回弹性好,主要用于制造轮胎及其他橡胶制品。

单体原料为 1,3-丁二烯,纯度大于 99.5%,在齐格勒-纳塔型催化剂或有机锂催化剂作用下,在溶液中定向聚合,即可制得顺-1,4-聚丁二烯。聚合反应为

$$n\mathrm{CH_2{=}CH{-}CH{=}CH_2} \longrightarrow \left[\mathrm{CH_2{-}C(H){=}C(H){-}CH_2}\right]_n$$

聚丁二烯生产工艺流程如图 5.10 所示。

单体和溶剂经精制、脱水后,以一定比例与催化剂混合后连续加至聚合釜。聚合釜为装有搅拌和冷却夹套的压力釜,通常由 2～5 台串联使用。用钴、钛催化剂时反应温度为 0～50 ℃,用镍系催化剂时反应温度为 50～80 ℃,压力为反应温度下单体与溶剂的蒸气压,0.1～0.3 MPa,反应时间为 3～5 h,聚合液中橡胶浓度在 10%～15%之间。得到的聚合液加入终止剂和防老剂送入混合槽混合,然后将聚合液喷入由蒸汽加热的热水中,在蒸出溶剂的同时,聚合

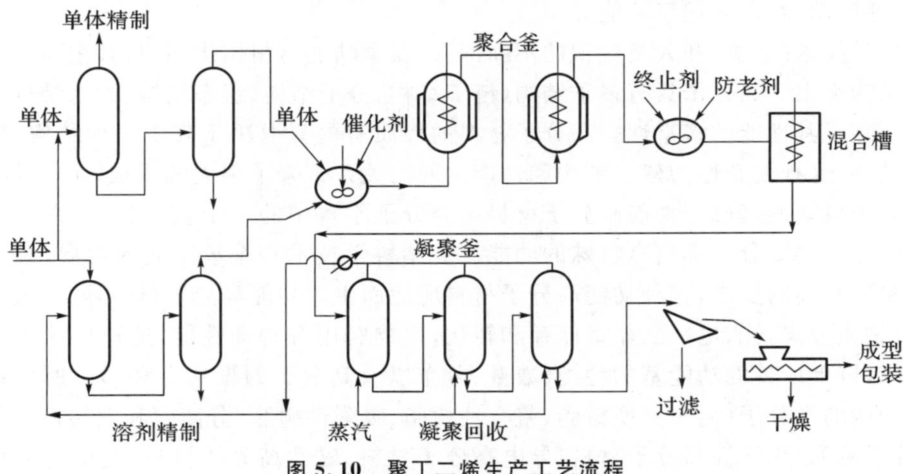


图5.10　聚丁二烯生产工艺流程

物凝聚成小颗粒。经几个凝聚釜充分除净溶剂后的聚合物淤浆，送入后处理，经过滤除水后所得的湿聚合物(橡胶)用挤压膨胀干燥机干燥后，成型包装得产品。生产工序由原料精制、催化剂配制、聚合、分离回收、后处理等步骤组成。

聚合所用的溶剂有苯、甲苯、环己烷等。一般钴系催化剂用苯、甲苯为溶剂，镍系催化剂则芳烃和烷烃均可使用。国内一般采用环烷酸镍、三氟化硼配合物和三异丁基铝组成的三元系统为催化剂。

在聚合中，随聚合物浓度增加黏度快速增加，为了控制聚合物的黏度，一般丁二烯的浓度采用10%～15%，以避免聚合过程中搅拌与传热的困难。此外，聚合时设备内表面会沉积一层结实的胶膜，这种现象常称为挂胶。为了减少挂胶，聚合设备应采用搪瓷反应器或不锈钢反应器。

聚合反应结束后，常用醇类及胺类等可溶于有机溶剂的极性物质作为终止剂，如甲醇、乙醇、异丙醇和氨等。然后采用水析凝聚干燥法，将胶液注入热水，用水蒸气气提，脱除溶剂及未反应的单体，使聚合物凝聚成小颗粒。

## 5.5　高分子功能材料

材料是现代科技和国民经济的物质基础，与能源、信息并列为现代科学技术的三大支柱。材料的发展引起时代的变迁，推动人类的物质文明和社会进步。20世纪80年代以来，现代科学技术迅速发展，一场以高技术为中心的新技术革命在欧美和日本等国兴起，并迅速波及世界其他国家和地区，使得适应高科技的各种新型功能材料不断涌现，并渗透到现代生活的各个领域。

功能材料(functional materials)的概念是美国贝尔研究所Morton J. A.博士于1965年首先提出的，后经日本各研究所、大学和材料学会的大力提倡，很快受到了各国材料科学界的重视。功能材料是指通过光、电、磁、热、化学、生化等作用后具有特定功能的材料，它具有优良的物理、化学和生物功能，在物件中起着“功能”的作用。功能材料的迅速发展是材料发展到第二阶段的主要标志，因此人们把功能材料称为第二代材料。功能材料对于结构材料而言，一般除了具有机械特性外，还具有特定的功能特性，主要是光学功能、电磁功能、声学功能、生物功能、分离功能、梯度功能、形状记忆功能等。

随着科学技术的发展和人类认识的不断深入,新型功能材料层出不穷,其中高分子功能材料表现得尤为突出。高分子具有多重结构(链节结构、分子结构、组态结构、微区结构等),结构的多重性决定了其性能的多重性。高分子材料的性质有的只取决于其中一种结构,有的则依赖于几种结构,这种复杂性为建立结构和性能之间的关系带来了很大的困难,而这种关系的建立是进行分子设计的基础。功能高分子材料是高分子学科中的一个重要分支,它的重要性在于所包含的每一类高分子都具有特殊的功能。尖端科学技术和军事工业的发展,对高分子材料提出了越来越高的要求,各种功能高分子材料应运而生。功能高分子材料,除了其力学性能外,还具有物质分离,光、电、磁、能量储存和转化,生物医用等特殊性能,这种特殊功能是由它们的链结构,链上所带的功能基的种类、数量、分布以及高分子的聚集态和形态所决定的。如具有分离功能的高分子(离子交换树脂、螯合性树脂、吸附性树脂、分离膜和絮凝剂)、高分子催化剂、高分子液晶、光活性高分子材料、导电高分子材料、磁性高分子材料、能量转换和储存高分子材料、药物高分子材料、医用高分子材料等,人们主要应用其分子水平的性质。表 5.4 介绍了一些与高分子有关的功能材料的特性及应用示例。

**表 5.4　主要与高分子有关的功能材料的特性及应用示例**

| 种　类 | 功能特性 | 应用示例 |
| --- | --- | --- |
| 导电高分子材料 | 导电性 | 电池电极、防静电材料、屏蔽材料 |
| 高分子半导体材料 | 导电性 | 电子技术与电子器件 |
| 光电导高分子材料 | 光电效应 | 电子照相、光电池、传感器 |
| 压电高分子材料 | 力电效应 | 开关材料、仪器仪表测量材料、机器人触感材料 |
| 热电高分子材料 | 热电效应 | 显示、测量 |
| 声电高分子材料 | 声电效应 | 音响设备、仪器 |
| 磁性高分子材料 | 导磁作用 | 塑料磁石、磁性橡胶、仪器仪表的磁性元器件、中子吸收、微型电机、步进电机、传感器 |
| 电致变色材料 | 光电效应 | 显示、记录 |
| 光盘的基板材料 | 光学原理 | 高密度记录和信息储存 |
| 感光树脂,光刻胶 | 光化学反应 | 大规模集成电路的精细加工、印刷 |
| 荧光材料 | 光化学作用 | 情报处理,荧光染料 |
| 光降解材料 | 光化学作用 | 减少化学污染 |
| 光能转换材料 | 光电、光化学 | 太阳能电池 |
| 分离膜与交换膜 | 传质作用 | 化工、制药、环保、冶金 |
| 高分子催化剂与高分子固定酶 | 催化作用 | 化工、食品加工、制药、生物工程 |
| 高分子试剂絮凝剂 | 吸附作用 | 稀有金属提取、水处理、海水提铀 |
| 高吸水树脂 | 吸附作用 | 化工、农业、纸制品 |
| 人工器官材料 | 替补材料 | 人体脏器 |
| 药物高分子材料 | 药理作用 | 药物 |
| 降解性缝合材料 | 化学降解 | 非永久性外科材料 |
| 医用黏合剂 | 物理与化学作用 | 外科和修补材料 |

对于高分子功能材料的制备方法，一般主要有三种：①利用现有高分子或按设计合成的高分子骨架，通过反应引入特定功能基；②用具有功能基的单体进行聚合或缩合；③通过加工工艺改变高分子形态（如制成膜和中空纤维等）。有关高分子功能材料的分类，主要有两种方法。一种是按照功能分类，主要有化学功能，物理功能，复合功能和生物与医用功能高分子材料四类；另一种是按照功能特性分类，可分为生物医用高分子、分离和化学功能高分子、电磁功能高分子和光功能高分子四大类。表5.5对主要的高分子功能材料的功能特性及应用进行了介绍。本节以功能特性的分类方法对高分子功能材料做介绍。

**表5.5 主要高分子功能材料特性和应用示例**

| 种类 | 子类 | 功能特性 | 应用示例 |
|---|---|---|---|
| 生物医用高分子材料 | 人工器官材料 | 仿人体功能与替代修补作用 | 人体脏器，如人工肾、人工肺、人工皮等 |
| | 骨科、齿科材料 | 替代修补作用 | 人工骨骼、牙齿置换修补 |
| | 降解性缝合材料 | 化学降解 | 非永久性外科材料 |
| | 医用黏合剂 | 物理与化学作用 | 外科和修补材料 |
| 分离和化学功能高分子材料 | 高分子分离膜和气液交换膜 | 传质作用 | 化工、制药、海水淡化、环保、冶金 |
| | 离子交换树脂和交换膜 | 离子交换作用 | 化工、制药、纯水制备 |
| | 高分子催化剂和高分子固定酶 | 催化作用 | 化工、食品加工、制药、生物工程 |
| | 高分子试剂 | 反应性 | 化工、农药、医用、环保 |
| | 分解性高分子材料 | 反应性 | 农业、包装、制药 |
| | 螯合树脂、絮凝剂 | 吸附作用 | 稀有金属提取、水处理 |
| | 储氢材料 | 吸着作用 | 化工、能源 |
| | 高吸水性材料 | 吸着作用 | 化工、农业、纸制品 |
| 电磁功能高分子材料 | 导电高分子材料 | 导电性 | 电池电极、防静电材料、屏蔽材料、面状发热体、接头材料 |
| | 超导高分子材料 | 导电性 | 约瑟夫逊元件、受控聚变反应堆、超导发电机、核磁共振成像技术 |
| | 高分子半导体材料 | 导电性 | 电子技术和电子器件 |
| | 光导电材料 | 光电效应 | 电子照相、光电池、传感器 |
| | 压电高分子材料 | 力电效应 | 开关材料、仪器仪表测量材料、机器人触感材料 |
| | 热电高分子材料 | 热电效应 | 显示、测量 |
| | 声电高分子材料 | 声电效应 | 音响设备、仪器 |
| | 高分子磁性体材料 | 导磁作用 | 塑料磁石、磁性橡胶、仪器仪表的磁性元器件、中子吸收、微型电机、步进电机、传感器 |
| | 磁性记录材料 | 磁性转换 | 磁带、磁盘 |
| | 电致变色材料 | 光电效应 | 显示、记录 |

续表

| 种类 | 子　　类 | 功 能 特 性 | 应 用 示 例 |
|---|---|---|---|
| 光功能高分子材料 | 塑料光纤材料 | 光的曲线传播 | 通讯、显示、医疗器械 |
| | 光致变色、显示和发光材料 | 光色效应和光电效应 | 显示、记录、自动调节光线明暗的太阳镜及窗玻璃等 |
| | 液晶高分子材料 | 偏光效应 | 显示、连接器 |
| | 光盘基板材料 | 光学原理 | 高密度记录和储存信息 |
| | 光学透明高分子材料 | 透光 | 接触眼镜片、菲涅尔透镜、阳光选择膜、安全玻璃以及其他透镜及光学仪器等 |
| | 光弹材料 | 光力效应 | 无损探伤 |
| | 荧光高分子材料 | 光化学作用 | 情报处理、荧光染料 |
| | 光降解高分子材料 | 光化学 | 环境保护 |
| | 光能转换材料 | 光电、光化学 | 太阳能电池 |

### 5.5.1 生物医用高分子材料

1. 生物医用高分子材料概述

作为生物体部分功能或形态修复的高分子材料称为生物医用高分子材料(biomedical polymer materials)。生物医用高分子材料,顾名思义,是和医学、生物学发展有关的高分子材料的总称,也是生物材料科学领域中正在发展的多种学科相互交叉渗透的领域,其研究内容涉及材料科学、生命科学、化学、生物学、解剖学、病理学、临床医学、药物学等多个学科,同时还涉及工程技术和管理科学的范畴。

人类对生物医用高分子材料的应用经过了漫长的阶段。根据记载,公元前 3500 年,古埃及人就用棉花纤维和马鬃缝合伤口,此后到 19 世纪中期,人类还主要停留在使用天然高分子材料的阶段;随后到 20 世纪 20 年代,人类开始对天然高分子材料进行改性,使之符合生物医学的要求;再后来人类开始尝试人工合成高分子材料。1949 年,美国率先发表了研究论文,在文中第一次阐述了将有机玻璃作为人的头盖骨、关节和股骨,将聚酰胺纤维作为手术缝合线的临床应用情况,对医用高分子材料的应用前景进行了展望。这被认为是生物医用高分子材料的开端。1952 年,发明了第一支天然橡胶导尿管,此后生物医用高分子材料的应用越来越广泛,包括一次性医疗用品、齿科材料、人工器官、缓释胶囊等许多方面。20 世纪 60 年代以来,生物医用高分子材料得到了飞速发展和广泛普及。

现代医学的发展,对材料的性能提出了越来越高的要求,这是大多数金属材料和无机材料难以满足的,而合成高分子材料与生物体(天然高分子)有着极其相似的化学结构,而且其来源丰富,能够长期保存、品种繁多。因此,生物医用高分子材料在生物医学材料领域占绝对优势。表 5.6 列出了常用的一些生物医用高分子材料的一般性质。

表 5.6　常用生物医用高分子材料的一般性质

| 生物高分子材料 | 性　　质 |
| --- | --- |
| 膨体聚四氟乙烯（ePTFE） | · 疏水作用<br>· 小分子黏附<br>· 降解性低<br>· 容易生产<br>· 强度低<br>· 人工动脉短路，有时出现血栓形成<br>· 用于缝线、人造血管、髋关节窝置换、软组织置换 |
| 水凝胶 | · 亲水性聚合物网络，含有大量的水，但不溶解<br>· 生物相容性好<br>· 可溶解扩散<br>· 交联密度决定渗透性 |
| 乙烯-乙酸乙烯共聚物（EVAC） | · 孔隙率可控<br>· 非降解性<br>· 价格低廉 |
| 聚乳酸/聚乙醇酸（PLA/PGA） | · 可生物降解<br>· 用于可吸收缝线<br>· 备受认可的生物材料<br>· 用于可吸收性骨板/骨针<br>· 灾变降解/本体降解 |
| 聚甲基丙烯酸甲酯（PMMA） | · 亲水：可吸收大于自身重量 30% 的水分<br>· 用于接触镜<br>· 透光<br>· 耐用<br>· 耐化学腐蚀 |

生物医用高分子材料包括医用高分子材料和药用高分子材料两大类。如果生物医用材料是高分子材料与其他材料的复合，则又可衍生出医用复合高分子材料。表 5.7 所示为目前医疗器械中常用的生物医用高分子材料。

表 5.7　目前医疗器械中常用的生物医用高分子材料

| 材　　料 | 器械应用 |
| --- | --- |
| 硅橡胶 | 医用导管、皮肤修复、心肺机、人工晶状体 |
| 涤纶 | 人造血管、人工肌腱和韧带、血管修复假体 |
| 纤维素 | 透析膜和透析管、人工肾 |
| 聚四氟乙烯（PTFE） | 导管衬套、人工肌腱和韧带、血管修复假体、人造血管 |
| 聚醚醚酮（PEKK） | 麻醉设备、导管、给药设备、灭菌和分析设备、短期和长期植入器械 |
| 乙烯-乙烯醇共聚物 | 制成中空纤维膜，用于血液透析、血浆分级；制造人工肾脏 |
| PMMA（聚甲基丙烯酸甲酯） | 人工晶状体、骨水泥 |
| 聚氨酯 | 导管、起搏器导联、人工心脏、血管修复假体 |

续表

| 材　料 | 器械应用 |
| --- | --- |
| 水凝胶 | 眼科和给药器械 |
| 羟基磷灰石 | 矫形外科和牙科器械 |

1）医用高分子材料

医用高分子材料一般直接用于人体，需要与人体皮肤、体液或者血液相接触，根据情况需要短期植入，甚至长期植入人体。因此，这类材料除具有良好的加工性能和物理机械性能之外，还必须具有优良的生物相容性。基本性能要求如下。

(1）力学性能稳定。在使用期限内，针对不同的用途，材料的尺寸稳定性、耐磨性、耐疲劳度、强度、模量等应适当。比如，用超高相对分子质量聚乙烯材料做人工关节时，应该用模量高、耐疲劳强度好、耐磨性好的材料。

(2）具有良好的化学惰性。不会与体液、血液接触而发生化学反应，不会引起周围组织的炎症反应；易于加工成型。

(3）经过灭菌过程，制品不变形、性能不发生改变；材料易得，价格适当。

(4）具有良好的生物相容性。包括血液相容性和组织相容性，对可降解材料还涉及降解产物的可吸收性。

与其他材料相比，医用高分子材料的要求是相当严格的。除具有上述性能要求外，医用高分子材料制品在临床应用之前，都必须对材料本身的生物学性能、化学性能、机械性能进行全面的评价，经国家市场监督管理总局所属药品监督管理局相关部门批准后才能用于临床上。

医用高分子材料主要有天然高分子和人工合成高分子两大类。

天然高分子材料有天然植物材料和天然动物材料。前者如纤维素、藻酸钠、淀粉等，后者如胶原、黏多糖、肝素及所有生物的遗传物质脱氧核糖核酸(DNA)。天然高分子材料在临床上主要应用于内置的人工骨和关节、心脏、心脏瓣膜、食道、胆管、血管、尿道等组织和器官的修复或置换，外置的人工心肺机、肾脏、肝脏、脾脏、义肢、义齿、义眼等。

人工合成高分子材料是目前应用最广泛的高分子材料，其目的是改善材料的综合性能，包括疏水的非吸水材料，如硅橡胶(SR)、聚乙烯(PE)、聚丙烯(PP)、聚对苯二甲酸乙二酯(PET)、聚四氟乙烯(PTFE)和聚甲基丙烯酸甲酯(PMMA)；极性小的材料，如聚氯乙烯(PVC)、乳酸和乙醇酸的共聚物(PLGA)和尼龙；水可溶材料，如聚乙二醇(PEG 或 PEO)等。下面简要介绍一些临床常用的医用高分子材料。

PMMA 是一种疏水的线型聚合物，在室温下是透明、无定形、玻璃状的材料，广泛应用于骨水泥、镜片、口腔(树脂牙)等领域。聚丙烯酸主要应用于口腔的玻璃离子水门汀、聚丙烯酸也以共价交联的形式使用，作为粘胶黏合剂中的添加剂添加到黏膜药物输送的配方里。PE 除了作为医用包装材料外，高密度 PE 常用于导液管、导尿管；超高相对分子质量的 PE 用于制作人工髋关节和其他一些假肢关节，具有很好的韧性和耐磨性，且能抵制脂类物质的吸附。PP 具有高硬度、优良的耐化学药品性和高的抗张强度，可用于缝合线和疝气修复。PTFE 与 PE 具有相同的结构，只是在 PE 重复单元上的 4 个氢被氟取代。PTFE 非常疏水，润滑性能优良，可用做导尿管。微孔型的 PTFE 也可用于人造血管。合成橡胶是极为通用的聚合物，因具有优异的柔顺性和稳定性而将其用于各种义肢，如指关节、心脏瓣膜、乳房植入物，以及耳、下颚和鼻子的修复，也用于导管和导流管、起搏器的绝缘体。PET 主要用于制作大口径编织、拉绒的或纺织的人工血管、韧带重建等。聚氨酯具有良好的抗疲劳和血液相容性能，用于起搏器的绝缘体、导管、人造血管、心脏辅助气囊泵、人造心包及伤口敷料。

特别指出，人们对应用于人体中的医用材料期望是其可降解，这样应用于体内的因降解而不会留存，应用于体表的则因降解而避免瘢痕。因此，可生物降解的高分子材料成为现在医用高分子材料的研究热点与发展趋势。其主要包括脂肪族聚酯（聚乳酸、聚羟基乙酸、聚乙丙交酯、聚 ε-己内酯等）、聚氨基酸（聚 α-谷氨酸、聚赖氨酸、聚 α-天冬氨酸等）、聚碳酸酯、聚酸酐、聚原酸酯等。该类材料主要应用于手术缝合线、骨折固定、体内起临时支撑作用的器件、组织和器官的组织工程修复、药物缓释与控释的载体材料等。比如，PLGA 是一种无规共聚物，用于可吸收的手术缝合线、药物输送体系和整形外科的矫正器的固定装置。在聚合物上酯键的存在可以使材料逐渐降解（再吸收）。PLGA 的降解产物是内源性代谢的化合物（乳酸和乙醇酸），因此是无毒的，其降解的速度可由聚乳酸和聚乙醇酸的比例进行控制。

当前，医用高分子材料的发展主要在以下四个方面：人工器官的生物功能化、小型化和体植化；高抗血栓性材料研制；新型医用高分子材料和医用高分子材料的临床应用推广。

2）药用高分子材料

药用高分子材料在现代药物制剂研发及生产中扮演着重要的角色，由它制成药物是 20 世纪 50 年代初期才发展起来。该类药物具有低毒、高效、缓释、长效等特点，在改善药品质量和研发新型药物传输系统中发挥重要作用。药用高分子材料的应用主要包括两个方面：用于药品剂型的改善以及缓释和靶向作用，此外还可以合成新的药物。

用合成高分子药物取代或补充传统的低分子药物，已成为药物学发展的重要方向之一。但是，低分子药物发展成相应的高分子药物时，药理活性和毒性变化很大，有的药理活性增加了，毒性也增强了，有时甚至失去药理活性。因此在研制高分子药物中掌握主要活性结构、聚合度等对获得高效低毒的高分子药物至关重要。聚乙烯吡咯烷酮和聚 4-乙烯吡啶-N-氧撑都是较早研究成功的代血浆。聚丙烯酰胺可减小动脉血管硬化的程度，改善血管内血液流动的情况。聚乙烯磺酸钠是一种具有抗凝血作用的聚合物，对于治疗血栓性静脉炎有一定疗效。

药物缓释技术是指在药物表面包裹一层医用高分子材料，使得药物进入人体后短时间内不会被吸收，而是在流动到治疗区域后再溶解到血液中，这时药物就可以最大限度地发挥作用。比如 PEG，它可以和低溶解度的药物复合，也可以和具有免疫性的或者很不稳定的蛋白质药物形成复合物，以延长药物的循环时间并增加其稳定性而被用于药物输送方面。

药物缓释技术主要有贮库型（膜控制型）、骨架型（基质型）、新型缓控释制剂（口服渗透泵控释系统、脉冲释放型释药系统、pH 敏感型定位释药系统、结肠定位给药系统等）。贮库型制剂是指在药物外包裹一层高分子膜，分为微孔膜控释系统、致密膜控释系统、肠溶性膜控释系统等，常用的高分子材料有丙烯酸树脂、聚乙二醇、羟丙基纤维素、聚维酮、醋酸纤维素等。骨架型制剂是指将药物分散到高分子材料形成的骨架中，分为不溶性骨架缓控释系统、亲水凝胶骨架缓控释系统、溶蚀性骨架缓控释系统，常用的高分子材料有无毒聚氯乙烯、聚乙烯、聚氧硅烷、甲基纤维素、羟丙甲纤维素、海藻酸钠、甲壳素、蜂蜡、硬脂酸丁酯等。

我国的高分子材料基础研究处于世界一流水平，但是药用高分子的应用发展相对滞后，品种不够多、规格不完整、质量不稳定，导致制剂研发能力与国际产生差距，高端药用高分子材料几乎全部依赖进口。

目前，药物剂型逐步走向定时、定位、定量的精准给药系统，考虑到医用高分子材料所具备的优异性能，将会在这一发展过程中发挥关键性的作用。未来发展趋势是开发生物活性物质

(疫苗、蛋白、基因等)靶向控释载体。

3）医用复合高分子材料

医用复合高分子材料(medical composite polymer)是由高分子材料与一种或两种以上不同材料复合而成的。在长期的临床应用中,传统的生物医用金属材料和高分子材料与人体组织的亲和性差,长期植入人体,从金属材料中溶出金属离子,从高分子材料中溶出残留的未反应单体,对人体组织构成一定的危害,而陶瓷材料由于材料本身的脆性只能用于骨缺损填充,而不适合用在人体受力较大的部位。因此单一的生物医用材料都不能很好地满足临床应用的要求。医用复合高分子材料的研究为获得结构和性质类似于人体组织的生物医用材料开拓了一条广阔的途径,已成为生物医用材料研究和发展中最活跃的领域。

2. 生物医用高分子材料的生物相容性及其评价

生物医用高分子材料作为植入人体内的材料,必须满足人体内复杂的环境,在生理条件下必须具有长期稳定的力学、物理化学和生物学性能。因此对材料的性能有严格的要求。评价生物医用材料区别于其他材料的最基本特征是生物相容性(biocompatibility),这也是作为生物医用材料最关键的性能。

1）生物相容性的概念

根据国际标准化组织(International Standards Organization,ISO)的解释,生物相容性一般是指材料在生物体内与周围环境的相互适应性,也可理解为宿主体与材料之间的相互作用程度。植入人体内的生物医学材料及人工器官、医用辅助装置等医疗器械,必须对人体无毒性、无致敏性、无刺激性、无遗传毒性和无致癌性,对人体组织、血液、免疫等系统不产生不良反应。因此,材料的生物相容性优劣是生物医学材料研究设计中首先考虑的重要问题。

2）生物相容性的分类

生物医用材料在与人体组织接触时会产生有损肌体的宿主反应和有损材料性能的材料反应。其中宿主反应主要有过敏、致癌、致畸形以及局部组织反应、全身毒性反应和适应性反应等,材料反应通常包括生理腐蚀、吸收、降解与失效等等。按材料接触人体部位不同,生物医用材料的生物相容性一般可分为血液相容性、组织相容性和免疫相容性。

(1）血液相容性。

血液相容性(blood compatibility)一般是指生物医学材料与血液接触时,不引起凝血及血小板凝聚,不产生破坏血液中有效成分的溶血现象,即溶血和凝血。

材料与血液之间的相互作用主要取决于材料表面的性能,其中包括材料表面的形态、组成、表面能以及材料表面对血细胞、蛋白质、血小板的作用和影响等。目前血液相容性材料的研究多集中在材料表面的改性上,其方法有表面接枝、表面肝素化、类肝素化、等离子体气相聚合以及其他物理化学改性方法。

血液相容性一直是生物材料研究领域的热点和难点。目前,正在建立血液相容性的体内外试验方法,重点是从分子水平上来研究凝血系统与材料表面相互作用,从理论上阐明它们之间的关系和机制,特别是阐明血液中各种酶、细胞因子及复合补体的裂解产物在材料和血液相互作用中的影响。

(2）组织相容性。

组织相容性(tissue compatibility)是指材料与血液以外的生物组织接触时,材料本身的性能满足使用要求而对生物体无刺激性,不使组织和细胞发生炎症、坏死和功能下降,并能按照需要进行增殖和代谢。

引起组织反应的因素很多，既有宏观的物理（机械）作用，也有微观的化学过程。物理过程的直接作用包括植入物的大小、比表面积、形状、表面粗糙度、硬度以及与周围组织的协同运动等。这主要是通过材料周围组织的机械作用和物理刺激引发周围组织的细胞消化、纤维被膜的形成以及纤维组织的长入，形成过度纤维的变性，最终结果是阻止营养物质和血液的流通，影响组织局部的血液供应，材料的变性产物也会沉积在纤维被膜以内，引起肿胀、肿瘤，甚至组织坏死。化学过程引发的组织反应主要是材料中的小分子物质或材料的降解产物与生物组织之间的化学反应，甚至可以理解成生物膜表面分子或细胞中的生物大分子与材料释放出的小分子之间的化学反应。

材料与组织能浑然一体是当今组织相容性研究的热点课题。

(3) 免疫相容性。

免疫相容性(immucompatibility)是指植入体内的材料在一定时期后适应了生物体的微环境，生物体对植入的材料无明显的免疫应答。

影响免疫的因素主要有以下几种：遗传、年龄、神经内分泌、化学物质、营养与环境。除了年龄、遗传因素外，所有的影响因素都会受生物材料性能的影响。从生物学的免疫反应物质可以看出，植入人体生物材料可以影响所有的免疫学物质，无论是淋巴细胞还是巨噬细胞，无论是皮肤、黏膜还是补体、溶菌酶都会与生物材料发生作用；从生物学的免疫功能考虑，免疫防御是一种免疫保护作用，对外来物质必然有一种识别和抵抗的本性。总之，免疫的功能就是识别和排除抗原性异物，维持人体生理平衡和稳定。

3) 生物医用材料的生物相容性评价

研究评价生物相容性的标准与方法一直是生物医学材料研究的重要组成部分。生物相容性的研究内容在过去一直被认为是研究评价生物材料与机体组织间的相容性，即植入体内的材料不引起组织和血液的不良反应，以保证临床使用生物材料及医疗器械的安全性。21世纪，新一代生物医学材料——智能性生物材料的研究开发和组织工程研制成功的人工自体细胞组织替代器官的临床应用对生物相容性和生物学评价提出了新的要求。生物相容性的研究内容应从单纯研究生物医学材料作用于机体而产生的不利于人体生命过程的影响，扩大到研究生物材料携带的各种智能信息、功能物质在与机体的相互作用中，产生有利于机体生命活动延续和促进生命活动正常进行的各种反应。

### 5.5.2　分离和化学功能高分子材料

这类材料主要包括高分子分离膜、高分子储氢材料、离子交换树脂、高分子催化剂、高吸水性树脂、絮凝剂和分散剂等。

1. 高分子分离膜

自1950年人工合成制得第一张离子交换膜以来，经过近50年的发展，高分子分离膜已成为一门独立的学科，称之为膜科学。

膜是一种二维材料，普通合成的膜材料，如在农业上广泛应用的塑料膜等，有很多重要的性质和用途，但是其功能主要在隔离和保护方面，我们称其为普通膜材料，属于常规材料科学研究范围。特殊性质的膜材料，如高分子功能膜，主要表现在对某些物质有一定的选择透过性，这种膜材料通常称为分离膜。它们具有物质分离、物质识别、能量转化和物质转化等功能。膜技术是多学科交叉的产物，亦是化学工程学科发展的新增长点。与传统的分离技术比较，它具有分离效率高、能耗低(无相变)、占地面积小、过程简单(易放大与自控)、操作方便、不污染环境、便于与其他技术结合等突出优点。近40年来膜技术获得了极其迅速的发展，已广泛而有效地应用于石油化工、食品、航天、海水(苦咸水)淡化、医疗保健等领域(特别是与节能、环境保护、水资源开发利用和再生关系极为密切)，形成了独立的高新技术产业。它不仅自身以每年14%～30%的速度发展，而且有力地带动了相关行业的科技进步，成为实现经济可持续发展战略的重要组成部分。

1) 分离膜材料的分类

膜材料有很多种，分类的方法也多种多样(见表5.8)，缺乏统一的标准。产生多种多样的分类方式是基于研究目的、观察角度的不同。从目前的资料来看，膜材料主要有以下几种分类方式。

**表5.8　膜材料的分类**

| 序号 | 分类标准 | 典型膜材料 |
|---|---|---|
| 1 | 构成膜的材料 | 合成高分子材料为主的有机合成膜，天然高分子材料为主的天然有机膜和液体高分子材料在支撑材料上形成的液体膜等 |
| 2 | 使用功能 | 用于混合物分离的分离膜，用于药物定量释放的缓释膜，起分隔作用的保护膜等 |
| 3 | 被分离物质性质 | 气体分离膜、液体分离膜、固体分离膜、离子分离膜、微生物分离膜等 |
| 4 | 分离物质的粒度大小 | 微滤膜、超滤膜、纳滤膜、反渗透膜等 |
| 5 | 膜形成过程 | 沉积膜、相变形成膜、熔融拉伸膜、溶剂注膜、烧结膜、界面膜和动态形成膜等 |
| 6 | 膜结构和形态 | 密度膜、乳化膜和多孔膜等 |

这里我们选择第4种分类方法对几种分离功能膜加以介绍。

(1) 微滤(micro-filtration，MF)膜。微滤膜属于多孔膜，主要应用于压力驱动分离过程。膜孔径的范围在0.1～10 μm之间，孔隙率约70%，密度约为$10^9$个/$cm^2$，操作压力在69～207 kPa之间。工业上微滤膜用于含水溶液的消毒脱菌和脱除各种溶液中的悬浮微粒，适用于浓度约为10%的溶液处理。

(2) 超滤(ultra-filtration，UF)膜。超滤膜与微滤膜一样，也属于多孔膜，应用于压力驱动分离过程。但是膜孔径范围在1～100 nm之间，孔隙率约60%，孔密度约为$10^{11}$个/$cm^2$，操作压力在345～689 kPa之间，用于脱除粒径更小的大体积溶质，包括胶体级的微粒、大分子溶质和病毒等。超滤膜适用于浓度更低的溶液分离。

(3) 纳滤(nano-filtration，NF)膜。这是近年来开发的一种新的分类，主要指能够截留直径在1 nm左右，相对分子质量在1000左右的溶质的分离膜。其被分离物质的尺寸定位于超滤膜和反渗透膜之间，孔径范围覆盖超滤膜和反渗透膜的部分区域，功能也与上述两种膜有交叉。

(4) 反渗透(reverse osmosis，RO)膜。反渗透膜也称为超细滤膜，主要用于反渗透过程，是压力驱动分离过程中分离颗粒最小的一种分离膜。由于存在反渗透现象，因此分离压力常用有效压力表示。有效压力等于施加的实际压力减去溶液的渗透压。反渗透膜的膜孔径在0.1～10 nm之间，孔隙率在50%以下，孔密度在$10^{12}$个/$cm^2$以上，操作压力在0.69～5.5 MPa之间。纳滤膜主要用于脱除溶液中的溶质，如海水和苦咸水的淡化。

上述四种多孔膜的特点可以用图5.11来形象化表示。

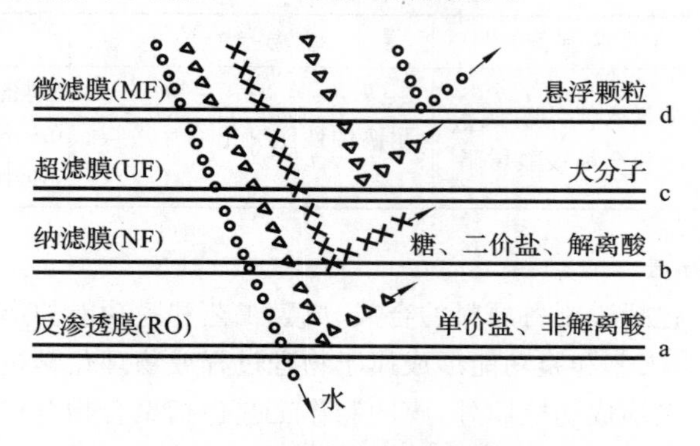


图5.11　多孔膜分离特性示意图

分离膜主要是利用膜对不同物质的透过性不同从而达到对混合物进行分离的目的。膜科学中称分离膜的这种透过性差异为半透性。分离膜对某些物质的透过性和对不同物质的选择性透过是对分离膜最重要的评价标准。在一定条件下，物质透过单位面积膜的绝对速率称为膜的透过率，通常用单位时间透过的物质量表示。两种不同物质（粒度大小或物理化学性质不同）透过同一分离膜的透过率比值称为透过选择性。

此外，还有具有其他性质的膜，如Lamgmuir-Blogett膜和自组装（self-assembled）膜。

2）分离膜制备原料

最早人们制作膜的原料限于改性纤维素及其衍生物。后来，由于高分子合成工业的发展，膜材料早已不限于纤维素类材料。表5.9列出了目前常用的几种膜制备原料。

表5.9　常用的膜制备原料分类

| 序号 | 膜材料分类 | 主要膜制备原料 | 主要特点 | 应用范围 |
|---|---|---|---|---|
| 1 | 天然高分子材料 | 主要是改性纤维素及其衍生物类 | 原料易得，成膜性好，化学性质稳定 | 常用于透析、微滤、超滤、反渗透、膜蒸发、膜电泳等多种场合 |
| 2 | 聚烯烃类材料 | 聚乙烯、聚丙烯、聚乙烯醇、聚丙烯腈、聚丙烯酰胺等 | 这类材料是大工业产品，材料易得，加工容易；但是除了少数几种之外，一般疏水性强，耐热性较差 | 用于制备微滤、超滤、密度膜等 |
| 3 | 聚酰胺类材料 | 尼龙66、聚酰亚胺等 | 机械强度高、化学稳定性好，特别是高温性能优良 | 需要机械强度场合的分离膜 |
| 4 | 聚砜类材料 | 聚芳砜和聚醚砜等 | 耐热性、疏水性、耐腐蚀性，以及良好的机械强度 | 微滤膜、超滤膜、纳滤膜、反渗透膜等 |
| 5 | 含氟高分子材料 | 聚四氟乙烯、聚偏氟乙烯，Nafion等 | 耐腐蚀性能突出 | 一种新型分离膜制备材料 |
| 6 | 有机硅聚合物类 | 硅油、硅橡胶和硅树脂等 | 耐热、抗氧化、耐酸碱等 | 密度膜、乳化膜和多孔膜等 |

续表

| 序号 | 膜材料分类 | 主要膜制备原料 | 主 要 特 点 | 应 用 范 围 |
|---|---|---|---|---|
| 7 | 高分子电解质类 | 全氟取代的磺酸树脂和全氟羧酸树脂 | 耐腐蚀性能突出 | 制备离子交换分离膜高腐蚀环境下使用,特别是氯碱工业中的膜工艺路线 |

3)分离膜的制备方法

膜材料的制备方法包括膜制备原料的合成、成膜工艺和膜功能的形成三部分,其中原料的合成属于化学过程,成膜工艺和膜功能形成属于物理过程或物理化学过程。从总体来讲,除使用单体进行原位聚合直接形成功能膜外,膜的制作工艺包括聚合物合成、聚合物溶液(或熔体)制备、膜成型和膜功能化几个具体步骤。

(1)聚合物溶液的制备。

聚合物溶液的制备是以聚合物为原料制备膜材料的第一步,不论是密度膜的制备(包括溶液注膜成型法、熔融拉伸成膜法),还是用相变成膜法(包括干法、湿法和热法等)制备多孔膜,聚合物溶液的制备都是极为重要的关键步骤。聚合物溶液的好坏直接关系到形成膜的质量和膜功能的实现。在膜制备过程中聚合物的溶解、成膜、沉积和孔的形成都有溶剂参与,并且对溶剂的要求各不一样。

除了制备超薄膜的极端情况之外,注模制备分离膜总希望使用较浓的聚合物溶液,一方面可以节约溶剂,另一方面也可以使后序工艺中溶剂挥发更容易完成。为了得到浓度较高的聚合物溶液,选择溶解能力强的溶剂是必要的。一种溶剂对指定聚合物溶解能力的大小,主要取决于溶剂分子的化学结构。对溶剂的选择依据主要包括以下几个方面。

① 根据相似相溶原理,溶剂的结构与聚合物越相似,溶解能力就越大。

② 根据路易斯酸碱理论,显路易斯酸性的溶剂易于溶解路易斯碱性聚合物,反之亦然。

③ 根据溶剂与聚合物溶质的化学性质,溶剂分子中有能够增强与聚合物分子相互作用的结构因素时,有利于增强溶解能力。这些结构因素包括:能够形成氢键的结构、能够形成配合物的结构、能够形成离子键的结构等。

(2)密度膜的制备。

密度膜是指膜本身没有明显孔隙,某些气体和液体的透过是通过分子在膜中的溶解和扩散运动实现的一种分离膜。密度膜的制备方法主要有三条路线,即使用聚合物溶液注膜、聚合物直接熔融拉伸成膜和直接聚合成膜。

① 聚合物溶液注膜成型法。

根据上面介绍的方法,将聚合物溶解于合适的溶剂中制备浓度和黏度合适的聚合物溶液,其中溶剂体系中不需要加入成孔剂,然后将制备好的溶液在适当的基材上铺展成液态膜,蒸发溶剂即可形成所需的密度膜。

② 熔融拉伸成膜法。

与溶液注膜相比,熔融拉伸成膜没有溶剂参与,因此影响较小。熔融拉伸成膜的制备过程为:首先将聚合物加热熔融拉伸,通过模板成型,然后冷却固化成分离膜。

③ 直接聚合成膜法。

在这种膜制备方法中,首先需要制备单体溶液,并直接用单体溶液注模成型。在注模的同时加入催化剂,使聚合反应与膜形成同时完成,蒸发掉反应溶剂后即可得到密度分离膜。

(3) 其他一些膜制备方法。

① 多孔性膜：采用改变相态法制备聚合物是膜制备方法中重要路线之一，得到的分离膜多为多孔性膜，作为微滤膜和超滤膜使用。在这一过程中首先需要制备聚合物溶液(此时溶剂是连续相)，然后通过改变溶解度的方法，将高分子溶液通过双分散相转变成大分子溶胶(此时聚合物是连续相)，此时，分散状态的溶剂占据膜的部分空间，在溶剂蒸发后即留下多孔性膜。

② 液体膜和动态形成膜：以液体材料构成，处在液体和气体，或者液体和液体相界面的具有半透过性质的膜称为液体膜。在分离过程中，在过滤材料表面上与分离过程同时产生的膜称为动态形成膜。液体膜和动态形成膜的主要价值在于膜形态、膜形成动力学和膜分离机理研究方面，但是目前其应用领域有逐步扩大之势。

还有其他一些分离膜的制备方法，请参阅相关参考文献。

(4) 膜材料制备的新技术。

分离膜材料的制备中，除了较成熟的方法之外，国内外还研究成功一些新的制膜方法(如热致相分离法、超临界 $CO_2$ 直接成膜法、高湿度诱导相分离法以及模板自组装成膜法等)。这些制膜新技术的发展对于提高现有膜材料的性能，扩大其应用范围具有极其重要的作用。

4) 分离膜的应用

当前膜材料的应用几乎涉及国民经济各生产、研究部门以及国防建设领域，其中主要有利用反渗透超过滤及微孔过滤技术进行海水、苦咸水的脱盐淡化，低盐度水、自来水的脱盐、纯化、无菌化及制备微电子工业所需的纯水、高纯水，医药工业的精制无菌水、注射用水，食品工业用的无菌水、软化水，锅炉用的软化水，化学工业及分析化验室所需的纯水和高纯水等。

在医疗、医药领域膜材料用于疫苗的浓缩与纯化，菌体的去除、分类与化验，中草药口服液的澄明与无菌化，中药针剂的制备，抗生素的浓缩与精制，肝腹水的去除等；在生物工程领域膜材料用于啤酒的无热除菌过滤、低度酒澄清处理，味精生产中发酵液菌体与氨基酸的分离，醋的除浊与澄清，酱油的除菌与澄清，无菌空气、无菌水的制备等；在食品工业领域膜材料主要用于果蔬汁的澄清与无热灭菌及浓缩，食品的结构重组和由山楂制取浓缩山楂汁、山楂果珍、山楂果胶，速溶茶的制取，卵蛋白的浓缩，乳制品的浓缩，动物胶的浓缩等；在环境工程领域其主要用于电镀、电泳废水，轧钢、切削等乳化油废水的处理，从洗毛废水中回收羊毛酯，从 PVA 上浆废水回收 PVA 浆料，高层建筑生活废水的处理与回收、食品加工废水的处理及有价值成分的回收等。

气体膜分离方面，其主要用于富氧、富氮空气的制备，从合成氨尾气中进行氮、氢分离以回收氢等工业生产领域。

总之，膜分离技术作为一门新兴的化工分离单元，已显示出极好的应用前景，并将产生巨大的经济与社会效益，也将推动产业部门的技术改造和建立新的生产工艺，促进高新技术研究的发展。

5) 分离膜材料存在的问题及展望

膜材料具有多学科交叉的显著特点。它与化学、物理、生物、材料、力学、化工等学科的交叉可以研制出许多具有功能性的分离膜新材料。例如，与电化学交叉，研制出锂离子电池液态或固态隔膜、燃料电池质子交换膜；与催化反应学相结合可以制备膜催化反应新材料；与生物活性物质(酶等)相结合(膜表面固定酶)，研究酶-膜生物反应器；将肝素等生物相容性物质固定在微孔性表面上，研究人工肺、人工肾等仿生膜新材料；将肝细胞固定在膜上，研制人工肝等生物医用膜新材料；与微生物、生物学相结合发展膜-生物反应器(MBR 等)。膜的费用问题

(包括投资费用、维持费用)问题是妨碍膜技术广泛使用的重要方面,因此有必要进一步研究降低膜费用问题;膜的抗污损及清洗、稳定性及寿命、动力消耗等方面亦应加强研究。国外正努力开发自修复、对环境自响应的智能膜,如开发成功并广泛使用的话,将给环境工程及诸多领域带来巨大变革。

2. 高分子储氢材料

随着天然能源的日益枯竭以及人类对环保意识的加强,开发清洁新能源已成为人类十分关注的问题。氢是21世纪的重要新能源之一,其廉价制取、存储与输送已是当今的重点研究课题。储氢材料因为能可逆地大量吸收和放出氢气,在氢的存储与输送过程中是一种重要载体,加之氢和储氢材料均是"绿色"环保产品,对新世纪的新能源开发和环境保护起着不可估量的作用。高分子储氢材料就是其中的一种。

氢能的存储是氢能应用的前提,进入20世纪90年代以来,许多国家在研究制氢技术和氢能应用技术的同时,对储氢技术的研究极为重视。如美国能源部在全部氢能研究经费中,大约有50%用于储氢技术。日本政府制定的1993—2020年"新阳光计划"中,一项投资30亿美元的氢能发电计划的三大内容(高效分解水技术、储氢技术、氢燃料电池)之一,就是开发安全且价廉的储氢技术。德国在氢气储存方面已研制成功新型储氢罐。我国也早在"863"计划就把储氢材料列为重点研究项目。

表5.10列出了几种高能燃料的能量密度。从表中可以看出,氢气的能量密度是最高的。因此,储氢材料对氢能的使用意义重大。

**表5.10 几种高能燃料的能量密度**

| 燃料名称 | 能量密度/(MJ/kg) | 燃料名称 | 能量密度/(MJ/kg) |
|---|---|---|---|
| 氢气 | 141.90 | 煤油 | 46.00 |
| 甲烷 | 55.55 | 天然气 | 47.21 |
| 乙烷 | 51.92 | 乙醇 | 29.7 |
| 丙烷 | 50.39 | 煤 | 31.38 |
| 汽油 | 47.27 | 木材 | 17.12 |

某些有机液体,在合适的催化剂作用下,在较低压力和相对高的温度下,可做氢载体,达到储存和输送氢的目的。其储氢功能是借助储氢载体(如苯和甲苯等)与$H_2$的可逆反应来实现的。其储氢量可达7%左右。不饱和有机液体均可作为储氢材料,常用的有机物氢载体有苯、甲苯、甲基环己烷、萘等。用这些有机液体氢化物作为储氢剂的储氢技术,是20世纪80年代开发的一种新型储氢技术。随后许多国家对其利用和开发做了卓有成效的研究。意大利正在研究用有机液体氢化物储氢技术开发化学热泵;日本正在考虑将此种储氢技术应用于船舶运氢;瑞士、日本等国正在研制MCH脱氢反应膜催化反应器,以解决脱氢催化剂失活和低温转化率低的问题。我国的石油大学从1994年开始,较详细地研究了基于汽车氢燃料的有机液体氢化物储氢技术。

3. 离子交换树脂

离子交换树脂有阳离子交换树脂、阴离子交换树脂、螯合树脂、氧化还原型离子交换树脂、两性离子交换树脂及热再生树脂。离子交换树脂具有离子交换作用、离子交换选择功能、吸附作用、催化作用,可用于物质的净化、浓缩、分离,进行物质离子组成的转变,物质的脱色及作为催化剂。因此被应用于许多工业领域和科研领域,是一种用途极广的功能高分子材料。其最常见的应用就是进行硬水的软化及无离子水生产，如锅炉用水、医疗用水、原子能工业用水等。

4. 高分子催化剂

高分子催化剂指含有催化活性基团的功能高分子，泛指天然高分子催化剂(即生物酶)和合成高分子催化剂。合成高分子催化剂包括离子交换树脂催化剂、高分子金属催化剂和高分子金属配合物催化剂及正在大力开发研究的具有生物酶活性和选择性的新型高分子催化剂——合成酶。高分子催化剂具有很高的潜在催化活性和选择性，可使现有的化工生产流程变得十分简单并减少浪费，且能制出全新的产品，因而引起了人们极大的兴趣，在科学研究的许多领域应用广泛。

5. 高吸水性树脂

高吸水性树脂是指含有强亲水性基团并具有一定交联度的水溶胀性功能高分子材料。以往使用的吸附材料，如纸、棉、麻等吸水能力只有自身质量的 15～40 倍(指去离子水，以下同)，保水能力也相当差。自 20 世纪 70 年代起，美国 Grain processing 公司、日本三洋化成等公司先后工业化生产了淀粉接枝型高吸水性树脂，这些树脂不溶于水，也不溶于有机溶剂，能吸收数百倍至数千倍于自身质量的水，而且保水性强，即使加压水也不会被挤出，因而引起了世界各国的关注。最早高吸水性树脂用于生产纸尿布等卫生材料，由于吸水力强，使用轻便舒服，使得高吸水性树脂在 20 世纪 80 年代得以迅猛发展。此后，聚丙烯酸盐型、改性聚乙烯醇型等各种品种的高吸水性树脂陆续问世。1987 年日本三菱油化公司又研制出具有热塑性的高吸水性树脂，可用通常聚烯烃的加工设备进行加工。进入 20 世纪 90 年代，由于工业发达国家纸尿布市场趋于饱和，因而许多过去主要生产卫生材料用高吸水性树脂的公司，转向其他应用领域的开发，如日本住友、三洋化成、触煤化学等公司近几年积极开发在土木建筑、农林业、食品、医药医疗等应用领域的高吸水性树脂。

高吸水性树脂的主要特性有：①高吸水性，即能吸收自身质量的数百倍或上千倍的无离子水；②高吸水速率，每克高吸水树脂能在 30 s 内就吸足数百克的无离子水；③高保水性，吸水后的凝胶在外加压力下，水也不容易从中挤出来；④高膨胀性，吸水后的高吸水树脂凝胶体体积随即增大数百倍；⑤吸氨性，遇氨可将其吸收，有明显的去臭作用。

### 5.5.3　电磁功能高分子材料

电磁功能高分子材料主要包括导电高分子材料、磁性高分子材料、介电高分子材料、超电导高分子材料、压电和热电高分子材料等。这里主要介绍导电高分子材料，磁性高分子材料、介电高分子材料仅做简单介绍。

1) 导电高分子材料

导电高分子材料按材料的结构和组成，可分为结构型导电高分子材料和复合型导电高分子材料两大类，前者是依靠高分子结构本身提供的载流子导电，后者是依靠添加在不具备导电性的高分子材料中的炭黑、金属粉、箔等导电。

结构型导电高分子材料，是指高分子本身或经过掺杂之后具有导电功能的一类材料，这类导电高分子一般为共轭型高分子。虽然共轭结构具有较强的导电倾向，但电导率并不高，在实际应用中需要经过掺杂后才能使用。结构型导电高分子材料是 1971 年由日本白川研究所用 Zigler-Natta 催化剂合成聚乙炔(PA)时发现的。到 1977 年，人们又发现聚乙炔经掺杂处理后可达到类似金属的导电率，引起了科学界的重视。因此掺杂是提高共轭高聚物电导率很重要的方法。后来又相继出现了聚对苯乙炔(PPV)、聚对苯硫醚(PPS)、聚对苯撑(PPP)、聚苯胺

(PANI)、聚苯醚(PPO)、聚吡咯(PPy)、聚噻吩(PTh)等。其中聚苯胺因其具有原料易得、合成简便、较高的电导率、较好的环境稳定性,已经在二次电池、电致显色、抗静电、微波吸收、防腐、防污等领域表现出广阔的应用前景。但是掺杂的导电聚合物多数对空气和潮湿不稳定,室温以上热稳定性差,机械性能下降。这是因为追求其导电性而使其易成型性和形成薄膜的能力有所丧失,这也成为导电聚合物实用较为困难的主要原因之一。

为了能实用化,近年来科学家们加强了对结构型导电高分子材料的应用研究,已取得不少进展。利用结构型导电高分子材料的波谱性能可用于电致变色、电致发光、微波吸收、电磁屏蔽、非线性光学等方面,结构型导电高分子材料的电化学性能可用于电容器、电池、选择性透过膜、传感器和检测器的敏感元件、二极管和三极管与药物释放等方面。

与结构型导电高分子材料不同,在复合型导电高分子材料中,高分子材料本身并不具备导电性,只充当了黏合剂的角色。导电性是通过混合在其中的导电物质如炭黑、金属粉末等获得的。但是复合型导电高分子材料的实用性远胜于结构型导电高分子材料,这是因为它有成型简便、质量轻、性能易于调节、成本低和可选择品种多等许多优点,主要用于电磁屏蔽、防静电、计算机触点、导电橡胶、导电涂料、导电黏合剂、电磁波屏蔽材料和抗静电材料、电子元件等。美国的市场价值每年以20%～30%的速度递增。

前两种导电高分子材料都属于电子导体材料,实际中还有载流子(主要为正负离子)的导电高分子材料,称之为离子导电高分子材料。关于聚合物离子导体的研究是近年来离子导电材料研究的一个重要方面。第一种离子型导电聚合物其本身不具有离子,但是可以溶解离子型化合物,并允许解离的离子在电场作用下在其中定向移动,主要有含醚基的聚环氧乙烷和环氧丙烷、含酯基的聚丁二酸乙二醇酯和癸二酸乙二醇酯、含有氨基的聚乙二醇亚胺等。其特征是玻璃化转变温度较低。聚合物骨架主要由线性饱和分子链构成,在聚合物链中含有能与金属离子配位的配位基团,因而可以溶解离子型化合物。第二种离子型导电聚合物是其本身带有离子基团,与其相对应的反离子作为可迁移离子,这种离子导电聚合物多需要在溶胀条件下使用。

聚合物离子导体的显著优点是可塑性强,虽然它的离子电导率较低,但可以很方便地制成薄膜,从而使电池内阻大大降低,较强的可塑性又使其便于与电极良好接触,因而可以增大充放电电流。还应指出的是,电池在充放电过程中有质量的迁移,两个电极的体积会发生变化,使固体电解质隔膜产生应力,以至发生破裂,使电池短路。而聚合物离子导体的可塑性正好克服了这一障碍。因此,离子导体高分子材料的重要应用是作为固体电池的电解质。

离子传导高分子电解质受湿度影响较大,随着相对湿度的增加,表面电阻有降低的趋势,这种电学特性被用在电子照相、静电记录等用纸的静电处理剂上,在工业上具有重要意义。它除可用作固体电池隔膜外,还应用于大容量电容器和离子浓度传感器式热敏元件。一旦付之实用,可使电器更趋于微型化,可使汽车不用汽油,不受石油资源的限制,避免排气公害。在军事应用上可减轻武器装备,用于夜视仪器、军用通信设备、步话机、报话机、照明器材等。

导电聚合物研究的最终目标是达到金属导体一样的电导率,以期在将来可以代替铜、铝节省金属资源。

2) 磁性高分子材料

要使高分子材料具有磁性,首先分子内要有不成对的电子;其次分子间要排列着不成对的电子,这样才能使材料由电子自旋磁矩的量子效应产生净磁性。磁性高分子材料亦可分为复合型和结构型两类。

结构型磁性高分子材料是指在不添加无机类磁粉情况下材料本身就具有强磁性的高分子材料。比如聚 1,4-双(2,2,6,6-四甲基-4-羟基-1-氧自由基哌啶)丁二炔(简称聚 BIPO)。由于结构型磁性高分子材料的密度小,易成型,故可在航空航天等有特殊要求的磁性器件中得到应用;又由于结构型磁性高分子材料绝缘性好,不存在涡流,故在微波通讯及电子对抗方面可得到应用;还由于结构型磁性高分子材料的磁性表现在分子水平上,如果用于磁存储单元,就可极大地提高存储密度,再与有机分子导体、有机分子逻辑元件及开关元件配合,则可组成完整的有机分子功能块,使计算机技术大为改观。这些诱人的应用前景,使得人们对结构型磁性高分子材料的研究方兴未艾。

复合型磁性高分子材料是由磁粉材料与合成树脂及橡胶两部分组成的复合型磁性材料。20 世纪 70 年代初出现了将铁氧体磁粉添加到塑料或橡胶体中制成的复合型磁性高分子材料。铁氧体塑料磁性体主要用于家用电器和日用品及其他各种电子仪器仪表中,如电冰箱、冷藏库的密封件,电子仪器仪表、音响器械以及磁疗磁性元件。随后又开发了稀土类及稀土-过渡金属-金属或金属化合物(RE-TM-X)型合金磁粉为填料的塑料磁铁。稀土类塑料磁性体可应用于小型精密机电、自动控制步进电机、通信设备的传感器以及微型扬声器、耳机、流量计、行程开关、微型电机等领域。RE-TM-X 磁性体的磁能积比铁氧体的大 5～10 倍,主要应用于各种小型精密电机、音响、通信设备等高科技领域。

3) 介电高分子材料

介电高分子材料又称为高分子介电质,是一类介电常数较大的高分子材料。一般在分子内部具有极性键或者极性基团的聚合物介电常数较大,主要有压电、热电功能高分子和耐热有机绝缘材料等介电材料,广泛用于电容器等电力电子器件的制备。

目前人们正在寻求能感知声音、热、光等的传感器,因而对具有压电和热电等特性的功能高分子材料十分感兴趣。作为压电和热电功能高分子,目前最有应用前途的是聚偏氟乙烯及共聚物,如偏氟乙烯和四氟乙烯或三氟氯乙烯的共聚物。它们具有优良的成型性、柔韧性、耐水性,以及频率特性好、介电常数低等优点,可用于超声波诊断仪的新探头、袖珍扬声机、电子钢琴等各种音响设备,也可用于机器人的触感器、人造皮肤的仿生触感器。这类材料具有热电性,可将热分布像转换成电位分布像,可用于热光导摄像管。热成像正被研究用于红外、激光、毫米波探测传感器,火灾报警器,非接触式温度计,复印机等。这类材料对武器装备及军工生产均有重要意义。

### 5.5.4　光功能高分子材料

光功能高分子材料(photic functional polymeric material)指在光的作用下能够产生物理变化(如光导电、光致变色)或化学变化(如光交联、光分解)的高分子材料,或者在物理或化学作用下表现出光特性(化学荧光)的高分子材料。这些作用的产生是依靠材料本身对光的传输、吸收、储存、转换来实现的。从其作用机理看,可以简单地分为光物理材料和光化学材料两大类。而从与光的作用下发生的反应类型以及表现出的功能分类,光功能高分子材料主要有光导电高分子材料、光致变色高分子材料、高分子光致刻蚀剂、高分子荧光和磷光材料、高分子光稳定剂、高分子光能转化材料和高分子非线性光学材料等。

光物理材料着眼于材料对光的物理输出和转化特性,包括光的透过、传导、干涉、衍射、反射、散射、折射等普通光物理特性,在强光作用下所产生的非线性光学、光折变、电光、磁光、光弹等效应,以及在材料吸收能量后,以非化学反应的方式将能量转化为其他形式的能的特性。

例如安全玻璃、透镜、光盘基材、塑料光学纤维、高分子电光材料、光弹材料、光折变材料、高分子光致发光材料、光导电材料等。光化学材料则侧重于材料在光的作用下所发生的光化学变化,如光交联、光分解、光聚合以及光异构等反应。由于发生了光化学反应,材料的其他特性如颜色、溶解性能、表面性能、光吸收特性等也发生了相应的变化。光化学材料主要包括光致抗蚀剂、光固化涂料及黏合剂等。

20 世纪 40 年代美国柯达公司首次把聚乙烯醇肉桂酸为代表的合成感光高分子应用到照相制版上。此后,塑料透镜、塑料棱镜等光学塑料(POF)相继问世。与普通光学玻璃相比,光学塑料具有质量轻、耐冲击强度高、易成型加工等特点,目前已广泛用于各种镜头、滤光镜和透镜等。而塑料光纤的开发,更打开了光功能高分子材料的新领域。1964 年杜邦公司首先开发了塑料光纤,并于 1966 年以 Crofon 牌号实现了商品化,POF 是具有阶段性折射率分布的光导纤维。POF 原丝是在直径 1 mm 左右的 PMMA 纤维周围涂覆 5～20 μm 的氟系聚合物形成的,具有双层结构。与石英型光纤相比,POF 具有可透性好、口径大、质量轻、加工性能好、成本低的特点,但其光损失高于石英型光纤,故主要用于短距离传送。POF 的研究重点是提高其耐热性,这主要是设法在 PMMA 牵伸时降低分子取向,从而达到提高耐热性的目的。

随着通信技术的发展,利用高分子材料的光曲线传播特性,开发出了非线性光学元件——塑料光导纤维。随着激光技术的发展和对大容量、高信息密度储存(记录)材料的需求,开发出先进的信息储存元件——光盘。光盘的基材就是高性能的有机玻璃和聚碳酸酯。光功能高分子材料在电子工业和太阳能利用等方面具有广泛的应用前景。

塑料自问世以来,给人类生活带来诸多方便,其最大的害处是不易降解,而焚烧又带来环境污染。苏联科学家在聚乙烯中加入微量金属有机配合物二茂铁衍生物,从而制成隐形高分子塑料。在阳光照射下,衍生物与塑料中的氧发生反应生成过氧化物,使塑料制品变成一块块面积不到 1 $cm^2$ 的碎片,再经自然界中微生物作用而变成可被土壤吸收的物质,从而使塑料悄然消失,又不污染环境。美国科学家在塑料制造过程中,加入一定比例的淀粉、纤维素、酶等物质,使塑料富有营养,能大量衍生出细菌。在细菌吞食下,塑料可化为乌有,这就是隐形塑料,是隐形高分子中最主要的一种。专家们认为隐形高分子材料将会对医学、食品包装、环境保护带来一场革命。

## 复习思考题

1. 何谓高分子化合物?何谓高分子材料?
2. 何谓重复单元、结构单元、单体单元、单体和聚合度?
3. 什么叫热塑性?什么叫热固性?试举例说明。
4. 高分子功能材料有几种分类方法?各有什么特点?
5. 简述生物医用材料的评价指标体系,并说明生物医用材料的发展应着力于哪些方面。
6. 什么是分离膜材料?它有哪些功用?
7. 天然生物材料与人工合成材料的主要区别是什么?
8. 请列举自己所接触到一些光功能高分子材料实例。
9. 磁性高分子材料需要具备哪几个条件?

## 主要参考文献

[1] 潘祖仁. 高分子化学[M]. 北京:化学工业出版社,2003.
[2] 夏宇正,陈晓龙. 精细高分子化工及应用[M]. 北京:化学工业出版社,2003.

[3]　阿尔库克.当代聚合物化学[M].影印版.北京:中国科学技术出版社,2006.
[4]　李克友,张菊华.高分子合成原理及工艺学[M].北京:科学出版社,1999.
[5]　邬国铭,李光.高分子材料加工工艺学[M].北京:中国纺织出版社,1999.
[6]　黄锐,曾邦禄.塑料成型工艺学[M].北京:化学工业出版社,1997.
[7]　王贵恒.高分子材料成型加工原理[M].北京:化学工业出版社,1998.
[8]　贡长生,张克立.新型功能材料[M].北京:化学工业出版社,2001.
[9]　郭卫红,汪济奎.现代功能材料及其应用[M].北京:化学工业出版社,2002.
[10]　梁慧刚,黄可.生物医用高分子材料的发展现状和趋势[J].新材料产业,2016(2):12-15.
[11]　周长忍.生物材料学[M].北京:中国医药科技出版社,2004.
[12]　梁新杰,杨俊英.生物医用材料的研究现状与发展趋势[J].新材料产业,2016(2):2-5.
[13]　刘亚军,黄华.医用高分子材料在医疗领域的应用及前景[J].医疗卫生装备,2012,33(6):72-73.
[14]　赵文元,王弈军.功能高分子材料化学[M].北京:化学工业出版社,1996.
[15]　徐又一,徐志康.高分子膜材料[M].北京:化学工业出版社,2005.
[16]　张东华,石玉,李宝铭.功能高分子材料及其应用[J].化工新型材料,2004,32(12):5-8.
[17]　焦剑,姚军燕.功能高分子材料[M].2 版.北京:化学工业出版社,2016.

# 第6章 精细化工

## 6.1 概 述

精细化工是生产精细化学品的工业，是世界化学工业发展的重点，也是高新技术领域竞争的焦点。精细化工的发展，是一个国家综合国力与科学技术发展水平的重要标志之一。

精细化工与工农业、人民生活及国防有着极为密切的关系。农业是国民经济的命脉，精细化工产品在农、林、牧、渔业中的应用主要有农药、饲料添加剂和微量元素肥料等几个方面。精细化工与轻工业和人民生活休戚相关：精细化工生产的表面活性剂，大量用于家用清洗剂、纺织印染、发酵酿造和食品加工；与人民生活密切相关的精细化工产品有香料与香精、日用化妆品、涂料和装饰产品（如鞣剂、加脂剂、涂饰剂等）；造纸工业也需要精细化工产品；印染工业用的染料及其他助剂（如硬挺整理剂、防水整理剂、阻燃剂）等，都是精细化工产品。

高科技领域一般是指当代科学、技术和工程的前沿，而精细化工是当代高科技领域中不可缺少的重要组成部分。我国“863计划”确定的7个高技术领域是生物技术、信息技术、航天技术、激光技术、自动化技术、能源技术和新材料技术。这些高技术与精细化工都有密切关系。如在信息技术领域，精细化工就是微电子技术的基础。制造集成电路板时，为达到亚微米级精度，需用各种化学化工技术，如采用晶体取向附生、扩散、蚀刻等众多化学处理，同时还要为之提供超纯试剂、高纯气体、光刻胶等精细化工产品。

### 6.1.1 精细化工的定义

精细化学品是指生产规模较小，合成工艺精细，技术密度高，品种更新换代快，附加价值高，具有最终使用功能的化学品。精细化工是生产精细化学品工艺的通称。

### 6.1.2 精细化工的范畴和分类

各国对精细化工范畴的规定是有差别的。日本1985年版的《精细化工年鉴》中将精细化工产品划分为51个类别。

1986年，为了统一精细化工产品的口径，加快调整产品结构，发展精细化工，并作为今后计划、规划和统计的依据。我国把精细化工产品分为11大类：① 农药；② 染料；③ 涂料（包括油漆和油墨）；④ 颜料；⑤ 试剂和高纯物；⑥ 信息用化学品（包括感性材料、磁性材料等能接受电磁波的化学品）；⑦ 食品和饲料添加剂；⑧ 黏合剂；⑨ 催化剂和各种助剂；⑩ 化工系统生产的化学药品（原料药）和日用化学品；⑪ 高分子聚合物中功能高分子材料（包括功能膜、偏光材料等）。

其中催化剂和各种助剂包括以下内容。

(1) 催化剂：炼油用、石油化工用、有机化工用、合成氨用、硫酸用、环保用和其他用途的催化剂。

(2) 印染助剂：柔软剂、匀染剂、分散剂、抗静电剂、纤维用阻燃剂等。

(3) 塑料助剂:增塑剂、稳定剂、发泡剂、阻燃剂。

(4) 橡胶助剂:促进剂、防老剂、增解剂、再生胶活化剂等。

(5) 水处理剂:水质稳定剂、缓蚀剂、软水剂、杀菌灭藻剂、絮凝剂等。

(6) 纤维抽丝用油剂:涤纶长丝用、涤纶短丝用、锦纶用、腈纶用、丙纶用、维纶用、玻璃丝用油剂等。

(7) 有机抽提剂:吡咯烷酮系列、脂肪烃系列、乙腈系列、糠醛系列抽提剂等。

(8) 高分子聚合物助剂:引发剂、阻聚剂、终止剂、调节剂、活化剂等。

(9) 表面活性剂:除家用洗涤以外的阳性、阴性、中性和非离子型表面活性剂。

(10) 皮革助剂:合成鞣剂、涂饰剂、加脂剂、光亮剂、软皮油等。

(11) 农药用助剂:乳化剂、增效剂等。

(12) 油田用化学品:油田用破乳剂、钻井防塌剂、泥浆用助剂、防蜡用降黏剂等。

(13) 混凝土用助剂:减水剂、防水剂、脱模剂、泡沫剂(加气混凝土用)、嵌缝油膏等。

(14) 机械、冶金用助剂:防锈剂、清洗剂、电镀用助剂、各种焊接用助剂、渗碳剂、汽车等机动车用防冻剂等。

(15) 油用助剂:防水、增稠、耐高温等各类助剂;汽油抗震、液压传动、变压器油、刹车油助剂等。

(16) 炭黑(橡胶制品的补强剂):高耐磨、半补强、色素炭黑、乙炔炭黑等。

(17) 吸附剂,稀土分子筛系列:氧化铝系列、天然沸石系列、二氧化硅系列、活性白土系列等。

(18) 电子工业专用化学品(不包括光刻胶、掺杂物、MOS试剂等高纯物和高纯气体):显像管用碳酸钾、氟化物、助焊剂、石墨乳等。

(19) 纸张用助剂:增白剂、补强剂、防水剂、填充剂等。

(20) 其他助剂:玻璃防霉剂、乳胶凝固剂等。

### 6.1.3 精细化工的特点

(1) 多品种与小批量。

精细化学品都具有一定的应用范围,功能性强,尤其是日用化学品和特制化学品,往往是一种类型的产品,可以有多种型号规格,而且新品种不断涌现。例如,国外表面活性剂的品种就有5000多种。据《染料索引》第三版统计,不同化学结构的染料有5000种以上,又如法国的发用化妆品就有2000多种牌号。

(2) 技术密集度高。

一个精细化学品的研究与开发,要从市场调查、产品合成、应用研究、市场开发,甚至技术服务等各方面考虑和实施,这需要解决一系列的技术课题,渗透着多方面的技术、知识、经验和手段。从另一方面看,精细化工产品的技术开发成功率是比较低的,特别是医药和生物用的药物,随着对药效和安全性的要求越来越严格,导致新产品开发时间长、费用大,其结果必然造成高度的技术垄断。

(3) 综合的生产流程。

多数精细化工产品需要由基本原料出发,经过深度加工才能制得,因而生产流程一般较长,工序较多。

(4) 大量采用复配技术。

采用复配技术推出的精细化工产品,具有增效、改性和扩大应用范围等功能,其性能超过结构单一的精细化工产品。

(5) 投资少,附加价值高。

### 6.1.4　精细化工发展的新动向

(1) 新产品不断更新换代,向环保型、天然型方向发展。

(2) 向新型功能化方向发展。从功能高分子到智能材料,这是材料领域的飞跃,这方面的研究与开发孕育着新理论、新材料的出现。

(3) 向新型高端化方向发展,电子信息化学品发展将在数量、质量、品种方面上一台阶,纳米技术与材料向各个领域的渗透,将引起又一次产业革命。

新领域精细化工,是区分于医药、农药、染料和涂料等已形成行业的精细化工。根据我国化学工业的技术水平和国民经济各部门对特殊化学品的需求,按产品的应用市场划分,新领域精细化工主要包括:食品添加剂、饲料添加剂、工业表面活性剂、水处理剂、胶黏剂、造纸化学品、油田化学品、皮革化学品、电子化学品等十余个门类。它具有技术含量高、附加价值高等特点,是当今世界化学工业激烈竞争的焦点,也是衡量一个国家科技发展水平的重要标志之一。

由于精细化工涉及面广,产品品种多,本章主要介绍表面活性剂、工业助剂、食品添加剂、日用化妆品的基本知识。

## 6.2　表面活性剂

### 6.2.1　表面活性剂的定义、分类与应用

表面活性剂是一类具有两亲性结构的化合物,它能使表面张力显著下降。两亲性是指亲水性和亲油性,如肥皂 R—COONa 中长碳链 R 具有亲油性,—COONa 具有亲水性。

水溶性表面活性剂的类型见表 6.1。

表面活性剂的物化性质主要取决于亲水亲油平衡值,即 HLB 值。

**表 6.1　水溶性表面活性剂的类型**

<table>
<tr><td rowspan="12">水溶性表面活性剂</td><td rowspan="4">阴离子表面活性剂</td><td colspan="2">羧酸盐型　RCOONa</td></tr>
<tr><td colspan="2">硫酸酯盐型　$R\text{-}SO_3\text{—}ONa$</td></tr>
<tr><td colspan="2">磺酸酯盐型　$R\text{-}SO_3Na$</td></tr>
<tr><td colspan="2">磷酸酯盐型　$R\text{-}PO_3Na$</td></tr>
<tr><td rowspan="4">阳离子表面活性剂</td><td rowspan="3">胺盐型</td><td>伯胺型　$R\text{-}NH_2HCl$</td></tr>
<tr><td>仲胺型　$R\text{-}NH(CH_3)HCl$</td></tr>
<tr><td>叔胺型　$R\text{-}N(CH_3)_2HCl$</td></tr>
<tr><td colspan="2">季铵盐型 $R\text{-}N(CH_3)_3Cl$</td></tr>
<tr><td rowspan="2">两性离子表面活性剂</td><td colspan="2">氨基酸盐　$R\text{-}NH_2CH_2CH_2COOH$</td></tr>
<tr><td colspan="2">甜菜碱型　$R\text{-}N^+(CH_3)_2CH_2COO^-$</td></tr>
<tr><td rowspan="2">非离子表面活性剂</td><td colspan="2">聚乙二醇型　$R\text{-}O\text{-}(CH_2CH_2O)_nH$</td></tr>
<tr><td colspan="2">多元醇型　如 $R\text{-}COOCH_2C(CH_2OH)_3$</td></tr>
</table>

表面活性剂由于其独特的两亲性结构，具有特别的作用，如起泡、消泡、乳化、分散、增溶、洗净、润湿、渗透、柔软平滑、静电、匀染、固色、防水、杀菌等，因此在日用化工和工业上有着重要的应用。

表面活性剂有“工业味精”之称，因此表面活性剂工业潜在市场巨大。

### 6.2.2　阴离子表面活性剂

(1) 羧酸盐型阴离子表面活性剂。

羧酸盐型阴离子表面活性剂俗称肥皂，主要产品 R—COONa 是使用最多的表面活性剂之一。天然油脂与氢氧化钠进行皂化反应可生产肥皂与甘油。洗涤用肥皂最常选用的是以 $C_{12}\sim C_{18}$ 为主的混合油脂，它易生物降解，是非常环保的产品。但它在 pH 值小于 7 的水溶液中不稳定，易生成不溶的自由酸而失去表面活性，而且不耐硬水。

(2) 磺酸盐型阴离子表面活性剂。

烷基苯磺酸盐是阴离子表面活性剂中最重要的品种。主要产品为 $R-SO_3Na$，它是由烷基苯和磺化剂（浓硫酸等）反应制得的。R 不同，产品不一样，产品占阴离子表面活性剂生产总量的 90%左右。其中烷基苯磺酸钠是我国洗涤剂活性物的主要成分，洗涤性能优良，去污力强，泡沫稳定性及起泡力均良好。但它在生产中易产生杂质砜，且产品较不易生物降解。

磺化反应的主反应式由于磺化剂不同可分为以下三种类型。

$$R-C_6H_5 + H_2SO_4 \longrightarrow R-C_6H_4-SO_3H + H_2O$$

$$R-C_6H_5 + H_2SO_4 \cdot SO_3 \longrightarrow R-C_6H_4-SO_3H + H_2SO_4$$

$$R-C_6H_5 + SO_3 \longrightarrow R-C_6H_4-SO_3H$$

烷基苯磺酸钠的生产路线有多条，具体如图 6.1 所示。

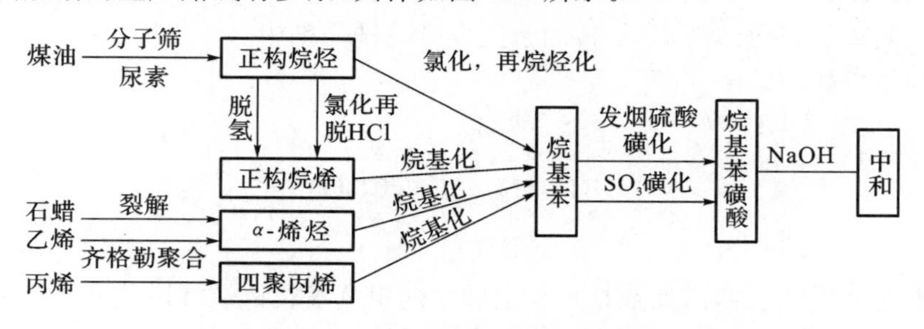


**图 6.1　烷基苯磺酸钠的生产路线**

### 6.2.3　阳离子表面活性剂

阳离子表面活性剂最初是作为杀菌剂出现的。20 世纪 60 年代产量有了较大的增长，应用范围也日益扩大。例如，可用作天然或合成纤维的柔软剂、抗静电剂、纺织助染剂、肥料的抗结块剂、农作物除莠剂、沥青和石子的黏结促进剂、金属防腐剂、颜料分散剂、塑料抗静电剂、头发调理剂、化妆品用乳化剂和矿石浮选剂等。

这类表面活性剂中，绝大部分是含氮化合物，如 $NH_3$ 分子中的 H 被 R 基取代 1 个称为伯胺，取代 2 个称为仲胺，取代 3 个称为叔胺。

一般常用的阳离子表面活性剂为季铵盐，即 $NH_4^+$ 的四个氢原子被有机基团所取代而形成的盐。四个 R 基中,一般只有 1～2 个 R 基是长碳氢链,其余的 R 基的碳原子数大多为 1～2 个,如十六烷基三甲基溴化铵。以吡啶($NC_5H_5$)作为阳离子基础的烷基吡啶盐也是一类重要的季铵盐,如十二烷基吡啶盐酸盐。

季铵盐与胺盐不同,不受 pH 值变化的影响,不论在酸性或碱性介质中,季铵离子皆无变化。季铵盐这种阳离子表面活性剂除具有表面活性外,还有一个与阴离子及非离子表面活性剂不同的特点,即其水溶液有很强的杀菌能力,因此常用作消毒、灭菌剂。杀菌剂一般是十二烷基或自椰子油提取的混合烷基($C_8$～$C_{16}$,以 $C_{12}$ 为主)。

### 6.2.4 两性离子表面活性剂

两性离子表面活性剂,在分子结构上既不同于阳离子表面活性剂,也不同于阴离子表面活性剂,因此具有很多优异的性能:良好的去污、起泡和乳化能力,耐硬水性好,对酸、碱和各种金属离子都比较稳定,毒性和皮肤刺激性低,生物降解性好,并具有抗静电和杀菌等特殊性能。其应用范围正在不断扩大,特别是在抗静电剂、纤维柔软剂、特种洗涤剂以及化妆品等领域,预计两性离子表面活性剂的品种和产量将会进一步增加,成本也会有所下降。

这类表面活性剂的分子结构与蛋白质中的氨基酸相似,在分子中同时存在酸性基和碱性基,易形成“内盐”。这种物质很早就被发现,但作为表面活性剂在生产中应用,还是 1980 年后的事。

两性离子表面活性剂易溶于水,在较浓的酸、碱中,甚至在无机盐的浓溶液中也能溶解。但在有机溶剂中则不易溶解,也不易和碱土金属及其他一些金属离子(如 $Cu^{2+}$、$Ni^{2+}$、$Zn^{2+}$ 等)起作用。其杀菌作用比较柔和,刺激性较小,不像阳离子表面活性剂那样对人体有毒性。

两性离子表面活性剂有氨基酸型、甜菜碱型、咪唑啉型三种类型。

氨基酸型的结构式为 $RN^+H_2CH_2CH_2COO^-$ 或 $RN^+(CH_2)_2CH_2COO^-$。

这类产品大多数是烷基氨基酸的盐类,具有良好的水溶性,洗涤性能很好,并有杀菌作用。它们的毒性比阳离子表面活性剂低,常用于洗发膏及洗涤剂中。

甜菜碱的结构式为

$$\begin{array}{c} CH_3 \\ | \\ CH_3\text{—}N^+\text{—}CH_2COO^- \\ | \\ CH_3 \end{array}$$

甜菜碱型两性离子表面活性剂是指甜菜碱中的甲基被长链烷基取代后的产物,即

$$\begin{array}{c} CH_3 \\ | \\ R\text{—}N^+\text{—}CH_2COO^- \\ | \\ CH_3 \end{array}$$

其中,R 为 $C_{12}$～$C_{18}$。这类化合物是由季铵盐型阳离子和羧酸盐型阴离子构成的。它们在任何 pH 值下都能溶于水,即使在等电点也无沉淀发生,不会因温度升高而出现混浊。这类化合物水溶液的渗透性、泡沫性较强,去污能力也很好,超过一般阴离子型表面活性剂;分散力也较好,因此应用颇广,可作为洗涤剂、染色助剂、柔软剂、抗静电剂和杀菌剂等。杀菌力不及阳离子活性剂,在酸性溶液中对铜绿假单胞菌有作用,但对金黄葡萄球菌及大肠杆菌则在碱性时的杀菌力较强。目前由于这种表面活性剂的成本还较高,因此仅用于某些特殊场合。甜菜碱型两性离子表面活性剂中最普通的品种是十二烷基二甲基甜菜碱。

烷基化的咪唑啉衍生物是常见的平衡型两性离子表面活性剂。这类化合物的刺激性和毒性都很低,广泛用作婴儿香波。它又能与季铵化合物等产品配伍,因而也可用于某些无刺激性的成人化妆品中。典型产品如:1-烷基-2-羟乙基-2-羧乙基咪唑啉,通常可用脂肪酸和氨基乙基乙醇胺制取。使用过量的氨基乙基乙醇胺可抑制副反应。优质的咪唑啉两性表面活性剂的纯度在99%左右,否则产品在储存时会产生混浊或生成沉淀。上述产品的结构式为

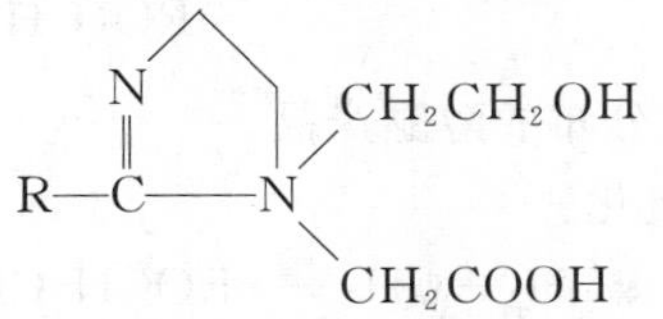

N (环) CH₂CH₂OH

R—C—N

CH₂COOH

### 6.2.5　非离子表面活性剂

非离子表面活性剂是较晚应用于生产中的一类表面活性剂。但自20世纪30年代开始应用以来,发展非常迅速,应用也非常广泛,很多性能超过离子表面活性剂。随着石油工业的发展,原料来源丰富,工艺不断改进,成本日渐降低,其产量占表面活性剂总产量的比重越来越高,逐渐有超过其他表面活性剂的趋势。

应用的非离子表面活性剂的亲水基,一类主要是由聚乙二醇基即聚氧乙烯基($—(C_2H_4O)_n—H$)构成,另外一类就是以多醇(如甘油、季戊四醇、蔗糖、葡萄糖、山梨醇等)为基础构成的。

以聚氧乙烯为亲水基的表面活性剂的合成步骤比较简单。一般以有亲油基及活性氢(如$—OH$、$—NH_2$、$—COOH$中的H)的化合物在催化剂参与下与一定量的环氧乙烷作用而制成。

聚乙二醇型非离子表面活性剂品种多、产量大,是非离子中的大类。凡有活性氢的化合物均可与环氧乙烷缩聚制成聚乙二醇型非离子表面活性剂。这类表面活性剂的亲水性,是靠分子中的氧原子与水中的氢形成氢键,产生水化物的结果。聚乙二醇链有两种状态,在无水状态时为锯齿形,而在水溶液中主要是曲折形。

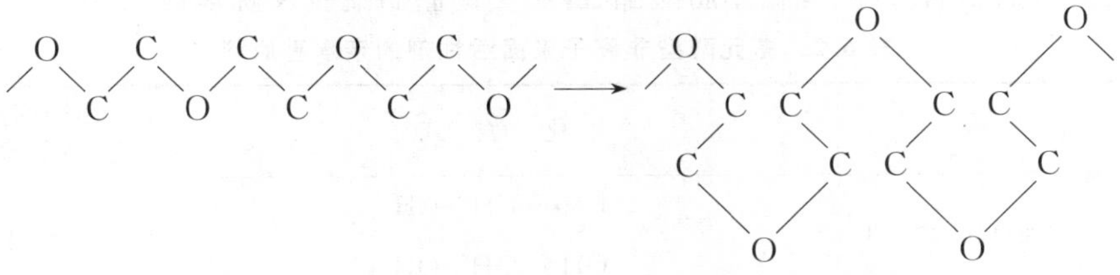

无水时的状态　　　　水溶液中的状态

当它在水中成为曲折形时,亲水性的氧原子即被置于链的外侧,憎水性的$—CH_2—$基位于里面,因而链周围就变得容易与水结合。此结构虽然很大,但其整体恰似一个亲水基。因此,聚乙二醇链显示出较大的亲水性。分子中环氧乙烷的聚合度越大,即醚键—O—越多,亲水性越大。

(1) 脂肪醇聚氧乙烯醚。

脂肪醇聚氧乙烯醚(AEO)是非离子表面活性剂的主要品种之一。在工业及民用方面应用极为广泛。它具有生物降解性能良好、溶解度高、耐电解质、能低温洗涤、泡沫低等特点。

脂肪醇除以椰子油及动物脂氢化外,几乎有2/3的醇来自石油化学原料的羰基合成醇、齐格勒聚合醇、石蜡氧化醇以及脂肪酸还原醇等。

制备脂肪醇聚氧乙烯醚有下面三种方法。

① 溴代烷与聚乙二醇单钠盐醚化。

$$RBr+NaO(CH_2CH_2O)_nH \longrightarrow RO(CH_2CH_2O)_nH+NaBr$$

② 烷基对甲苯磺酸盐与聚乙二醇醚化。

$$RSO_3—C_6H_4—CH_3+HO(CH_2CH_2O)_nH \longrightarrow RO(CH_2CH_2O)_nH+HSO_3—C_6H_4—CH_3$$

这两种合成方法可得到均匀分布的醇醚产品。

③ 脂肪醇与环氧乙烷进行醚化。

$$ROH+\underset{\diagdown\ O\ \diagup}{CH_2—CH_2} \longrightarrow ROCH_2CH_2OH$$

$$ROCH_2CH_2OH+n\underset{\diagdown\ O\ \diagup}{CH_2—CH_2} \longrightarrow RO(CH_2CH_2O)_nC_2H_4OH$$

(2) 聚氧乙烯烷基胺。

在聚氧乙烯烷基胺类表面活性剂中,当氧乙烯基的数目比较少时,如同其他非离子表面活性剂一样,不溶于水而溶于油。但因是有机胺结构,故可溶于低 pH 值的酸性水溶液中。也正由于这个原因,聚氧乙烯烷基胺同时具有非离子性及阳离子性表面活性剂的一些特性,如耐酸不耐碱,有一定的杀菌性等。当氧乙烯基的数目较大时,聚氧乙烯烷基胺非离子性增加,则不像脂肪胺盐类表面活性剂,在碱性溶液中不再析出,表面活性不受破坏。由于聚氧乙烯烷基胺非离子性增加,阳离子性相对减少,与阴离子表面活性剂的不相容性减弱。

(3) 多元醇型非离子表面活性剂是一类亲油基上带有多个羟基,依靠羟基与水的亲和力而具有两亲性结构的表面活性剂。常用的多元醇型非离子表面活性剂的亲水基原料如表 6.2 所示;而亲油基原料均为高级脂肪酸,主要品种为甘油的脂肪酸酯、季戊四醇的脂肪酸酯、山梨醇及失水山梨醇的脂肪酸酯、蔗糖脂肪酸酯、醇胺类的脂肪酰胺及烷基糖苷。

**表 6.2　多元醇型非离子表面活性剂的亲水基原料**

| 名　称 | | 化　学　式 | 脂肪酸酯或<br>酰胺的水溶性 |
|---|---|---|---|
| 多元醇类 | 甘油(OH 数=3) | $CH_2(OH)—CH(OH)—CH_2(OH)$ | 不溶,有自乳化性 |
| | 季戊四醇<br>(OH 数=4) | $C(CH_2OH)_4$:$HOCH_2—C(CH_2OH)_2—CH_2OH$ | 不溶,有自乳化性 |
| | 山梨醇<br>(OH 数=6) | $CH_2(OH)—CH(OH)—CH(OH)—CH(OH)—CH(OH)—CH_2(OH)$ | 不溶或难溶,<br>有自乳化性 |
| | 失水山梨醇<br>(OH 数=4) | 六元环(O):HO—, —OH, —OH, —$CH_2CH_2OH$;五元环(O):HO—, —OH, —$CH(OH)—CH_2(OH)$<br>各种异构体的混合物 | 不溶,有自乳化性 |

续表

| 名　　称 | | 化　学　式 | 脂肪酸酯或酰胺的水溶性 |
|---|---|---|---|
| 胺 | 一乙醇胺 | $H_2NCH_2CH_2OH$ | 不溶 |
| | 二乙醇胺 | $HN(CH_2CH_2OH)_2$ | 物质的量之比为1∶2,可溶;物质的量之比为1∶1,难溶 |
| 糖类 | 蔗糖(OH数=8) | 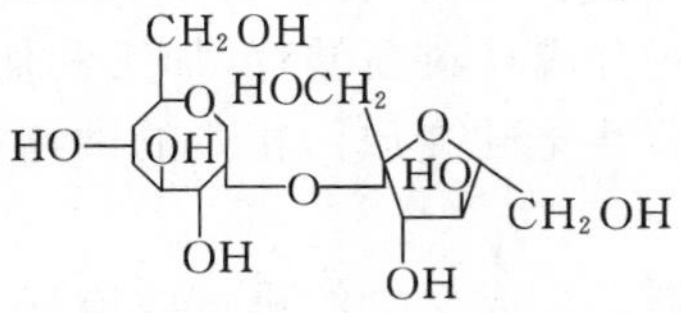 | 可溶～难溶 |
| | 其他单糖聚合物 | 葡萄糖苷等 | 可溶 |

多元醇型非离子表面活性剂,由于其亲水性很小,多数不溶于水,大部分在水中呈乳化或分散状态。因此,很少作为洗涤剂和渗透剂来使用。但是一个亲油基上有多个羟基的蔗糖脂肪酸单酯和烷基糖苷,却能溶于水,可用作洗涤剂。这类表面活性剂毒性低,常在食品、医药、化妆品中作为乳化剂、改性剂,也在纺织业中作为油剂、柔软剂等。

烷基糖苷(APG)是糖类化合物和高级醇的缩聚反应产物,它具有阴离子表面活性剂的许多特点,不仅表面活性高,起泡与稳泡力强,去污性能优良,而且与其他表面活性剂的复配性能极好,在浓电解质中仍能保持活性。此外,APG对皮肤、眼睛刺激很小,口服毒性低,易生物降解,因而可用作洗涤剂、乳化剂、增泡剂、分散剂等。APG被誉为能满足工业上各种要求、又不存在卫生环保问题的新一代世界级表面活性剂。APG最常用的糖类原料为葡萄糖。高级醇原料为$C_8$～$C_{18}$的饱和醇。APG的合成方法有数种,最初采用Koenigs-Knorr反应合成,但因银化合物作催化剂价格太贵,开发受到限制。其后,陆续出现了转糖苷法、直接苷化法、酶催化法、原酯法和糖的缩酮物醇解法等,这些方法中转糖苷法和直接苷化法研究得最多,认为是最有希望实现工业化并走向成熟的方法。

### 6.2.6　特种表面活性剂

特种表面活性剂有含氟表面活性剂、含硅表面活性剂、高分子表面活性剂、反应性和分解性表面活性剂、微生物表面活性剂等。含氟表面活性剂的疏水基不含碳氢键,而含碳氟键,所以它除了具有含碳氢键的表面活性剂的性能外,尚具有优良的热稳定性和化学稳定性,且用量少、表面活性强。

硅氧烷表面活性剂是特种表面活性剂中的一种。在表面活性剂家族中它是一支后起之秀。

硅氧烷由硅原子和氧原子结合的硅氧键为主骨架,硅原子上连接有甲基等有机的聚合物,兼有硅氧键的无机性和支链烷基的有机性。它们一般为油状液体,不溶于水、酒精、矿物油,但能溶于甲苯、乙醚等有机溶剂。该类化合物分为两类:一类是二甲基硅氧烷或环甲基硅氧烷的衍生物和改性物;另一类是硅氧烷醇醚共聚物。

## 6.3 合成材料助剂

### 6.3.1 助剂的定义和类别

在合成材料的制备和加工中,为了改善生产工艺条件或提高产品的质量或使产品赋予某种特性,往往要添加少量的辅助化学品,这种辅助的化学品称为助剂。又由于大多数助剂往往是在加工过程中添加到产品中去的,因此助剂也常被称为添加剂或者称为配合剂。

合成材料所用的助剂按照其功能分类大致可归纳如下。

(1) 抗老化作用的助剂。合成材料在储存、加工和使用过程中受到光、热、氧、辐射、微生物和机械疲劳因素的影响而发生老化变质。相应的助剂有抗氧化剂、光稳定剂、热稳定剂、防霉剂等。

(2) 改善机械性能的助剂。合成材料的机械性能包括抗张强度、刚性、热变形性、冲击强度等。例如树脂的交联剂,可以使高聚物的线型结构变成网状结构,从而改变高聚物材料的机械和物理性质,这个过程对橡胶来说习惯上称为硫化。其所用的助剂有硫化剂、硫化促进剂、硫化活性剂和防焦剂等。

(3) 改善加工性能的助剂。在聚合物树脂进行加工时,常因聚合物的热降解、黏度及其与加工设备和金属之间摩擦等因素使加工发生困难。为此,这一类助剂有润滑剂、脱模剂、酸化剂等。

(4) 柔软化和轻质化的助剂。在塑料加工中,需要添加增塑剂以增加塑料的可塑性和柔软性,在生产泡沫塑料和海绵橡胶时要添加发泡剂。

(5) 阻燃剂。合成材料需要添加阻燃剂,这个问题已被人们所重视。含有一定量阻燃剂的塑料在火焰中能缓慢燃烧,一脱离火源则立即熄灭。许多聚合物燃烧时能产生大量使人窒息的烟雾,因而作为阻燃剂的一个分支,又发展为新的助剂——烟雾抑制剂。

在实际生产和生活中,所用到的助剂品种可以说数以万计。如果没有助剂,许多合成树脂将失去实用价值。

### 6.3.2 增塑剂

1. 定义与分类

凡添加到聚合物中能使聚合物增加塑性的物质称为增塑剂。

我国增塑剂的生产始于20世纪50年代中期,在增塑剂的研究发展阶段,其品种曾多达1000种以上,而目前作为商品生产的增塑剂不过200多种,且邻苯二甲酸酯类约占增塑剂总产量的80%。因此,一些先进的工业国家均趋于采用年生产能力为5万~10万吨的连续化或半连续化生产装置进行生产。

按相容性的差异分类,增塑剂可分为主增塑剂和辅助增塑剂。按作用方式分类,增塑剂可分为内增塑剂和外增塑剂。按相对分子质量的差异,增塑剂可分为单体型和聚合物型。绝大部分增塑剂为单体型,有固定的相对分子质量,如邻苯二甲酸酯类。按应用特性分类,增塑剂可分为通用型和特殊型。

2. 增塑作用的基本原理

当增塑剂添加到聚合物中时,增塑剂的分子就插入聚合物的分子间,减弱了其分子链相互间的作用力，降低了分子链的结晶度，增加了分子链互相移动的可能性，从而使聚合物的塑性增加。由此可见，聚合物分子链的作用力和结晶性实际上是对抗塑化的主要因素，它也取决于聚合物的化学与物理性质。

从表观看，一些常见的热塑性高分子聚合物的玻璃化温度（$T_g$）是高于室温的，因此在常温下，聚合物处于脆性状态，而加入适当的增塑剂以后，聚合物的玻璃化温度可以下降到使用温度以下，这时聚合物材料就呈现较好的柔韧性、可塑性、回弹性和耐冲击强度，可以制成各种有实用价值的产品。增塑剂本身的玻璃化温度越低，则此增塑剂使塑化物的玻璃化温度下降的效果也越好，塑化效率也越高。

3. 增塑剂的主要品种

1）苯二甲酸酯类

苯二甲酸酯类是工业增塑剂中最重要的品种，品种多，产量大，几乎占增塑剂年消耗量的80%以上。而苯二甲酸酯类作为增塑剂能使PVC得到优异的改性，随着PVC的广泛应用，苯二甲酸酯类也成为增塑剂工业大规模生产的中心品种系列。

苯二甲酸酯类是一类高沸点的酯类化合物，它们一般都具有适度的极性，与PVC有良好的相容性也是其一大特性。与其他增塑剂相比，还具有适用性广、化学稳定性好、生产工艺简单、原料便宜易得等优点。

由邻苯二甲酸酐与各种醇类可以制取多品种的邻苯二甲酸酯系列化合物。其化学结构式为

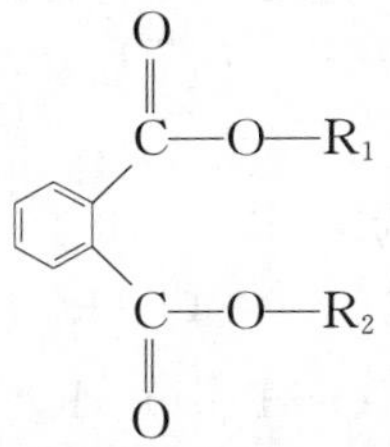

$$C_6H_4(COOR_1)(COOR_2)$$

其中，$R_1$ 与 $R_2$ 为 $C_1 \sim C_{13}$ 烷基，或环烷基、苯基、苄基等。习惯称R在 $C_5$ 以下的为低碳醇酯，作为PVC增塑剂，邻苯二甲酸二丁酯是相对分子质量最小的化合物。因为它的挥发度太大，耐久性差，近年来已在PVC工业中被逐渐淘汰，而转向黏合剂和乳胶漆中作增塑剂用。

在高碳醇酯方面，最重要的代表是邻苯二甲酸二辛酯（DOP），它是带有支链的侧链醇酯，是无色透明的油状液体，有特殊气味。它是所有的增塑剂中产量最大、综合性能最好的品种，因而目前以它为通用增塑剂的标准。

邻苯二甲酸酯类是由醇和苯酐经酯化反应合成的，其反应式如下。

主反应为

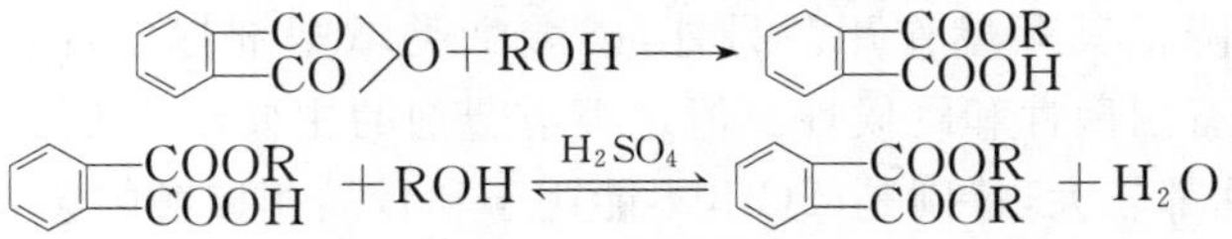

$$C_6H_4(CO)_2O + ROH \longrightarrow C_6H_4(COOR)(COOH)$$

$$C_6H_4(COOR)(COOH) + ROH \underset{}{\overset{H_2SO_4}{\rightleftharpoons}} C_6H_4(COOR)_2 + H_2O$$

副反应为

$$ROH + H_2SO_4 \longrightarrow RHSO_4 + H_2O$$

$$RHSO_4 + ROH \longrightarrow R_2SO_4 + H_2O$$

$$2ROH \longrightarrow ROR + H_2O$$

此外，还有微量的醛及不饱和化合物（烯）生成。

酯化完全后的反应混合物用碳酸钠溶液中和。中和时将发生如下反应。

$$RHSO_4 + Na_2CO_3 \longrightarrow RNaSO_4 + NaHCO_3$$

$$C_6H_4(COOR)(COOH) + Na_2CO_3 \longrightarrow C_6H_4(COOR)(COONa) + NaHCO_3$$

对间歇法生产DOP的工艺过程的研究，在相当程度上也可以反映出许多产量不大的精细化学品的生产工艺特点。间歇式邻苯二甲酸酯通用生产工艺流程如图6.2所示。

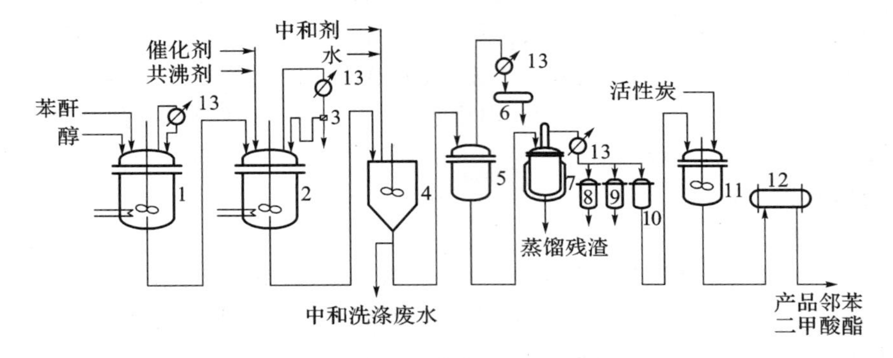


**图6.2　间歇式邻苯二甲酸酯通用生产工艺流程**

1-单酯化反应器(溶解器)；2-酯化反应器；3-分层器；4-中和洗涤器；5-蒸馏器；
6-共沸剂回收储槽；7-真空蒸馏器；8-回收醇储槽；9-初馏分和后馏分储槽；
10-正馏分储槽；11-活性炭脱色器；12-过滤器；13-冷凝器

2）脂肪族二元酸酯

脂肪族二元酸酯产量为增塑剂总产量的5%左右，耐寒性最好，但价格昂贵，限制了它的用途。

3）磷酸酯

磷酸酯的化学结构可用通式表示为

$$O{=}P(O{-}R_1)(O{-}R_2)(O{-}R_3)$$

其中，$R_1$、$R_2$、$R_3$ 为烷基、卤代烷基或芳基。磷酸酯是由三氯氧磷或三氯化磷与醇或酚经酯化反应而制取的。磷酸酯最大的特点是有良好的阻燃性和抗菌性。芳香族磷酸酯(如TCP)的耐低温性能很差；脂肪族磷酸酯的许多性能均和芳香族磷酸酯相似，但低温性能有很大改善。在磷酸酯中三甲苯酯(TCP)的产量最大，甲苯二苯酯(CDP)次之，三苯酯(TPP)居第三位。

在性能上，磷酸酯和各类树脂都有良好的相容性；磷酸酯的突出特点是其阻燃性，特别是单独使用时效果更佳，但实际使用时往往还要考虑到种种别的因素，通常都和其他增塑剂混用，这样就会相对地降低其阻燃作用。另外，磷酸酯类增塑剂挥发性较低，抗抽出性也优于DOP，多数磷酸酯都有耐菌性和耐候性。但这类增塑剂的主要缺点是价格较贵，耐寒性较差，大多数磷酸酯的毒性都较大，特别是TCP，不能用于和食品相接触的场合。

4）环氧化合物

作为增塑剂的环氧化物主要有环氧化油、环氧脂肪酸单酯和环氧四氢邻苯二甲酸酯三大类。在它们的分子中都含有环氧结构（—CH—CH—，两个CH之间由O桥连），主要用在PVC中以改善制品对热和光的稳定性。

因此，环氧增塑剂的这种特殊作用也是它在塑料工业中发展较快的一个重要原因。此外，环氧增塑剂毒性低，可用作食品和医药品的包装材料。

5）聚酯增塑剂

聚酯增塑剂的最大特点是其耐久性突出，有“永久型增塑剂”之称，近年来稳步发展，年销量占增塑剂总消耗量的 3%。

### 6.3.3　阻燃剂

1. 阻燃剂的定义与分类

阻燃性是指材料所具有的减慢、终止或防止有焰燃烧的特性。阻燃剂是用以改善材料阻燃性的物质，由于合成材料是可燃的，因此人们逐渐对材料的阻燃问题提出了越来越迫切的要求。

阻燃剂的分类方法有两种。一种按组成分类，阻燃剂按组成分为有机阻燃剂和无机阻燃剂。其中，有机阻燃剂包括磷系、(磷＋氮)系、(磷＋卤素)系、氮系、卤素系等。无机阻燃剂包括硼化合物、三氧化二锑、氢氧化铅等。

另一种按使用方法分类，根据阻燃的加工和使用方法，将阻燃剂分为添加型和反应型。一些常用的阻燃剂见表 6.3。

表 6.3　常用阻燃剂

| 顺序 | 名称 | 分子式或结构式 | 外观 | 相对分子质量 | 熔点/℃ | 阻燃元素含量/(%) | 溶解性 |
|---|---|---|---|---|---|---|---|
| 1 | 磷酸甲苯二苯酯 | $C_{19}H_{17}O_4P$ | 易流动液体 | 340 | 沸点 390 | P9.1 | |
| 2 | 磷酸三苯脂 | $(C_6H_6O)_3P=O$ | 白色针状结晶 | 326.3 | 48.4～49 | P9.5 | 醚、苯、氯仿、丙酮等 |
| 3 | 磷酸三甲苯酯 | $(CH_3C_6H_4O)_3P=O$ | 无色液体 | 368.4 | 420 分解 | P8.3 | 苯、醚、醇 |
| 4 | 卤化有机多磷酸酯 | $C_{14}H_{28}Cl_5O_9P_3$ | 无色黏液 | 611 | | P15，Cl27 | 多种有机剂，不溶于水 |
| 5 | 十溴二苯醚 | $C_{12}Br_{10}O$ | 结晶粉末 | 960 | 296 | Br83.4 | |
| 6 | 四溴乙烷 | $C_2H_2Br_4$ | 黄色油状液体 | 346 | 沸点 243.5 | Br92.5 | 多种有机剂，不溶于水 |
| 7 | 氯化石蜡 | $C_{20}H_{24}Cl_{18}$～$C_{24}H_{29}Cl_{21}$ | 白色粉末 | 900～1000 | 95～120 | Cl70 | 氯烃、芳烃、酮 |
| 8 | 六溴苯 | $C_6Br_6$ | 白色粉末 | 551.5 | 315 | Br86.9 | 不溶于有机溶剂 |
| 9 | 三水合氧化铝 | $Al(OH)_3$ | 白色微晶粉末 | 78 | | | |
| 10 | 氧化锑 | $Sb_2O_3$ | 白色粉末 | 291.5 | 655 | | 浓盐酸、硫酸 |
| 11 | 硼酸锌 | $3ZnO \cdot 2B_2O_3$<br>$2ZnO \cdot 3B_2O_3 \cdot 3\frac{1}{2}H_2O$ | 白色结晶粉末<br>白色结晶粉末 | 383.4 | | | |
| 12 | 偏硼酸钡 | $Ba(BO_2)_2$ | 无色结晶或白色粉末 | 223 | 1060 | | |

2. 阻燃机理

1) 卤素系的阻燃机理

它的阻燃机理有两类。一类是游离基机理,含卤阻燃剂在高温下分解 HX,HX 能把燃烧过程中生成的高能 HO· 自由基捕获转化成低能量的 X· 自由基和水。同时 X· 自由基与烃类反应生成 HX,如此循环,于是将 HO· 自由基的连锁反应切断。另一类 HX 是难燃性气体,不仅稀释空气中的氧,更重要的是它们的密度比空气大,可形成保护层。其中十溴二苯醚、四溴双酚是最重要的阻燃剂。

2) 磷系的阻燃机理

磷系阻燃剂大多是含有磷元素的有机或无机化合物,它的阻燃机理是:分解产物的脱水作用使有机物碳化。如磷酸盐引起纤维素的脱水反应,从而促进单质碳的生成,反应式为

$$(C_6H_{10}O_5)_n \longrightarrow 6nC + 5nH_2O$$

当有机磷化合物暴露于火焰中时,会发生如下的分解:

有机磷化合物→磷酸→偏磷酸→聚偏磷酸

最终生成的聚偏磷酸是非常强的脱水剂,能促使有机化合物碳化,所生成的炭黑皮膜起了阻燃作用。

3) 氢氧化铝的阻燃机理

研究指出,氢氧化铝受热到 250 ℃以上释放出化学上结合的水,反应式为

$$Al(OH)_3 \xrightarrow{250\ ℃以上} Al_2O_3 + H_2O$$

$Al(OH)_3$ 分解吸收大量热,降低了温度,同时生成的 $Al_2O_3$ 是一种惰性的吸热载体,从而提高了聚合物的阻燃效能。

4) 硼化合物的阻燃机理

硼酸和水合硼酸盐都是低熔点化合物,加热时形成玻璃状涂层覆盖于聚合物之上,如

$$2H_3BO_3 \xrightarrow[-2H_2O]{130\sim200\ ℃} 2HBO_2 \xrightarrow[-H_2O]{260\sim270\ ℃} B_2O_3$$

当温度高于 325 ℃时,$B_2O_3$ 可软化形成玻璃状物质。加热至 500 ℃时,$B_2O_3$ 呈多孔物质,起着隔热排氧功能,同时吸热。

3. 主要阻燃剂

随着合成材料的广泛应用,阻燃剂的消耗量日益增加,目前已成为塑料助剂中仅次于增塑剂的第二大品种。阻燃剂种类繁多,其中,磷系阻燃剂是各类阻燃剂中最复杂,也是研究充分的一类。磷系阻燃剂大都具有低烟、低卤或无卤等优点,符合阻燃剂的发展方向,具有很好的发展前景。特别是 1986 年瑞士的研究机构发现了卤系阻燃剂的二噁英问题,即多溴二苯酯及其阻燃的高聚物在 510～630 ℃下热分解产生有毒的多溴二苯并二噁烷和多溴二苯并呋喃,这就给卤系阻燃剂的发展带来严峻的挑战,并促使研究人员去开发低卤或无卤新阻燃剂产品以减少对环境的影响,磷系阻燃剂的用量因此获得高速增长。

多功能化是阻燃剂的发展趋势之一。多功能化阻燃剂可以减少助剂的用量,降低成本,避免对聚合物物性产生大的影响。磷酸酯类化合物大都具有阻燃、增塑等功能。

溴代芳基磷酸酯很早就被作为阻燃剂使用,一般用于工程塑料及透明材料,经研究发现:BPP(即溴代芳基磷酸酯之一)不仅可以作为工程塑料的阻燃剂,而且还具有极佳的防霉、避鼠的功能,是应用于塑料的一种多功能助剂。三芳基磷酸酯属于添加型有机无毒阻燃剂,具有阻燃和增塑的双重功能,可广泛应用于 PVC 软制品中。

阻燃剂双苯基(对-苯基)氧化膦可通过新工艺来合成,它可同时赋予聚合物较好的阻燃性、抗静电性和染色性,较高的热稳定性和氧化稳定性以及较高的玻璃化转变温度等性能,具有广阔的应用前景。

磷系阻燃剂具有低卤或无卤、低烟、低毒的特性,其用量少、效率高,适用面很广,近几年获得快速发展。特别是美国与德国等欧洲国家因溴系阻燃剂的二噁英问题而引起的争论,极大地促进了新型磷系阻燃剂的研究与开发。磷系阻燃剂近年来的发展趋势如下。

(1) 开发多功能如增塑、抗震、抑烟、防鼠等阻燃剂,扩大应用范围。

(2) 开发高相对分子质量、多官能团及协同型阻燃剂。

(3) 开发高效、低毒、无卤、抑烟、对材料性能影响小的阻燃剂。

(4) 对无机磷阻燃剂要求精细化、系列化、专用化。

(5) 注重新型阻燃剂开发的同时,要把阻燃剂的生产与应用研究放在首要位置,加速阻燃技术向现实生产力转化;改进传统生产工艺,扶持大规模生产装置。

## 6.4　食品添加剂

### 6.4.1　食品添加剂的定义及分类

食品添加剂是为改善食品品质以及防腐和加工工艺的需要而加入食品中的天然或化学合成的物质。

世界各国至今没有统一的食品添加剂分类标准。我国是按食品添加剂的主要功能分类的,共分为 21 大类:酸度调节剂、抗结剂、消泡剂、抗氧化剂、漂白剂、膨松剂、胶母糖基础剂、着色剂、护色剂、乳化剂、酶制剂、增味剂、面粉处理剂、被膜剂、水分保持剂、营养强化剂、防腐剂、稳定和凝固剂、甜味剂、增稠剂和其他。

### 6.4.2　食品添加剂的特点

(1) 品种繁多、销售量大。这是食品添加剂最显著的特点。世界各国使用的食品添加剂总数已达 14000 种以上,其中直接使用的约为 10000 种,常用的 600 种左右。20 世纪 80 年代初世界食品添加剂总销售额除日本外已达 45 亿美元。我国已列入食品添加剂并使用卫生标准的有 884 种(1990 年 7 月 9 日)。

(2) 变化迅速,日新月异。随着科学技术的发展,人们对食品添加剂的认识也在不断发展和完善。现在,世界各国均转向高度安全的天然食品添加剂的开发和研究,如天然甜味剂的研究和开发。而合成甜味剂在不少使用领域的用量却迅速减少。食用色素也是如此,尽管天然色素不够理想,但由于安全性高,因此近年来天然色素争奇斗艳,大有取代合成色素之势。

### 6.4.3　防腐剂

1. 防腐剂的定义与分类

防腐剂是用于防止由微生物的作用引起食品腐烂变质,延长食品保存期的一种食品添加剂。它能抑制某些细菌的繁殖,并具有一定的杀菌作用。

防腐剂按组成和来源可分为有机防腐剂、无机防腐剂、生物防腐剂及其他类。有机防腐剂主要包括苯甲酸及其盐类、山梨酸及其盐类、对羟基苯甲酸酯类、丙酸及其盐类。而丙酸及其盐类只能通过未解离的分子即盐类变成相应的酸以后,才能起到抗菌作用,因此主要在酸性条件下有效,所以称这一类物质为酸型防腐剂,它是食品中最常用的防腐剂。无机防腐剂主要包括亚硫酸及其盐类、亚硝酸盐类、各种来源的二氧化碳等。其中亚硝酸盐能抑制肉毒梭状芽孢杆菌生长,防止肉类中毒,但它又具有维持肉类颜色的作用,主要作为护色剂使用。亚硫酸盐类具有酸性防腐剂的特性,但主要作为漂白剂使用。

目前世界各国用于食品和饮料的化学防腐剂的品种较多,美国有 50 多种,日本有 40 多种,西欧发达国家也有数十种。防腐剂的品种虽多,但山梨酸及其盐是目前国际上公认的毒性最小而防腐效果好的品种。因此,本节重点介绍山梨酸及其盐。

2. 防腐剂的重要品种

(1) 山梨酸及其盐的性质及用途。

山梨酸又名 2,4-己二烯酸、2-丙烯基丙烯酸,结构式为 $CH_3CH=CHCH=CHCOOH$,是无色针状结晶或白色结晶状粉末,无臭或有微弱的辛辣味,熔点为 133～135 ℃,228 ℃时分解。难溶于水,易溶于乙醇、冰乙酸。常用的山梨酸盐为山梨酸钾,山梨酸钾为无色或白色鳞片状结晶,或白色结晶状粉末。而山梨酸钠因在空气中不稳定,故不采用。山梨酸对霉菌、酵母菌和好气性细菌均有抑制作用,但对厌气性芽孢杆菌、乳酸菌等几乎无效。山梨酸适用于 pH 值在 5.5 以下的食品防腐。

山梨酸及山梨酸钾可用于酱油、醋、果酱类(最大使用量为 1 $g \cdot kg^{-1}$),低盐酱菜、面酱类、蜜饯类、山楂糕、果味露、罐头(最大使用量为 0.5 $g \cdot kg^{-1}$),果汁类、果子露、葡萄酒、果酒(最大使用量为 0.6 $g \cdot kg^{-1}$),以及汽酒、汽水(最大使用量为 0.4 $g \cdot kg^{-1}$)等。ADI(一日摄取容许量)为 0～25 $mg \cdot kg^{-1}$。

(2) 山梨酸及其盐的生产方法。

① 丁烯醛和丙二酸法。

在反应罐中依次投入 175 kg 巴豆醛、250 kg 丙二酸、250 kg 吡啶,室温搅拌1 h后,缓缓加热升温至 90 ℃,维持 90～100 ℃反应 5 h,反应完毕降至 10 ℃以下,缓慢地加入 10%稀硫酸,控制温度不超过 20 ℃,至反应物呈弱酸性,pH 值 4～5 为止,冷冻过夜,过滤,结晶用水洗,得山梨酸粗品,再用 3～4 倍量 60%乙醇重结晶,得山梨酸约 75 kg。用碳酸钾或氢氧化钾中和即得山梨酸钾。工艺流程见图 6.3。

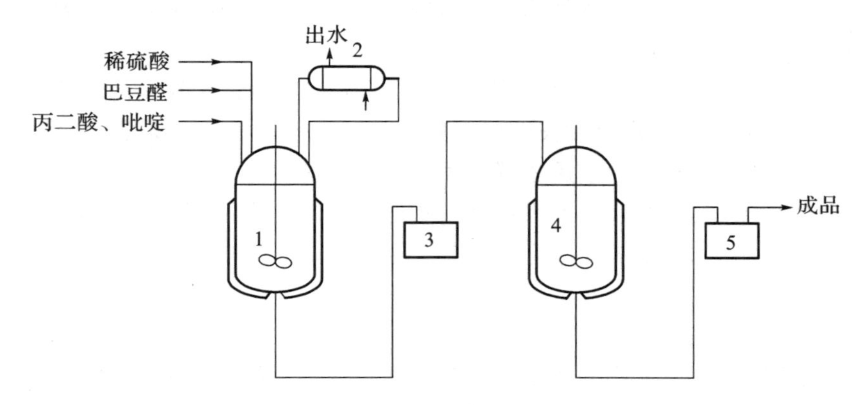


**图 6.3 山梨酸生产工艺流程图**

1-反应釜;2-冷凝器;3,4-离心机;5-结晶釜

② 巴豆醛与乙烯酮法。

将巴豆醛与乙烯酮在含有催化剂(将等物质的量的三氟化硼、氯化锌、氯化铝以及硼酸和水杨酸在150 ℃下加热处理)的溶剂中,于0 ℃左右进行反应。然后加入硫酸,除去溶剂,在80 ℃下加热3 h以上;冷却后,对所析出的粗结晶用以上方法重结晶。

该法的反应式为

$$CH_3CH=CHCHO+CH_2=CO\xrightarrow{BF_3}CH_3CH=CHCH=CHCOOH$$

3. 防腐剂的作用机理

防腐剂种类较多,作用方式不一。概括起来,防腐剂的作用机理主要有以下几个方面:能使微生物的蛋白质凝固或变性,从而干扰其生长和繁殖;改变细胞膜、细胞壁的渗透性,使微生物体内的酶类和代谢物逸出细胞,导致其失活;干扰微生物体内的酶系,抑制酶的活性,破坏其正常代谢;对微生物细胞原生质部分的遗传机制产生效应等。酸型防腐剂能够以未解离的有机酸分子迅速渗透细胞内部并酸化细胞,使蛋白质变性等。

苯甲酸能够阻碍霉菌和细菌对氨基酸的吸收,并使基质传输和氧化磷酸化作用的电子传输系统失调,能抑制多种微生物细胞的呼吸酶系的活性,并对乙酰酶缩聚反应有强的阻碍作用等。

对羟基苯甲酸酯类的抑菌机理最大可能是其对微生物细胞质膜的作用,使膜传输和电子传递系统受阻,抑制了丝氨酸的吸收和三磷酸腺苷的产生。

4. 防腐剂的发展动向

目前,国外对于原有公认安全的防腐剂主要是进一步完善生产工艺,以求降低成本和价格。国内尚需开发生产工艺,以取代进口。

进一步大力开发安全、高效、经济的新型防腐剂是国外防腐剂发展的近期动向。例如,美国开发的富马酸二甲酯,用作面包防霉,效果大大优于丙酸钙。我国对富马酸二甲酯也已进行了较详尽的研究和试验,并已作为新防腐剂在我国推广。

天然食品防腐剂的研究近年来在国外最为活跃。虽然现在开发的一些天然防腐剂防腐性能较差,抗菌谱较窄,价格也较高,但使用天然防腐剂是食品生产的一种趋势。

防腐剂的复配也是国外防腐剂开发的发展动向。采用复配的方式可以得到“1+1>2”的效果,从而能扩大原单一防腐剂的作用范围,并增强抗菌作用。另外,一些在单独使用时没有防腐特性的化合物,一旦将它们以适当用量进行恰当组合,就能有效地产生防腐作用。

### 6.4.4 抗氧化剂

1. 抗氧化剂的定义及作用机理

能阻止或延迟食品氧化,提高食品质量的稳定性和延长储存期的食品添加剂称为抗氧化剂。

氧化是导致食品变质的重要原因之一。因为氧化不仅使食品中的油脂变质,还会使食品发生褪色和褐变,破坏食品中的维生素,降低食品的质量和营养价值,甚至产生有害物质,引起食物中毒。因此,防止食品的氧化已成为食品工业中的一个重要问题。而添加一些安全性高、效果好的抗氧化剂是防止食品氧化、提高食品的稳定性的有效办法。

抗氧化剂所以能防止食品的氧化酸败,其作用机理是多方面的。有些抗氧化剂借助于还原反应,降低食品内部及其周围的氧含量,从而保护食品。有些抗氧化剂可以提供氢离子,将油脂在自动氧化过程中所产生的过氧化物分解,使其不能形成醛或酸等产物。有些抗氧化剂可能与所产生的过氧化物结合,使油脂在自动氧化过程中的连锁反应中断,阻止氧化过程的进行。还有些抗氧化剂能阻止或抑制氧化酶类的活动。

在使用酚型抗氧化剂时,若同时添加某些酸性物质,如柠檬酸、磷酸、抗坏血酸等,可以显著提高抗氧化效果,这些酸性物质称为增效剂。因为这些增效剂能和微量金属离子形成螯合物,阻止金属离子的催化氧化作用。也有的学者认为增效剂(BH)与抗氧化剂(AH)的自由基(A·)作用,使抗氧化剂获得再生,反应式为

$$BH + A\cdot \longrightarrow AH + B\cdot$$

增效剂的添加量为酚型抗氧化剂使用量的1/4～1/2。

抗氧化剂按溶解性可分为油溶和水溶性两大类,按来源可分为天然的和合成的两类。常用的油溶性抗氧化剂有丁基羟基茴香醚(BHA)、二丁基羟甲苯(BHT)、叔丁基-对苯二酚(TBHQ)和乙氧喹(EMQ)等,常用的水溶性抗氧化剂有抗坏血酸及其钠盐、异抗坏血酸及其钠盐等,这些均由人工合成。天然的抗氧化剂有生育酚(TOC)、茶多酚(TP)、植酸、海藻和绿紫菜的萃取物、生姜萃取物、花生壳提取物等,除TOC外,多为水溶性抗氧化剂。由于天然抗氧化剂原料易得、高效安全,人们倾向于更多地使用天然抗氧化剂。我国允许使用的抗氧化剂有6种:BHA、BHT、PG、D-异抗坏血酸钠、茶多酚和植酸。

2. 抗氧化剂的主要品种

(1) L-抗坏血酸及其钠盐。

L-抗坏血酸(即维生素C)的结构式为

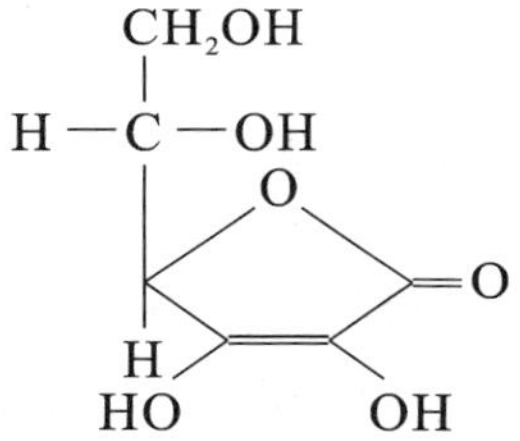

$CH_2OH$

H—C—OH

O

=O

H

HO　　OH

L-抗坏血酸为白色或淡黄色晶体,无臭、有酸味。熔点为190～192 ℃(分解)。受光作用颜色逐渐变深,干燥状态比较稳定,水溶液易被氧化分解,pH值为3.4～4.5时较稳定,易溶于水和乙醇,不溶于苯和乙醚等溶剂。L-抗坏血酸钠的分子式为$C_6H_7O_6Na$,相对分子质量为198.11,为白色或黄白色晶体,无臭、味微咸。分解温度为218 ℃。干燥状态下较稳定,L-抗坏血酸钠易溶于水,25 ℃时其溶解度为每100毫升62 g、75 ℃时其溶解度为每100毫升78 g。20% L-抗坏血酸钠水溶液的pH值为6.5。

工业上采用Reichstein法合成L-抗坏血酸。以葡萄糖为原料,在镍催化下加压氢化成山梨糖醇。再经乙酸杆菌发酵氧化成山梨糖,在浓$H_2SO_4$催化与丙酮反应生成双丙酮-L-山梨糖。在碱性条件下,经高锰酸钾氧化成L-抗坏血酸。

L-抗坏血酸的水溶液用$NaHCO_3$中和,放置片刻添加异丙醇沉淀即得L-抗坏血酸钠。或者将L-抗坏血酸溶于有机溶剂加入$NaHCO_4$反应,析出L-抗坏血酸钠。

产品规格　L-抗坏血酸及其钠盐在我国目前主要用于医药方面。FAO/WHO制定了相应的质量标准,表6.4为L-抗坏血酸及其钠盐的质量标准。

表 6.4　L-抗坏血酸及其钠盐(FAO/WHO)

| 项目名称 | L-抗坏血酸 | L-抗坏血酸钠 |
|---|---|---|
| 含量/(%) | ≥99.0 | ≥99.0 |
| 比旋光度/(°) | +20.5～+21.5 | +103～+180 |
| pH 值 | 2.4～2.8(2%溶液) | 6.5～8.0(10%溶液) |
| 干燥失重/(%) | ≤0.4 | ≤0.25 |
| 硫酸盐灰分/(%) | ≤0.1 | ≤— |
| 砷(以 As 计)/($mg \cdot kg^{-1}$) | ≤3 | ≤3 |
| 重金属(以 pb 计)/($mg \cdot kg^{-1}$) | ≤10 | ≤20 |
| 铅/($mg \cdot kg^{-1}$) | — | ≤10 |

L-抗坏血酸及其钠盐是公认安全无害的水溶性抗氧化剂和营养补剂。

L-抗坏血酸及其钠盐作为抗氧化剂广泛用于啤酒、无醇饮料、果汁、水果罐头、果蔬制品和肉制品等中，美国年产的 L-抗坏血酸大约 27%用于食品和饮料。例如，果汁中添加 0.02%～0.04%的 L-抗坏血酸可长期保持果汁风味；水果罐头中添加 0.03%的 L-抗坏血酸，可防止褐变；在啤酒中添加 0.03%；可增加风味感，延长保存期。鲜虾入库储存，若用 L-抗坏血酸和柠檬酸溶液浸泡一下，就可防止褐变发黑。在肉制品中添加 0.05%的 L-抗坏血酸可防止变色，阻止亚硝胺的产生，这对防止亚硝酸盐在肉制品中产生有致癌作用的二甲基亚硝胺具有重要意义。

(2) 茶多酚。

茶多酚的主要成分为儿茶素类及其衍生物。茶多酚具有很强的抗氧化活性，且对葡萄球菌、大肠杆菌、枯草杆菌、金黄色链球菌等有抑制作用，防止食品腐烂变质，茶多酚与维生素 E、维生素 C、磷脂和琥珀酸等助剂共同使用具有显著的协同增效作用，茶多酚还具有对热、酸稳定，水溶性好，安全性佳等特点，其根本作用是可清除体内氧自由基而产生的抗氧化作用。另外，茶多酚的抗氧化和抗诱变性还表现在它能抑制致癌物质亚硝酸胺的形成，具有防癌作用。

茶多酚已被广泛应用于食用动植物油脂、油炸食品、水产品、肉制品、乳制品、焙烤食品、糖果食品、饮料、调味品、功能性食品等产品中，是油脂和含油食品的理想天然抗氧化剂。

茶多酚的提取方法主要有溶剂萃取法、沉淀法、树脂法等三类。

萃取法的一般工艺流程如图 6.4 所示。

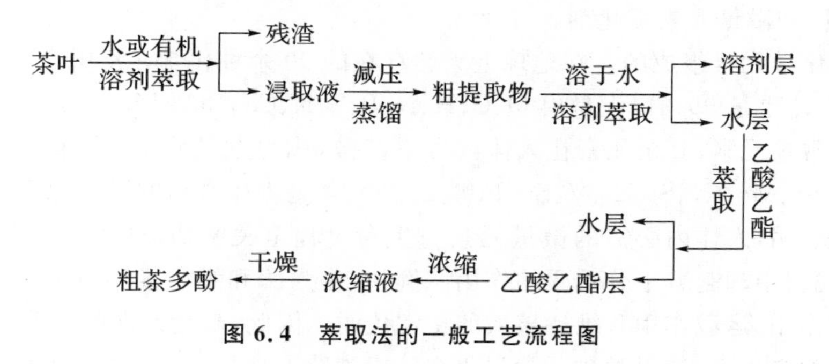


图 6.4　萃取法的一般工艺流程图

### 6.4.5　营养强化剂

1. 营养强化剂的定义及分类

以增强和补充食品的营养为目的而使用的添加剂称为营养强化剂，也称为食品强化剂。它用于补偿食品加工中的营养损失，强化天然营养素的含量，提高食品的营养价值。

目前世界上应用的营养强化剂约130种，我国已生产和使用的有30多种。营养强化剂主要可分为维生素、氨基酸、矿物质和微量元素(即无机盐)三大类。

2. 营养强化剂的主要品种

(1) 维生素强化剂。

维生素是调节人体正常新陈代谢所必不可少的营养素。但它几乎不能在人体内合成产生，必须经常由食物供给。当饮食中长期缺乏某种维生素时，就会引起代谢失调，生长停滞，以至出现病理状态。因此，维生素对食品的强化具有重要的意义。

作为营养强化剂的维生素主要有：维生素A，即鱼肝油或者其浓缩物，多用于乳制品和人造奶油等。B族维生素包括维生素$B_1$(硫胺素)，实际应用为盐酸硫胺等硫胺素衍生物；维生素$B_2$(核黄素)和维生素$B_6$(吡哆醇)主要用于强化饼干、面包等面制品；维生素$B_5$(烟酸又称抗癞皮病维生素或维生素PP)与维生素$B_{12}$(钴胺素)等主要用于面包、饼干、糕点及乳制品等的强化，特别是儿童食品的强化。维生素C(抗坏血酸)主要用于强化果汁、糖果、面包和饼干等。维生素D类以维生素$D_2$(麦角钙化醇)和维生素$D_3$(胆钙化醇)较为重要，常与维生素A并用，用于乳制品、人造奶油、乳饮料等的强化。维生素E，兼有营养强化和抗氧化作用，尤其是其延年益寿的功能越来越受到重视，近年来也作为食品强化剂。

(2) 氨基酸强化剂。

氨基酸是蛋白质合成的基本结构单位，更是生命不可缺少的物质。而组成蛋白质的氨基酸有20多种，大部分在体内可以由其他物质合成，其中有8种氨基酸不能由人体自身合成，必须由外界摄取，称为必需氨基酸，即赖氨酸、色氨酸、苯丙氨酸、苏氨酸、蛋氨酸、缬氨酸、亮氨酸及异亮氨酸。因此，作为食品强化剂用的氨基酸主要是这些必需氨基酸及其盐类。

目前作为氨基酸强化剂应用最多的是赖氨酸及其盐，主要用于面粉、面条、面包、饼干等食品。例如，日本20世纪60年代中期把添加赖氨酸的食品供中小学生食用，结果食用赖氨酸强化食品的学生体重增长率比不食用的对照组高40%。我国广西南宁妇幼保健院对112名儿童在饮食中添加0.3%的赖氨酸，半年后发现饮食中添加赖氨酸的儿童比不添加的儿童身高平均增加1.26 cm，体重增加0.5 kg，血红蛋白增长1.04 g。

(3) 矿物质和微量元素强化剂。

人体是由化学元素组成的。在地球上天然存在的90余种化学元素中已有60多种在人体内发现，其中人体重量99%以上是由O、C、H、N、P、S、K、Ca、Na、Mg、Cl等11种元素组成，称为人体必需的常量元素；其余元素在人体内含量甚微，称为微量元素。目前已经确定Fe、Zu、Cu、Mn、Co、I、Se、Mo、Cr、Si、Ni、V、Sn、F等14种元素是人体必需的微量元素。

科学实验表明，人体内必需的微量元素与生命过程至关密切，虽然它们在体内的含量甚微，但在新陈代谢中却起着十分重要的作用。例如，作为酶和维生素不可缺少的活性因子，参与激素的生理作用、运载作用和维持核酸的正常代谢。因此，微量元素的营养价值不亚于蛋白质、脂肪、淀粉和维生素，使得微量元素强化剂已成为营养食品、保健食品和疗效食品的重要组成部分。例如，危地马拉用铁盐强化食糖，美国和瑞典用铁盐强化面粉，有的国家用铁盐强化食盐，或用碘强化食盐。

目前可用于强化食品的矿物质和微量元素化合物列于表6.5。应该指出，应用矿物质和微量元素化合物作强化剂时，要注意饮食中矿物质和微量元素的平衡、添加量及其应用对象。

**表6.5 用于食品强化的盐类化合物**

| | |
|---|---|
| 钙 | 碳酸钙、磷酸氢钙、磷酸钙、磷酸二氢钙、甘油磷酸钙、焦磷酸钙、柠檬酸钙、乳酸钙、葡萄糖酸钙 |
| 镁 | 乙酸镁、柠檬酸镁、磷酸镁、磷酸氢镁、碳酸镁 |
| 铁 | 硫酸亚铁、乳酸亚铁、琥珀酸亚铁、葡萄糖酸亚铁、富马酸亚铁、柠檬酸亚铁、甘油磷酸亚铁、柠檬酸铁、枸橼酸铁铵、酒石酸铁、磷酸铁、焦磷酸铁、焦磷酸铁钠、改性焦磷酸铁 |
| 铜 | 硫酸铜、柠檬酸铜、葡萄糖酸铜 |
| 锌 | 葡萄糖酸锌、乳酸锌、柠檬酸锌、乙酸锌、硫酸锌、氯化锌 |
| 碘 | 碘化钠、碘化钾、碘酸钠、碘酸钾、硬脂酸碘钙 |
| 磷 | 磷酸氢钙、磷酸钙、甘油磷酸钙、磷酸氢镁、焦磷酸钙、焦磷酸铁钠 |

葡萄糖酸锌是近年来国内外推广使用的一种新的锌强化剂，主要用于奶粉、饼干、糖果、饮料、食盐、食糖等的锌强化，可预防小儿的缺锌和侏儒症，维持锌的营养平衡，促进小儿的生长发育。

葡萄糖酸锌为白色结晶性粉末，无臭无味。熔点为173～175 ℃。在空气中稳定，易溶于水，难溶于乙醇。分子式为$(C_6H_{11}O_7)_2O$，相对分子质量为520。

葡萄糖酸锌通常有以下四种制备方法。

(1) 葡萄糖空气催化氧化法。在催化剂存在下，葡萄糖经空气氧化生成葡萄糖酸。然后边搅拌边加入NaOH溶液，控制pH值为9～10，使之转为葡萄糖酸钠。过滤分离催化剂后，葡萄糖酸钠经强酸性阳离子交换树脂转变为较高纯度的葡萄糖酸，进而和ZnO作用生成葡萄糖酸锌。相关反应式为

$$2C_6H_{12}O_6+O_2+2NaOH\xrightarrow{\text{催化剂}}2C_6H_{11}O_7Na+2H_2O$$

$$C_6H_{11}O_7Na+R-H\longrightarrow C_6H_{12}O_7+R-Na$$

$$2C_6H_{12}O_7+ZnO\longrightarrow(C_6H_{11}O_7)_2Zn+H_2O$$

经浓缩、结晶、重结晶，即得葡萄糖酸锌产品，产率在80%以上。

该法原料易得，产品质量高，经济效益较好，但工艺流程较长，能耗较高。

(2) 葡萄糖酸钙复分解法。将一定量葡萄糖酸钙溶于热水中，在不断搅拌下加入化学计量的$ZnSO_4$，于80～90 ℃时保温30～45 min，使物料反应完全。相关反应式为

$$(C_6H_{11}O_7)_2Ca+ZnSO_4\longrightarrow(C_6H_{11}O_7)_2Zn+CaSO_4$$

趁热过滤除去硫酸钙。滤液经浓缩、结晶、重结晶，即得产品。

此法原料易得，工艺技术成熟，产品收率可达85%以上。关键是保持较高产品收率的同时，$SO_4^{2-}$ 含量不可超标。

(3) 葡萄糖酸-δ-内酯直接合成法。将葡萄糖酸内脂溶于一定量的水中，加热至5 ℃，水解生成葡萄糖酸。在搅拌下加入$Zn(OH)_2$至溶液的pH值达到7.0。继续加热搅拌反应1.5～2 h。然后过滤、浓缩、结晶，即得葡萄糖酸锌。相关反应式为

$$C_6H_{10}O_6+H_2O\longrightarrow C_6H_{12}O_7$$

$$2C_6H_{12}O_7+Zn(OH)_2 \longrightarrow (C_6H_{11}O_7)_2Zn+2H_2O_4$$

该法合成步骤简单,无副产物生成,产品质量好,产率可达95%。但原料价格高,经济效益较差。

(4) 发酵合成法。葡萄糖经发酵制得葡萄糖酸,分离提纯后与ZnO反应生成葡萄糖酸锌。

该法原料易得,成本较低,产品质量较高。但生产周期长,发酵条件较苛刻。

葡萄糖酸锌的质量指标见表6.6。

**表6.6　葡萄糖酸锌(GB 8820—1988)**

| 指标名称 | 指　　标 |
|---|---|
| 含量(以 $C_{12}H_{22}O_{14}Zn$ 计)/(%) | 97.0～102.2 |
| 水分/(%) | ≤11.6 |
| 还原物质(以 $C_6H_{12}O_6$ 计)/(%) | ≤1.0 |
| 氯化物(以Cl计)/(%) | ≤0.05 |
| 硫酸盐(以 $SO_4^{2-}$ 计)/(%) | ≤0.05 |
| 砷(以As计)/(%) | ≤0.0003 |
| 铅(以Pb计)/(%) | ≤0.001 |
| 镉(以Cd计)/(%) | ≤0.0005 |

## 6.5　日用化妆品

### 6.5.1　日用化妆品的定义与分类

化妆品是对人体面部、皮肤、毛发和口腔起保护、美化和清洁作用的日常生活用品,通常是以涂敷、揉擦或喷洒等方式施于人体不同部位的,并能散发出令人愉悦的香气,有益于身体健康,使容貌整洁、增加魅力。

### 6.5.2　日用化妆品的主要原料

化妆品现已深入人们的日常生活,人们几乎每天都在使用它,并且是长期连续地使用,所以化妆品对人体的安全健康有直接的影响。发达国家对于化妆品生产的厂房、车间、原材料、成品标准、卫生指标和安全性都有严格的规定。在我国,随着有关法规的健全和管理手段的日趋完善,对化妆品的生产与销售都要依照有关法规进行严格的跟踪管理与检查。

化妆品的安全性是很重要的,它与原材料直接有关系,故使用的原料必须是对人体无害的原料;制品经过长期使用,不得对皮肤有刺激、过敏或使皮肤色素加深,更不准有积毒性和致癌性。

化妆品因用途不同而种类繁多、成分各异,即不同类别的化妆品其原料与配比都各有特点。但就整个化妆品系统而言,仍有共性。主要的原料包括以下几大类:① 油脂与蜡;② 香料;③ 乳化剂(表面活性剂);④ 保湿剂;⑤ 色料与粉剂;⑥ 水溶性高分子;⑦ 其他助剂。

### 6.5.3　特殊化妆品

特殊化妆品是通过其特殊功能达到美容、护肤、消除人体不良气味等目的的化妆品。它主要用于防晒、祛斑、除臭、减肥、育发、脱毛、染发、烫发等。

1. 防晒化妆品

防晒剂是一种能选择性地吸收紫外线范围中的光波的可溶解或不溶解的物质。按其在紫外线光谱中的吸收范围分，紫外线A吸收剂的最大吸收量接近355 nm，紫外线B吸收剂的最大吸收量为308 nm，广谱段紫外线吸收剂能有效地吸收上述两个区域的太阳光紫外线。

在化妆品中使用的紫外线吸收剂的特点是：无毒性，对皮肤不引起损伤的高安全性物质；对紫外线吸收能力大；本身在紫外线和热量的影响下不发生分解；与化妆品基础材料的融合性好。

耐水性是防晒化妆品的重要功能之一。为了提高产品的耐水性，一般都采用W/O型的乳化基质。但夏季在人体皮肤上涂W/O型的乳化基质不如O/W型的乳化基质舒适。为了解决这个矛盾，既要提高耐水性又要保证皮肤的舒适性，人们在产品中添加硅油。特别是低黏度的硅油不仅耐水性好，而且会使皮肤更舒适。

防晒剂分为三类。一类是物理性防晒剂，主要有氧化锌、二氧化钛等。一类是化学防晒剂，一般具有羰基共轭的芳香族有机物，如水杨酸薄荷酯、苯甲酸薄荷酯、水杨苄酯。另一类为天然动植物提取液，如沙棘、芦荟、薏米、貂油等。

2. 美白化妆品

黑色素决定着皮肤的色调，从代谢过程本身来看，控制、抑制黑色素的生化合成就能使肤色变浅。美白化妆品主要品种如下。

(1) 维生素C：为安全的口服美白剂，它是利用还原的方法，还原黑色素。人一天所需的维生素是70～75 mg，若是想以蔬果来美白恐怕要失望了，因为吃水果所获得的维生素C，不足以推动美白作用。服用过量时，一天如果超过5 g，则会有腹泻跟甲状腺失调的现象发生；在乳液或面霜中，维生素C必须是脂溶性的，才能顺利渗透到皮肤较里层。而使用水溶性维生素C，除非是配合特殊渗透溶剂，否则看不出效果。

(2) 对苯二酚：其美白机理，是凝结酪氨酸酵素，破坏黑色素，其美白效果非常显著，但是涂擦部位多数人会有明显的红斑出现，对苯二酚的副作用并非只是局部发红，若浓度超过5%时，会引起全身性副作用，过去曾有引发白斑症的例子出现。

(3) 熊果素：其美白机理，是抑制酪氨酸酵素的活化，其性质温和副作用少，但熊果素是很怕光线的，因此在配方上一定要加入高浓度的紫外线吸收剂。

(4) 麴酸：其美白机理是螯合铜离子，去除活化的铜离子，使其无法形成酪氨酸酵素。因为安全，所以在美白的用量上并无限制，但麴酸不稳定，易变色，因此其配方中也添加了许多抗氧化剂及紫外线吸收剂。

(5) 谷胱甘肽：其结构中的硫氢基会制衡酪氨酸酵素，使黑色素的生成速率减缓，是很好的抗氧化剂。

(6) 胎盘素：具有活化细胞和增强色素代谢的能力。

(7) 汞化合物：汞化合物有毒，汞会对皮肤造成刺激，对中枢神经系统影响也很大，过量使用会使记忆衰退。

(8) 果酸：并无直接美白作用，可促进角质细胞代谢，间接协助美白。

(9) 桑葚萃取液：可凝结酪氨酸酵素，可有效美白，安全性佳。

美白物质有四种作用(所有美白物质作用对象，都针对色素母细胞及其所分泌的黑色素)。

(1) 还原作用——直接在黑色素上改变，黑色素同母细胞分泌后呈现氧化状态物质称为氧化型黑色素,它具有明显的黑色,但如果将黑色素加以还原,则变为无色的还原型色素,维生素 C 及其衍生物就是利用这种作用力,其主要是将已产生的皮肤色素中间体(色素源)还原清除,抗氧化游离基,抗衰老。

(2) 凝结作用——酪氨酸酵素本身就是一种蛋白质,酵素蛋白质凝结的结果促使酵素失去催化活性,如对苯二酚(氢醌)就是这一作用原理,主要是抑制或降低皮肤色素中间体黑色素的产生。

(3) 嵌合作用——很多酵素往往都要有金属离子作为辅酶,例如果酸的整合作用,即增加角质细胞黑色素粒子的降解,失活表皮及时剥脱等。

(4) 破坏作用——以破坏自由基,导致黑色素小体结构的改变而造成黑色素细胞破坏。所有美白产品,其作用原理不论如何,都是达到有效抑制黑色素生成,而产生皮肤漂白的功能。

### 6.5.4 中国化妆品工业发展趋势

随着生活水平提高,化妆品销售有广阔的市场和巨大的潜力。在相当一段时间内,化妆品生产和销售将保持稳步增长的势头。发展总趋势如下。

(1) 美容品将是妇女消费的主流产品。今后将会保持上升的发展趋势。

(2) 护肤用品仍然是化妆品工业发展的主流产品。

(3) 洗发、护发用品的需求将向中高档产品发展

(4) 护肤类化妆品将在添加物上拓宽。将引入生物制剂,如在化妆品中加入透明质酸、麴酸、脂质体及衍生物,使产品具有功能性。

(5) 随着人们旅游、户外活动的增多,臭氧层的破坏,人们对紫外光的防护越显重要。因此,在相当一段时间内,防晒产品将发展更快、产量更大、使用面更广。

(6) 老年化妆品有待开发。随着我国及国际上进入老龄化阶段,有待开发适合老年人的身体特点、心理状态和观念转变用的老年化妆品。

(7) 儿童化妆品市场也将是广阔的。

(8) 男士用化妆品随同女士化妆品的发展而得到发展,护肤、须用、发用和浴液等适合男性的化妆品也必然得到发展。

(9) 果酸用于美容化妆品,是美容界在 20 世纪 90 年代的重大突破,几乎所有的美容产品都声称含有果酸,它具有去死皮、促进新陈代谢等功能。

(10) 人参皂苷应用于化妆品中对皮肤有着明显的护肤功能,它对皮肤角质层有很强的亲和性和“穿透”力,可促进细胞生长。

(11) 我国开发的添加天然“茶多酚”的化妆品,易被皮肤吸引,活性稳定,在酸性和避光条件下,活性能较长时间保持不变,无毒、无刺激性。

(12) 酵素类化妆品,能抑制皮肤老化,参与角质的新陈代谢,是很有前途的助剂。

## 复习思考题

1. 精细化工的定义和特点是什么?
2. 表面活性剂的分类及其作用?
3. 阳离子表面活性剂最主要的特征是什么?
4. 聚乙二醇类非离子表面活性剂的亲水亲油性是怎样实现的?
5. 用量最大的增塑剂是什么? 它的作用机理是什么?

6. $Mg(OH)_2$是怎样实现阻燃的？
7. 茶多酚是怎样提取的？
8. 美白化妆品的作用机理是什么？
9. 化妆品的发展总趋势是什么？

## 主要参考文献


[1] 李和平,葛虹.精细化工工艺学[M].北京:科学出版社,1997.
[2] 刘兴高.精细化工发展的关键技术[J].现代化工,2001,21(8):6-8.
[3] 查伦·克雷布(美),黄汉生.表面活性剂发展的新动向[J].日用化学品科学,2002,25(4):15-16.
[4] 冀华.我国表面活性剂的发展趋势[J].化工之友,2001(6):40.
[5] 科技中心.国外主要塑料加工助剂现状及发展趋势[J].上海氯碱化化工信息,2002(8):11-14.
[6] 朱亨政.柠檬酸发酵[J].食品与发酵工业,1994(6):69.
[7] 卓训文,梁兰兰.新型微生物多糖——结冷胶[J].粮食与油脂,2001(9):34-35.
[8] 王陪义.化妆品——原理·配方·生产工艺[M].北京:化学工业出版社,2001.
[9] 阎世翔.化妆品的研发程序与配方设计[J].日用化学品科学,2001,24(2):30-33.
[10] 宋启煌.精细化工工艺学[M].北京:化学工业出版社,2004.
[11] 刘德峥.精细化工生产工艺学[M].北京:化学工业出版社,2002.

# 第7章　化工生产与环境保护

## 7.1　概　　述

### 7.1.1　化学污染与环境问题

现代工业的快速发展带来的环境污染，已严重威胁着人类的生存环境以及全球社会的可持续发展。环境保护已成为当今世界最为关注的热点问题之一。人类只有一个地球，“保护我们的家园，加强污染治理，保护生态环境”已成为世界各国人民的共同心声和关注的大事。造成全球环境污染的原因是多方面的，重要的原因之一是人类在工业发展过程中走的“先污染，后治理”的错误弯路，其中化工生产中产生的废气、废液、废渣（统称“三废”）等废弃物，是造成环境污染问题的重要原因。化学工业在各国的国民经济中占有重要地位，它是许多国家的基础产业和支柱产业，化学工业的发展速度和规模对社会经济的各个部门有着直接影响。化学工业是对环境中的各种资源进行化学处理和转化加工的产业，其产品和废物从化学组成上讲是多样化的，而且数量也相当大，这些废物在一定浓度上大多是有害的，有的还是剧毒物质，进入环境就会造成污染。同时，化工产品在加工、储存、使用和废弃物处理等各个环节都有可能产生大量有毒物质而影响生态环境，危及人类健康。因此，当人类在开发利用资源、能源过程中，如果违背环境地理演化（物理的、化学的、生物的）的法则，未能充分、合理地利用资源、能源，向环境无限制地投放废弃物，必然会造成环境污染问题。

1. 化工生产中的大气污染物及特点

化工生产是多种流程，多种工艺条件和多种设备而构成的千变万化的生产工艺过程。因而其产生的废弃物种类多、成分复杂、数量大，对环境产生严重影响。表7.1列出了化工厂的主要大气污染物，表7.2列出了化学工业中大气污染物的主要来源，表7.3列出了石油化工厂主要大气污染物来源。

**表7.1　化工厂主要大气污染物**

| 化工厂 | 主要大气污染物 |
| --- | --- |
| 氮肥厂 | 粉尘，$NO_x$，CO，$NH_3$，酸雾 |
| 磷肥厂 | 粉尘，氟化物，四氟化硅，硫酸气溶胶 |
| 硫酸厂 | $SO_2$，$NO_x$，As，硫酸气溶胶 |
| 氯碱厂 | 氯气，氯化氢，HgF，CO |
| 化纤厂 | 烟尘，$H_2S$，$NH_3$，$CO_2$，甲醇，丙酮，二氯甲烷 |
| 合成厂 | 丁二烯，苯乙烯，乙烯，异丁烯，丙烯腈，异戊二烯，二氯乙烷，乙硫醇，二氯乙烯，氯化甲烷 |
| 农药厂 | As，Hg，$Cl_2$，农药 |
| 冰晶石厂 | HF，$SiF_4$ |
| 染料厂 | $SO_2$，$NO_x$ |

表7.2 化学工业中大气污染物的主要来源

| 污染物 | 来源 |
|---|---|
| 二氯化硫 | 硫酸厂、染料厂、石油化工厂、其他以硫酸为原料的化工厂 |
| 氮氧化物 | 硝酸厂、染料厂、炸药制造厂、合成纤维厂 |
| 氯气、盐酸 | 氯碱厂、石油化工厂、农药厂 |
| 氟化硅、四氟化硅、氟化物等 | 磷肥厂、黄磷生产厂、氟塑料生产厂 |
| 氰化氢 | 有机玻璃厂、丙烯腈厂 |
| 甲醛及其他有机化合物 | 石油化工厂 |
| 乙烯、丙烯 | 石油裂解、聚烯烃厂、石油化工厂 |
| 氨 | 合成氨及氮肥厂、石油化工厂 |
| 烃基铅 | 烷基铅制造厂 |
| 氯丁二烯 | 氯丁橡胶厂 |
| 硫化氢、硫醇 | 石油化工厂(脱硫) |
| 溶剂(芳烃、有机化合物) | 石油化工厂 |
| 光气 | 光气及聚亚氨基甲酸酯生产 |

表7.3 石油化工厂主要大气污染物来源

| 污染物 | 主要大气污染源 |
|---|---|
| 含硫化合物 | 加热炉、锅炉、燃烧烟气、裂解气、硫回收尾气、催化再生尾气等 |
| 烃类 | 轻质油品及烃类气体储运设施、各种烃类氧化尾气、丙烯腈尾气等 |
| 氮氧化物 | 硝酸装置尾气、合成材料生产尾气、锅炉、裂化、催化剂再生烟气、火炬、内燃机、废渣焚烧 |
| 粉尘 | 催化剂制造、尿素粉尘、催化剂再生烟气、白土补充精制出焦操作、裂解炉、焚烧炉 |
| 硫化氢 | 加氢装置、脱硫装置、含硫污水、硫回收尾气 |
| 一氧化碳 | 催化裂化再生器烟气、焚烧炉、锅炉、加热炉 |
| 氮 | 制冷过程、制氨工艺、含硫含氮污水 |
| 苯肼芘 | 氧化沥青、焦化、污水处理 |
| 臭味 | 硫回收、脱硫、污水与污泥处理 |

化学工业中大气污染物的主要特点为:有的是剧毒物质,有的是构成对人类有威胁的致癌物质,有的是具有强腐蚀性的物质,有的是易燃易爆气态物质。这些污染物质进入大气后对人类造成严重危害。

2. 化工生产中废水的来源及特点

化学工业中的废水都是在化工生产过程中产生的。不同行业、不同企业、不同原料、不同的生产方式和不同类型的设备、生产管理的好坏、操作水平的高低都对废水的产生数量和污染物的种类及浓度有很大影响。

化学工业废水的主要来源有:化工生产中原料和产品在生产、包装、运输、储存、堆放的过程中因一部分物料流失又经雨水冲刷而形成的废水;化学反应不完全而产生的废料常以废水形式排放出来;化学反应中的副产物,在某些情况下难以回收而作为废水排放;在高温下进行反应获得的成品或半成品采用直接水冷方式时,不可避免地排出含有物料的废水;一些特定生产,如焦炭生产的水力除焦,酸洗或碱洗等过程排放的废水;生产车间地面及设备冲洗水因夹带某些污染物最终形成废水。表7.4列出了化学工业废水中重点污染物的主要来源。

**表7.4　化学工业废水中重点污染物的主要来源**

| 重点污染物 | 来　源 |
| --- | --- |
| 汞 | 聚氯乙烯(电石法厂)、汞试剂厂 |
| 镉 | 无机和有机镉生产厂、镉试剂厂 |
| 铅 | 颜料厂、铅盐生产厂 |
| 砷 | 硫酸生产厂、农药厂 |
| 铬 | 铬盐生产厂、铬黄颜料厂 |
| 酸类 | 硫酸、盐酸、硝酸、合成染料、农药、塑料生产厂 |
| 氮、铵类 | 化肥(氮肥)厂、焦化厂 |
| 碱类 | 氯碱厂、纯碱厂 |
| 氟化物 | 硫酸厂、氟塑料生产厂、磷肥生产厂、制冷剂厂 |
| 酚类 | 合成苯酚生产、合成染料、酚醛树脂厂、农药厂、焦化厂 |
| 氰化物 | 焦化厂、煤气生产厂、氰化钠生产厂、化肥(氮肥)厂、有机化工厂 |
| 硫化物 | 硫酸厂、焦化厂、染料厂、有机化工厂、无机盐厂 |
| 有机磷 | 农药厂、有机化工厂 |
| 有机氯 | 农药厂、有机化工厂 |
| BOD,COD | 染料厂、塑料厂、农药厂、焦化厂、涂料厂、其他有机化工原料厂 |

化学工业废水的特点有以下四个方面:①排放量大;②污染物种类多;③污染物毒性大、不易生物降解;④污染范围广。排放的许多有机物十分稳定、不易被氧化、不易被生物所降解,许多沉淀的无机化合物和金属有机物可通过食物链进入人体,对健康极为有害。

3. 化工生产中固体废弃物的来源及特点

固体废弃物是指在人类生产和生活中所丢弃的固体和泥状物质。它包括各种工业固体废料、废渣和污泥、建筑垃圾、生活垃圾、农业垃圾等。通常从管理角度出发,按其来源进行分类,可分为工业固体废弃物、农业固体废弃物、城市生活固体废弃物(生活垃圾)、放射性固体废弃物等五类。化学工业固体废弃物属工业固体废弃物的一种,废渣种类多、数量大、成分复杂。化工固体废弃物一般是指化学工业生产过程中产生的固体和泥浆状废物,包括化工生产过程中产生的不合格的产品、不能出售的副产品、反应釜底料、滤饼渣、废催化剂等。按危险程度可将化工固体废弃物分为一般工业废渣和危险化工废渣。化工固体废弃物主要包括以下四类:①有毒有害可回收类;②无毒无害可回收类;③有毒有害不可回收类;④无毒无害不可回收类。对前两类可回收再利用,对第三类一般进行无毒处理,比如高温焚烧等,对第四类可直接进行废弃处理。

由于化学工业行业多,品种多,因此化工固体废弃物的主要特点是品种多,排放量大,有毒物质含量高,并通过土壤、水域、大气对环境造成污染,污染面广,危害大,治理难度较大。化工固体废弃物排放到环境中,会造成以下三种形式污染:①造成土壤直接污染。存放废渣占用场地,在风化作用下到处流散既会使土壤受到污染,又会导致农作物受到影响,土壤受到污染很难得到恢复，甚至变为不毛之地；②间接污染水域。废渣通过人为投入、被风吹入、雨水带入等途径进入地面水或渗入地下水，而对水域产生污染，破坏水质；③间接污染大气。在一定温度下，由于水分的作用会使废渣中某些有机物发生分解，产生有害气体扩散到大气中，造成大气污染。如重油渣及沥青块，在自然条件下产生的多环芳香烃气体是致癌物质。

化工生产中的“三废”和化工产品，既然是在同一生产过程中产生的，那么“三废”能否在生产过程中消除呢？世界上只有未被认识的物质，而没有不可利用的物质。在一定条件下的“害”，在另一条件下就可能变成“利”；在一定条件下排放“三废”是难免的，而在另一条件下，把“三废”消除在生产过程中也是可能的。将化工厂排放的废弃物加以合理的综合利用和回收，使无用的“废物”重新成为有用之物，既可治理“三废”防止环境污染，又可创造财富，这正是化学工作者今后在化工生产中的努力方向。

### 7.1.2　环境污染物

环境是人类赖以生存和社会可持续发展的客观条件和空间。环境为我们生存和发展提供了必需的资源和条件。从 20 世纪 50 年代起，一些国家因工业废弃物排放或化学品泄漏所造成的环境污染，一度发展成为严重的社会公害，甚至发生严重的环境污染事件。环境问题在很大程度上是人类社会发展尤其是那种以牺牲环境为代价的发展的必然产物，因此环境问题已成为危害人们健康，制约经济发展和社会稳定的重要因素。保护环境，减轻环境污染，遏制生态恶化趋势，成为各国政府社会管理的重要任务。环境保护工作不仅包括对动植物以及森林的保护，还包括对大气和水的保护以及防治，既包括各类大型的污染源的预防和治理，还包括各类细节的处理。化工生产“三废”污染问题是目前人类社会面临的主要环境问题，也是人类社会活动的必然产物。虽然经过多年的治理，我国环境污染加剧的趋势基本得到控制，但是环境污染问题依然相当严重。

化学工业是进行各种资源化学加工的行业，在对自然资源进行开发利用时，许多深埋的化学元素被开采出来进行化学加工，其产品废弃物有些是有害的，有的还是剧毒物质。这些有毒物质流散于地表，进入大气、水体、土壤中，造成环境污染。

1. 大气环境污染

按照国际标准化组织(ISO)给出的定义：“大气污染通常系指由于人类活动和自然过程引起某些物质介入大气中，呈现出足够的浓度，达到了足够的时间，并因此而危害了人体的舒适、健康、福利或危害了环境。”大气污染的形成可分为两类：①来自大自然的地壳运动所产生的污染源，为天然污染源。②由于人类的生产活动和日常生活过程中人为产生的污染源。往往集中在一个比较小的地理区域内，且往往又是在人口稠密的都市，所产生的大气污染物及其对人类的危害远远地超过了自然过程发生的大气污染。大气环境污染源大体可分为以下三类：

(1) 煤烟型污染，主要污染物为烟尘，二氧化硫、一氧化碳和氮氧化合物；

(2) 石油型污染，主要污染物为一氧化碳、碳氢化合物、氮氧化合物、颗粒物和铅；

(3) 特殊型污染，主要由工矿企业的废气和粉尘造成的。

按照污染范围可分为以下三类：

(1) 低空污染，主要指低空排入的流动污染源污染；

(2) 高空污染，主要指高空排入的流动污染源污染；

(3) 全球污染，主要指导致臭氧层耗损和全球气候变化的污染。

2. 水环境污染

水是环境问题的焦点，是生态环境中最活跃的因素。近几十年来，高投入、低产出、粗放型发展生产的方式所造成的我国水污染日趋严重。在水环境污染的研究中，区分水质与水体的概念十分重要。水质主要指水相的质量。通过水体的物理、化学和生物的特征及组成状况，反映了水体环境自然演化过程和人类活动影响的程度。水体则包含除水相以外的固相物质，种类较多。例如重金属污染易于从水相转移到固相底泥中，水相中重金属含量较低，似乎未受污染，而底泥受到重金属污染。从水体范畴已受到重金属污染。

当污染物进入河流、湖泊、海洋等水体后，其含量超过了水体的自净能力，使水体的水质和水体底质的物理、化学性质或生物群落组成发生变化，从而降低了水体的使用价值和使用功能的现象，被称为水体污染。

1) 污水的水质指标

水体污染源指的是向水体排放污染物的场所、设备和装置等，通常也包括污染物进入水体的途径。为了反映水体被污染的程度，通常用污水的水质指标来表示。

(1) 悬浮物(SS)。悬浮物或称悬浮固体，是污水中呈固体状的不溶解物质，可影响水体的透明度，降低水中藻类的光合作用，限制水生生物的正常运动，减缓水底活性，导致水体底部缺氧，使水体同化能力降低。悬浮物是水体污染基本指标之一。

(2) 有机物浓度。废水中有机物浓度也是一个重要的水质指标。有机物的共同特点是进入水体后通过微生物的生物化学作用而分解，恶化水质。由于有机物的种类繁多、组成复杂，要想分别测定各种有机物的含量比较困难，在实际工作中一般用下列指标来表示有机物的浓度。

A. 化学耗氧量(COD)。COD又称化学需氧量，指在一定条件下用化学氧化剂(常用重铬酸钾或高锰酸钾)氧化水中有机污染物时所需的氧化剂量，以每升水消耗氧的体积(mg)来表示。其值可粗略地表示水中有机物的含量，COD越高，表示水中有机物质越多，用以反映水体受有机物污染的程度。

B. 生物需氧量(BOD)。BOD又称生物化学耗氧量，指在一定条件下，微生物分解水体中有机物质的生物化学过程中所需溶解氧的量，是反映水体中有机污染程度的综合指标之一。BOD越高，表示水中需氧有机物质越多。由于微生物分解有机物是一个缓慢过程，因此目前国内外普遍采用20℃培养5天的生化过程需要氧的量为指标(以mg/L为单位)，记为$BOD_5$。它占最终生化需氧量的65%～80%。所以$BOD_5$比COD值要低得多，只能相对反映可氧化有机物的含量。

C. 总有机碳量(TOC)。TOC水中溶解性和悬浮性有机物中存在的全部碳量，是评价水体需氧有机物的一个综合指标。

D. 总需氧量(TOD)。水中有机物除含有机碳外，尚含氢、氮、硫等元素。当有机物全部被氧化时所需的氧量称为总需氧量。

(3) pH值。污水的pH值对污水处理及综合利用，对水中生物的生长繁殖，对排水管道等都有很大影响，已列为检验污水水质的重要指标之一。

(4) 污水的细菌污染指标。在水处理工程中，可用两种指标表示水体被细菌污染的程度：每毫升水中细菌(杂菌)总数及水中大肠杆菌的多少。水中含有大肠杆菌即说明已被污染。

(5) 污水中有毒物质指标。有毒物质既可能是有机物也可能是无机物。这类污染物对人类和环境的危害最为严重，因而受到人们的格外关注。污水综合排放标准中，列出了第一类、第二类污染物的最高允许排放浓度，具体数值可查阅污水综合排放标准。

除以上表示水体污染情况的五项重要指标外，还有浊度、温度、颜色（色度）、放射性物质浓度等也是反映水体被污染情况的指标。

2）水体污染物

化学工业废弃物排入水体，对水体污染有影响的污染物主要有如下几种：

（1）需氧污染物。化学工业排放的废水中所含的碳水化合物、蛋白质、脂肪和木质素等有机化合物可在生物作用下最终分解为简单的无机物质。这些有机物在分解过程中需要消耗大量的氧气，称为需氧污染物。

（2）植物营养物。植物营养物主要是指氮、磷、钾、硫及其化合物。过多的营养物质进入天然水体将恶化水体质量，影响渔业的发展和危害人体健康。水体中植物营养物主要来自化肥，其污染危害是造成水体富营养化，最直观的表现是藻类的数量增多和种类的变化。水体富营养化的结果破坏了水体生态系统原有的平衡，使水体中有机物大量生长，从而引起水质污染，藻类、植物及水生物、鱼类衰亡甚至绝迹。

（3）重金属。在环境污染方面所说的重金属主要指汞、镉、铅、铬以及非金属砷等生物毒性显著的元素，也包括具有毒性的重金属锌、铜、钴、镍、锡等。重金属污染物排入水体环境中不易消失，通过食物链的富集进入人体，再经较长时间积累可能引发慢性疾病。

（4）酚类化合物。化工废水中酚的来源主要是合成苯酚的生产、合成染料、酚醛树脂厂、农药厂、焦化厂等。苯酚溶于水，毒性较大，能使细胞蛋白质发生变性和沉淀。

（5）农药。农药包括许多种类，除了常见的杀虫剂外，还有除草剂，灭真菌剂、熏剂和灭鼠剂等。造成环境污染并对人体有害的农药主要是一些有机氯农药和含铅、砷、汞等重金属制剂以及某些除莠剂。这些农药一旦进入环境，其毒性、高残留特性便会发生效应，造成严重的大气、水体及土壤的污染。

（6）氰化物。水体中氰化物主要来源于化学、电镀、煤气、炼焦等工业排放的含氰废水。氰化物是剧毒物质，地面水中最高允许浓度为0.1 mg/L。

（7）酸碱及一般无机盐类。这类物质使淡水资源的矿化度增多，影响各种用水水质，酸碱废水破坏水体的自然缓冲作用，消灭或抑制细菌及微生物的生长，妨碍水体的自净功能，腐蚀管道和船舶。酸性废水除主要来自矿山排水外，还有部分来自化工冶金和金属加工酸洗废水。碱性废水则主要来自碱法造纸、人造纤维、制碱、制革等工业废水，酸碱废水彼此中和可产生各种盐类，它们分别与地表物质反应生成无机盐类。

（8）放射性物质。放射性污染物是指各种放射性核素，这种污染物对环境的污染是其放射性。其主要来源一是天然放射性物质，二是人工放射性物质，主要来自天然铀矿的开采及选矿、精炼厂废水、核武器试验、核工业排放的各种放射性物质。

（9）病原微生物。水体中病原微生物主要来自生活污水和医院废水、制革、洗毛等工业废水。病原微生物包括病菌、病毒和寄生虫，对人体来讲，这种污染物引发的传染病的发病率和死亡率均很高。

### 3. 固体废弃物环境污染

我国矿产资源利用率很低，有色金属矿产资源有用成分利用率低于2.5％。农药、染料等精细化工产品原料利用率仅为20％～30％（工业发达国家达80％）。我国工业固体废弃物产量增长较快，大多露天堆放，严重污染了土壤、空气和周围的水体环境。

化工生产产生的废渣种类多、数量大、成分复杂。单以硫铁矿烧渣而言，我国每年排出的烧渣就有300多万吨。这样的废渣弃之郊野,将会堆积如山,破坏植被,影响绿化;弃之田野,就会侵占农田,影响农业生产。下雨后,废渣中的可溶性有害物质随雨水流失,流入池塘、江河,影响水体生态环境,污染水域,会使鱼类减少甚至绝迹,使水生物的种群发生变化;废渣中的有害物质随水渗入地层,就会造成大面积的土壤污染,一些有毒物还会严重杀伤土壤中的细菌微生物,使土壤丧失腐解能力。天晴后,堆放的废渣扬起大量尘土,随风飘扬,污染大气。废渣堆集日久腐烂变质,分解产生大量臭气,影响人体健康。废渣排入水体,就会污染水质,使水混油。有些如硝酸盐、磷酸盐等无机盐类就会使水体富营养化,造成藻类畸形发展,破坏水生物的生存环境;有些有机物大量消耗水中的溶解氧,破坏水域的生态平衡。

我国目前面临的环境问题十分严峻,随着环境问题的凸现,我国于1973年成立了环境保护领导小组及其办公室,在全国开始"三废"治理和环保教育,这是我国环境保护工作的开始。1973年我国的第一个环境标准《工业"三废"排放试行标准》诞生,1979年我国通过了第一部环境保护法——《中华人民共和国环境保护法(试行)》。改革开放以来,我国逐步形成了环境保护法律体系。1996年10月《中华人民共和国环境噪声污染防治法》颁布;2015年8月《中华人民共和国大气污染防治法》修订颁布;2016年11月《中华人民共和国固体废物污染环境防治法》修订颁布;2017年6月《中华人民共和国水污染防治法》修订颁布。1997年3月修订后的《中华人民共和国刑法》增加了有关"破坏环境资源保护罪"的规定;2016年7月修订颁布的《中华人民共和国环境影响评价法》,为项目的决策、项目的选址、产品方向、建设计划和规模以及建成后的环境监测和管理提供了科学依据;2014年4月24日,第十二届全国人大常委会第八次会议表决通过的《中华人民共和国环境保护法》修订案,被称为"史上最严厉"的新法。十八届五中全会会议提出:加大环境治理力度,以提高环境质量为核心,实行最严格的环境保护制度,深入实施大气、水、土壤污染防治行动计划,实行省以下环保机构监测监察执法垂直管理制度。

### 7.1.3 大气污染的防治

大气污染物按其污染的形态和特性分为两大类:粒子污染物和气态污染物。其控制方法互不相同。

1. *粒子污染物质的防治*

粒子污染物质是大气中重要污染物之一,其对人类的危害,取决于它的粒径和化学成分。化学工业中粒子污染物质主要来自粉碎、碾磨、筛分等机械过程所产生的粉尘,以及锅炉燃烧所产生的烟尘等。常用的除尘方法有四类,即机械除尘、洗涤除尘、过滤除尘和静电除尘。

1) 机械除尘

机械除尘是利用机械力(重力、惯性力、离心力)将固体悬浮物从气流中分离出来。常用的机械除尘设备有重力沉降室、惯性除尘器、旋风除尘器等。重力沉降室是利用粉尘与气体的密度不同,依靠粉尘自身的重力从气流中自然沉降下来,从而达到分离或捕集气流中含尘粒子的目的。惯性除尘器是利用粉尘与气体在运动中的惯性力不同,使含尘气流方向发生急剧改变,气流中的尘粒因惯性较大,不能随气流急剧转弯,便从气流中分离出来。旋风除尘器是利用含尘气体的流动速度,使气流在除尘装置内沿一定方向作连续的旋转运动,尘粒在随气流的旋转运动中获得了离心力,从而从气流中分离出来。

机械除尘设备具有结构简单、易于制造、阻力小和运转费用低等特点,但此类除尘设备只对大粒径粉尘的去除效率较高,而对小粒径粉尘的捕获率很低。为了取得较好的分离效率,可采用多级串联的形式，或将其作为一级除尘使用。

2）洗涤除尘

洗涤除尘又称湿式除尘，是用水（或其他液体）洗涤含尘气体，利用形成的液膜、液滴或气泡捕获气体中的尘粒，尘粒随液体排出，气体得到净化。洗涤除尘器可以除去直径在 0.1 μm 以上的尘粒，且除尘效率较高，一般为 80%～95%，高效率的装置可达 99%。洗涤除尘器的结构比较简单，设备投资较少，操作维修也比较方便。洗涤除尘过程中，水与含尘气体可充分接触，有降温增湿和净化有害有毒废气等作用，尤其适合高温、高湿、易燃、易爆和有毒废气的净化。洗涤除尘的缺点是除尘过程中要消耗大量的洗涤水，而且从废气中除去的污染物全部转移到水中，因此必须对洗涤后的水进行净化处理，并尽量回收，以免造成水的二次污染。此外，洗涤除尘器的气流阻力较大，因而运转费用较高。

3）过滤除尘

过滤除尘是使含尘气体通过多孔材料，将气体中的尘粒截留下来，使气体得到净化。我国使用较多的是袋式除尘器，其基本结构是在除尘器的集尘室内悬挂若干个圆形或椭圆形的滤袋，当含尘气流穿过这些滤袋的袋壁时，尘粒被袋壁截留，在袋的内壁或外壁聚集而被捕集。袋式除尘器在使用一段时间后，滤布的孔隙可能会被尘粒堵塞，阻力增大。因此袋壁上聚集的尘粒需要连续或周期性地被清除下来。袋式除尘器结构简单，使用灵活方便，可以处理不同类型的颗粒污染物，尤其对直径在 0.1～0.2 μm 范围内的细粉有很强的捕集效果，除尘效率可达 90%～99%，是一种高效除尘设备。但一般不适用于高温、高湿或强腐蚀性废气的处理。

4）静电除尘

静电除尘是气体除尘常用的一种方法。在化学、冶金等工业中用以净化气体或回收有用尘粒。在强电场中空气分子被电离为正离子和电子，电子奔向正极过程中遇到尘粒，尘粒与负离子结合带上负电后，趋向阳极表面放电而沉积。静电除尘器由两大部分组成：一部分是电除尘器本体系统；另一部分是提供高压直流电的供电装置和低压自动控制系统。高压供电系统为升压变压器供电，除尘器集尘极接地；低压电控制系统用来控制电磁振打锤、卸灰电极、输灰电极以及几个部件的温度。静电除尘器与其他除尘设备相比，耗能少，除尘效率高，适用于除去烟气中 0.01～50 μm 的粉尘，而且可用于烟气温度高、压力大的场合。处理数据表明，处理的烟气量越大，使用静电除尘器的投资和运行费用越经济。

2. 气态污染物的防治

气态污染物的种类繁多，其控制方法分为分离法和转化法两大类。分离法是利用污染物与废气中其他组分的物理性质的差别，用物理方法使污染物从废气中分离出来。吸收、吸附和冷凝都是分离气态污染物常用的方法。转化法是使废气中的污染物发生某些反应，转化为无害的物质或者易分离的物质。催化转化法是使用最为广泛的一种转化法，它包括催化氧化法（催化燃烧法）和催化还原法。

1）含无机物废气

化工企业排放的废气中，常见的无机污染物有氯化氢、硫化氢、二氧化硫、氮氧化物、氯气、氨气和氰化氢等，这一类废气的主要处理方法有吸收法、吸附法、催化法和燃烧法等，其中以吸收法最为常用。

(1) 吸收装置

吸收是利用气体混合物中不同组分在吸收剂中的溶解度不同，或者与吸收剂发生选择性化学反应，从而将有害组分从气流中分离出来的过程。吸收过程一般需要在特定的吸收装置中进行。吸收装置的主要作用是使气液二相充分接触,实现气液二相间的传质。用于气体净化的吸收装置主要有填料塔、板式塔和喷淋塔。

(2) 吸收法处理无机废气实例

废气中常见的无机污染物一般都可选择适宜的吸收剂和吸收装置进行处理,并可回收有价值的副产物。例如,用水吸收废气中的氯化氢可获得一定浓度的盐酸;用水或稀硫酸吸收废气中的氨可获得一定浓度的氨水或铵盐溶液,可用作农肥;含氰化氢的废气可先用水或液碱吸收,然后再用氧化、还原及加压水解等方法进行无害化处理;含二氧化硫、硫化氢、二氧化氮等酸性气体的废气,一般可用氨水吸收,根据吸收液的情况可用作农肥或进行其他综合利用等。例如含氯化氢的尾气,利用常温常压下氯化氢在水中溶解度大这一特性,选用水作吸收剂,采用吸收法处理。这样不仅可消除氯化氢气体造成的环境污染,而且可获得一定浓度的盐酸。吸收过程通常在吸收塔中进行,塔体一般以陶瓷、搪瓷、玻璃钢或塑料等为材质,塔内填充陶瓷、玻璃或塑料制成的散堆或规整填料。为了提高回收盐酸的浓度,通常采用多塔串联的方式操作。图 7.1 是采用双塔串联吸收氯化氢尾气的工艺流程。

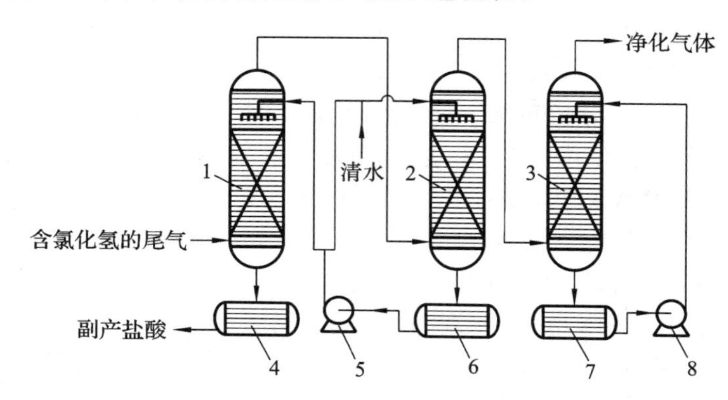


**图 7.1 氯化气尾气吸收工艺流程**

1-一级吸收塔;2-二级吸收塔;3-液碱吸收塔;4-浓盐酸储罐;
5-稀盐酸循环泵;6-稀盐酸储罐;7-碱液储罐;8-液碱循环泵

含氯化氢的尾气首先进入一级吸收塔的底部,与二级吸收塔产生的稀盐酸逆流接触,获得的浓盐酸由塔底排出。经一级吸收塔吸收后的尾气进入二级吸收塔的底部,与循环稀盐酸逆流接触,其间需补充一定流量的清水。由二级吸收塔排出的尾气中还残留一定量的氯化氢,将其引入液碱吸收塔,用循环液碱(30%液体氢氧化钠)作吸收剂,以进一步降低尾气中的氯化氢含量,使尾气达到规定的排放标准。实际操作中,通过调节补充的清水量,可以方便地调节副产物盐酸的浓度。

2) 含有机物废气

含有机污染物废气的一般处理方法主要有冷凝法、吸收法、吸附法、燃烧法和生物法。

(1) 冷凝法

冷凝法是通过冷却的方法使废气中所含的有机污染物凝结成液体而分离出来。冷凝法所用的冷凝器可分为间壁式和混合式两大类,相应地,冷凝法有直接冷凝与间接冷凝两种工艺流程。

冷凝法的特点是设备简单,操作方便,适用于处理有机污染物含量较高的废气。冷凝法常用作燃烧或吸附净化废气的预处理,当有机污染物的含量较高时,可通过冷凝回收的方法减轻后续净化装置的负荷。但此法对废气的净化程度受冷凝温度的限制,当要求的净化程度很高或处理低浓度的有机废气时，需要将废气冷却到很低的温度，此方法在经济上通常是不划算的。

(2) 吸收法

选用适宜的吸收剂和吸收流程，通过吸收法除去废气中所含的有机污染物是处理含有机物废气的有效方法。吸收法在处理含有机污染物废气中的应用没有在处理含无机污染物废气中的应用广泛，其主要原因是适宜吸收剂的选择比较困难。

吸收法可用于处理有机污染物含量较低或沸点较低的废气，并可回收获得一定量的有机化合物。如用水或乙二醛水溶液吸收废气中的胺类化合物；用稀硫酸吸收废气中的吡啶类化合物；用水吸收废气中的醇类和酚类化合物；用亚硫酸氢钠溶液吸收废气中的醛类化合物；用柴油或机油吸收废气中的某些有机溶剂(如苯、甲醇、乙酸丁酯等)。但当废气中所含的有机污染物浓度过低时，吸收效率会显著下降，因此，吸收法不宜处理有机污染物含量过低的废气。

(3) 吸附法

吸附法是将废气与表面积较大的多孔性固体物质(吸附剂)接触，使废气中的有害成分吸附到固体表面上，从而达到净化气体的目的。吸附过程是一个可逆过程，当气相中某组分被吸附的同时，部分已被吸附的该组分又可以脱离固体表面而回到气相中，这种现象称为脱附。当吸附速率与脱附速率相等时，吸附过程达到动态平衡，此时的吸附剂已失去继续吸附的能力。因此，当吸附过程接近或达到吸附平衡时，应采用适当的方法将被吸附的组分从吸附剂中解脱下来，以恢复吸附剂的吸附能力，这一过程称为吸附剂的再生。吸附法处理含有机污染物的废气包括吸附和吸附剂再生的全部过程。吸附法处理废气的工艺流程可分为间歇式、半连续式和连续式三种，其中以间歇式和半连续式较为常用。

与吸收法类似，合理地选择和利用高效吸附剂，是吸附法处理含有机污染物废气的关键。常用的吸附剂有活性炭、活性氧化铝、硅胶、分子筛和褐煤等。吸附法的净化效率较高，特别是当废气中的有机污染物浓度较低时，其仍具有很强的净化能力。因此，吸附法特别适用于处理排放要求比较严格或有机污染物浓度较低的废气。但吸附法一般不适用于高浓度、大气量的废气处理。否则，需对吸附剂频繁地进行再生处理，影响吸附剂的使用寿命，并增加操作费用。

(4) 燃烧法

燃烧法是在有氧的条件下，将废气加热到一定的温度，使其中的可燃污染物发生氧化燃烧或高温分解而转化为无害物质。当废气中的可燃污染物浓度较高或热值较高时，可将废气作为燃料直接通入焚烧炉中燃烧，燃烧产生的热量可予以回收。当废气中的可燃污染物浓度较低或热值较低时，可利用辅助燃料燃烧放出的热量将混合气体加热到所要求的温度，使废气中的可燃有害物质进行高温分解而转化为无害物质。

燃烧过程一般需控制在 800 ℃左右的高温下进行。为了降低燃烧反应的温度，可采用催化燃烧法，即在氧化催化剂的作用下，使废气中的可燃组分或可高温分解组分在较低的温度下进行燃烧反应而转化成 $CO_2$ 和 $H_2O$。催化燃烧法处理废气的流程一般包括预处理、预热、反应和热回收等。燃烧法是一种常用的处理含有机污染物废气的方法，此法的特点是工艺简单，操作方便，并可回收一定的热量；缺点是不能回收有用物质，并容易造成二次污染。

(5) 生物法

生物法处理废气的原理是利用微生物的代谢作用，将废气中所含的污染物转化成低毒或无毒的物质。图 7.2 是用生物过滤器处理含有机污染物废气的工艺流程。

含有机污染物的废气首先在增湿器中增湿，然后进入生物过滤器。生物过滤器是由土壤、

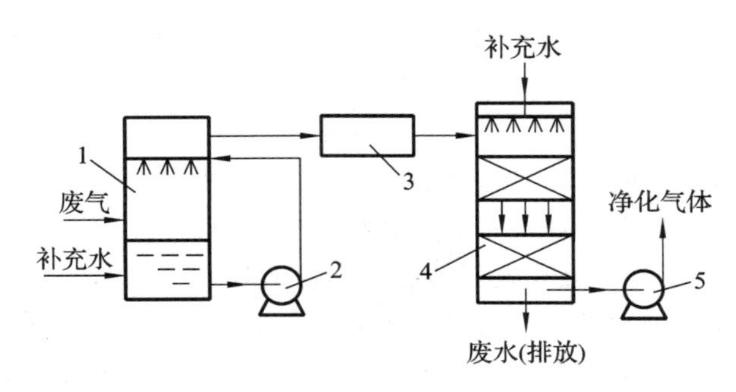


**图 7.2　生物法处理废气的工艺流程**

1-增湿器;2-循环泵;3-调温装置;4-生物过滤器;5-风机

堆肥或活性炭等多孔材料构成的滤床,其中含有大量的微生物。增湿后的废气在生物过滤器中与附着在多孔材料表面的微生物充分接触,其中的有机污染物被微生物吸附吸收,并被氧化分解为无机物,从而使废气得到净化。与其他气体净化方法相比,生物处理法的设备比较简单,且处理效率较高,运行费用较低。因此,生物法在处理废气领域中的应用越来越广泛,特别是含有机污染物废气的净化。但生物法只能处理有机污染物含量较低的废气,且不能回收有用物质。

### 7.1.4　水污染的防治

化学工业生产中产生的污染物,以废水的数量最大,种类最多,且十分复杂,危害最严重,对生产可持续发展的影响也最大。它是化工企业污染物无害化处理的重点和难点。化工废水和其他工业废水一样,其处理方法可归纳为物理法、化学法、物理化学法和生物法等。

1. 化工废水的物理处理法

废水物理处理法是借助于物理作用分离和去除废水中不溶解的悬浮固体(包括油膜、油品)的废水处理方法。这种处理方法设备简单,操作方便,分离效果良好,使用极为广泛。根据物理作用的不同,物理处理法可分为筛滤截留法、重力分离法、离心分离法等。

1) 筛滤截留法

其实质是使废水通过有孔眼的装置,或由某种介质组成的滤层。由于悬浮固体被截留而得到一定程度的净化。这种方法使用的设备有格子网、筛网、布滤、砂滤、微孔管过滤、反渗透和超滤。

2) 重力分离法

其实质是使废水中的悬浮性物质在重力作用下与水分离的方法。当悬浮物的比重大于1时就下沉,称之为沉降或沉淀。当悬浮物的比重小于1时就上浮,称之为自然上浮(或重力浮选)。若悬浮物比重接近于1时,必须通入空气或药剂进行机械搅拌,形成大量气泡将悬浮物带至水面,这种强制上浮又称气浮或浮选。

3) 沉降法

沉降法是利用沉淀作用分离废水中悬浮固体的既简单又经济的方法。根据废水中可沉降物质的浓度高低和絮凝性能的强弱,沉降又可分为自由沉降(也称离散沉降)、絮凝沉降、成层沉降和压缩沉降。自由沉降是一种无絮凝倾向或弱絮凝倾向的固体颗粒在稀溶液中的沉降。絮凝沉降是一种絮凝性颗粒在稀溶液中的沉降。成层沉阵(也称集团沉降、拥挤沉降)是当废水中悬浮物浓度较高时颗粒之间相互干扰但相对位置不变而成为一个整体覆盖层共同下沉的沉降。压缩沉降是废水中悬浮物浓度很高时，颗粒之间相互接触，彼此支承且相对位置发生变化，在上层颗粒重力作用下，下层颗粒间隙水被挤出界面，颗粒群被压缩，从而沉降下来。沉降处理装置一般分为普通沉淀池和斜板(管)式沉淀池两大类。普通沉淀池按池内水流方向可分为平流式、竖流式和辐射流式三种形式。斜板沉淀池又分为异向流式和同向流式两种。

4）上浮法

上浮分离是利用浮力从废水中除去比重小于 1 的悬浮物或粒子附着气泡后比重变得小于 1 的杂质。前者属于自然上浮法，后者为强制上浮法(或称气浮法)。在上浮法中使用最普通的是气浮法，即向废水中通入空气，然后降低压力，使空气呈细小气泡形式向水面上升，把吸附在气泡表面的悬浮物带到水面。按照产生气泡的方法不同，可分为加压溶气上浮法、叶轮扩散上浮法、扩散板曝气上浮法、喷射上浮法等。

5）离心分离法

离心分离法是借用离心力分离废水中悬浮物和油类的方法。离心分离设备按离心力产生方式可分为两种类型：水力旋流器(又称液旋分离器)和高速离心机。

6）磁力分离法

磁力分离法用以分离废水中磁性悬浮物，即让废水通过人工磁场或向废水中添加磁种，在磁场力的作用下，磁性悬浮物则被吸附，而非磁性物随水流流走，由此达到分离目的。磁力分离设备主要有永磁分离器、高梯度磁过滤器和超导磁分离器三种。

2. 化工废水的化学处理法

废水的化学处理是通过化学反应改变废水中污染物的化学形态或物理形态，消除其毒性或使其从溶解、胶体或悬浮物状态转变为沉淀或漂浮状态，或从固体转变为气态而从水中除去的单元处理过程或处理系统。化学处理单元过程有中和法、化学混凝和化学沉淀法、氧化还原法、化学吸附法等。

1）中和法

当废水中存在游离酸或碱时，可利用添加碱或酸使酸和碱相互进行中和反应生成盐和水，这种利用中和过程处理废水的方法称为中和法。通常采用的废水中和方法有均衡法和 pH 值直接控制法。均衡法是以废治废使酸碱废水相互中和最理想的方法，它通过测定酸碱废水相互作用的中和曲线求得两者的适宜配比，多余部分则另行处理。pH 值直接控制法是利用添加中和剂来控制废水的 pH 值，使废水中的有害离子(如重金属离子)在此 pH 值条件下以沉淀物的形式沉降，然后进行分离使水得以净化。

2）化学混凝和化学沉淀法

化学混凝法是向废水中投加某种化学药剂(常称之为混凝剂)，使水中难以沉淀的胶体状悬浮颗粒或乳状污染物质失去稳定后，由于互相碰撞以及集聚或聚合、搭接而形成较大的颗粒或絮状物，从而更易于自然下沉或上浮而被除去。还可通过降低废水浊度、色度，除去多种高分子物质、有机物、某些重金属毒物和放射性物质等，因此在工业废水处理中得到了广泛应用。例如利用添加硫酸亚铁、硫酸铁、聚丙烯酰胺等混凝剂处理选磷废水，均获得了较好的效果。

混凝工艺包括药剂配制、投药、混合与反应几个步骤，常用的设备有隔板式、旋转式和涡流式三种反应池。化学沉淀法是向废水中投加称之为沉淀剂的某种化学物质使其和水中的某些溶解性污染物质产生反应，生成溶度积小的难溶于水的化合物沉淀下来，然后分离出去，从而降低溶解性污染物质的浓度。化学沉淀法多用于除去废水中的重金属离子，也可用于除去营养性物质。

3) 氧化还原法

溶解于废水中的有毒物质在使用生物法或其他方法难以处理时,可利用它在化学反应过程中被氧化或还原的性质,将其转变成无毒的新物质,从而达到净化处理的目的,这种方法称为氧化还原法。此法是废水最终处理的重要方法之一。这种方法主要用于含氰化物、硫化物、酚、$Cr^{6+}$、$Hg^{2+}$、$Fe^{3+}$、$Mn^{2+}$等废水的处理及除色、除臭、除味等。

3. 化工废水的物理化学处理法

废水的物理化学处理法是运用物理和化学的综合作用使污水得到净化的方法。在采用此方法处理时,通常都需先进行预处理,尽量除去废水中的悬浮物、油类、有害气体等杂质,或调整废水的 pH 值以便提高处理效果并尽可能地减少损耗。常用的物理化学处理法主要有吸附法、离子交换法、电化学法、萃取、电渗析、汽提、吹脱、浮选等。

1) 吸附法

吸附处理就是使废水与多孔性固体吸附剂接触,利用吸附剂的表面活性,将分子态或离子态的污染物吸附并富集于表面,然后将吸附污染物的吸附剂与废水分离,使废水得以净化的过程。用吸附法处理废水时,采用的吸附剂主要有活性炭、合成吸附剂、天然吸附剂等,而活性炭利用最为广泛。

2) 离子交换法

离子交换法是借助静电力吸附在固体表面官能团上的离子能置换溶液中不同类别的离子的处理方法。离子交换过程可以看作是离子交换剂与溶液中电解质之间的化学置换反应。离子交换反应具有三个特征:和其他化学反应一样服从当量定律;离子交换是一个可逆反应,遵循质量作用定律;离子交换剂具有选择性。

常用的离子交换剂有天然的也有合成的,分为无机离子交换剂、液体交换剂和离子交换树脂。离子交换设备主要有阳离子交换器和阴离子交换器,通常将阳离子交换器和阴离子交换器串联使用。

3) 电化学法

电化学法是指污水通过电解槽,在直流电场的作用下,其有害成分或在阳极氧化或在阴极还原或发生二次反应,即电极反应产物与溶液中某些成分发生作用,转变成无害成分的处理过程。它可分为电化学—物理处理过程和电化学—化学处理过程。

电化学—物理处理过程,主要是将电化学过程所产生的产物用于污水的气浮分离或絮凝过程,所以又称电解上浮法和电解絮凝法。废水电解时,由于水的电解及有机物的电解氧化,在电极上会有气体(如 $H_2$、$O_2$及 $CO_2$、$Cl_2$等)析出。借助电极上析出的微小气泡而浮上分离疏水性杂质微粒的技术称为电解浮上法。电解时,不仅有气泡浮上作用,而且还兼有凝聚、共沉作用。

电化学氧化及电化学还原等作用:通常电解浮上所用电极为水平放置在设备底部的板状(多孔极或筛网)电极,阳极材质为不锈钢或表面沉积 $PbO_2$的钛板,阴极材质为不锈钢。通直流电后,阳极产生氧,阴极产生氢,因而有大量气泡逸出,能有效地将污水中分散油滴和固体悬浮物夹带浮升至水面而除去。

电解凝聚的主要特点为:使用可溶性阳极(牺牲阳极),一般用铝或铁作阳极,不锈钢筛网(或板)作阴极,阳极可以是整体的铝板或碳钢板,也可以是装填于不锈钢或钛框篮内的刨花或切屑,阴极产生氢而阳极产生金属离子。通过电化学反应,不但产生了气浮分离所需的气泡,也产生了絮凝剂 $A1(OH)_3$、$Fe(OH)_2$和 $Fe(OH)_3$,使废水的胶体粒子、悬浮物凝聚,吸附于气泡的表面而除去。

电化学—化学处理过程，是利用电化学反应所产生的产物与污水中的污染物发生化学反应，将污染物氧化分解除去。

4）膜分离法

水处理中膜分离法通常是指采用特殊固膜的渗析法、电渗析法、超滤及反渗透四项技术。其共同优点是在常温下可分离污染物，且不消耗热能，不发生相变化，设备简单，易于操作。

用隔膜分离时，溶质通过膜的过程称为渗透。溶质或溶剂透过膜的推动力是电动势(电渗析)、浓度差(扩散渗析)或压力差(反渗透，超滤和压渗析)。隔膜是膜分离技术的关键部分，一般是用高分子材料制成的薄膜，种类很多，可根据需要选用。反渗透法采用的反渗透膜是一类具有不带电荷的亲水性基团的膜，目前广为采用的是醋酸纤维素膜和芳香聚酰胺膜。它能允许溶剂或水透过，而不允许溶质或离子透过。电渗析装置是将许多块只允许阳离子通过的阳离子膜和只允许阴离子通过的阴离子膜组装在一起，然后在膜群两端接上电源，通电后就可将废水净化。超滤所使用的膜与反渗透使用的膜类似，但它本质上是一种机械筛滤过程，膜表面孔隙的大小是主要的控制因素。

4. 化工废水的生物处理法

自然界中，存在着大量的微生物，它们具有氧化分解复杂有机物和某些无机物，并将这些物质转化成简单物质，或将有毒物质转化为无毒物质的能力。这种利用微生物处理废水的方法，称为生物处理法或生化处理法。在微生物生命活动的过程中，一部分溶解性的有机物质用于合成细胞的原生质和储藏物；一部分则变为代谢产物，并释放出能量，供给微生物原生质的合成和生命活动，使微生物能继续不断地生长繁殖，从而使废水得以净化。生物处理法就是利用这一功能，并采取一定的人工措施，创造有利于微生物生长繁殖的环境，使其大量地繁殖，提高分解氧化有机物的效率。这种方法是目前用于去除废水中有机物的主要方法。根据生物处理过程中起主要作用的微生物对氧气需求的不同，废水的生物处理可分为好氧生物处理和厌氧生物处理两大类，其中好氧生物处理又可分为活性污泥法和生物膜法。

1）好氧生物处理法

(1) 活性污泥法

活性污泥法是以活性污泥(经过专门驯化的好氧性微生物群体)为主体的废水处理方法。其过程是向有机废水中添加活性污泥，在充气条件下，利用好氧微生物的生长和繁殖，将有机物分解成二氧化碳、水、硝酸盐、磷酸盐和活性污泥的形式与水分离而净化废水。其基本原理是利用栖息在污泥状絮凝物上的以菌胶团为主的微生物群有很强的吸附与氧化有机物的能力，除去有机物。活性污泥法的主要处理设备有初次沉淀池、曝气池和二次沉淀池。废水流入初次沉淀池，经沉淀后导入调整槽，然后定量连续地导入曝气池，混合曝气一定时间，加入驯养过的活性污泥以除去废水中的有机物。最后将曝气槽中的混合液导入沉淀池，滞留 2～3 小时后再进行沉降分离。采用此法可除去 80%～95%的 BOD。图 7.3 是活性污泥法处理工业废水的基本工艺流程。

废水首先进入初次沉淀池中进行预处理，以除去较大的悬浮物及胶体状颗粒等，然后进入曝气池。在曝气池内，通过充分曝气，一方面使活性污泥悬浮于废水中，以确保废水与活性污泥充分接触；另一方面可使活性污泥混合液始终保持好氧条件，保证微生物的正常生长和繁殖。废水中的有机物被活性污泥吸附后，其中的小分子有机物可直接渗入到微生物的细胞体内，而大分子有机物则先被微生物的细胞外酶分解为小分子有机物，然后再渗入到细胞体内。

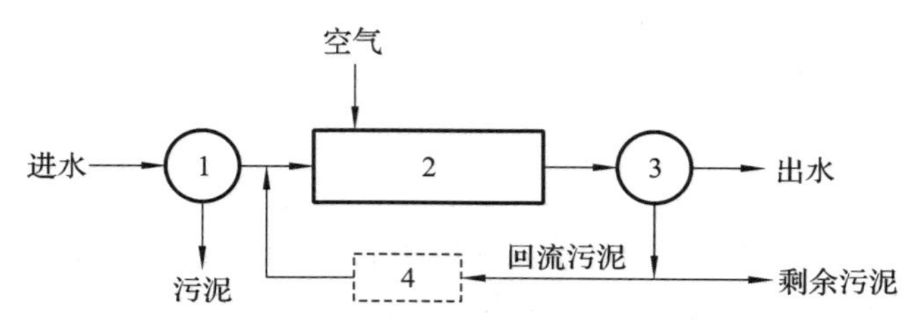


**图 7.3 活性污泥法处理工业废水工艺流程**

1-初次沉淀;2-曝气池;3-二次沉淀池;4-再生池

在微生物的细胞内酶作用下,进入细胞体内的有机物一部分被吸收形成微生物有机体,另一部分则被氧化分解,转化成 $CO_2$、$H_2O$、$NH_3$、硫酸盐、磷酸盐等简单无机物或盐类,并释放出能量。处理后的废水和活性污泥由曝气池流入二次沉淀池进行固液分离,上清液即是被净化了的水,由二次沉降池的溢流堰排出。二次沉淀池底部的沉淀污泥,一部分回流到曝气池入口,与进入曝气池的废水混合,以保持曝气池内具有足够数量的活性污泥;另一部分则作为剩余污泥排入污泥处理系统。

(2) 生物膜法

生物膜法是使废水流过生长在固定支承物表面上的生物膜,通过各相向的物质交换及生物氧化作用,使废水中有机污染物降解的过程,是与活性污泥法并列的好氧生物处理法,亦称生物过滤法。用这种方法处理废水的构筑物有生物滤池,生物转盘和生物接触氧化池等。

A. 生物滤池,是一种利用生物膜进行人工生物处理的方法。此法对水量,水质负荷变动以及对有毒物质的适应性强,生成的污泥量小,与活性污泥法相比,具有管理方便,维护费用低等特点而获得了生产应用。生物滤池的实质是依靠滤料表面的生物膜对废水中的有机物吸附氧化作用而使废水得到净化。所谓生物膜是生长在固体支承物表面上,由好氧性微生物(主要是好氧性菌胶团)吸附,截留的有机物和无机物所组成的黏膜,它具有良好的生物化学活性。在生物膜净化构筑物里,呈蓬松絮状结构,多微孔,表面积大的微生物具有很强的吸附能力。生物膜微生物以吸附和沉积于膜上的有机物为营养料,将一部分物质转化为细胞物质,进行繁殖生长,成为生物膜中新的活性物质;另一部分物质转化为排泄物,在转化过程中放出能量,供给微生物繁殖生长的需要。增殖生物膜脱落后进入废水,在二次沉淀池中被截留下来,成为污泥。生物膜微生物对有机物不断地进行氧化分解和同化合成,使废水中的有机物不断减少,从而得到净化。生物滤池的基本流程与活性污泥法相似,由初次沉淀池、生物滤池、二次沉淀池等三部分组成。生物滤池分为普通生物滤池和高负荷生物滤池两种类型,近年来还发展了一种超高负荷的塔式生物滤池。

B. 生物转盘,是由固定在一横轴上的若干间距很近的圆盘组成。其主要有转动部分、固定部分和传动部分,旋转轴架设在截面呈半圆形的废水槽上,圆盘的下部(约 40%的表面积)浸没在废水中,上部露于空气中,生物膜则附着在转动的一组圆盘上。当生物膜处于浸没状态时,废水中有机物被生物膜吸附和吸收,而当它处于水面上时,空气中的氧向生物膜传递,生物膜内所吸附和吸收的有机物完全氧化,生物膜恢复活性。生物转盘盘面每转动一圈,即完成一个吸附、吸附-氧化的周期。转盘转动形成的剪切力,使增厚老化的生物膜脱落下来悬浮在氧化槽的液相中,并随废水流入二沉池进行分离除去。生物转盘有各种组合形式,如单轴单级、单轴多级和多轴多级等。其处理废水的流程同样包括预处理设施、初次沉淀池、生物转盘、二次沉淀池,其中无需污水回流。处理高浓度废水,也可采用初次沉淀池、一阶转盘池、中间沉淀池、二阶转盘池、二次沉淀池。生物转盘处理废水的特点是转盘上生长的微生物量很大，处理城市污水时，单位面积转盘上的微生物量最高可达 5 $mg/cm^3$。生物转盘运转时具有工作可靠，不易堵塞，污泥不易膨胀，氧利用率高等特点，适于处理流量小的工业废水。

2）厌氧生物处理法

厌氧生物处理法常用来处理有机污泥和高浓度有机废水。厌氧生物处理的最终产物为气体，其中大部分是甲烷、二氧化碳以及少量的硫化氢和氢气等。整个处理过程包括两个阶段：酸性发酵和碱性发酵（又称甲烷发酵）。

在第一阶段中，有机污泥或有机废水中的有机物借助于从厌氧菌分泌出的细胞外水解酶得到降解，并通过细胞壁进入细胞中进行代谢的生化反应。在水解酶的催化下，将复杂的多糖类水解为单糖类，将蛋白质水解为缩氨酸和氨基酸，以及将脂肪水解为甘油和脂肪酸，然后在产酸菌的作用下将上述有机物进一步降解为比较简单的挥发性有机酸，同时生成二氧化碳和新的微生物细胞。第二阶段是在甲烷菌的作用下将第一阶段产生的挥发酸转化成甲烷和二氧化碳。为了使厌氧消化过程正常进行，必须将温度、pH 值（控制在 6.8～7.2）、氧化还原电势等保持在一定的范围内以维持甲烷菌的正常活动，保证及时、完全地将第一阶段产生的酸转化为甲烷气。

3）生物氧化塘法

生物氧化塘法又称稳定塘或生物塘，是利用水中自然存在的微生物和藻类对污水和有机废水进行好氧和厌氧生物处理的天然池塘或人工池塘。生物氧化塘是一种构造简单、易于维护管理的废水生物处理构筑物。氧化塘的种类，按照塘中微生物活动的特征，可将其分为三种：好氧生物氧化塘、兼性生物氧化塘、厌氧生物氧化塘。好氧生物氧化塘池子浅，阳光透射负荷小，全部废水都能进行好氧生物转化；兼性生物氧化塘和好氧生物氧化塘相比较，其池子较深，阳光半透射，负荷较大，上层进行好氧生物转化，底层和污泥进行厌氧生物转化。厌氧生物氧化塘池子深，负荷大，废水进行厌氧生物转化。

### 7.1.5　固体废弃物的处置

固体废弃物也称固体废物，是指在现有条件下工矿企业或人类生活的某些系统中不可能再加以利用的以固体形式存在的物质。对于化工行业来说，其来源主要是化工企业生产中排出的废渣。防治废渣污染应遵循“减员化、资源化和无害化”的“三化”原则。首先要采取各种措施，最大限度地从“源头”上减少废渣的产生量和排放量。其次，对于必须排出的废渣，要从综合利用上下功夫，尽可能从废渣中回收有价值的资源和能量。最后，对无法综合利用或经综合利用后的废渣进行无害化处理，以减轻或消除废渣的污染危害。

1. *废渣的回收和综合利用*

废渣中常有相当一部分是未反应的原料或反应副产物，是宝贵的资源。因此，在对废渣进行无害化处理前，应尽量考虑回收和综合利用。许多废渣经过某些技术处理后，可回收有价值的资源。例如，含贵金属的废催化剂是化工生产过程中常见的废渣，制造这些催化剂要消耗大量的贵金属，从控制环境污染和合理利用资源的角度考虑，都应对其进行回收利用。图 7.4 是利用废钯-炭催化剂制备氯化钯的工艺流程示意图。

废钯-炭催化剂首先用焚烧法除去炭和有机物，然后用甲酸将钯渣中的钯氧化物（PdO）还原成粗钯。粗钯再经王水溶解、水溶、离子交换除杂等步骤制成氯化钯。

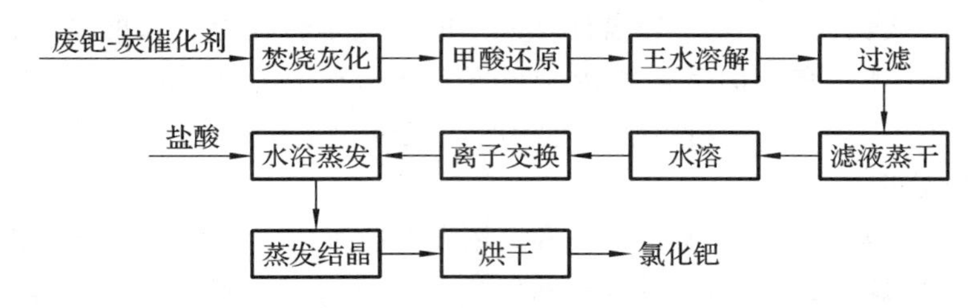


图 7.4　废钯-炭催化剂制备氯化钯的工艺流程示意图

2. 废渣的处理

经综合利用后的残渣或无法进行综合利用的废渣,应采用适当的方法进行无害化处理。目前,对废渣的处理方法主要有化学法、焚烧法、热解法和填埋法等。

1) 化学法

化学法是利用废渣中所含污染物的化学性质,通过化学反应将其转化为稳定、安全的物质,是一种常用的无害化处理技术。例如,铬渣中常含有可溶性的六价铬,对环境有严重危害,可利用还原剂将其还原为无毒的三价铬,从而达到消除污染的目的。再如,将含氰化物的废渣加到氢氧化钠溶液中,用氧化剂使其转化为无毒的氰酸钠(NaOCN),或加热回流数小时后,加入次氯酸钠使氰基转化成 $CO_2$ 和 $N_2$,从而达到无害化处理的目的。

2) 焚烧法

焚烧法是使废渣与过量的空气在焚烧炉内进行氧化燃烧反应,从而使废渣中所含的污染物在高温下氧化分解而破坏,是一种高温处理和深度氧化的综合工艺。焚烧法不仅可以大大减少废渣的体积,消除其中的许多有害物质,而且可以回收一定的热量,是一种可同时实现减量化、无害化和资源化的处理技术。因此,对于一些暂时无回收价值的可燃性废渣,特别是当用其他方法不能解决或处理不彻底时,焚烧法常是一个有效的方法。焚烧法可使废渣中的有机污染物完全氧化成无害物质,其去除率可达 99.5%以上,因此,适宜处理有机物含量较高或热值较高的废渣。当废渣中的有机物含量较少时,可加入辅助燃料。此法的缺点是投资较大,运行管理费用较高。

3) 热解法

热解法是在无氧或缺氧的高温条件下,使废渣中的大分子有机物裂解为可燃的小分子燃料气体、油和固态碳等。热解法与焚烧法是两个完全不同的处理过程。焚烧过程放热,其热量可以回收利用,而热解则是吸热的。焚烧的产物主要是水和二氧化碳,无利用价值,而热解产物主要为可燃的小分子化合物,如气态的氢、甲烷,液态的甲醇、丙酮、乙酸、乙醛等有机物以及焦油和溶剂油等,固态的焦炭或炭黑,这些产品可以回收利用。

4) 填埋法

填埋法是将一时无法利用、又无特殊危害的废渣埋入土中,利用微生物的长期分解作用而使其中的有害物质降解。一般情况下,废渣首先要经过减量化和资源化处理,然后才对剩余的无利用价值的残渣进行填埋处理,同其他处理方法相比,此法的成本较低,且简便易行,但常有潜在的危险性。例如,废渣的渗滤液可能会导致填埋场地附近的地表水和地下水的严重污染;某些含有机物的废渣分解时要产生甲烷、氨气和硫化氢等气体,造成场地恶臭,严重破坏周围的环境卫生,而且甲烷的积累还可能引起火灾或爆炸。因此,要认真仔细地选择填埋场地,并采取妥善措施,防止对水源造成污染。

除以上几种方法外,废渣的处理方法还有生物法、湿式氧化法等多种方法。生物法是利用微生物的代谢作用将废渣中的有机污染物转化为简单、稳定的化合物，从而达到无害化的目的。湿式氧化法是在高压和高温的条件下，利用空气中的氧对废渣中的有机物进行氧化，以达到无害化的目的，整个过程在有水的条件下进行。

## 7.2　绿色化学

绿色化学是 20 世纪 90 年代出现的具有明确的社会需求和科学目标的新兴交叉学科，已成为当今国际化学化工研究的前沿，是 21 世纪化学化工科学发展的重要方向之一。绿色化学研究的目标就是运用现代科学技术的原理和方法从源头上减少或消除化学工业对环境的污染，从根本上实现化学工业的"绿色化"，走经济和社会可持续发展的道路。因此，绿色化学及其应用技术已成为各国政府、企业和学术界关注的热点。

### 7.2.1　绿色化学的兴起和发展

随着世界人口急剧增加，各国工业化进程和发展的加快，资源和能源的大量消耗与日渐枯竭，大量排放的工农业污染物和生活废弃物，使人类生存的生态环境迅速恶化。主要表现在：大气污染、酸雨成灾；全球气候变暖；臭氧层被破坏；淡水资源的紧张和污染；海洋污染；土地资源的退化；森林锐减；生物多样性减少；固体废弃物造成污染等。从而使人类正面临有史以来最严重的环境危机。

保护生态环境，加强污染治理已成为世界各国人民的共同心声和关注的大事，环保法规的颁布推动了绿色化学的兴起和发展。

1972 年，联合国召开了人类环境会议，发表了《环境宣言》。

1990 年，美国国会通过了《污染预防法》，并将其确定为国策，提出从源头上防止污染的产生。美国环保局(EPA)也发起了绿色化学计划，其目的是促进开发对人类健康和生态环境危害较少的新的或改进的化学产品和流程。

1992 年 6 月，在巴西里约热内卢举行了举世瞩目的联合国环境与发展大会，102 个国家的元首或政府首脑出席会议，共同签署了《关于环境与发展的里约热内卢宣言》《21 世纪议程》等 5 个文件。这是在 20 世纪最后的岁月中人类对于地球、对于未来美好而庄严的承诺！

1994 年，我国政府发表了《中国 21 世纪议程》白皮书，制定了"科教兴国"和"可持续发展"的战略，郑重声明走经济与社会协调发展的道路，将推行清洁生产作为优先实施的重点领域。

近年来，绿色化学和技术已成为世界各国政府关注的最重要问题之一，也是各国企业界和学术界极感兴趣的重要研究领域。政府的直接参与，"产""学""研"密切结合，促进了绿色化学的蓬勃发展。

1995 年 3 月 16 日，美国总统克林顿宣布设立"总统绿色化学挑战奖"。所设奖项包括变更合成路线奖、改变溶剂/反应条件奖、设计更安全化学品奖、小企业奖和学术奖。奖励那些具有基础性和创造性，对工业生产具有实用价值的化学工业新方法和新技术。

第一届"总统绿色化学挑战奖"于 1996 年 7 月在华盛顿国家科学院举行，共有 67 个项目被提名，其中 4 家公司和 1 位化学工程教授被授予"总统绿色化学挑战奖"。Monsanto 公司从无毒无害的二乙醇胺原料出发，经过催化脱氢，研究出氨基二乙酸钠生产新工艺，改变了过去以氨、甲醛和氢氰酸为原料的两步合成路线，因而获得 1996 年度美国"总统绿色化学挑战奖"的变更合成路线奖。Texas A&M 大学的 Holtzapple M. 教授由于成功开发了将废弃的生物质转化为动物饲料、工业化学品及燃料的技术而获得1996年度美国“总统绿色化学挑战奖”的学术奖。迄今为止,“总统绿色化学挑战奖”已颁奖22次。

1997年,美国在国家实验室、大学和企业之间联合成立了绿色化学院(The Green Chemistry Institute)。美国化学会成立了绿色化学研究所。

以绿色化学为主题的哥顿会议(Gordon Conference)自1996年以来在美国和欧洲轮流举行。1999年7月,第四届绿色化学哥顿会议在英国牛津召开,会议的主要议题是:催化(包括均相、多相和生物催化);新的反应介质;清洁合成和工艺;新颖反应器技术;环境友好材料。

1998年,Anastas P. T. 和 Warner J. C. 出版了《绿色化学:理论和实践》专著,详细论述了绿色化学的定义、原则、评估方法和发展趋势,成为绿色化学的经典之作。

1999年1月,英国皇家化学会创办《Green Chemistry》国际杂志,内容涉及绿色化学方面的研究成果、综述和其他信息。

我国十分重视绿色化学方面的研究工作,积极跟踪国际绿色化学的研究成果和发展趋势,倡导清洁工艺,实行可持续发展战略。

1995年,中国科学院化学部确定了《绿色化学与技术——推进化工生产可持续发展的途径》的院士咨询课题。

1997年,举行了以“可持续发展问题对科学的挑战——绿色化学”为主题的香山科学会议。国家自然科学基金委员会与中国石油化工总公司联合资助的“九五”重大基础研究项目“环境友好石油催化化学与化学反应工程”启动,并取得了可喜的进展。

第16次“21世纪核心科学问题论坛——绿色化学基本科学问题论坛”于1999年12月21～23日在北京九华山庄举行。来自化学、生命、材料等领域的近40名专家出席了会议,从科学发展和国家长远需求的战略高度,对绿色化学的基本科学问题进行了充分的研讨,提出了近期研究工作的重点:绿色合成技术、方法学和过程的研究;可再生资源的利用与转化中的基本科学问题;绿色化学在矿物资源高效利用中的关键科学问题。

自1998年在中国科学技术大学举办第一届国际绿色化学高级研讨会以来,我国先后举办了8届国际绿色化学研讨会。第7届国际绿色化学研讨会于2005年5月24～26日在广东珠海举行,主要内容为绿色化学反应(包括化学反应机理和流程研究),环境友好化学品的设计、加工和利用,生物质资源的有效利用以及计算机辅助的绿色化学设计和模拟等。2007年5月21～24日,第8届国际绿色化学研讨会在北京九华山庄召开,会议的主要议题为绿色化学与可持续发展。其具体内容包括可持续发展材料的利用与开发,绿色合成路线的研究,绿色化工过程、技术及其集成,以及绿色化学的新机遇等。

由联合国环境署等机构参与,中国绿色发展高层论坛组委会承办的“第五届中国绿色发展高层论坛”于2013年4月在海南省五指山举办,会议主题为“生态文明,绿色崛起和绿色发展”。

### 7.2.2 绿色化学的含义和研究内容

1. 绿色化学的含义

绿色化学是当今国际化学科学研究的前沿,它吸收了当代化学、化工、物理、生物、材料、环境和信息等科学的最新理论成果和技术,是具有明确的社会需求和科学目标的新兴交叉学科。

绿色化学(Green Chemistry),又称环境友好化学(Environmental Friendly Chemistry)或清洁化学(Sustainable Chemistry),是运用化学原理和新化工技术来减少或消除化学产品在设计、生产和应用中有害物质的使用与产生，使所研究开发的化学产品和工艺过程更加安全和环境友好。

在绿色化学基础上发展的技术称为绿色技术或清洁生产技术。理想的绿色技术是采用具有一定转化率的高选择性化学反应来生产目的产品，不生成或很少生成副产物或废物，实现或接近废物的“零排放”；工艺过程使用无害的原料、溶剂和催化剂；生产环境友好的产品。

2. 绿色化学的研究内容

绿色化学是研究如何减少或消除有害物质的使用，开发生产环境友好化学品的工艺过程，以求从源头防止污染的学科。因此，绿色化学的研究内容主要有：

- 清洁合成（Clean Synthesis）工艺和技术，减少废物排放，目标是“零排放”（Zero Emission）；
- 改革现有工艺过程，实施清洁生产（Clean Production）；
- 安全化学品和绿色新材料的设计和开发；
- 提高原材料和能源的利用率，大量使用可再生资源（Renewable Resource）；
- 生物技术和生物质（Biomass）的利用；
- 新的分离技术（Novel Separation Technologies）；
- 绿色技术和工艺过程的评价；
- 绿色化学的教育，用绿色化学变革社会生活，促进社会经济和环境的协调发展。

绿色化学的核心是要利用化学原理和新化工技术，以“原子经济性”为基本原则，研究高效高选择性的新反应体系（包括新的合成方法和工艺），寻求新的化学原料（包括生物质资源），探索新的反应条件（如对环境无害的反应介质），设计和开发对社会安全、对环境友好、对人体健康有益的绿色产品（见图7.5）。

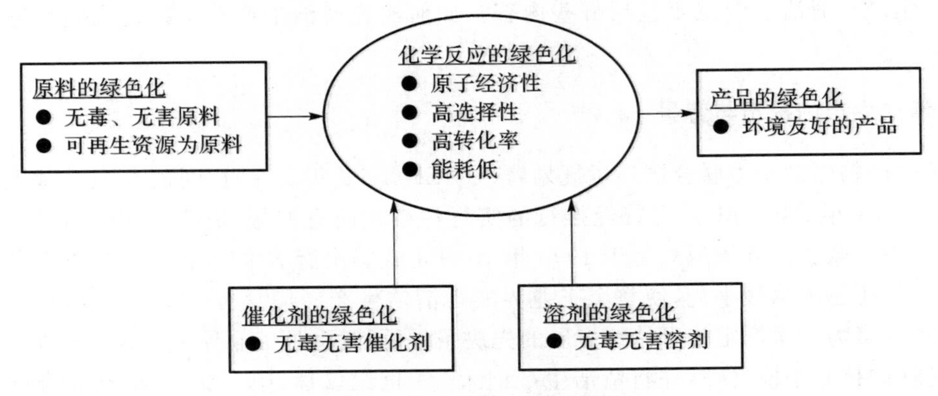


图7.5　绿色化学过程示意图

### 7.2.3　绿色化学的原则和特点

绿色化学作为一门具有明确的社会需求和科学目标的新兴交叉学科，经过多年的探索和研究，已总结出一些理论和原则，这就是Anastas P. T. 和Warner J. C. 提出的绿色化学十二原则（Twelve Principles of Green Chemistry）：

- 防止污染优于污染的治理（Prevention）；
- 提高合成反应的“原子经济性”（Atom Economy）；
- 无害的化学合成（Less Hazardous Chemical Synthesis）；

· 设计安全的化学品(Design Safer Chemicals);
· 使用无毒无害的溶剂(Safer Solvents and Auxiliaries);
· 合理使用和节省能源(Design for Energy Efficiency);
· 尽可能利用可再生资源(Use Renewable Resource);
· 尽可能减少不必要的衍生步骤(Reduce Derivatives);
· 采用高选择性的催化剂(Catalysis);
· 设计可降解的化学品(Design for Degradation);
· 预防污染进行实时分析(Real-Time Analysis for Pollution Prevention);
· 防止事故和隐患的安全化学工艺(Inherently Safer Chemistry for Accident Prevention)。

这些原则带动了绿色化学的学术研究、化工实践、化学教育、政府政策和公众的认知等,为今后绿色化学的研究和发展指明了方向。

从科学观点看,绿色化学是传统化学思维的发展与创新,是在环境友好条件下化学和化工的融合和拓展;从环境观点看,它是利用化学原理和新化工技术,从源头上预防或消除污染,保护生态环境的新科学和新技术;从经济观点看,它能合理利用资源和能源,降低生产成本,符合可持续发展的要求。正因为如此,科学家们认为,绿色化学是21世纪化学化工发展的最重要领域之一。

## 7.3 清洁生产

如上所述,在绿色化学基础上发展的技术称为绿色技术,又称为清洁生产技术。那么,什么是清洁生产?清洁生产主要包括哪些内容?如何实施清洁生产?这些是人们普遍关注的问题。

### 7.3.1 清洁生产的提出与背景

清洁生产的概念是由联合国环境规划署(UNEP)1989年5月首次提出,但其基本思想最早出现于1974年美国3M公司曾经推行的实行污染预防有回报"3P"(Pollution Prevention Pays)计划中。联合国环境规划署于1990年10月正式提出清洁生产计划,希望摆脱传统的末端控制技术,超越废物最小化,使整个工业界实行清洁生产。1992年6月联合国环境与发展大会上,正式将清洁生产定为可持续发展的先决条件,同时也是工业界达到改善和保持竞争力和可营利性的核心手段之一,并将清洁生产纳入《21世纪议程》中。随后,根据联合国环境与发展大会的精神,联合国环境规划署调整了清洁生产计划,建立示范项目及国家清洁生产中心,以加强各地区的清洁生产能力。1994年5月,可持续发展委员会再次认定清洁生产是可持续发展的基本条件。自清洁生产的概念提出以来,每两年举行一次研讨会,研究清洁生产的具体实施。在1998年9月通过了《国际清洁生产宣言》,为今后的工业化指明了发展方向。

中国对清洁生产也进行了大量有益的探索和实践。早在20世纪70年代初就提出了"预防为主,防治结合""综合治理,化害为利"的环境保护方针,该方针充分概括和体现了清洁生产的基本内容。从20世纪80年代就开始推行少废和无废的清洁生产过程。20世纪90年代提出的《中国环境与发展十大对策》中强调了清洁生产。1993年10月第二次全国工业污染防治会议将大力推行清洁生产、实现经济持续发展作为实现工业污染防治的重要任务。在联合国环境规划署1998年召开的清洁生产的研讨会上，我国在《国际清洁生产宣言》上签字，自此我国清洁生产策略融入国际清洁生产大环境中。2003年1月1日，我国开始实施《中华人民共和国清洁生产促进法》，这进一步表明清洁生产已成为我国工业污染防治工作战略转变的重要内容，成为我国实现可持续发展战略的重要措施和手段。

长期以来，我国经济发展一直沿用以大量消耗资源、粗放经营为特征的传统发展模式，通过高投入、高消耗、高污染，来实现较高的经济增长。20世纪70年代，我国国民生产总值年均增长率约为5.7%，而主要投入包括能源、原材料、资金和运转的投入，平均每年的增长率比国民生产总值的增长率高1倍左右。从20世纪80年代开始，我国才强调提高经济效益，从粗放型增长向效益型增长转变，在1981—1989年间，国民生产总值平均增长率为10%，主要投入的平均增长率比国民生产总值的年平均增长率低一半左右。特别是20世纪90年代以来，随着改革开放不断深化，我国经济得到了迅猛发展，经济效益也有了很大提高。但从总体上看，我国工业生产的经济技术指标仍大大落后于发达国家。传统的生产模式导致资源利用不合理，大量资源和能源变成“三废”排入环境，造成严重污染。20世纪70年代，虽然我国明确提出了“预防为主，防治结合”的工业污染防治方针，强调通过合理布局、调整产品结构、调整原材料结构和能源结构、加强技术改造、开发资源和“三废”综合利用、强化环境管理等手段防治工业污染，但这一“预防为主”的方针并没有形成完整的法规和制度，而且预防的侧重点也有偏差，不是侧重于“源头削减”，而是侧重于末端治理，且环境管理也侧重于末端控制，即侧重在污染物产生后如何处理从而使其达标。多年来，尽管我国在环境保护方面做了巨大的努力，使得工业污染物排放总量未与经济发展同步增长，甚至某些污染物排放量还有所降低，但我国总体环境状况仍趋向恶化。在我国的环境污染中，工业污染占全国负荷的70%以上，每年由工厂排出大量二氧化硫气体，使我国酸雨区面积不断扩大，每年排放的工业废水、固体废物污染物等数量惊人，使环境污染严重，造成巨大经济损失。环境和资源所承受的压力，反过来对社会经济的发展产生了严重的制约作用。这种经济发展与环境保护之间的不协调现象已经越来越明显，不容继续存在。纵观环境保护问题，它已经不再仅仅是环境污染与控制的问题，实质上，它是一个国家国民经济的整体实力与综合素质的反映，是关系到经济发展、社会稳定、国际政治与贸易以及人民生活水平的大事。转变传统发展模式、推行可持续发展战略与清洁生产、实现经济与环境协调发展的历史任务已经摆在我们面前。化学工业是我国国民经济的重要基础工业，其生产的化工产品已达45000多种，对我国工农业生产的发展和国防现代化具有重要作用。由于化工产品种类繁多，而且中小型化工企业占绝大多数，加之长期以来采用高消耗、低效益、粗放型的生产模式，使我国化学工业在不断发展的同时，也对环境造成了严重污染。化工排放的废水、废气、废渣分别占全国工业排放总量的20%～23%、5%～7%和8%～10%。从行业来讲，氮肥行业是化工系统的用水和排污大户，其废水排放量占化学工业排放量的60%。染料行业工艺落后，收率低，每年排放大量废气、废水、废渣，染料废水的COD浓度高，色度深，难生物降解，缺少有效的治理技术。农药生产目前主要以有机磷农药为主要产品，全行业每年排放废水上亿吨，这类废水含有机磷和难生物降解物质，完全做到无害化处理方法比较困难。染料与农药生产对环境的污染非常严重，已成为制约这两个行业生产发展的重要因素。铬盐行业排放的大量铬渣，堆放在田野中，流失到环境中的六价铬对地下水水质造成很大的影响。磷肥行业主要的污染物是氟和磷石膏，氟化物和磷石膏不仅占用了大量土地，也污染了地下水。有机化工行业排放的废水、废气的量虽然较小，但含有毒、有害物质浓度高，成分复杂，使工厂职工和周围居民深受其害。

几十年来,我国在污染防治方面做了大量工作,取得了一定的成绩,但远远不能解决化工生产的污染问题。化工生产造成的严重环境污染,已成为制约化学工业持续发展的关键因素之一。我国在清洁生产方面与发达国家相比有着较大的距离,尤其体现在原材料的消耗、“三废”的产生及清洁生产的管理等方面,因此我国在清洁生产方面有较大的发展空间,这将对我国特色社会主义建设和可持续发展有着重要的意义。

### 7.3.2　清洁生产的含义

1. 清洁生产的含义

清洁生产(Cleaner Production)也被称为“污染预防”“废物减量化”“废物最小量化”“无废工艺”等,得到了国际社会的普遍认可和接受。

联合国环境规划署对清洁生产所下的定义为:“清洁生产是指将综合预防的环境策略持续地应用于生产过程和产品中,以便减少对人类和环境的风险性。对生产过程而言,清洁生产包括节省原材料和能源,淘汰有毒原材料并在全部排放物和废物离开生产过程以前减少它们的数量和毒性;对产品而言,清洁生产策略旨在减少产品在整个生产周期过程(包括从原材料提炼到产品的最终处置)中对人类和环境的影响。清洁生产不包括末端治理技术如空气污染控制、废水处理、固体废弃物的焚烧或填埋。清洁生产通过应用专门技术,改进工艺技术和改变管理态度来实现。”

《中国21世纪议程》也对清洁生产给出了定义:“清洁生产是指既可满足人们的需要又可合理使用自然资源和能源并保护环境的实用生产方法和措施,其实质是一种物料和能耗最小的人类生产活动的规划和管理,将废物减量化、资源化和无害化,或消灭于生产过程之中。同时对人体和环境无害的绿色产品的生产亦将随着可持续发展进程的深入而日益成为今后产品生产的主导方向。”

在《中华人民共和国清洁生产促进法》中也明确规定:所谓清洁生产,是指不断采取改进设计、使用清洁的能源和原料、采用先进的工艺技术与设备、改善管理、综合利用等措施,从源头削减污染,提高资源利用效率,减少或者避免生产、服务利使用过程中污染物的产生和排放,以减轻或者消除对人类健康和环境的危害,并对清洁生产的管理和措施进行了明确的规定。

清洁生产是人们思想和观念的一种转变,是环境保护战略由被动反应向主动行动的一种转变。清洁生产通过对产品设计、原料选择、工艺改革、生产过程产物内部循环利用等环节的全过程控制,提高物质转化过程中资源和能源的利用率,并最大限度地减少废弃物的生成和排放,是工业生产实现低消耗、低污染、高产出、高效益的管理模式。因此,清洁生产是时代进步的要求,是世界工业发展的一种大趋势。

2. 清洁生产的内容

清洁生产主要包括以下四方面的内容。

1) 清洁能源

包括对现有能源和常规能源的清洁利用;可再生能源的利用;新能源的开发;各种节能技术的推广应用等。

2) 清洁原料

尽量少用或不用有毒有害的原材料,尽可能采用可再生资源。

3) 清洁的生产过程

开发高选择性的催化剂和相关助剂,采用少废或无废的新工艺和高效设备,强化生产操作和控制技术，提高物料的回收利用和循环利用率，以最大限度减少生产过程中的三废排放量。

4）清洁的产品

产品设计应考虑节约原材料和能源，使之达到高质量、低消耗、少污染。产品在使用过程中及使用后不对人体健康和生态环境产生不良影响。同时产品的包装应安全、合理，在使用后易于回收、重复使用和再生。

### 7.3.3 实施清洁生产的途径

清洁生产的提出和推行使社会、经济与环境保护一体化，是实现可持续发展的重要举措。实施清洁生产主要有如下途径。

1. 加强清洁生产的法制宣传教育

1994年我国政府在《中国21世纪议程》中明确提出要进一步推进清洁生产立法。2002年6月29日《清洁生产促进法》在第九届全国人民代表大会常务委员会第二十八次会议通过，2003年1月1日全面实行。清洁生产法是在市场经济条件下保护生态环境、促进经济发展的一种行之有效的法律。要加强清洁生产法的宣传教育，要坚决执行“预防为主，防治结合”和“谁污染，谁治理”等政策法规，加强排污审计和环境评价，以法治厂，规范企业的行为，引导企业实施清洁生产，使企业的经济活动与可持续发展的要求相适应。

2. 改革生产工艺和技术

通过改革生产工艺，更新生产设备或者开发绿色合成技术，例如，新型催化技术，生物工程技术，膜技术，微波化学技术，声化学技术，电化学技术，光化学技术等，提高反应的“原子经济性”，以达到提高原材料和能源的利用率，减少废弃物产生的目的。

在产品设计和原材料选择时以保护环境为目标，不使用有毒有害的原料和助剂，不生产对人体健康和生态环境产生危害的产品。

3. 严格科学管理

从我国工业发展的战略分析，清洁生产是一场新的革命，是对我国传统工业发展的重大变革，即摒弃我国工业发展以资源高消耗、环境重污染为特征的粗放型经营和通过外延增长追求企业效益的传统模式转变为资源低消耗、环境轻污染为特征的集约型经营和通过内涵增长追求企业效益的新型发展战略。因此，要转变传统的旧式生产观念，建立一套健全的科学管理体系，将节能、降耗、减污的目标和考核量化并分解到企业各个层次，有效地指挥调度，严格地监督，公平地奖惩，从而使人为的资源浪费和污染排放减至最小。组织安全文明生产，实现企业的经济效益和社会环境效益的双赢。

4. 注重清洁生产的人员培训

清洁生产具有可持续发展的内涵。要推行清洁生产，实现我国工业的可持续发展，关键在人！未来科学技术发展的挑战，实质是人才的竞争。要注重清洁生产的人员培训，推广清洁生产技术，提高职工的综合素质。尤其要系统培养清洁生产的专门人才和高级人才，培养和造就一大批能全面掌握国内外清洁生产的最新技术，主动承担重大项目的科学研究，参与重要工程建设，推动企业清洁生产的专家队伍。

总之，推行清洁生产，是实现我国工业可持续发展的必然。

## 复习思考题

1. 简述化学工业生产中常见的大气污染物、主要来源及其特点。
2. 简述化学工业废水中重点污染物的主要来源及其特点。
3. 简述化学工业生产中固体废弃物的来源及特点。
4. 什么叫大气污染？大气污染是如何形成的，其污染源如何分类的？
5. 什么叫水体污染？用哪些指标表示污水的水质？其含义是什么？
6. 化学工业废弃物排入水体，对水体污染有影响的污染物主要有哪些？
7. 简述大气污染的防治控制和方法。
8. 简述水污染防治的主要方法。
9. 简述固体废弃物处置的主要方法。
10. 什么是绿色化学和绿色化学技术？
11. 绿色化学研究的主要内容有哪些？
12. 绿色化学的研究对象主要包括哪些内容？
13. 简述绿色化学十二原则。
14. 什么是清洁生产？清洁生产包括哪些内容？
15. 实施清洁生产的主要途径有哪些？

## 主要参考文献

[1] Ritter S K. Green chemistry [J]. Chemical and Engineering News,2001,79(29):27-34.
[2] Rouhi A M. Green chemistry for pharma [J]. Chemical and Engineering News,2002,80(16):30-33.
[3] 北京水环境技术与设备研究中心等. 三废处理工程技术手册[M]. 北京:化学工业出版社,2000.
[4] 毛悌和,王嘉君,高兴波,等. 化工废水处理技术[M]. 北京:化学工业出版社,2000.
[5] 国家环境保护局. 中国环境保护 21 世纪议程[M]. 北京:中国环境科学出版社,1995.
[6] "三废治理与利用"编委会. 三废治理与利用[M]. 北京:冶金工业出版社,1995.
[7] 黄铭荣,胡纪萃. 水污染治理工程[M]. 北京:高等教育出版社,1995.
[8] 化工部人事教育司编写组. 三废处理与环境保护[M]. 北京:化学工业出版社,2005.
[9] 张龙,贡长生,代斌. 绿色化学[M]. 2 版. 武汉:华中科技大学出版社,2014.
[10] 闵思泽,吴巍. 绿色化学与化工[M]. 北京:化学工业出版社,2000.
[11] 赵德明. 绿色化工与清洁生产导论[M]. 杭州:浙江大学出版社,2013.
[12] 熊文强,郭孝菊,洪卫. 绿色环保与清洁生产概论[M]. 北京:化学工业出版社,2002.
[13] 郭斌,庄源益. 清洁生产工艺[M]. 北京:化学工业出版杜,2003.
[14] 孙伟民. 化工清洁生产技术概论[M]. 北京:高等教育出版社,2007.
[15] 苏荣军,车春波. 清洁生产理论与实践[M]. 北京:化学工业出版社,2009.
[16] 张天住,石磊,贾小平. 清洁生产导论[M]. 北京:高等教育出版社,2006.